彩　　图

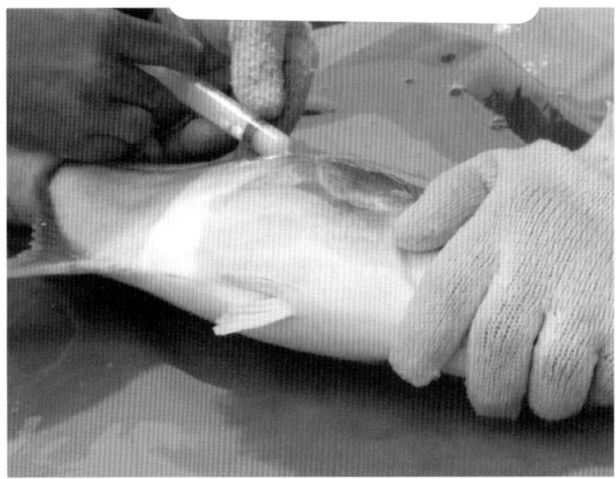

彩图1　亲鱼催产注射
（深圳市龙岐庄实业发展有限公司 供图）

彩图2　受精卵检测打包
（深圳市龙岐庄实业发展有限公司 供图）

彩图3　传统木制网箱
（海南陵水新村港）

彩图4　HDPE材料深水网箱
（广西防城港海世通食品有限公司 供图）

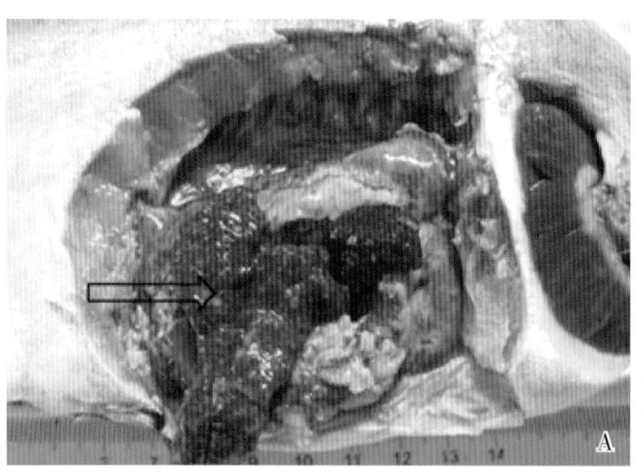

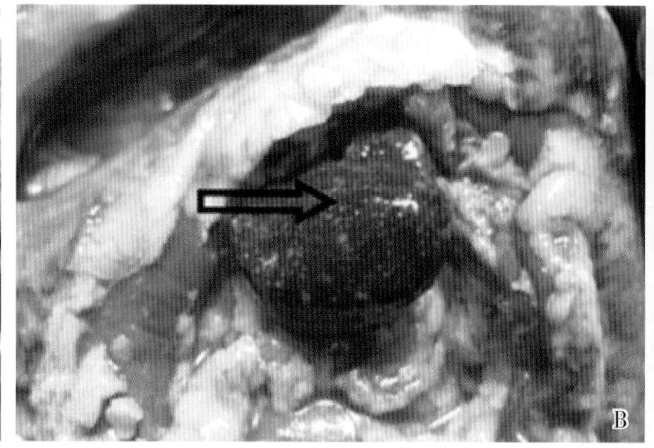

彩图5　感染美人鱼发光杆菌杀鱼亚种的卵形鲳鲹内脏器官病变

A. 肾脏白色粟米样肉芽肿病变　B. 脾脏白色粟米样肉芽肿病变

（徐力文 供图）

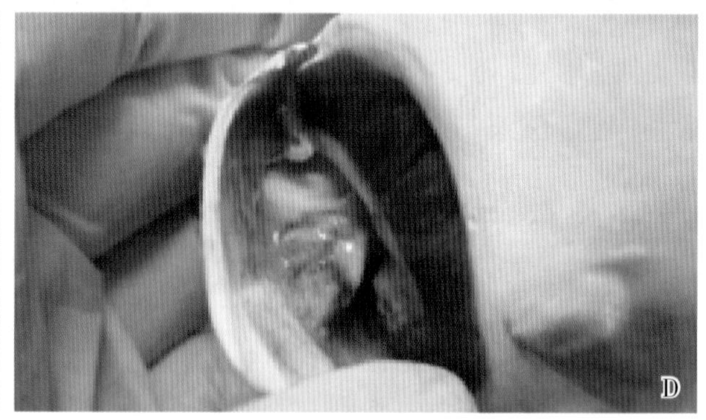

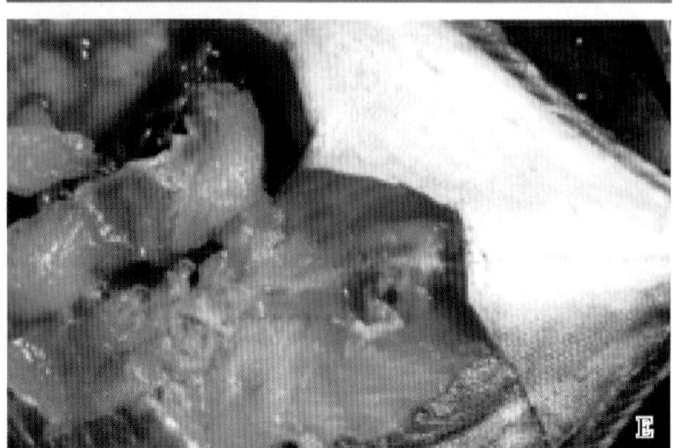

彩图6　诺卡氏菌感染卵形鲳鲹的临床症状

A. 鳃、肝脏、肾脏、脾脏、心脏表面的结节

B. 体表溃烂　C. 体表脓疮　D. 鳃盖基部脓疮

E. 肌肉脓疮

（徐力文 供图）

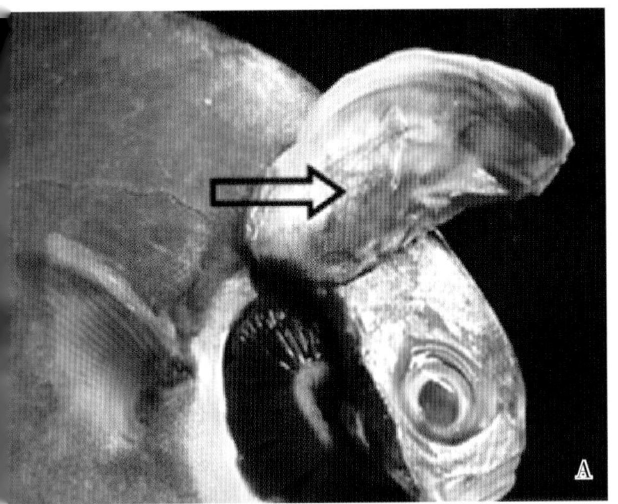

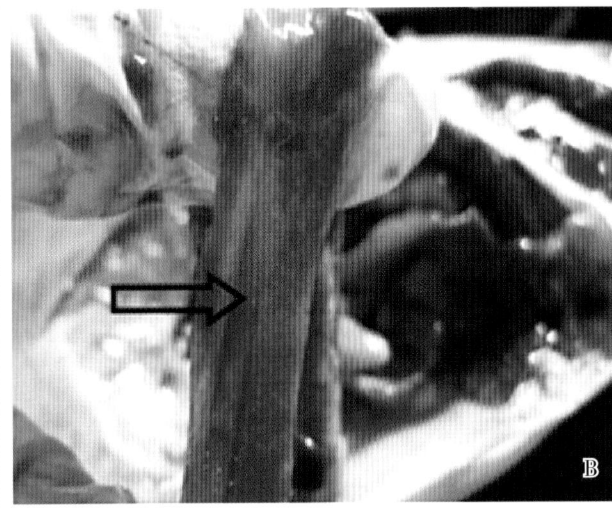

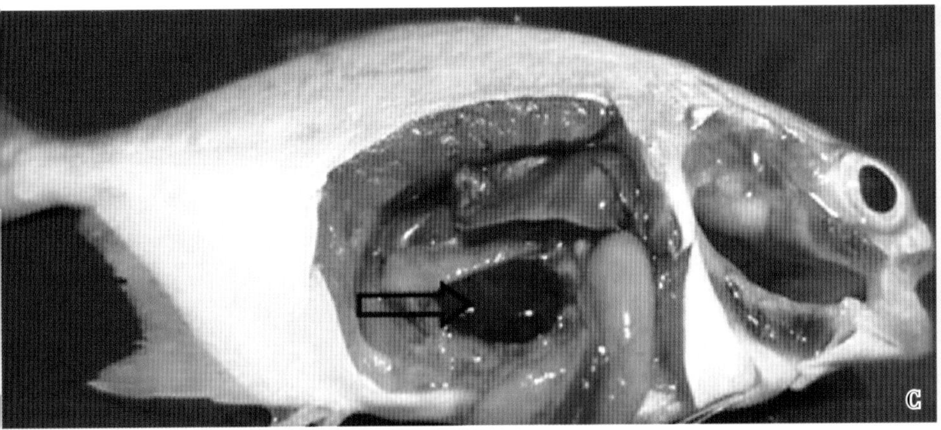

彩图7　卵形鲳鲹链球菌病的临床症状

A. 鳃盖基部出血　B. 肠道出血和炎症　C. 脾脏肿大

（徐力文 供图）

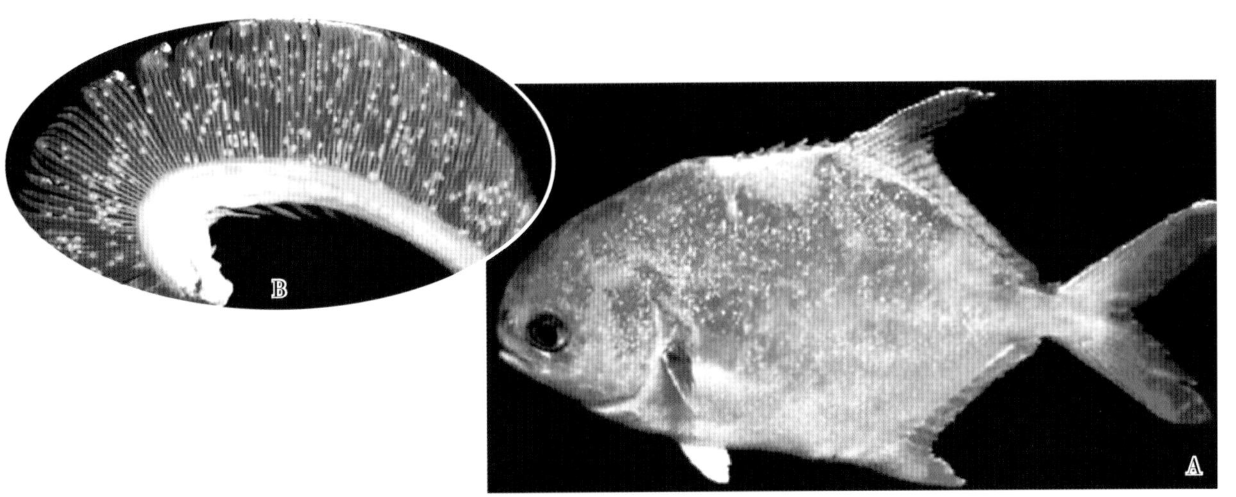

彩图8　感染刺激隐核虫的卵形鲳鲹

A. 鱼的皮肤布满白色滋养体　B. 鱼的鳃丝布满滋养体

（Dan et al, 2006）

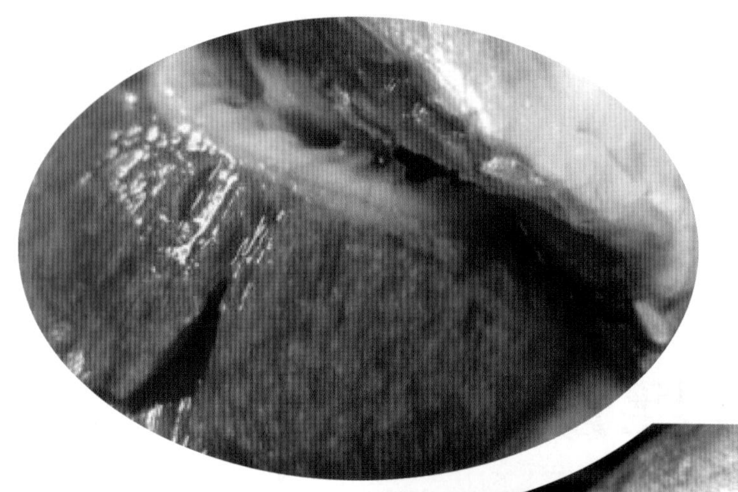

图9　车轮虫感染后鳃丝分泌过多黏液
（徐力文 供图）

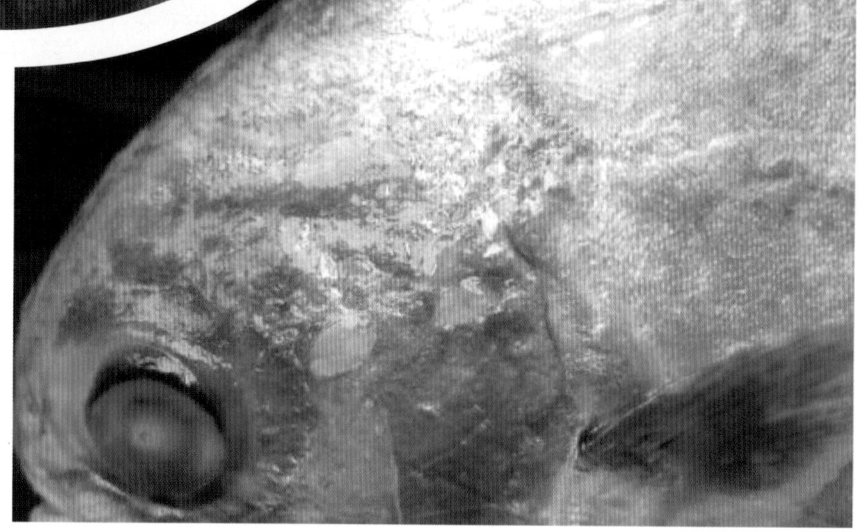

彩图10　本尼登虫感染导致卵形鲳鲹眼睛变得白浊
（徐力文 供图）

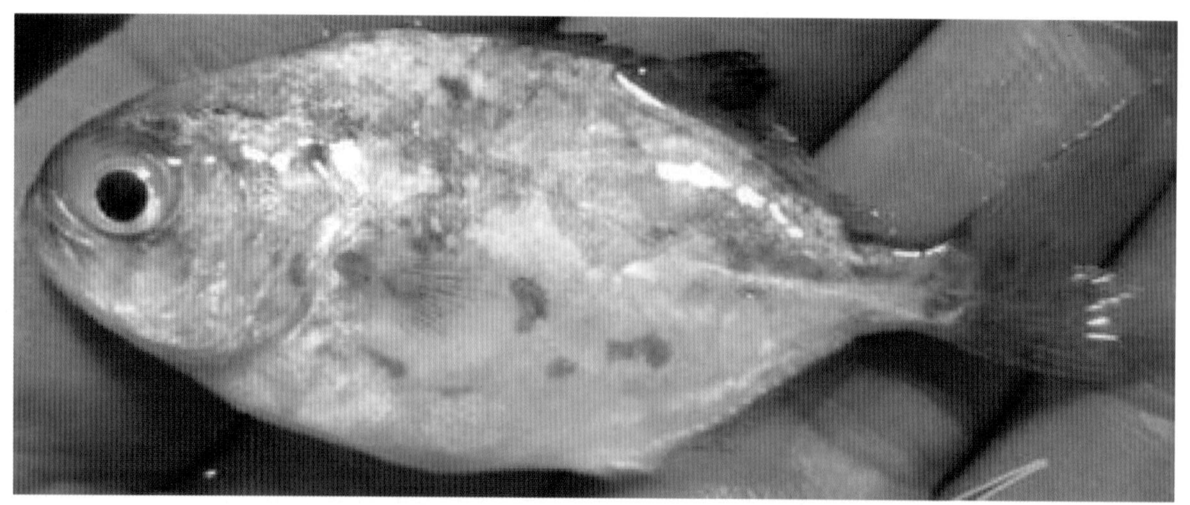

彩图11　本尼登虫感染导致卵形鲳鲹体表出现白点和白斑
（徐力文 供图）

卵形鲳鲹

繁育理论与养殖技术

张殿昌　马振华　主编

中国农业出版社

图书在版编目（CIP）数据

卵形鲳鲹繁育理论与养殖技术 / 张殿昌，马振华主编．—北京：中国农业出版社，2015.11
ISBN 978-7-109-21047-9

Ⅰ.①卵… Ⅱ.①张… ②马… Ⅲ.①鲳属-海水养殖 Ⅳ.①S965.331

中国版本图书馆 CIP 数据核字（2015）第 250286 号

中国农业出版社出版
（北京市朝阳区麦子店街 18 号楼）
（邮政编码 100125）
责任编辑 郑珂

北京通州皇家印刷厂印刷　　新华书店北京发行所发行
2015 年 11 月第 1 版　　2015 年 11 月北京第 1 次印刷

开本：787mm×1092mm 1/16　　印张：16.5　　插页：2
字数：355 千字
定价：90.00 元

编　委　会

主　　编　张殿昌　马振华

副主编　郑　珂　郭华阳　张　楠

　　　　苏友禄　牛　津

编写人员（按姓氏笔画排列）

马振华　牛　津　严俊贤

苏友禄　杨其彬　张　楠

张殿昌　周发林　郑　珂

郭华阳　黄建华　虞　为

前 言

卵形鲳鲹，学名为 *Trachinotus ovatus*（Linnaeus，1758），俗称金鲳、鲳鲹、红三黄腊鲳、海水白鲳等，隶属于硬骨鱼纲（Actinopterygii）、鲈形目（Perciformes）、鲹科（Carangidae）、鲳鲹属（*Trachinotus*），为暖水性中、上层洄游性鱼类，原产地为东南亚及非洲南部沿海，广泛分布于我国南海、日本沿海、印度洋、地中海等热带、亚热带海域。卵形鲳鲹是肉食性鱼类，在自然水域中争抢食物凶猛，驯化后可摄食口径适宜的颗粒配合饲料。由于卵形鲳鲹具有生长速度快、食性简单、肉质鲜美、容易饲养等一系列优点，养殖经济效益显著，已成为我国华南沿海重要的海水养殖鱼类之一。

卵形鲳鲹的人工养殖始于20世纪90年代，从2003年开始大规模养殖，目前主要集中在广东、广西、海南等地区，国内市场主要集中在东部沿海地区，外销主要供应美国、日本、韩国、欧盟等市场。20世纪80年代末，我国台湾省开展了卵形鲳鲹人工繁育的探索，并在90年代初取得了阶段性进展；90年代中期，经过我国水产科技人员的不懈努力，卵形鲳鲹的亲鱼培育、人工催产、人工育苗方面都取得突破性进展，达到专业化生产水平。据不完全统计，2014年，我国广东、广西、海南三地人工养殖的卵形鲳鲹最多，鱼苗投放总量达4亿尾，产量已突破12万t。卵形鲳鲹主要有池塘养殖和网箱养殖两种养殖模式，池塘养殖模式常受土地、水质、养殖密度等因素的限制，养殖规模有限；网箱养殖的卵形鲳鲹体色为银白色、鳍色为金黄色，无泥腥味和腥臭味，备受市场青睐。随着卵形鲳鲹国外需求的增加以及国内加工产业的发展，市场对卵形鲳鲹优质商品鱼的需求量日益增大，深水网箱养殖作为卵形鲳鲹的主要养殖模式，其规模也日益增大。自2011年以来，广东、广西、海南三地养殖卵形鲳鲹的HDPE抗风浪深水网箱数量迅猛增加，到2012年底，仅在海南地区周长为40 m的高密度聚乙烯（HDPE）网箱数量即超过5 000个。

随着卵形鲳鲹养殖规模的扩大，种苗质量参差不齐、饲料营养不均衡、病害频发、养殖生态环境恶化等因素逐渐成为制约该产业健康发展的瓶颈，这些问题如不能得到有效解决，会阻碍卵形鲳鲹养殖业的可持续发展。如养殖过程中因营养不均衡常导致出现一系列问题：饲料中蛋白质和脂肪含量对鱼体的影响很大，蛋白质含量不足会导致营养不良而影响鱼体的生长，含量过高又会增加养殖成本，并造成对养殖水体的污染；饲料中脂肪含量也要适量，过多会引起鱼类患脂肪肝，含量过低又会消耗蛋白质。

为适应卵形鲳鲹养殖业发展的需要，使广大从业者了解和掌握卵形鲳鲹的繁育理论和养殖技术，我们编写了本书。笔者采用综合研究和案例分析相结合的方法，较全面地介绍了卵形鲳鲹的生物学与种质资源特性、亲鱼的培育与繁殖、仔鱼和稚鱼的胚后发育、仔鱼和稚鱼的日常管理、幼鱼和成鱼的养殖技术以及营养需求、病害防控、加工技术等方面的最新成果，供读者参考、借鉴。

本书得到国家自然科学基金青年科学基金项目（31502186，31302200）、中国水产科学研究院南海水产研究所基本科研业务费（2014YJ01，2015YD01）、深圳市战略性新兴产业发展专项资金现代农业生物产业推广扶持计划项目（201503271326492277）、广东省自然科学基金（2015A030313818）、广东省海洋渔业科技与产业发展专项科技攻关与研发项目（A201501B14）的资助。

在本书的前期研究和资料搜集整理过程中，得到了广西防城港海世通食品有限公司、深圳市龙岐庄实业发展有限公司、深圳深水网箱科技有限公司、陵水光辉近海深水网箱养殖合作社的热心帮助，在此一并表示衷心感谢！

由于编写时间仓促，编写人员水平有限，书中的不足和错误之处，敬请广大读者批评、指正。

编　者

2015 年 5 月

目 录

前言

第一章 卵形鲳鲹生物学与种质资源特性 …… 1

第一节 分类与分布 …… 1
第二节 形态特征 …… 4
第三节 生态习性 …… 5
第四节 种质资源特性 …… 7
参考文献 …… 14

第二章 卵形鲳鲹亲鱼的培育与繁殖 …… 16

参考文献 …… 19

第三章 卵形鲳鲹仔鱼和稚鱼的胚后发育及营养需求 …… 20

第一节 卵形鲳鲹受精卵及仔鱼、稚鱼的发育 …… 20
第二节 卵形鲳鲹主要免疫器官早期发育及血细胞发生 …… 24
第三节 卵形鲳鲹鳃分化与发育 …… 31
第四节 卵形鲳鲹胚后发育体色变化 …… 34
第五节 卵形鲳鲹鳍胚后发育 …… 35
第六节 卵形鲳鲹骨骼的胚后发育及畸形的发生 …… 37
第七节 卵形鲳鲹消化系统的胚后发育 …… 44
第八节 卵形鲳鲹胚后发育营养需求 …… 53
参考文献 …… 55

第四章 卵形鲳鲹仔鱼和稚鱼的日常管理 …… 58

第一节 盐度、温度对卵形鲳鲹胚胎、仔鱼、稚鱼发育影响 …… 58
第二节 营养对卵形鲳鲹仔鱼、稚鱼的影响研究 …… 63
第三节 颗粒饲料投喂时间对卵形鲳鲹仔鱼、稚鱼的影响 …… 70
第四节 卵形鲳鲹育苗概述 …… 73

参考文献 …… 75

第五章 卵形鲳鲹幼鱼和成鱼养殖技术 …… 80

第一节 卵形鲳鲹幼鱼生长及代谢的影响因素 …… 80
第二节 卵形鲳鲹投喂技术研究 …… 94
第三节 卵形鲳鲹池塘养殖技术 …… 108
第四节 卵形鲳鲹池塘混养养殖案例 …… 126
第五节 卵形鲳鲹网箱养殖技术 …… 133
参考文献 …… 154

第六章 卵形鲳鲹的营养需求 …… 159

第一节 饲料中蛋白质对卵形鲳鲹的影响 …… 159
第二节 饲料中脂肪对卵形鲳鲹的影响 …… 167
第三节 碳水化合物对卵形鲳鲹的影响 …… 172
第四节 维生素和矿物质等其他因素对卵形鲳鲹的影响 …… 173
参考文献 …… 176

第七章 卵形鲳鲹的病害与防控 …… 181

第一节 疾病的概论 …… 181
第二节 卵形鲳鲹细菌性疾病 …… 187
第三节 卵形鲳鲹病毒性疾病 …… 204
第四节 寄生虫性疾病 …… 210
参考文献 …… 225

第八章 卵形鲳鲹的加工技术 …… 228

第一节 我国水产品加工业概述 …… 228
第二节 卵形鲳鲹系列产品加工工艺 …… 231
第三节 水产品安全与质量控制 …… 251
参考文献 …… 253

第一章
卵形鲳鲹生物学与种质资源特性

第一节　分类与分布

卵形鲳鲹在分类学上属于硬骨鱼纲（Actinopterygii）、鲈形目（Perciformes）、鲹科（Carangidae）、鲳鲹属（*Trachinotus*），学名为 *Trachinotus ovatus*（Linnaeus，1758）。为暖水性中上层洄游性鱼类，原产地从东南亚沿海到非洲南部沿海，广泛分布于我国南海、日本沿海、印度洋、地中海等热带、亚热带海域。由于卵形鲳鲹具有生长速度快、食性简单、肉质鲜美、容易饲养等一系列优点，养殖经济效益显著，已成为我国华南沿海地区一种重要的海水养殖鱼类。

从卵形鲳鲹分类学特征来看，由科到种的主要分类特征如下（张其永 等，2000）。

一、鲹科分类学特征

体延长而侧扁，体形多样式，纺锤形、椭圆形、卵圆形或菱形等。尾柄一般细长，有些种类其背、腹侧具凹槽；两侧则具棱脊。一般被细小圆鳞，有些种类则退化而埋于皮下或部分区域裸露。侧线完全，前部多少弯曲，有时侧线上全部或部分具棱鳞。脂性眼睑，或发达，或不发达。上下颌皆具齿，一列或呈绒毛齿带；锄骨、腭骨及舌面通常有齿带。鳃盖膜分离，不与喉部相连。前鳃盖骨，幼鱼时具小刺，成鱼则平滑。鳃耙通常细长，亦有退化呈瘤状者。两个背鳍多少分离，第一背鳍前方常有一平卧倒棘，棘间通常有膜相连，有些种类第一背鳍棘会随成长而渐退化，甚至消失；第二基底长，前方鳍条有时延长如丝状；臀鳍与第二背鳍同形，其前方具有游离之硬棘，有时会埋入皮下；第二背鳍与臀鳍后方有时具 1 个或多个离鳍。胸鳍宽短或延长呈镰刀状；腹鳍胸位，Ⅰ+5；尾鳍叉形。全世界鲹科有 4 亚科 32 属，大约 140 种。广泛分布于世界三大洋，尤其是热带及亚热带海域，有些种类可生活于咸淡水水域，甚至淡水中。

鲳鲹属共有 21 种，中国沿海有 4 种，分别为卵形鲳鲹 *Trachinotus ovatus*（Linnaeus，1758）、布氏鲳鲹 *T. blochii*（Lacépède，1801）、小斑鲳鲹 *T. baillonii* 和大斑鲳鲹 *T. russelii*。

二、种的检索表

中国沿海 4 个种的检索表如下。

1. 体长不及体高的 2 倍；第二背鳍鳍条 18～20，臀鳍鳍条 16～18；体侧无黑色斑点
2. 第 1 块背鳍前的髓棘间骨呈倒 L 形；第 4 对腹肋的中央部增大；前鳃盖骨后缘稍弯曲；侧线前部弯曲度较大；幽门盲囊 16～18；背鳍和臀鳍前部鳍条较短（分布：中国南海、东海和黄海） …………………………………………………………………… 卵形鲳鲹
3. 第 1 块背鳍前的髓棘间骨呈卵圆形；第 4 对腹肋的中央部不增大；前鳃盖骨后缘较平直；侧线前部弯曲度较小；幽门盲囊 23～24；背鳍和臀鳍前部鳍条较长（分布：中国台湾海区） …………………………………………………………………… 布氏鲳鲹
4. 体长大于体高的 2 倍；第二背鳍鳍条 22～23，臀鳍鳍条 20～23；体侧有黑色斑点
5. 侧线上方有 2～5 个黑色小圆点；吻较钝；腹鳍较短；臀鳍鳍条 21～23（分布：中国台湾海区、南海） …………………………………………………………………… 小斑鲳鲹
6. 侧线上方有 3～6 个较大黑斑；吻较锐；腹鳍较长；臀鳍鳍条 20～21（分布：中国南海）…… …………………………………………………………………… 大斑鲳鲹

卵形鲳鲹最早名为 *Gasterosteus ovatus*（Linnaeus，1758），其模式标本采集地为亚洲；Günther（1860）更改属名为 *Trachynotus*，描述 *T. ovatus* 背鳍和臀鳍前部鳍条多少有些延长；Kendall 和 Goldsborough（1911）又将属名修改为 *Trachinotus*，其模式标本为汤加（大洋洲）。Fowler（1928）简述大洋洲的 *Trachinotus ovatus* 的背鳍和臀鳍鳍条为中等长，与 Günther 的描述基本相同。Suzuki（1962）研究了鲳鲹属的骨骼特征，指出该属的背鳍前髓棘间骨有 3 块，第 1 块髓棘间骨在第 1 髓棘之前，所描绘的 *T. ovatus* 外形图与中国的卵形鲳鲹相似，其背鳍和臀鳍前部鳍条较短。从 Day（1978）描绘的 *T. ovatus* 的外形图中同样可以看出其背鳍和臀鳍前部鳍条也较短，侧线前部圆弧形弯曲度较大，与中国大陆的卵形鲳鲹相同。分布于中国的南海、东海和黄海、体侧无黑色斑点的鲳鲹，在《南海鱼类志》（中国科学院动物研究所等，1962）、《东海鱼类志》（朱元鼎等，1963）、《福建鱼类志》（朱元鼎，1985）和《中国鱼类系统检索》（成庆泰和郑葆珊，1987）都定名为 *T. ovatus*。

鲹科（Carangidae）鱼类种类丰富，目前，多数学者认为全世界鲹科鱼类分成四个亚科（鲹亚科、鲳鲹亚科、鲕亚科和鰆鲹亚科），其基于形态的传统分类与基于分子遗传水平构建的鲹科四个亚科的系统关系存在争议。Francesco 和 Giorgio（2015）利用 133 种鲹科鱼类的线粒体（*COX-1*、*Cytb*、*ND2*、*12S*、*16S* 等）序列全面讨论分析了鲹科鱼类的分子系统进化关系。结果表明（图 1-1，图 1-2）鲹科是单系群体，证实鲹科由四个亚科组成，且鲹亚科与鲳鲹亚科形成姐妹群，鲕亚科与鲹亚科形成姐妹群，鲹亚科形成多个不同形态特征的分支；同时研究表明鲹科在演化过程中起源于晚白垩世，大概在森诺曼期形成四大分支，且几个主要谱系物种在白垩纪—古近纪地层界线时期灭绝。该结果为鲹科系统发育关系及其分类的修订提供了有意义的参考和佐证。

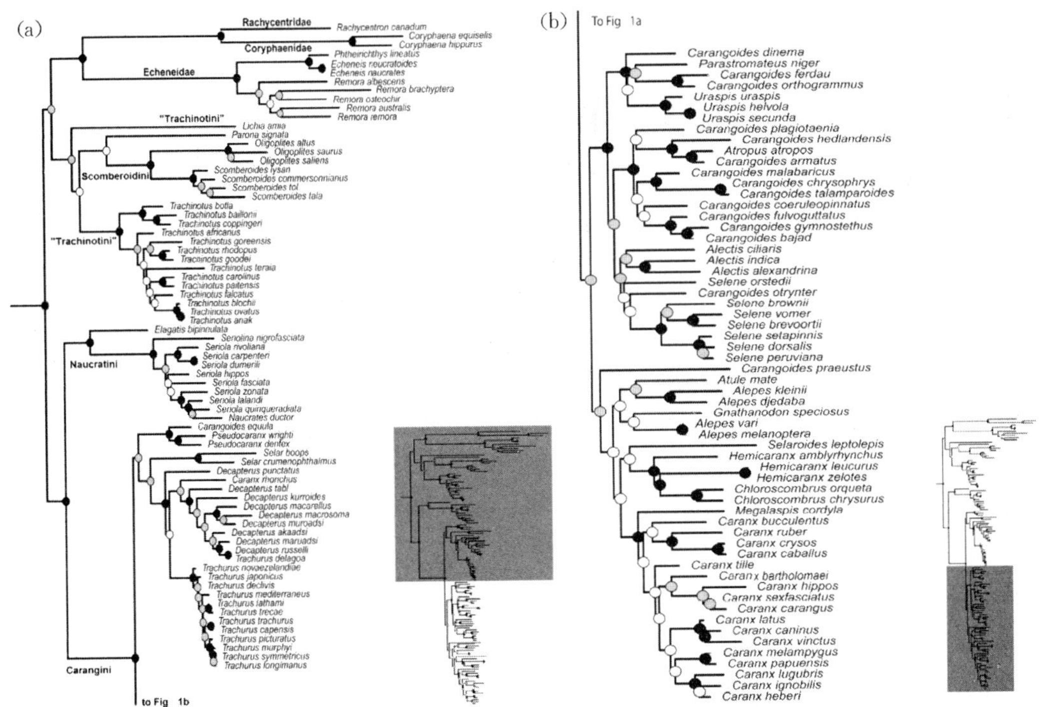

图 1-1　鲹科鱼类基于最大似然法计算构建的系统树

黑点表示支持率大于 85%；灰点表示支持率介于 50%～85%；白点表示支持率小于 50%

(Francesco and Giorgio，2015)

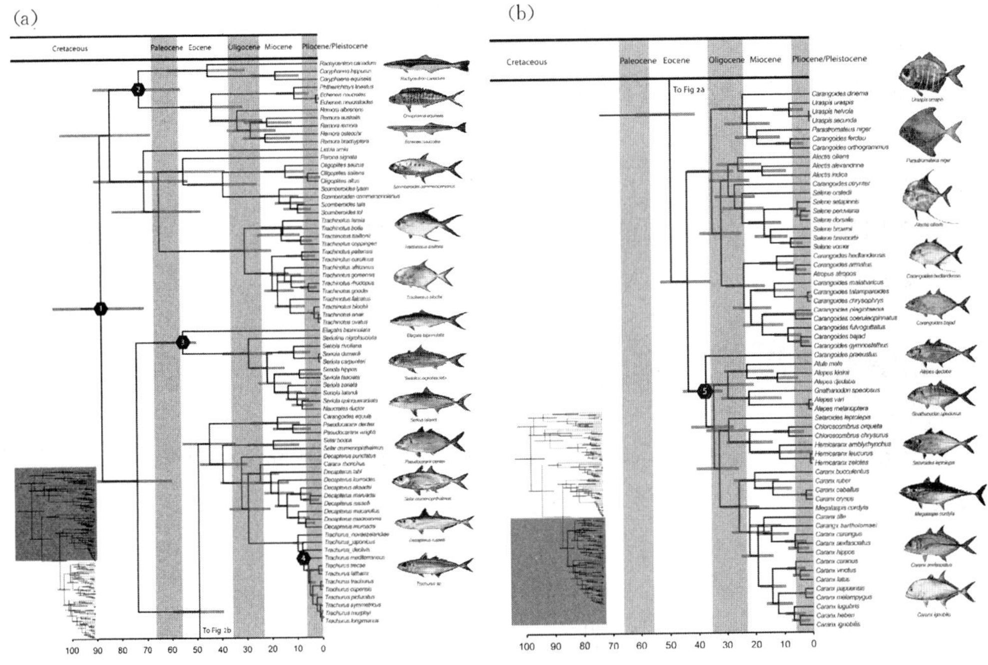

图 1-2　鲹科鱼类基于贝叶斯计算的进化时间树

(Francesco et al，2015)

第二节　形态特征

一、外部形态

卵形鲳鲹体卵圆形，侧扁而高，尾柄短细，体长约为体高的两倍；头小，高大于长；第一背前骨呈圆形；吻甚圆钝，前端呈截形；眼小，脂性眼睑不发达；上下颌、犁骨和颚骨均具细小的绒毛状齿，随着成长而渐退化；舌面一般无齿；第一鳃弓下枝鳃耙数（含瘤状鳃耙）7～10 个；侧线呈直线状或微波状，无棱鳞；无离鳍；第一背鳍硬鳍 5～6 个，棘短而强，幼鱼具鳍膜，随着成长逐渐呈游离状；第二背鳍有 1 鳍棘，19 鳍条，前部鳍条延长而呈弯月形；臀鳍与第二背鳍同形；无离鳍，胸鳍略宽，尾鳍深叉形；幼鱼体从银白色转为浅棕黄色，背侧略带褐色，各鳍棕黄色。成鱼尤其是体长的个体，呈深黄色至金黄色，各鳍色更深，体背侧兼呈蓝绿色；体长 800 mm 以上时，鱼体明显伸长，体形近乎卵圆。

二、可数性状

背鳍鳍式：D. Ⅰ，Ⅴ-Ⅵ，Ⅰ-19-20；臀鳍鳍式：A. Ⅱ，Ⅰ-17-18；胸鳍 19；腹鳍Ⅰ-5；尾鳍 17；鳃耙数 7～10；脊椎骨数 10＋14。

三、皮肤

卵形鲳鲹的皮肤由表皮和真皮组成，体披银白色细小略透明、富有弹性的圆鳞片，主要功能为保护身体。表层细胞分泌大量黏液，能够润滑鱼的体表，减少游泳时与水的摩擦，提高运动速度。

四、生物学特征测量

卵形鲳鲹生物学特征测量依据见图 1-3。其常规测量项目包括全长、体长、头长、吻长、眼径、头高、体高、尾柄长、尾柄高等，其具体的测量依据如下。

全长：由吻端至尾鳍末端的长度。

体长：由吻端至最后尾椎的长度。

头长：由吻端至鳃盖骨后缘的长度。

吻长：由吻端至眼眶前缘的长度。

眼径：眼眶前后缘之间的水平长度。

头高：由头的最高点至头的腹面的垂直长度。

体高：背鳍起点的垂直高度。

尾柄长：臀鳍基底至最后尾椎间水平距离。

尾柄高：尾柄最低处至最后尾椎间水平距离。

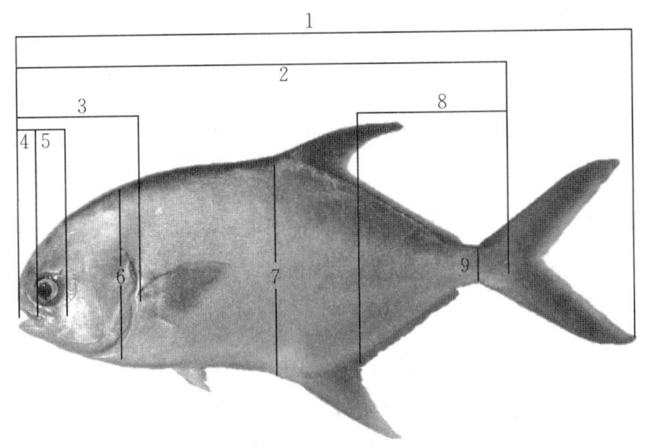

图 1－3　卵形鲳鲹常规测量示意图

1. 全长　2. 体长　3. 头长　4. 吻长　5. 眼径　6. 头高　7. 体高　8. 尾柄长　9. 尾柄高

第三节　生态习性

一、生活习性

1. 适温性

卵形鲳鲹属于暖水性鱼类，不耐低温，其温度适应范围为 16～36 ℃，生长最适温度为 22～28 ℃。当夏季水温超过 32 ℃时，摄食量增大，很容易出现肠炎、肝胆综合征等病害，出现不同程度的死亡。当冬季水温降至 18 ℃以下时，卵形鲳鲹摄食量减少，游泳减慢，生长停止，免疫力下降，病害增多；当水温降至 16 ℃以下时，摄食停止；卵形鲳鲹存活的最低临界水温为 14 ℃，2 d 的 14 ℃以下温度积累会出现死亡，因此温度较低时要采取保温措施，保护卵形鲳鲹可以安全越冬。

2. 适盐性

卵形鲳鲹对盐度的适应范围为 3～33，盐度在 20 以下生长快速。卵形鲳鲹在深海高盐度海域产卵，孵化后仔幼鱼慢慢索饵洄游到浅海区，幼鱼常以群聚的形式栖息在河口海湾，长成成鱼后向外海深水移动。卵形鲳鲹适宜在咸淡水域生活，通过驯化后可以淡化和咸化养殖。但是当盐度低于 2 时，会进入病态直至死亡，因此卵形鲳鲹在淡水条件下无法生存。

3. 耐氧性

卵形鲳鲹游泳行为活跃，因此耗氧量大，不耐低氧，它的耗氧率和窒息点均高于常规养殖鱼类，最低临界溶氧量为 2.5 mg/L，当溶氧量在 6 mg/L 以上时，卵形鲳鲹生长速度加快。当溶解氧低于 3 mg/L 时，正常摄食将会受到影响。因此在养殖过程中，尽量多开增氧设备，同时防止停电的现象。

二、摄食习性

卵形鲳鲹为肉食性鱼类，主要摄食浮游动物和小型的甲壳类、贝类、鱼类等。仔鱼和稚鱼阶段摄食浮游动物和底栖动物，以桡足类幼体为主；幼鱼阶段摄食轮虫、水蚤、小型双壳类等浮游动物；幼成鱼阶段摄食端足类、软体动物、双壳类、小虾、鱼等；成鱼阶段咽喉板发达，可摄食蟹、蛤、螺等带硬壳的生物。在人工饲养条件下，体长 20 mm 后能摄食搅碎的鱼肉、虾糜和鳗鱼粉，幼成鱼可以鱼、虾片或专用干颗粒料为食。卵形鲳鲹属白昼摄食鱼类，生产上投喂饲料一般在早晨或黄昏最佳，幼鱼日投饵量一般为鱼体重的 6%～8%，成鱼为 3%～5%（刘楚斌 等，2009）。

三、生殖习性

卵形鲳鲹属离岸大洋性产卵鱼类且一次性产卵，性成熟年龄为 3 年，3～4 年部分亲鱼性腺已经成熟可以催产，5 龄以上亲鱼性腺达到完全成熟。在我国，卵形鲳鲹成熟季节根据地理位置不同而有明显的差别，一般春季海南三亚海区水温高，成熟早，产卵期为 3—4 月份，广东大亚湾海区为 5 月份，而福建沿海要到 5 月中旬、6 月初才能催产（陈伟洲 等，2007）。而在台湾，人工繁殖于每年 4—5 月份开始，一直持续到 8—9 月份，个体生殖力为 40 万～60 万粒，天然海区孵化后的仔鱼和稚鱼在 1.2～2.0 cm 开始游向近岸，长至 13～15 cm 幼鱼又游向离岸海区（区又君 等，2008；彭志东 等，2007）。

四、生长特性

卵形鲳鲹体重与体长的关系符合指数函数（图 1－4、图 1－5），结果表明网箱养殖卵形鲳鲹遵循负异速生长，该结果可用于评估网箱养殖卵形鲳鲹的生长与种群参数（Guo et al，2014）。

性成熟前：$W_{psm}=0.0640\times L^{2.5349}$ （$r^2=0.9740$）

性成熟：$W_{sm}=0.1198\times L^{2.5248}$ （$r^2=0.7815$）

式中 W——体重（g）；

L——体长（cm）。

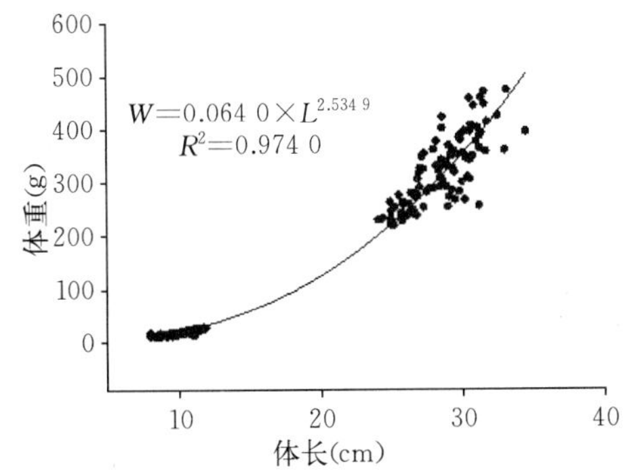

图 1-4　卵形鲳鲹性成熟前体重与体长的关系曲线

(Guo et al，2014)

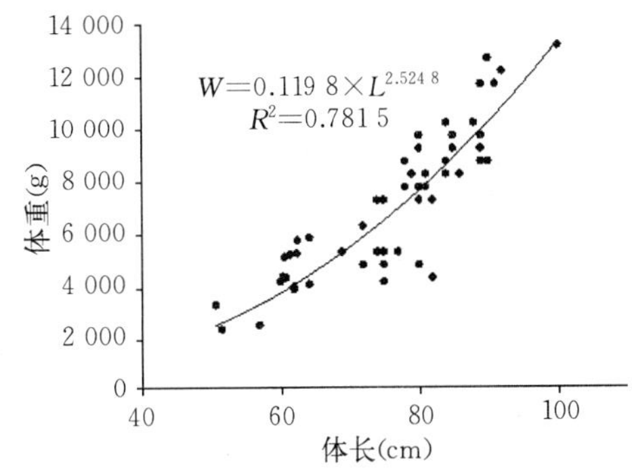

图 1-5　卵形鲳鲹性成熟体重与体长的关系曲线

(Guo et al，2014)

第四节　种质资源特性

种质资源又称基因资源、遗传资源，是指决定生物遗传性并将其遗传信息从亲代传递给后代的遗传物质总和，它是育种工作中所利用的原始材料。水产种质资源作为水产养殖生产、优良品种培育和水产养殖业的重要物质基础，是支撑渔业经济发展的重要战略资源。我国海域辽阔，拥有丰富的渔业生物种质资源，由于过度捕捞和人为破坏，一些重要的渔业生物资源正在以惊人的速度递减，因此，努力提高全民对种质资源工作的认识，积极探索种质资源养护利用工作中的理论和实践问题，对防止重要资源衰退，促进水产育种和生物技术发展有相当重要的意义。

种质资源研究的主要内容是对生物品种（类型）进行的考察与收集、鉴定与评价、保存和应用以及遗传学基础、起源和演化的研究。其中种质资源的遗传多样性研究作为当今种质资源研究的热点，是收集、保存、评价和利用生物品种的依据，也是研究物种起源、演化的基础。生物在发展和繁衍后代的过程中，其遗传信息 DNA 能准确地复制并传递给后代，以保持遗传性状的相对稳定。遗传多样性的存在是自然选择和生物体自发突变动态平衡的结果，对于一个生物群体（种、亚种）在时间上是延续不断的，随着遗传变异的不断积累，遗传多样性不断得到丰富，遗传多样性变异越丰富，群体对环境变化的适应能力越强，进化潜力越大。大量研究表明，生物群体遗传变异的大小与其进化速率成正比。因此，保护生物遗传多样性对于合理而有效地利用生物资源以及保护生物遗传资源具有十分重要的现实意义。

卵形鲳鲹作为我国南方重要的优良养殖鱼种，其养殖产业的健康发展应注意种质资源的开发，深入挖掘其种质特性，合理利用和保护其种质资源，为其可持续发展提供基础资料和技术支撑。

一、卵形鲳鲹染色体核型与带型

染色体是一切生物遗传、变异、发育与进化的物质基础，鱼类染色体研究，可为鱼类的遗传变异、分类系统演化、性别决定、杂交育种、应用生物工程技术育种提供基础资料和理论依据。同时，对海水养殖业的发展以及开发海洋资源，丰富海水鱼类细胞遗传学内容等也有着重要参考价值。

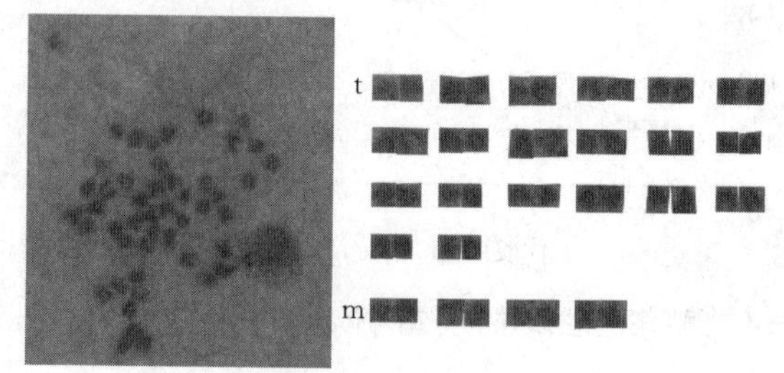

图 1-6　卵形鲳鲹中期染色体中期分裂相及其核型（1000×）

利用常规染色体制片法研究卵形鲳鲹的核型，从卵形鲳鲹染色体标本中选取分散良好、形态清晰、中期细胞分裂相（图 1-6），对各组染色体进行测量并记录各项参数，得到（表 1-1）。依据卵形鲳鲹染色体的相对长度和臂比指数，可分为 2 组：序号 1～20，此组染色体共有 20 对，均为端部着丝点染色体（*t*）；序号 21～24，此组染色体共有 4 对，为中部着丝点染色体（*m*）。从统计数字可知，卵形鲳鲹核型公式为 $2n=8m+40t$，$NF=56$。

表 1-1　卵形鲳鲹核型参数

染色体序号	相对长度（单倍体）(%)	臂比值	类型
1	5.37±0.02	∞	t
2	4.99±0.2	∞	t
3	4.93±0.97	∞	t
4	4.87±0.33	∞	t
5	4.8±0.42	∞	t
6	4.58±0.62	∞	t
7	4.51±0.23	∞	t
8	4.46±0.28	∞	t
9	4.41±0.27	∞	t
10	4.28±0.14	∞	t
11	4.05±0.29	∞	t
12	4.03±0.33	∞	t
13	3.73±0.17	∞	t
14	3.73±0.07	∞	t
15	3.56±0.24	∞	t
16	3.48±0.26	∞	t
17	3.45±0.29	∞	t

（续）

染色体序号	相对长度（单倍体）（%）	臂比值	类型
18	3.43±0.51	∞	t
19	3.28±0.04	∞	t
20	3.27±0.03	∞	t
21	3.05±0.23	∞	t
22	5.06±0.41	1.06±0.01	m
23	5.05±0.02	1.14±0.02	m
24	3.66±0.6	1.59±0.20	m

目前，已报道的鲈形目鱼类染色体数目大多为 48，$2n=48$ 可视为鲈形目的基本染色体二倍数，为鲈形目最基本的核型特征（王梅林 等，2000）。卵形鲳鲹染色体数（$2n$）处于鱼类染色体数聚集区，与鲈形目其他鱼类比，在染色体组型上差别都不大，这说明鲈亚目的鱼在核型大多相似，因此在对鲈形目的鱼进行鉴定时，必须借鉴形态学、基因显带进行分析。

根据染色体进化理论，在特定的分类类群中，具有较多的端部着丝点染色体的类型较为原始，而具有较多的中部或亚中部着丝点染色体的则较为特化。由此可见卵形鲳鲹属于高位类，是真骨鱼类较为原始的类型。鱼类细胞遗传学和鱼类染色体进化理论认为，特化型可能是通过染色体结构重排方式实现的，因为这种方式不会导致染色体数目的改变而只引起臂数的变化。

染色体组型是细胞遗传学的基础，也是分子遗传学的基础。对卵形鲳鲹的染色体组型进行研究为该鱼的种质资源调查和保护提供科学依据；为研究其进化地位及与其他鱼类的演化关系提供遗传学依据；为遗传变异、种间杂交及多倍体育种提供理论指导，从而有利于该鱼的开发利用。同时也对现代分子生物学中的基因定位、原位杂交等方面具有重要意义。

二、卵形鲳鲹遗传多样性分析

遗传多样性是物种多样性和生态多样性的前提和条件，对物种遗传多样性的研究不仅可以揭示物种的起源与进化历史，为动植物的分类、进化研究提供有力的证据，而且可为保护区规划、遗传资源的保存及动植物的育种和遗传改良等工作提供理论依据。

彭敏和陈晓汉（2011）、吉磊（2011）、孙立元（2014）、赵永贞等（2014）分别利用 AFLP 和 SSR 分子标记技术分析了不同群体卵形鲳鲹遗传多样性，卵形鲳鲹群体遗传学研究结果可为合理利用和保护卵形鲳鲹种质资源提供理论依据，同时为卵形鲳鲹遗传育种提供理论基础。

彭敏和陈晓汉（2011）利用10对选择性引物分析北部湾卵形鲳鲹野生群体和养殖群体的多态位点数，表明野生群体的多态位比率高于养殖群体。表1-2显示观测等位基因、有效等位基因、Nei遗传多样性和Shannon信息指数野生群体均高于养殖群体，群体间的基因差异系数为0.051 6，基因流程度较高为4.591 1，表明群体之间产生了一定的遗传分化。根据表1-3可见，养殖群体内的遗传相似度比野生群体内的遗传相似度高，群体间遗传距离很小。

表1-2　AFLP分析所得卵形鲳鲹两群体遗传参数

（彭敏和陈晓汉，2011）

群体	多态位点比例（%）	观测等位基因数（Na）	有效等位基因数（Ne）	Nei遗传多样性（H）	Shannon信息指数（I）
养殖群体	18.32	1.183 2±0.387 2	1.084 6±0.223 6	0.052 3±0.126 5	0.081 7±0.188 0
野生群体	23.59	1.235 9±0.425 0	1.108 6±0.253 8	0.065 9±0.142 0	0.102 1±0.208 5
组合	25.93	1.259 3±0.438 7	1.100 4±0.240 2	0.062 2±0.134 8	0.098 5±0.199 0
H_T=0.062 3±0.018 2H_S=0.059 1±0.016 4D_{ST}=0.003 2±0.001 8G_{ST}=0.051 6N_m=4.591 1					

注：H_T表示群体总的基因多样性；H_S表示群体内的基因多样性；D_{ST}表示群体间的基因多样性；G_{ST}表示群体间的基因差异系数；N_m表示基因流。

表1-3　两群体内及群体间的遗传相似度及遗传距离

（彭敏和陈晓汉，2011）

项　目	取值	养殖群体	野生群体	组合
遗传相似度	平均值	0.945 7	0.931 7	0.933 9
	最大值	0.992 2	0.968 3	0.992 2
	最小值	0.906 1	0.899 6	0.899 6
群体间遗传距离		—	—	0.006 8

三、卵形鲳鲹遗传多样性的SSR分析

吉磊（2011）利用6对微卫星引物（表1-4）分别对海南、深圳、福建3个地区的卵形鲳鲹养殖群体进行遗传多样性研究。结果表明：3个养殖群体的平均等位基因数（Na）为3.67～3.83，平均有效等位基因数（Ne）为2.43～3.03，平均观测杂合度（Ho）为0.48～0.66，平均期望杂合度（He）为0.56～0.64，平均多态信息含量（PIC）为0.49～0.55，可见3个养殖群体的遗传多样性较高；统计检验结果为3个群体中各位点的遗传偏离并不显著（$P>0.05$）；遗传相似度及遗传距离信息聚类分析结果表明，福建与深圳养殖群体的亲缘关系较近，两者与海南养殖群体的亲缘关系较远。

遗传距离和遗传相似性系数分析结果为各养殖群体的遗传距离都很小，遗传相似性程

度很高（表1-5），福建与深圳养殖群体的亲缘关系较近，两者与海南养殖群体的亲缘关系较远。现代杂种优势理论认为，亲本的遗传距离越大，杂种优势越明显，这也为我们今后卵形鲳鲹的杂交育种和人工繁育提供了一点启示：要尽量多引进与我国南方主要养殖群体遗传距离大的种群进行杂交才能获得较理想的杂种优势。

表1-4 SSR引物序列

（吉磊，2011）

位点	引物序列（5'→3'）	退火温度（℃）
TB014	F：TACACCGCTCTGGATGACATTT R：AGACGGATAGATAGCAAGGTTGG	55
TB018	F：ACGCTTTGCCGCCTAACCTTC R：AGGCCTCCTGCACCTCACCAT	60
TBG008	F：TCGCGACAAACTTTAACTCATCTC R：AGCATTTTCACCTCCTCCATTG	60
TBG034	F：GTGGCTGCAGCAGGTTCACTG R：AGCCAATGCCAGGGTTGAGG	55
TBG016	F：GAACCGGAGTCTGTAAACAAGAT R：TCTAGAAATACATCCTGGGTCACT	60
Tca13	F：ATGTTTTCAATGAGGCGTAATGGTC R：TGATACAGGTGTTTAGAGGTTTTCC	60

表1-5 卵形鲳鲹3个群体的遗传距离和相似性系数

（吉磊，2011）

群体	海南群体	深圳群体	福建群体
海南群体	—	0.912 9	0.921 3
深圳群体	0.091 2	—	0.942 9
福建群体	0.081 9	0.058 7	—

赵永贞等（2014）利用微卫星技术研究南海区4个不同地理位置（广西钦州、广西北海、广东湛江、海南）卵形鲳鲹种群的遗传多样性。采用7对多态性微卫星引物，扩增共计21个等位基因，平均PIC分别为0.475 4、0.508 6、0.402 6、0.485 6；平均期望杂合度分别为0.566 5、0.613 5、0.481 1、0.590 6。综合有效等位基因数、平均多态信息含量、平均观测杂合度、平均期望杂合度等指标分析认为4个群体的遗传多样性高低顺序为：湛江群体>海南群体>钦州群体>北海群体；4个同种群体的遗传距离在0.024 1～0.082 7之间，遗传相似性系数在0.920 6～0.976 2，湛江群体和海南群体遗传距离最小，相似性系数最大，说明这两个群体遗传关系很近；北海群体和钦州群体遗传距离较小，说明两个群体遗传关系较近（表1-6）。因此，遗传距离结果与地理分布呈一定相关性。

表 1-6　4 个种群的遗传距离和遗传相似系数

（赵永贞 等，2014）

群体	广西钦州	广东湛江	广西北海	海南
广西钦州	—	0.967 5	0.953 6	0.920 6
广东湛江	0.033 0	—	0.934 3	0.976 2
广西北海	0.047 6	0.067 9	—	0.926 1
海南	0.082 7	0.024 1	0.076 7	—

孙立元等（2014）利用 11 个微卫星位点对海南三亚和广东大亚湾 2 个卵形鲳鲹育种群体进行了遗传多样性评价和聚类分析。其相关遗传参数列于表 1-7，其中海南三亚群体的 *Na* 为 2～10，平均为 5；*Ne* 为 1.228～3.771，平均 *Ne* 为 2.965，而广东大亚湾海域群体的 *Na* 为 2～7，平均为 3.6，*Ne* 为 1.436～5.101，平均 *Ne* 为 2.244；海南三亚群体中有 6 个微卫星位点（TO41，TO67，TO87，TO127-1，TO129，TO132-2）为高度多态性位点（$PIC>0.5$），位点 TO24 为低度多态性（$0.25<PIC<0.5$），其余均为中度多态性（$PIC<0.25$），平均多态信息含量为 0.509，广东大亚湾群体中有 4 个（TO33，TO41，TO67，TO132-2）位点为高度多态性位点，TO28-2 和 TO80 2 个位点为低度多态性位点，其他的为中度多态性位点，平均多态信息含量为 0.436。结果表明，广东大亚湾和海南三亚海域 2 个人工育种群体具有较丰富的遗传多样性，且基本相似，处于中等分化水平。

表 1-7　11 个微卫星位点在 2 个卵形鲳鲹群体中的遗传多样性分析

（孙立元，2014）

编号	海南三亚育种群体						广东大亚湾育种群体					
	Na	*Ne*	*Ho*	*He*	*d*	*PIC*	*Na*	*Ne*	*Ho*	*He*	*d*	*PIC*
TO12	3	2.290	0.511	0.569	−0.102	0.468	3	1.834	0.469	0.408	0.015	0.386
TO24	4	2.520	0.787	0.611	0.288	0.014	2	1.557	0.467	0.364	0.103	0.294
TO28	2	1.492	0.333	0.333	0.000	0.275	2	1.228	0.207	0.189	0.096	0.168
TO33	4	2.378	0.417	0.524	−0.204	0.422	3	2.590	0.774	0.624	0.240	0.536
TO41	6	3.192	0.617	0.694	−0.111	0.652	5	3.631	0.750	0.736	0.019	0.676
TO67	10	3.904	0.609	0.752	−0.190	0.719	7	3.777	0.778	0.761	0.022	0.711
TO80	5	1.436	0.292	0.307	−0.708	0.278	2	1.547	0.344	0.289	0.187	0.244
TO87	6	3.486	0.609	0.721	−0.155	0.663	3	2.119	0.623	0.538	0.196	0.421
TO127	6	5.101	0.814	0.813	0.001	0.777	5	1.975	0.613	0.502	0.221	0.433
TO129	4	3.320	0.792	0.706	0.122	0.641	5	1.608	0.438	0.384	0.140	0.356
TO132	5	3.796	0.792	0.744	0.065	0.693	3	2.822	0.840	0.659	0.275	0.570
平均	5	2.965	0.598	0.616	−0.090	0.509	3.6	2.244	0.573	0.496	0.138	0.436

计算 2 个群体间的遗传距离和遗传相似系数（表 1-8），遗传距离为 0.578，遗传相

似系数为 0.561；分析得到广东大亚湾人工育种群体与海南三亚人工育种群体间的遗传分化指数（F_{st}）为 0.152；对两个群体的 80 个个体进行 UPGMA 聚类分析，由图 1-7 可

表 1-8　卵形鲳鲹两个育种群体的相似系数与遗传距离

（孙立元，2014）

群体	广东大亚湾育种群体	海南三亚育种群体
广东大亚湾育种群体	—	0.561
海南三亚育种群体	0.578	—

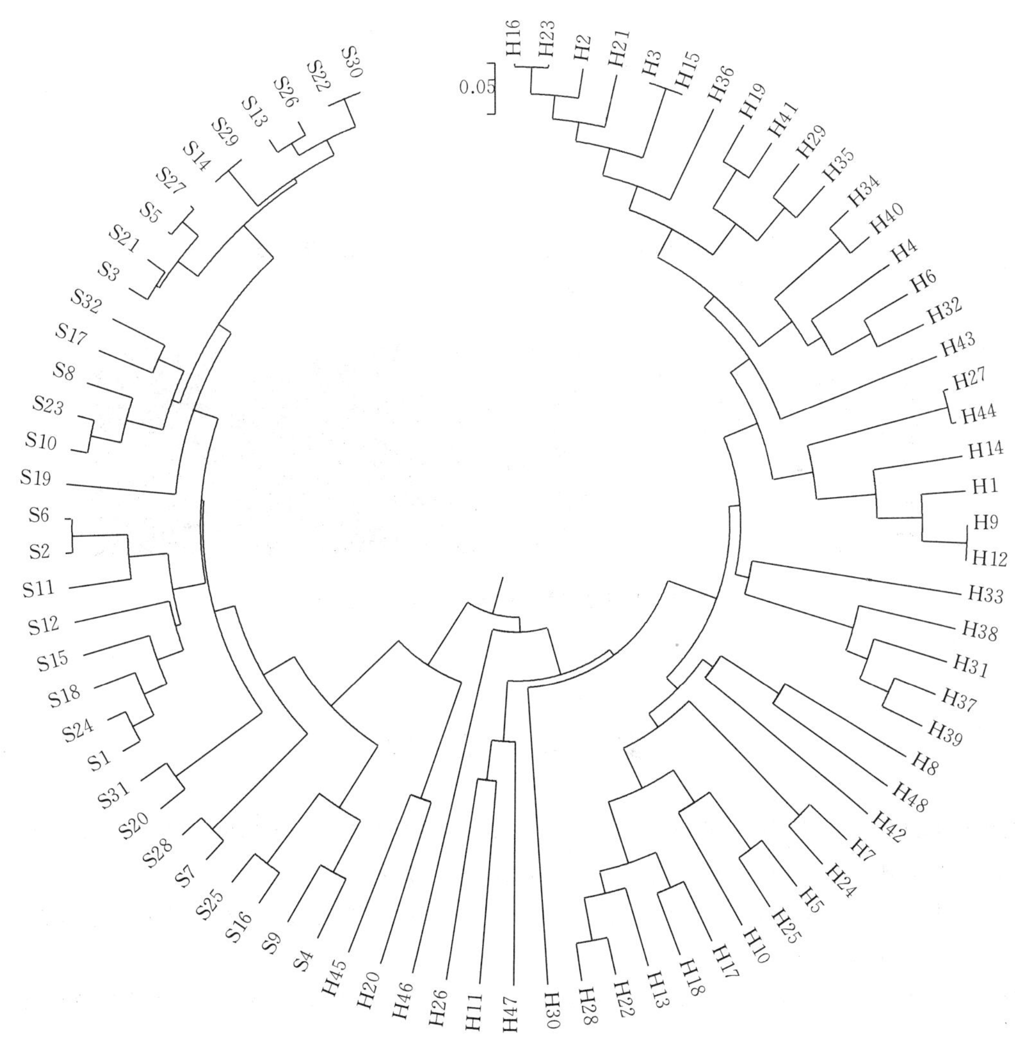

图 1-7　卵形鲳鲹 80 个个体的 UPGMA 系统进化树

（孙立元，2014）

H. 海南三亚海群体　S. 广东大亚湾群体

知，除 H20 和 H45 两个海南三亚群体的个体外，2 个群体分别单独聚为一支，说明 2 个群体的分化较明显，但存在一定的基因交流。检测两个人工育种群体的遗传分化，由图 1-8可知，合理的群体数目 K 为 2。聚类结果见图 1-9，2 个群体可以清晰地聚为 2 支。结果表明，两个人工育种群体清晰地聚为 2 支，且两个群体间具有较少的基因交流，具有较大的遗传分化，与前面的研究结果相符。说明两个人工育种群体间的亲本相互杂交，可能会产生杂种优势良好的个体，因而该研究对卵形鲳鲹遗传选育过程中的亲本配对策略提供了理论支持。

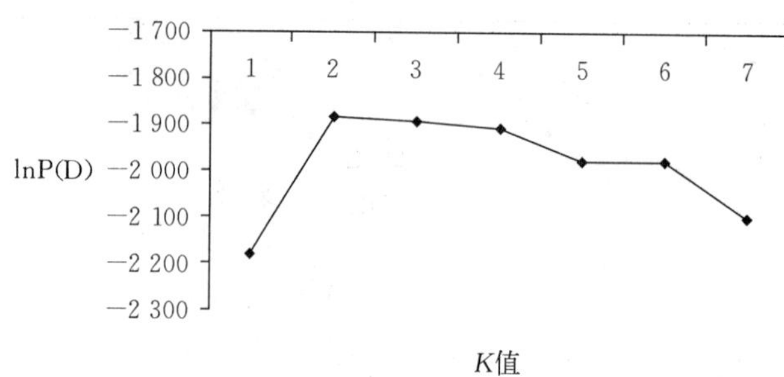

图 1-8　Structure 分析中 lnP（D）与 *K* 值的关系图

（孙立元，2014）

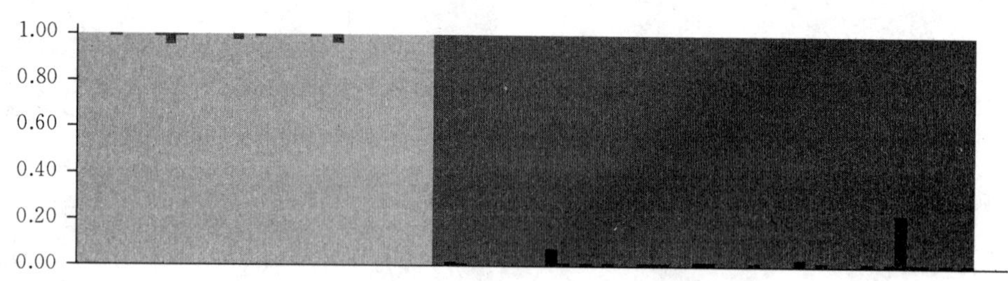

图 1-9　卵形鲳鲹 2 个群体 structure 聚类图

（孙立元，2014）

参　考　文　献

陈伟洲，许鼎盛，王德强，等.2007. 卵形鲳鲹人工繁殖及育苗技术研究 [J]. 台湾海峡，26 (3)：435-442.

成庆泰，郑葆珊.1987. 中国鱼类系统检索 [M]. 北京：科学出版社.

吉磊.2011. 卵形鲳鲹选育群体微卫星标记、生长比较、形态性状与体重相关性分析和生态养殖研究 [D]. 上海：上海海洋大学.

彭敏，陈晓汉.2011. 卵形鲳鲹养殖群体和野生群体遗传多样性的 AFLP 分析 [J]. 西南农业学报，5 (24)：1987-1991.

彭志东.2007. 海水优质品种——卵形鲳的生物学特性及繁育 [J]. 北京水产 (4)：41-43.

彭志东.2007. 卵形鲳鲹的人工繁育技术. 内陆水产 (9)：14-15.

区又君，吉磊，李加儿，等.2013. 卵形鲳鲹不同月龄选育群体主要形态性状与体质量的相关性分析[J].

水产学报，37（7）：961－969.
孙立元 . 2014. 卵形鲳鲹分子标记的筛选与应用［D］. 上海：上海海洋大学 .
王梅林，等 . 2000. 我国海洋鱼类和贝类染色体组型研究进展［J］. 青岛海洋大学学报，30（2）：277－284.
张其永，洪万树，邵广昭 . 2000. 网箱养殖卵形鲳鲹和布氏鲳鲹分类性状的研究［J］. 台湾海峡，19（4）：499－505.
赵永贞，陈秀荔，李咏梅，等 . 2014. 南海区卵形鲳鲹遗传多样性的研究 . 西南农业学报，27（4）：1786－1790.
郑文娟，朱世华，邹记兴等 . 2008. 基于 16S rRNA 部分序列探讨 12 种鲹科鱼类的分子系统进化关系［J］. 水产学报，32（6）：847－853.
中国科学院动物研究，等 . 1962. 南海鱼类志［M］. 北京：科学出版社 .
朱元鼎，张春霖，成庆泰 . 1963. 东海鱼类志［M］. 北京：科学出版社 .
朱元鼎 . 1985. 福建鱼类志（下卷）［M］. 福州：福建科学技术出版社 .
Day F. 1978. The fishes of India［M］. New Delhi：Today &Tomorrow's Book Agency：232－234.
Fowler H W. 1928. The fishes of Oceania［J］. Honolulu：Bishop Museum Press.
Francesco S，Giorgio C. 2015. First multilocus and densely sampled timetree of trevallies，pompanos and allies（Carangoidei，Percomorpha）suggests a Cretaceous origin and Eocene radiation of a major clade of piscivores. Molecular Phylogenetics and Evolution，83：33－39.
Guo H Y，Ma Z H，Jiang S G，et al. 2014. Length－weight relationship of oval pompano，*Trachinotusovatus*（Linnaeus 1758）（Pisces；Carangidae）cultured in open sea floating sea cages in South China Sea［J］. Indian Journal of Fisheries，61（1）：93－95.
Santini F，Carnevale G. 2015. First multilocus and densely sampled timetree of trevallies，pompanos and allies（Carangoidei，Percomorpha）suggests a Cretaceous origin and Eocene radiation of a major clade of piscivores［J］. Molecular Phylogenetics& Evolution，83c：33－39.
Suzuki K. 1962. Anatomical and taxonomical studies on the carangid fishes of Japan［J］. Rep FacFishPrefUnivMie，4（2）：151－155.

第二章 卵形鲳鲹亲鱼的培育与繁殖

20世纪80年代末，我国台湾开展了卵形鲳鲹人工繁育的探索并于90年代初取得了突破性的进展。90年代中期，经过我国水产育苗从业人员不懈的努力研究与探索，卵形鲳鲹的亲鱼培育、人工催产、人工育苗方面都取得突破性的进展，达到了专业化的水平。

卵形鲳鲹属于一次性产卵鱼类，人工养殖条件下亲鱼首次达到性成熟的体重在3.5～4.0 kg（3～4龄）。但根据国外文献记载，自然状态下野生卵形鲳鲹性成熟的年龄在7～8龄。在人工养殖条件下当亲鱼达到3龄时可进行催产，但在4～5龄时性成熟度好，人工催产后得到的受精卵质量较佳。

由于卵形鲳鲹达到性成熟时第二性征不明显，雌雄鉴别较困难。直到繁殖季节都不易被区分。只有在亲鱼成熟发情、互相追逐、配对产卵时才能准确地分辨雌雄。一般来讲，对于雌雄的分辨，可从生理特征方面着手。按照理论，一般雄鱼比雌鱼生长速度快，因此同龄雄鱼比雌鱼略显个体大。在体色上，雌鱼的体色较深，胸鳍、腹鳍的金黄色较深。雄鱼成熟的主要体征为体侧前胸至腹部略显淡淡的红色，体表呈银灰色，较雌鱼体色更艳丽。在生殖期，成熟雌鱼的腹部可见明显的卵巢轮廓，腹部鼓而充实，生殖孔和肛门微红，明显凸出在外。卵形鲳鲹雌鱼肛门之后具有生殖孔和泌尿孔，而雄鱼泄殖孔略封闭，腹部明显偏瘦，轻轻挤压腹部时有极少量精液流出。

根据古群红等（2009）的描述，卵形鲳鲹性腺发育一般分为6期，具体分期如下：

Ⅰ期：性腺为一腺状体，紧贴于腹腔背壁与鱼鳔，肉眼无法分辨其雌雄。

Ⅱ期：卵巢呈扁带状，由于表面有血管分布而呈浅粉红色或淡黄色，在解剖镜下可见清晰的卵粒，卵径在90～300 μm。精巢仍为细带状，血管不明显故大多呈浅灰色。

Ⅲ期：卵巢呈青灰色或黄白色，肉眼能辨认其卵粒，但此时卵粒互不分离，卵径在250～500 μm。此时精巢因血管发达而呈粉红色或淡黄色。

Ⅳ期：血管十分发达，整个卵巢呈浅黄色或粉红色，此时卵形饱满。但由于在卵巢内因挤压作用略呈不规则状，此时卵径在800～1 500 μm。精巢转为乳白色，表面血管清晰可见。

Ⅴ期：此时用手触摸亲鱼腹部有松软感，提起雌鱼或挤压腹部时，完全成熟的卵子会从生殖孔中流出。采用同样方法处理雄鱼，也有大量黏稠的乳白色精液流出体外。

Ⅵ期：产卵后卵巢体积大大缩小，此时卵巢较松软，由于血管的充塞，使得此时卵巢外观呈紫红色。排精后精巢萎缩呈细带形，表观呈浅红色或淡黄色。

截至目前，对于亲鱼成熟系数与生殖指数主要通过以下两个公式进行计算：

成熟系数（%）=（性腺重/去内脏后体重）×100；

生殖指数（‰）=[性腺重/（体重－性腺重）]×1 000。

在人工催产繁育中，所述亲鱼已经成熟指的是性腺发育已达到Ⅳ期，经过激素注射后能进行正常排卵/精的鱼。所述卵子成熟时指亲鱼性腺发育到第Ⅴ期。

方永强等（1996）对卵形鲳鲹卵巢的发育从两个不同发育阶段对其卵母细胞成熟过程的细胞生物学特点进行研究。卵形鲳鲹卵巢发育的第一阶段包括成熟分裂前期和卵黄生成前期，第二阶段包括卵黄生成期和成熟期。

在卵形鲳鲹卵巢发育第一阶段成熟分裂前期卵原细胞主要存在1～2龄鱼的卵巢，此时雌性生殖细胞可分为两种时相，一种是进入首次成熟分裂前期，在双线期之前得卵原细胞。此时细胞呈卵圆形或圆形，直径在17.6～32.0 μm，通常具有一个核仁，位于中央或靠近核膜，偶尔可见两个，胞质强嗜碱性（图2-1，1）。电镜下观测卵原细胞核大呈椭圆形，核内异染色质较少、常染色质较多，核仁居中，核膜清晰，核旁及其周围有多个线粒体，胞质较少，胞质中有多个嗜锇颗粒（图2-1，2）；卵原细胞生殖胚泡旁出现核仁样体，其特点是核仁样体周围有卵圆形线粒体围绕，有的线粒体外膜与核仁样体紧密接触（图2-1，3）；在光镜下可见卵原细胞进入首次成熟分裂前期的不同时相（图2-1，4），电镜观察进一步揭示了核内出现两条同源染色体侧面紧密相贴进行配对，进入联会丝复合体期或称偶线期，为一种梯状结果，核膜部分消失（图2-1，5）。最后同源染色体分开，联会丝复合体逐渐消失，在核周围可见多个核仁样体及相关的线粒体。此时卵原细胞发育进入首次成熟分裂前期的双线期（图2-1，6），至此发育至早期卵母细胞，此时细胞直径在24.4～42 μm，核与细胞径的比例为0.53，生殖指数为9.40%。

当卵形鲳鲹亲鱼达到3～4龄时，卵巢内出现小生长期或卵黄生成前期的卵母细胞，此时卵母细胞的直径在35.2～86.4 μm，核与胞径比例为0.50，生殖指数为16.86%。此时卵巢内由两种不同发育时期卵母细胞组成，一种细胞体积增大，核仁数增加，但尚未进入核仁周时期，约占卵巢母细胞总数的83%，另一种细胞是核仁周期的初级卵母细胞，约占17%，其特点是核内有众多小的核仁贴近核内膜，核仁数11至26个（图2-1，7）。在电镜下观测到卵母细胞胞质中有大量椭圆形的线粒体聚集，嵴呈管状，基质电子密度较低，在线立体之间有两组高尔基复合体，其中一组由6个扁平囊所组成，在其成熟面可见多个高尔基小泡，在高尔基体与线粒体之间还可见核仁样体，但电子密度较低（图2-1，8）；初级卵母细胞折叠或凹陷与滤泡颗粒细胞突起相接触（图2-1，9）。

卵黄生成前卵母细胞始终被两种体细胞所围绕，一种是贴近卵母细胞的滤泡颗粒细胞，细胞呈扁平形，核长椭圆形，核内染色质多，异染色质较少，并贴近核内膜，胞质中有游离核糖体和管状线粒体，但其基质电子密度较低，以及可能是正在发育的粗面内质网和初级溶酶体（图2-1，10；图2-1，11）。另一种位于卵母细胞最外层，靠近滤泡颗粒细胞的为滤泡膜细胞，该细胞呈扁平形或不规则形。次细胞与滤泡颗粒细胞显著不同，其核内常染色质少，异染色质丰富，成块状贴近核内膜，胞质中有卵圆形或椭圆形线粒体和环状粗面内质网（图2-1，11）。这些形态结构表明卵黄生成前这两种细胞尚处于发育时期（方永强 等，1996）。

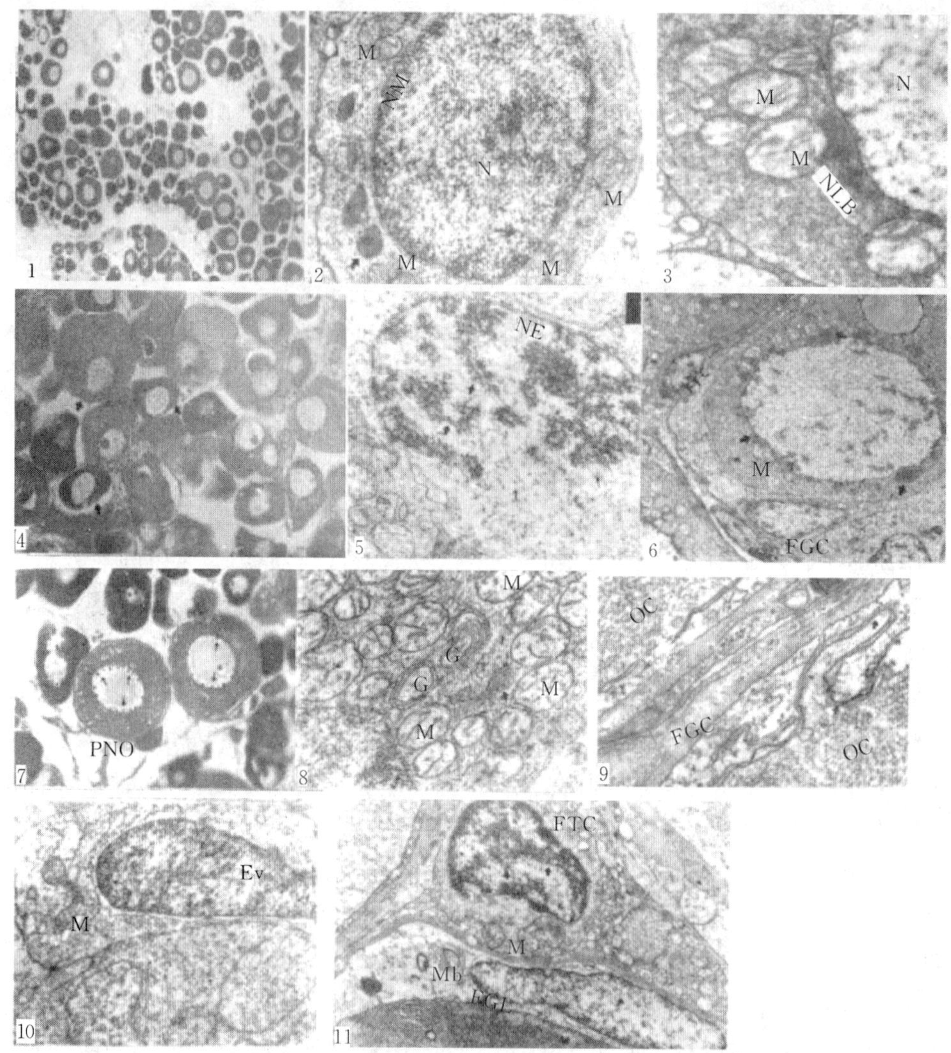

图 2-1　卵形鲳鲹早期卵子发生显微及超显微结构

（方永强 等，1996）

1. 2 龄卵形鲳鲹卵巢切片显示不同发育时期的卵原细胞（×110） 2. 电镜照片显示卵原细胞生殖胚泡（核仁，N）为卵圆形，核周可见线粒体（M）和嗜锇颗粒（箭头） NM. 核被膜（×30 000） 3. 卵原细胞超微结构特点是靠近核被膜基部有 miage（核仁样体，NLB）及 3 个或 5 个线粒体（M）可以被观察到（×16 250） 4. 光学显微镜照片所示首次成熟分裂前期的卵原细胞（箭头，×275） 5. 电镜照片可见首次成熟分裂前期联会丝复合体期的卵原细胞（箭头），核被膜（NE）部分消失（×16 250） 6. 首次成熟分裂期双线期初级卵母细胞（OC），核被膜基部周围有多个 nuage（箭头）围绕，2 个或 3 个贴近 nuage 的线粒体（M） FGC. 滤泡颗粒细胞 FTC. 滤泡膜细胞（×16 250） 7. 核仁周期初级卵母细胞（PNO），可见核内有许多核仁（箭头）贴近核内膜（×275） 8. 核仁周期卵母细胞超微结构特点是胞质中可见大量线粒体（M），两组高尔基复合体（G）及 nuage（箭头，×30 875） 9. 在这一时期，卵母细胞质膜出现折叠或凹陷（粗箭头）及其绒毛（细箭头，×77 500） 10. 滤泡颗粒细胞核（N）为椭圆形，常染色质（Eu）占多数，少数为异染色质（箭头），胞质中可见管状的线粒体（M）（×22 500） 11. 核仁周期的体细胞，滤泡颗粒细胞胞质中有髓样小体（Mb），相邻的滤泡膜细胞，核内异染色质占多数（箭头），胞质中有管状线粒体（M）（×16 250）

目前卵形鲳鲹可在海上网箱内直接催产，亦可在室内进行催产。为了确保受精卵的质量，在采用激素注射催产时应在亲鱼性腺发育至Ⅳ期末或Ⅴ期初进行。为了能更准确地判断亲鱼的成熟度，可采用取卵的方法从生殖孔内取卵。若取卵时能在生殖孔较浅的部位取到卵粒，并且所取的卵粒大小整齐、饱和、光泽好、易分散，大多数卵核已极化或偏位，则表明雌性其余性腺发育到最佳催产期。若所检测亲鱼腹部小而硬，卵巢轮廓不明显，生殖孔不红润，卵粒不易挖出，且大小不整齐，不易分散，则表明性腺成熟度不够。相反，如果亲鱼腹部过于松软，无弹性，卵粒扁塌或呈糊状，则说明亲鱼性腺已经发育过熟，正处于退化期。另外，在检查亲鱼成熟与否时，需要停料 2～3 d，以免饱食后形成假象。

卵形鲳鲹适宜催产的水温在 25～30 ℃，在进行催产前应结合气候与水温变化来判断。当每日最低水温在 25 ℃以上时，若亲鱼食量明显减退，甚至不吃东西，即为性腺成熟的表现，在选择性拉网检查时若雄鱼有精液，雌鱼腹部饱满，即为催产的最佳时机。

目前，海水鱼常用的人工催产剂为绒毛膜促性腺激素（HCG），促黄体生产释放激素类似物（LRH－A）和鱼类脑下垂体（PG）。在卵形鲳鲹的人工催产中，采用 HCG，LRH－A_2 或 LRH－A_3 的较多。注射剂量一般雌鱼每千克鱼体 LRH－A_2 或 LRH－A_3 10～12 mg，雄鱼减半。或组合注射：每千克雌鱼体重 LRH－A_2 5～10 mg ＋ HCG400 个国际单位，雄鱼减半。在配置注射液时建议现配现用，若注射间隔超过 1 h 以上建议放入 4 ℃冰箱保存。注射部位一般选在背鳍下方肌肉丰满处，用针顺着鳞片与鱼体呈 40°角刺入肌肉 1.5 cm 左右（彩图 1）。注射后亲鱼一般在 35～40 h 内产卵，受精卵收集后，需要经过镜检，合格后打包运输（彩图 2）。

在亲鱼催产前，应做好准备工作。若在海上网箱内催产，则需要在注射前将网箱内加套筛绢网。由于筛绢网会阻碍网箱水流交换，容易导致亲鱼缺氧，因此，在放入注射后的亲鱼后，应定时检查水质，如出现溶氧下降较快时，应及时对产卵网箱内充气。

参　考　文　献

方永强，戴燕玉，洪桂英．1996．卵形鲳鲹早期卵子发生显微及超微结构的研究［J］．台湾海峡，15（4）：407－411．

古群红，宋盛宪，梁国平，等．2009．金鲳鱼（卵形鲳鲹）工厂化育苗与规模化快速养殖技术［M］．北京：海洋出版社：258．

第三章
卵形鲳鲹仔鱼、稚鱼的胚后发育及营养需求

第一节　卵形鲳鲹受精卵及仔鱼、稚鱼的发育

一、卵形鲳鲹受精卵的发育

卵形鲳鲹的受精卵无色透明，为浮性卵，呈圆形，平均受精卵卵径为 0.97 mm。在受精卵中心有 1 个油球，呈微黄色，平均油球直径为 0.34 mm，约为卵径的 1/3（图 3-1，1）。受精卵孵化时间通常与孵化时水温相关。当孵化水温在 19～21 ℃时，其孵化时间为 41 h 左右，而当孵化水温超过 25 ℃后，其孵化时间缩短到 35 h。

在 19～21 ℃的孵化温度下，受精卵在 1 h 10 min 左右进入 2 细胞期（图 3-1，2）；在 2 h 5 min 左右进入 8 细胞期（图 3-1，4）；在 3 h 20 min 开始第 5 次分裂，进入 32 细胞期（图 3-1，6）；在 4 h 35 min 时进入多细胞期（图 3-1，8）。在 4 h 35 min 进入高囊胚期（图 3-1，9），此时分裂球难以分辨，胚胎层隆起较高；在 5 h 50 min 进入低囊胚期（图 3-1，10），此时囊胚基部不断扩大，高度变低，呈扁平帽状覆盖在卵黄上。

随着胚胎进一步发育，胚盘边缘细胞开始向植物极移动，在 10 h 5 min 左右胚胎发育进入原肠胚早期阶段（图 3-1，11），此时胚盘下包 1/3 的卵黄。伴随着发育的继续进行，囊胚周边细胞增厚加密，不断扩展，胚环下包 1/3～1/2，胚盾在胚环一侧出现，进入原肠中期（图 3-1，12）。在 21 h 47 min 后，胚盾继续伸展，头部触及植物极，雏形胚体在此时出现，此时为原肠末期（图 3-1，13）。

受精后 25 h 30 min 左右胚体形成，此时胚层细胞完全包围卵黄，胚孔封闭，克氏细胞出现（3-1，14）。受精后 31 h 58 min，头部两侧出现眼囊，尾芽隆起（图 3-1，15）。受精后 32 h 13 min，色素在胚体上出现，尾部与卵黄囊分离，形成独立尾芽，身体中部体节形成（图 3-1，16）。受精后 36 h 15 min，心脏分化并开始跳动（图 3-1，17），同时胚体在卵内出现运动。受精后 41 h 13 min，可见视杯中晶体、耳石、嗅囊（图 3-1，18）。

受精后 41 h 26 min，胚体尾部围绕卵黄囊环曲，尾尖伸至头部附近，胚体扭动加剧，不断顶推卵膜，卵黄囊被拉长，卵膜逐渐出现褶皱，最后仔鱼破膜而出（图 3-1，19）。初孵仔鱼体长

约1.55 mm，卵黄囊呈椭圆形，较大且透明，油球较小，位于卵黄囊中部靠前段（图3-1，20）。

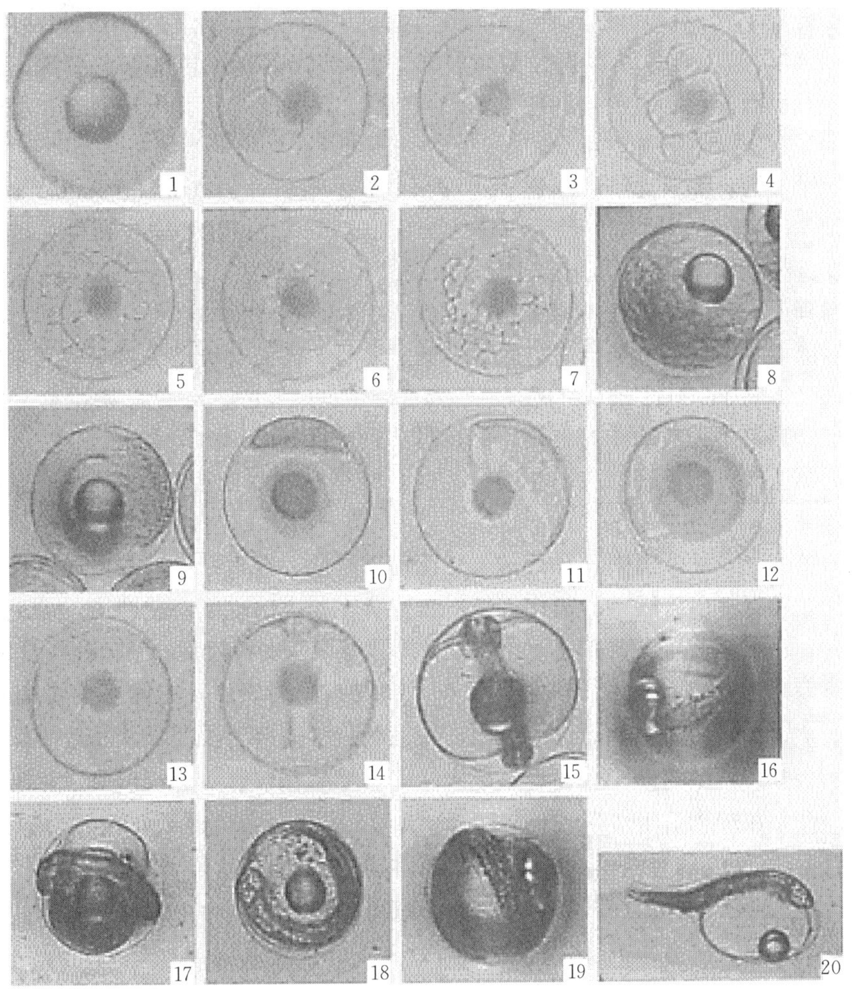

图3-1　卵形鲳鲹受精卵发育

1. 受精卵　2. 2细胞期　3. 4细胞期　4. 8细胞期　5. 16细胞期　6. 32细胞期　7. 64细胞期　8. 多细胞期　9. 高囊胚期　10. 低囊胚期　11. 原肠早期　12. 原肠中期　13. 原肠末期　14. 胚体形成期　15. 眼囊期　16. 耳囊期　17. 心脏跳动期　18. 晶体出现期　19. 孵化前期　20. 初孵仔鱼

（区又君和李加儿，2005）

二、卵形鲳鲹早期发育

孵化后第0天，卵形鲳鲹仔鱼卵黄囊体积大，呈椭圆形，具有一个人肉眼可见的油球。油球位于卵黄囊的中后段。卵黄囊的长径为（1.22±0.08）mm，短径为（0.81±0.03）mm，油球直径为（0.34±0.05）mm。脊索自眼后缘开始贯穿全身，眼囊呈淡灰色，眼囊的后方出现嗅囊、后方出现听囊，听囊内有左右2块耳石。消化道呈直筒状，未与外界相通。心脏位于身体中轴线偏卵黄囊左侧，心率为（139.6±2.91）次/min。肌节呈V形，共有23个肌节（图3-2，1）。

孵化后第1天，仔鱼卵黄囊、油球体积缩小，此时卵黄囊长径为（0.48±0.10）mm，短径为（0.32±0.05）mm，油球直径为（0.26±0.02）mm。黑色素颜色变深，鳍膜开始增高。眼囊开始有黑色素沉淀，胸鳍原基出现在2～3肌节之间。出现鳃裂，肠道进一步加粗，肛门发育完全（图3-2，2）。

孵化后第2天，卵黄囊、油球进一步缩小，卵黄囊直径为（0.43±0.07）mm，短径为（0.26±0.04）mm，油球直径为（0.22±0.02）mm。心脏结构清晰可见，血液呈红色，胸鳍发育呈扇形。此时仔鱼游泳能力较弱。鳃盖雏形成，鳃呈弓形，鳃丝鳃耙不明显。口已张开，口前下位，还不能进食（图3-2，3）。

孵化后第3天，卵形鲳鲹仔鱼进入混合营养阶段。卵黄囊大部分被吸收且轮廓逐渐模糊，长径为（0.38±0.05）mm，短径为（0.20±0.01）mm。仔鱼开始摄食，肠道内清晰可见轮虫、桡足类无节幼体等食物。仔鱼具有趋光性（图3-2，4）。

孵化后第4天，卵黄囊消失，有残余油球，直径在（0.19±0.01）mm，脊索仍为直线状（图3-2，5）。

孵化后第6天，油球消失，仔鱼进入外源营养阶段，脊索开始向上弯曲，身体逐渐变宽，尾鳍开始发育，出现鳍条。消化道进一步发育，肠道出现第一道回褶，可观测到肠道蠕动。脊索上下方出现3～4道黑色素条带。此时背鳍原基发育较慢，呈圆形（图3-2，6）。

孵化后第7天，卵形鲳鲹仔鱼头部、腹部出现银色的斑点。主鳃盖前缘出现3个小棘，中间一个较长，两边的较短，棘透明，呈针状。背鳍褶前段变窄，靠近头部的已有隆起原基，后缘分叉，尾鳍进一步发育，呈扇状。臀鳍原基在肛门后缘形成，背鳍发育较臀鳍发育快。仔鱼在饱食后身体呈银色（图3-2，7）。

孵化后第10天，卵形鲳鲹胸鳍发育迅速，鳍条发育明显（图3-2，8）。

孵化后第12天，背鳍具有5～6根硬棘，具有黑色素。鱼鳔出现第2室。此时仔鱼主要出于中上层水层。肌节转为W形，口进一步增大，游泳迅速（图3-2，9）。

孵化后第13天，卵形鲳鲹仔鱼臀鳍鳍条基本长成，具有鳍棘3根，臀鳍条17～18根（图3-2，10）。

孵化后第14天，卵形鲳鲹背椎弯曲，尾下骨后缘与体轴垂直。腹鳍芽在头部的下后部出现，鱼体进一步侧扁，背鳍、臀鳍条变宽变粗（图3-2，11）。

孵化后第15天，尾鳍开始分化，此时80%仔鱼的体色变为银色，集群活动（图3-2，12）。

孵化后第16天，正常投喂下的卵形鲳鲹可见拖粪现象（图3-2，13）。

孵化后第17天，卵形鲳鲹腹鳍发育完成，鳍条5根，形状很小，尾鳍分叉程度进一步加深（图3-2，14）。

孵化后第18天，卵形鲳鲹进入稚鱼期。此时各鳍条发育完成，背、臀鳍上具有黑色素，尾鳍基部皮下出现少许鳞片，肌肉组织变得肥厚（图3-2，15）。

孵化后第22天，卵形鲳鲹通身呈银色，各鳍均已长成且都具有黑色色素。背鳍的基底约等于臀鳍基底，胸鳍呈短圆形，尾柄细短，无隆起棘。侧线呈直线或微波状，此时鱼体形态与成鱼相似，鳍式：D.Ⅳ.Ⅰ-19～20，A.Ⅱ，Ⅰ-17～18，P.18～20，V.Ⅰ-5，C.17（图3-2，16）。

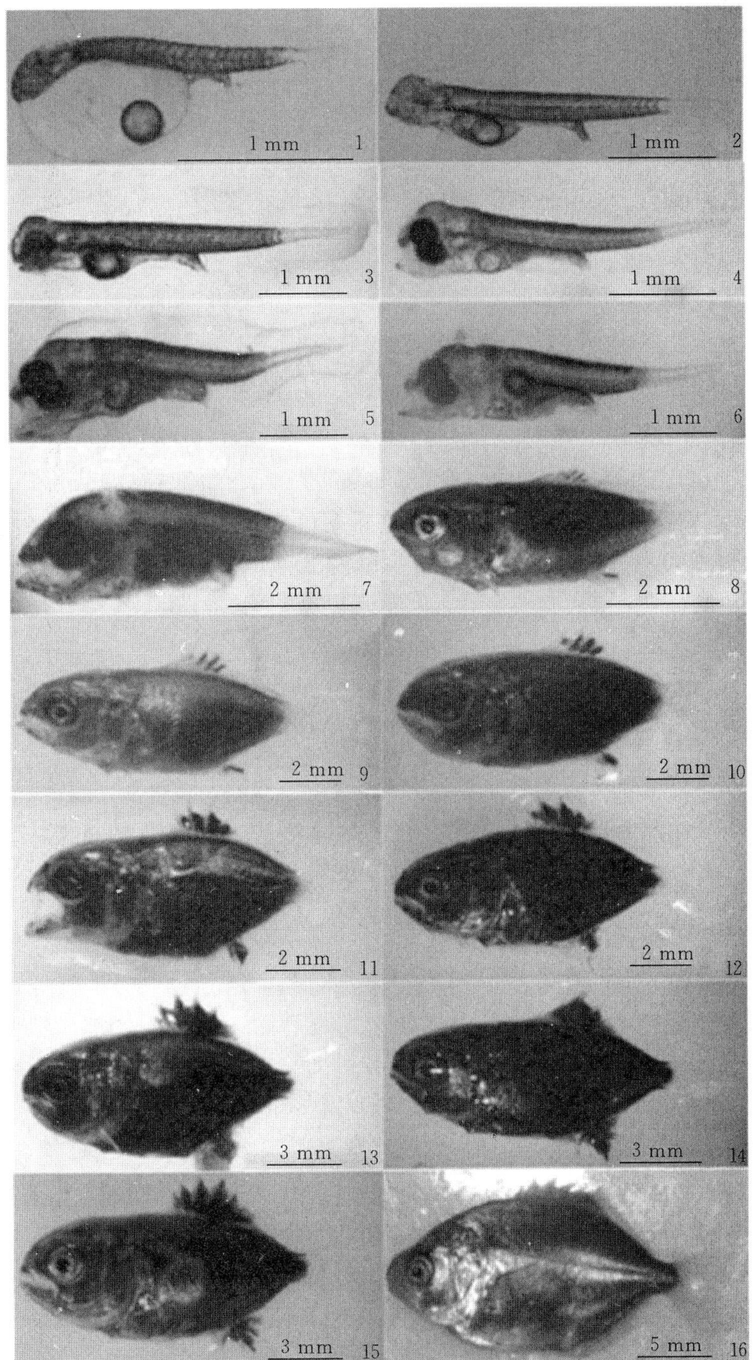

图 3－2　卵形鲳鲹早期发育

1. 孵化后第 0 天　2. 孵化后第 1 天　3. 孵化后第 2 天　4. 孵化后第 3 天　5. 孵化后第 4 天　6. 孵化后第 5 天　7. 孵化后第 7 天　8. 孵化后第 10 天　9. 孵化后第 12 天　10. 孵化后第 13 天　11. 孵化后第 14 天　12. 孵化后第 15 天　13. 孵化后第 16 天　14. 孵化后第 17 天　15. 孵化后第 18 天　16. 孵化后第 22 天

（何永亮 等，2009）

第二节　卵形鲳鲹主要免疫器官早期发育及血细胞发生

鱼类的免疫机能没有像哺乳动物那样高度发达，但鱼类已经具备了一个相对完善的免疫系统，在抵御不良环境影响、保护鱼体健康的过程中发挥着重要的作用。与哺乳动物相比，鱼类的免疫器官比较简单，主要由胸腺、头肾、脾脏及其他淋巴组织构成，但没有骨髓和与哺乳动物相类似的淋巴结。鱼类在免疫系统发育成熟之前，其免疫防御主要依赖非特异性免疫。此时的非特异性免疫包括细胞免疫、体液因子免疫等。

鱼类在早期发育过程中要经过变态过程，在此期间仔鱼、稚鱼的形态、组织器官将发生巨大变化。经过变态后，仔鱼、稚鱼的各项器官逐渐发育成熟进入幼鱼阶段。卵形鲳鲹在孵化后 22 d 左右完成变态，标志着稚鱼期的结束。本节对孵化后 0～22 d 卵形鲳鲹仔鱼、稚鱼在变态过程中胸腺、头肾与脾脏 3 种免疫器官的发生与发育进行了系统阐述。

一、卵形鲳鲹胸腺的早期发育

卵形鲳鲹仔鱼、稚鱼胸腺发育主要经过四个阶段。第一阶段为孵化后第 3 天至孵化后第 9 天，胸腺原基在此阶段出现，随后一周发育主要表现为细胞数量增多、细胞体积增大；第二阶段为孵化后第 10 天至孵化后第 15 天；第三阶段为孵化后第 16 天至第 19 天；第四阶段为孵化后第 20 天至第 22 天。主要发育特征如下：

胸腺原基由数个细胞组成，是一个对称的器官。卵形鲳鲹受精卵孵化后第 3 天，胸腺原基在卵形鲳鲹仔鱼的鳃腔后上方出现（图 3－3，1），HE 染色成蓝色。胸腺原基呈棒状，在鳃腔上皮中形成凸起。胸腺原基与鳃腔之间被一层较薄的上皮组织隔开。

孵化后第 7 天，胸腺组织进一步增大，胸腺实质细胞未出现明显分化（图 3－3，2）。此时，胸腺细胞团位于鳃腔上皮下方，胸腺细胞嗜碱性不强，HE 染色较淡。在此阶段，胸腺与头肾间隔较近，中间由少量肌肉组织和纤维组织膜等组织间隔。

孵化后第 10～13 天，卵形鲳鲹仔鱼胸腺组织呈长棒状，采用 HE 染色后胸腺细胞被染成较均匀的蓝色，为典型的淋巴细胞。这些淋巴细胞呈圆形或近圆形，细胞核亦相对较大。此时，细胞嗜碱性较强，HE 染色后颜色较深。在此发育阶段，胸腺组织中间部分的细胞染色略微变淡，预示着胸腺组织开始分区，但此时的分区不明显（图 3－3，3）。此时的胸腺组织与头肾组织间隔不远，但中间主要由网状组织与肌肉组织隔开，在此发育阶段未见有淋巴细胞迁移的现象（图 3－3，4～6）。

孵化后第 16～18 天，卵形鲳鲹稚鱼的胸腺呈长行，位于鳃腔后缘角处。此时胸腺紧贴肌肉组织，其位于鳃腔一侧的表面由一层不规则的上皮细胞构成，在这些上皮细胞中存在大量个体较大的分泌细胞（图 3－3，7）。在此阶段，胸腺开始分区，胸腺中部靠近肌肉组织的部分染色较淡，淋巴细胞分布渐稀，为内区。HE 染色后，前后两侧部分蓝色较深，淋巴细胞较小且分布较致密，为外区。在此阶段，胸腺内区与外区的分界不明显。

孵化后第 20～22 天，卵形鲳鲹稚鱼胸腺体积进一步增大，在背角一侧出现 MMc（黑色素-巨噬细胞中心）。胸腺内区与外区的分界更加明显。胸腺内区主要由网状细胞和类肌细胞等组成且分布更加稀疏，染色较淡。两侧的胸腺外区淋巴细胞核质较大，细胞核染色较深。此时，胸腺外侧上皮组织中分布有较多的分泌样细胞，与此同时在胸腺表层附近亦可发现少数分泌样细胞，嵌入在胸腺组织表层（图 3－3，8）。

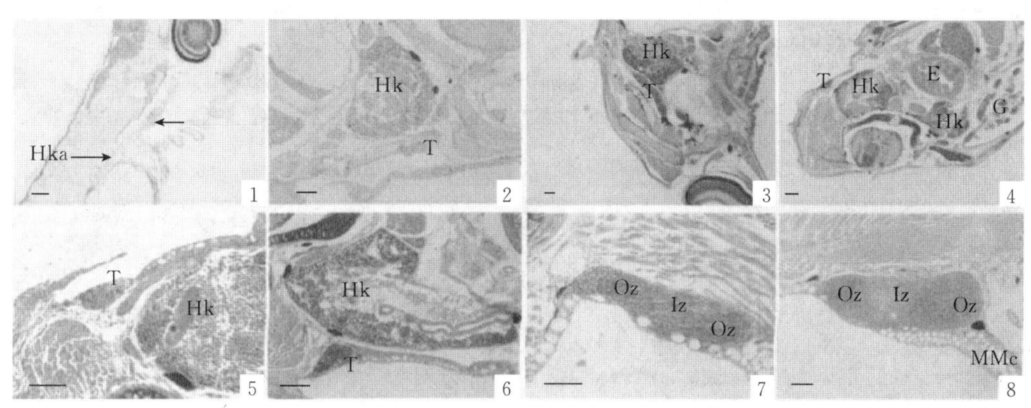

图 3－3　卵形鲳鲹胸腺早期发育

1. 孵化后第 3 天　2. 孵化后第 7 天　3～6. 孵化后第 10～13 天　7. 孵化后第 16～18 天　8. 孵化后第 20～22 天
E. 食道　G. 鳃　Hk. 头肾　Hka. 头肾原基　Iz. 内区　MMc. 黑色素-巨噬细胞中心　Oz. 外区　T. 胸腺
箭头示胸腺原基；标尺＝50 μm

（蔡文超 等，2012）

二、卵形鲳鲹头肾的早期发育

根据功能性的变化，卵形鲳鲹头肾早期发育可分为三个阶段。第一阶段为原基形成期，为孵化后第 0～3 天；第二阶段为造血功能发展期，为孵化后第 4～12 天；第三阶段为泌尿功能退化期，发生在孵化后第 12 天之后。主要发育特征如下：

1. 原基形成期

孵化后第 0 天，卵形鲳鲹仔鱼肠道由肛门处向身体前段逐渐开通。此时肠道背部与脊索下方未发现原肾管（图 3－4，1）。

孵化后第 2 天，在仔鱼肠道上方发现一对细长的肾管，肾管前方的肾小管开始卷曲（图 3－4，2）。

孵化后第 3 天，卵形鲳鲹仔鱼胸部脊柱下方可见更加弯曲的肾小管（图 3－4，3）。

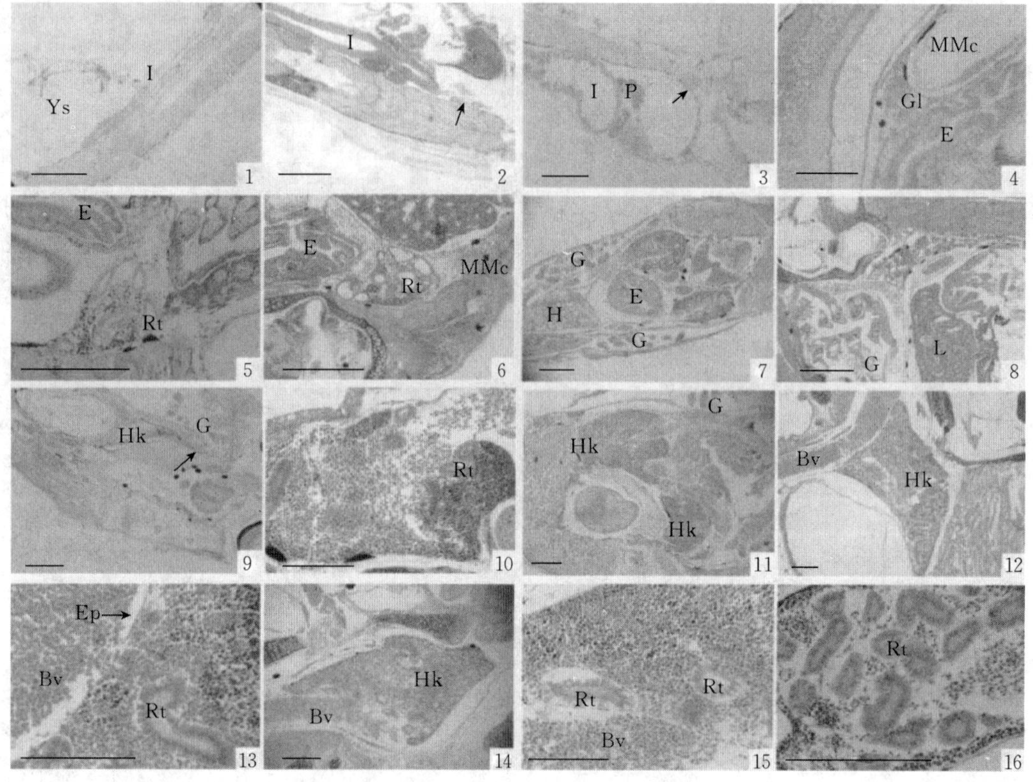

图 3-4 卵形鲳鲹头肾的早期发育

1. 孵化后第 0 天 2. 孵化后第 2 天 3. 孵化后第 3 天 4～5. 孵化后第 4～5 天 6. 孵化后第 6～7 天 7～8. 孵化后第 10～12 天 9～10. 孵化后第 10～12 天 11. 孵化后第 14～15 天 12～13. 孵化后第 17～18 天 14～16. 孵化后第 20～22 天

E. 食道 G. 鳃 Gl. 肾小球 H. 心脏 I. 肠 L. 肝 MMc.. 黑色素-巨噬细胞中心 P. 胰脏 Rt. 肾小管 Ys. 卵黄囊 Bv. 血管 Ep. 上皮细胞 Hk. 头肾

图 2～3 箭头示头肾原基，图 9 箭头示头肾最前端，标尺=100 μm

（蔡文超 等，2012）

2. 造血功能发展期

孵化后第 4～5 天，卵形鲳鲹仔鱼头肾部位可见肾小球（图 3-4，4），此时的肾小管周围红血细胞，管内壁有分泌细胞（HE 染色呈红色，图 3-4，5）。在此阶段，头肾部有一些肾细胞（HE 染色呈蓝色），还有一些未分化的干细胞（呈圆形，细胞质染色较浅）。此时的头肾已经开始出现造血功能。黑色素-巨噬细胞中心（MMc）尽在头肾外周分布（图 3-4，5）。

孵化后第 6～7 天，卵形鲳鲹仔鱼头肾部的肾小管增多，肾细胞与造血干细胞成簇出现（图 3-4，6）。头肾部有大量以红血细胞为主的血细胞，这些红细胞形状不规则，呈梭形、圆形、新月形等，为未成熟的红细胞。此时的头肾组织未见明显的被膜。

孵化后第 10～12 天，卵形鲳鲹仔鱼、稚鱼头肾部分的肾小管数量未见明显增加。两侧头肾中还有以红细胞为主的血细胞，其汇聚的血管向下延伸，绕过食道后相连在一起（图 3－4，7)。头肾部分的肾细胞和造血干细胞主要成簇分布于周围的远血管（图 3－4，8～10)，头肾部分最前端触及鳃腔前缘背部（图 3－4，9)。

3. 泌尿功能退化期

孵化后第 14～15 天，卵形鲳鲹仔鱼、稚鱼头肾前部的肾小管出现逐渐退化的趋势。除血管外头肾部的组织相对更加密集，造血干细胞、肾细胞、血细胞等混合分布（图 3－4，11)。

孵化后第 17～18 天，卵形鲳鲹头肾前部被 HE 染色染成蓝色，淋巴细胞的分化也越来越多（图 3－4，12)。此时头肾部分仍旧分布有肾小管，但大部分已随着年龄的增长而逐步退化。此时的头肾已经不再是泌尿的主要器官。在此时，头肾前部与血管相接处可见极薄的、由单层扁平上皮细胞构成的被膜，HE 染色中，细胞核被染成蓝色，形状细长（图 3－4，13)。

孵化后第 20～22 天，卵形鲳鲹头肾部分 HE 染色为蓝色，其后缘为中肾，其中含有大量的肾小管和肾小球（图 3－4，14～16)。此时中肾背部与腹部边缘分布有肾细胞和造血干细胞，为造血和泌尿功能的混合区。随着向中肾后部的延伸，造血干细胞分布数量的减少，血细胞数量减少。在此阶段，整个肾脏的造血功能区和泌尿功能区没有明显的分界。

三、卵形鲳鲹脾脏的早期发育

在仔鱼、稚鱼发育阶段，卵形鲳鲹脾脏原基由数个实质细胞逐渐发育成窦状隙增多、发达的器官。脾脏内部主要表现为造血干细胞向红血细胞分化并产生大量未成熟红细胞。孵化后第 6～8 天，卵形鲳鲹仔鱼脾脏已经参与造血功能。在稚鱼期结束时，脾脏体积相对增大，内部造血干细胞和未成熟红细胞十分丰富，造血功能趋于成熟。此时的脾脏与其周围血管相连，大量血细胞进入血管中，参与血液循环。主要发育特征如下：

孵化后第 3 天，卵形鲳鲹仔鱼腹部肠道间出现 1 个由数个实质细胞构成的类圆形脾脏原基，此时的脾脏原基被胰脏组织包围。脾脏原基中有细小的毛细血管，血红细胞亦可被发现（图 3－5，1)。

孵化后第 6～8 天，卵形鲳鲹仔鱼脾脏呈桃形，附在肠外壁上，被胰脏等组织包围（图 3－5，2)。此时脾脏体积明显增大，内部由毛细血管形成的窦状隙增多、增大，含有丰富的血细胞及少量微嗜碱性细胞或造血干细胞。血细胞中以红细胞为主，形状不规则，有的细胞核偏位，细胞呈近圆形，多为未成熟的红细胞。这些红细胞最终汇聚到附近的毛细血管中。

孵化后第 10～12 天，卵形鲳鲹仔鱼、稚鱼脾脏呈椭圆形，上部紧贴中肠外壁，下半部分被胰脏组织包被。此时脾脏内窦状隙扩大，充满红色的血细胞（图 3－5，3)。与此同时，淋巴细胞增多，均匀地分布在脾脏组织中（图 3－5，3、4）。

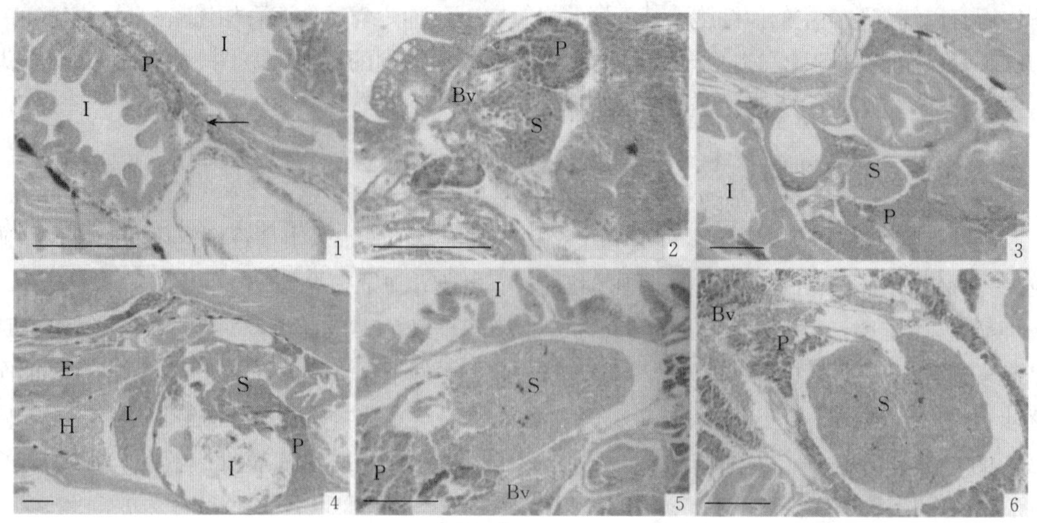

图 3－5　卵形鲳鲹脾脏的早期发育

1. 孵化后第 3 天　2. 孵化后第 6～8 天　3～4. 孵化后第 10～12 天　5. 孵化后第 17～18 天　6. 孵化后第 20～22 天

Bv. 血管　E. 食管　H. 心脏　I. 肠　L. 肝脏　P. 胰脏　S. 脾脏

箭头示脾脏原基，标尺＝100 μm

（蔡文超 等，2012）

四、卵形鲳鲹血细胞的发生

血细胞是动物机体免疫的重要成分，其对动物机体自身的生理变化及对外界环境因子刺激非常敏感。鱼类血液与机体的代谢、营养状态及疾病有着密切的关系，当鱼体收到外界干扰引起生理或病理变化时，必定会在血液指标中反映出来。因此，鱼类的血液指标可以用来评价鱼类生理状态如健康状态、营养水平，环境水质等。在不同种类的鱼类中，血细胞存在着一定差异，这种差异主要是由种类、性别、年龄、生活环境、食性等所造成。对于鱼类血细胞的研究，不仅可以加深我们对鱼类血液生理理论方面的理解，亦可应用于鱼类人工养殖、鱼病防治方面。

张健东等（2007）研究发现，卵形鲳鲹的主要造血器官为脾脏与头肾，其次为体肾；卵形鲳鲹血液中红细胞的主要发生场所在脾脏，其次为体肾和头肾；而淋巴细胞的主要发生场所则在体肾、脾脏和头肾，三者无显著差异；粒细胞的主要发生场所为头肾，其次为体肾，再次为脾脏。而单核细胞的发生场所在头肾、脾脏、肝脏、体肾中，四者没有显著差异。卵形鲳鲹的外周血液中常见的白细胞为淋巴细胞与血栓细胞，中性颗粒细胞也相对较多，但单核细胞极少，嗜酸性和嗜碱性粒细胞很少被观测到。

张健东等（2007）对卵形鲳鲹血细胞各个发育阶段的形态特点做了以下描述。

红细胞系原红细胞（图 3－6，1、6～10，PE），胞体较大，呈圆形或类圆形，胞浆丰富，呈深蓝色且着色不均匀。胞核呈圆形或类圆形，占据细胞内绝大部分空间；核多居中，有时稍偏，偶尔与边缘相切；核边缘模糊，核仁大小不一；染色质被染成较浓的深紫色，但染色不均匀，呈粗粒状。

幼红细胞（图 3－6，2，IE）胞体呈圆形或椭圆形，比原红细胞小，胞浆呈粉红色，开始出现血红蛋白，随着细胞发育，胞浆延伸逐渐变成橘红色。细胞核呈类圆形，多居中，有时稍偏，染色质开始凝聚，无核仁。

红细胞（图 3－6，2、13、14，ER），胞体呈长椭圆形，胞浆丰富，充满血红蛋白，呈橘红色。细胞核卵圆形且较小，多位于细胞中央。致密染色质团块染成紫红色，无核仁，细胞表面光滑无突起，在血液涂片中偶尔可见红细胞直接分裂的现象。

单核细胞系原单核细胞（图 3－6，3，PM），胞体较大呈圆形或不规则圆形，胞浆比较丰富，呈蓝色或蓝灰色。细胞核偏位且形态多样，呈蓝紫色。染色质呈纤细网状，是 3 个白细胞系中最纤细的，分布不均匀，核仁清晰明显。

幼单核细胞（图 3－6，11，IM），胞体较大，多呈不规则形，胞浆丰富呈灰蓝色，伴随有伪足状突起，胞浆内出现细小的紫红色嗜天青颗粒，有少量空泡。胞核呈圆形或不规则形，染色质呈细网状，有少量凝结，但紫红色，核仁减少。

单核细胞（图 3－6，12、15，MO），胞体较大，呈圆形或不规则形，胞浆丰富，呈蓝色或淡蓝色，可见细小的紫红色嗜天青颗粒，有时可发现有空泡。细胞核形态多样（例如：肾形、马蹄形、不规则形），多偏于细胞一侧，染色质呈疏松网状，呈紫红色，无核仁。

淋巴细胞系原淋巴细胞（图 3－6，3、4，PL），胞体较小，呈圆形或卵圆形，胞浆较少，呈深蓝色，细胞核呈圆形或卵圆形。核质比较大，核偏位，周围有浅色环带区；深紫红色的染色质粗糙浓密，呈网状；有核仁，且核仁明显。

幼淋巴细胞（图 3－6，5，IL），胞体呈圆形或椭圆形，胞浆量多显深蓝色。胞核为圆形或椭圆形，偏位，占胞体的大部分；染色质密集，呈紫红色；核仁模糊不清或无。

淋巴细胞在发育过程中会分化成大淋巴细胞和小淋巴细胞两种类型，小淋巴细胞占绝大多数。大淋巴细胞（图 3－6，6、10，LL）胞体圆形或卵圆形，胞质淡蓝色，有时不明显。胞核呈圆形或卵圆形，核染色质浓密，呈紫黑色，无核仁。小淋巴细胞（图 3－6，5、10，SL）胞体小，胞质量极少，似裸核，少量胞质呈淡蓝色，位于核一侧。

粒细胞系原粒细胞（图 3－6，7、11，PG），胞体比原淋巴细胞大，呈圆形或卵圆形，胞浆量较少，呈蓝色或近蓝色，着色均匀，胞质无任何颗粒。胞核呈圆形或椭圆形，居中或稍偏，染色质呈细沙状，淡紫红色；核仁明显。

中性早幼粒细胞（图 3－6，5～8，EIN），胞体比原粒细胞大，呈卵圆形或椭圆形。胞浆比原粒细胞多，呈蓝色或灰蓝色，含有数量不等的暗紫红色嗜天青颗粒。核呈卵圆形，偏于胞体一侧。染色质开始凝聚，较粗糙，呈颗粒状，紫红色，核仁模糊或消失。

中性中幼粒细胞（图 3－6，11，MIN），细胞体变小，呈圆形或卵圆形。胞浆比早幼粒细胞丰富，呈淡蓝色。淡粉红的中性颗粒出现并随着发育逐渐增多，到后期散布于整个胞浆内，颗粒分布不均匀。细胞核呈椭圆形或半圆形，偏位。染色质呈粗网状，紫红色，核仁消失。

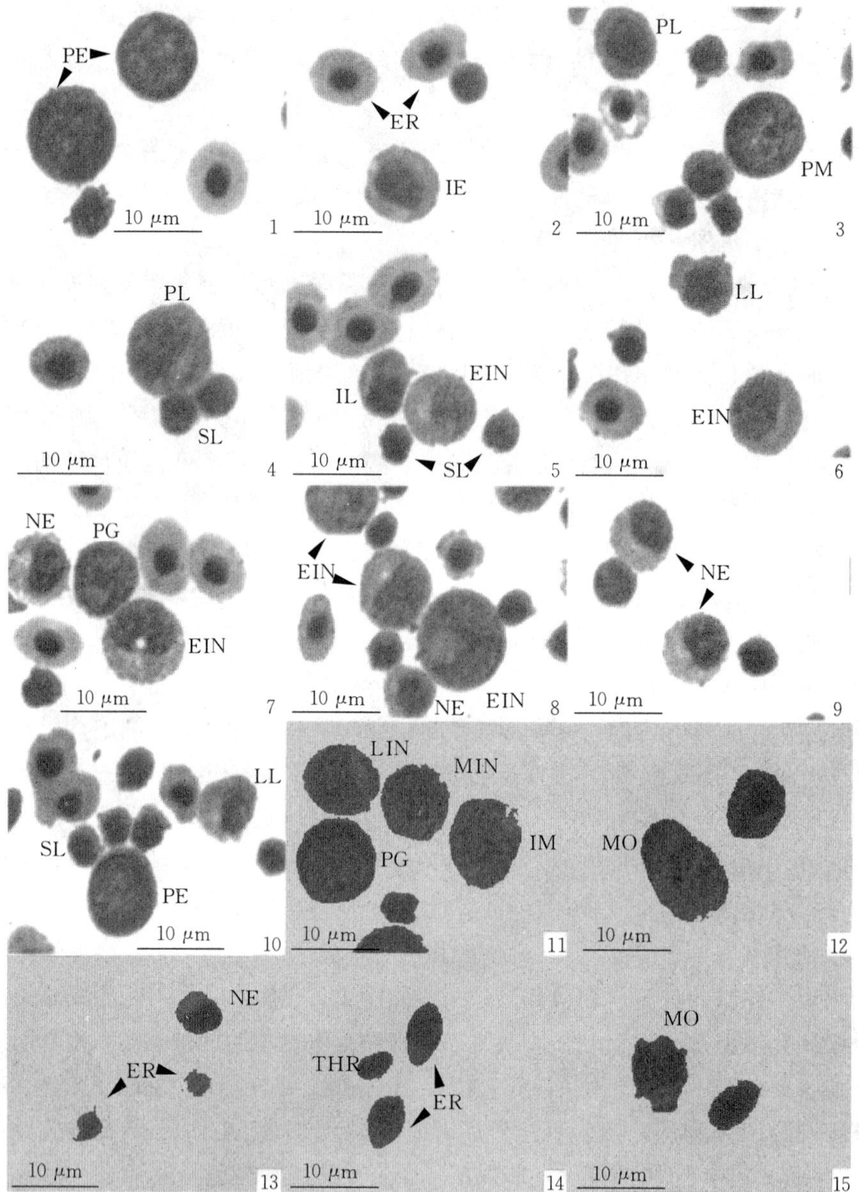

图 3-6　卵形鲳鲹血细胞

1. 原红细胞（PE）　2. 幼红细胞（IE）和成熟红细胞（ER）　3. 原单核细胞（PM）和原淋巴细胞（PL）　4. 原淋巴细胞（PL）和小淋巴细胞（SL）　5. 中性早幼类细胞（EIN）和中性粒细胞（NE）　6. 分裂中的中性早幼类细胞（EIN）和大淋巴细胞（LL）　7. 原粒细胞（PG）、中性早幼粒细胞（EIN）和中性粒细胞（NE）　8. 分裂中的中性早幼粒细胞（EIN）　9. 中性粒细胞（NE）　10. 脾脏图片，原红细胞（PE）、大淋巴细胞（LL）、小淋巴细胞（SL）　11. 原粒细胞（PG）、中性幼粒细（MIN）、中性晚幼粒细胞（LIN）和幼单核细胞（IM）　12. 肝中的单核细胞（MO）　13. 成熟的血红细胞和中性粒细胞（NE）　14. 成熟红细胞（ER）和血栓细胞（THR）　15. 血液中的单核细胞（MO）

1～9 为头肾涂片，11 为肾涂片，12 为肝涂片，13～15. 血涂片

（张健东 等，2007）

中性晚幼粒细胞（图3－6，11，LIN），胞体呈圆形或卵圆形，胞质较多呈浅蓝色含大量的粉红色细小中性颗粒。核呈肾形或马蹄形，偏位。染色质粗糙，排列致密成块，呈紫红色，无核仁。

中性粒细胞（图3－6，7～9、13，NE），胞体最小，呈圆形或卵圆形。细胞胞质呈灰蓝色，充满细小的粉红色中性颗粒。细胞核较小，椭圆形或肾形，偏于细胞一侧，偶与质膜相切。染色质浓密呈紫红色；无核仁。

血栓细胞（图3－6，14，THR），胞体较小，呈椭圆形或裸核状、纺锤形。细胞质仅为一薄层，环绕细胞核，边界模糊，呈淡蓝色。核质比大，胞核呈椭圆形短杆状。染色质致密，呈紫黑色。

巨噬细胞在肾脏中偶见，胞体较大，呈不规则形状，有伪足。长径15 μm，短径15 μm。胞质呈淡灰蓝色，细胞核偏于细胞一侧，呈椭圆形。染色质疏松，呈淡紫红色。

第三节 卵形鲳鲹鳃分化与发育

鳃是鱼类进行呼吸、调节渗透压的重要器官。鳃丝是着生于鳃瓣上平行排列的黏膜褶，承担鳃的主要生理功能。在鱼类早期发育阶段，鳃的发育经历了从无到有、从简单到复杂的重要过程，其形态、大小、数量、显微结构等的变化与仔鱼、稚鱼的生命活动、生长、存活密切相关。对于鱼类鳃的胚后发育研究会帮助我们更好地理解仔鱼、稚鱼对呼吸、摄食、渗透压调节方式，具有重要意义。本节将对卵形鲳鲹鳃的胚后分化与发育，成鱼鳃的结构进行系统阐述。

卵形鲳鲹具有4对完整的全鳃，位于咽部后端两侧，无附属结构。每一个鳃是由鳃弓和两片鳃瓣构成，鳃瓣由许多鳃丝连续排列而组成。卵形鲳鲹鳃的胚后发育过程如下：

孵化后第0天，鳃未形成。

孵化后第1天，鳃裂出现。

孵化后第2天，鳃盖雏形形成，鳃呈弓形。

孵化后第3天，鳃丝初步分化，鳃弓表皮由2～3层扁平上皮细胞构成，鳃弓内部具有软骨组织。鳃丝表面由单层扁平上皮细胞构成，细胞核拉伸，鳃丝很短，只有3～5根鳃小片。此时，在每个鳃丝中都有一根鳃弓软骨，鳃弓软骨起到支持鳃丝的作用，在鳃丝中可以分辨出血管，但鳃耙未出现（图3－7，1）。

孵化后第4天，卵形鲳鲹仔鱼鳃结构已具雏形，鳃弓纤细，在鳃弓上有极短的鳃丝，鳃小片不明显，鳃耙呈芽状（图3－7，1）。在鳃丝表面具有规则或不规则的多边形微嵴，凹凸结构不明显，未见凸起、小孔等结构（图3－8，1、2）。

孵化后第6天，鳃丝延长，鳃丝两端生长的鳃小片数目增多，鳃小片长度亦变长，毛

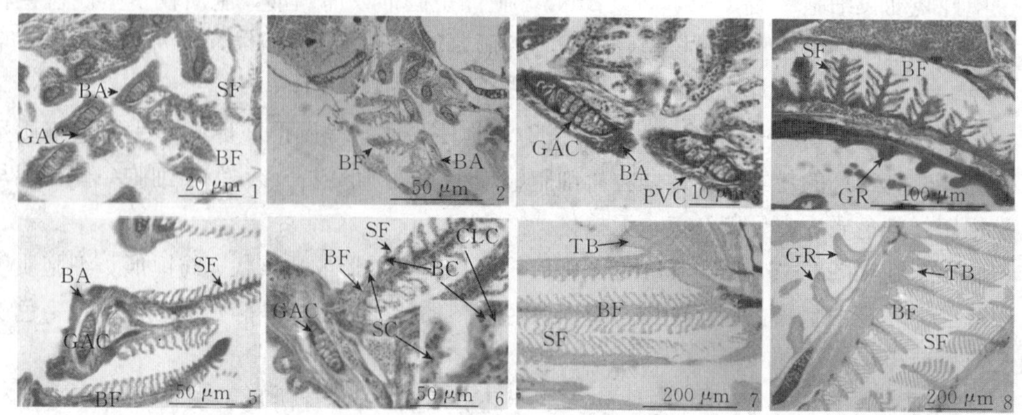

图 3-7　HE 染色卵形鲳鲹胚后发育组织切片

1. 孵化后第 3 天仔鱼鳃部　2～3. 孵化后第 6 天仔鱼鳃部　4. 孵化后第 10 天仔鱼鳃部　5. 孵化后第 15 天仔鱼鳃部　6. 孵化后第 17 天稚鱼鳃部　7～8. 孵化后第 30 天幼鱼鳃部

BA. 鳃弓　BC. 血细胞　BF. 鳃丝　CLC. 氯细胞　GAC. 鳃弓软骨　GR. 鳃耙　MC. 黏液细胞　PVC. 扁平上皮细胞　SC. 支持细胞　SG. 分泌颗粒　SF. 鳃小片　TC. 微嵴　TB. 味蕾

（区又君 等，2012）

细血管在鳃小片中央清晰可见（图 3-7，2）。鳃弓软骨变粗变长，鳃弓复层上皮细胞增厚。此时，鳃耙仍旧不明显（图 3-7，3）。

孵化后第 9 天，卵形鲳鲹仔鱼鳃进一步发育，鳃丝长度显著性增长，呈扁平状。此时鳃小片结构已明显，但长度较短（图 3-8，3）。鳃丝、鳃耙、鳃弓上具有沟壕、凹凸不平等结构，鳃丝表面上皮细胞排列紧密，界限明显（图 3-8，4）。鳃弓上的两列鳃耙外形已形成，可以观察到在鳃耙表面布满味蕾（图 3-8，5）。

孵化后第 10 天，鳃弓继续延伸，每根鳃丝上有 5～7 片鳃小片。此时鳃耙呈椭圆形，鳃弓软骨明显，骨质已很致密（图 3-7，4）。

孵化后第 15 天，鳃弓直径加粗，鳃丝呈梳状排列且末端膨大。鳃小片排列紧密，较纤细（图 3-7，5）。在鳃丝的基部出现很多小孔，为分泌细胞（泌氯细胞、黏液细胞等）对外形成的开口（图 3-8，6）。

孵化后第 17 天，卵形鲳鲹仔鱼、稚鱼鳃的结构发育完整。鳃弓腹面入鳃丝动脉血管较粗，深入鳃丝后分支进入鳃小片，为鳃小片提供营养。鳃弓软骨呈长方体状，排列紧密，支持鳃丝。鳃小片的最外层为上皮层，内层为支持细胞，支持细胞细胞质呈淡红色，核较大，HE 染色呈蓝紫色。此时，鳃小片基部的泌氯细胞数增多（图 3-7，6），此后鳃丝组织的发育集中在数量、性状的变化。

孵化后第 20 天，鳃弓支持着鳃丝和鳃耙，表面有少许褶皱和颗粒状分泌物质。此时鳃耙着生在鳃弓靠头部吻段一侧，稍弯曲，鳃耙长度与厚度均有所增加（图 3-8，7）。鳃丝呈梳状，排列紧密，鳃丝的上皮细胞呈现清晰的立体迷宫状微嵴，细胞轮廓清晰，上皮细胞间具有黏液细胞对外开口（图 3-8，8）。鳃小片均匀排列在鳃丝上，厚度加大，其表面有形状各异的向内凹陷的小孔，分布有泌氯细胞的颗粒物质（图 3-8，9）。

孵化后第 25 天，鳃丝呈长梳状，已延伸很长且末端膨大，鳃小片呈书页状紧密排列在鳃丝上（图 3-8，10）。鳃丝基部可观察到泌氯细胞、黏液细胞等对外开放的开口（图 3-8，11）。鳃小片呈椭圆形，表明呈凹凸状。

孵化后第 30 天，鳃弓表面被复层上皮细胞覆盖，鳃丝着生在鳃弓的一段，另一端游离，鳃小片垂直排列于鳃丝两侧，末端膨大，由上下两层单层呼吸上皮以及起支持作用的柱状细胞组成（图 3-8，16），相邻两鳃丝基部之间的鳃弓上有隆起的味蕾（图 3-7，7、8）。此时在鳃小片基部可见黏液细胞和泌氯细胞与外界连接的开口，黏液细胞周围有大量颗粒细胞状的分泌物（图 3-8，12、13）。鳃丝表面着生很多泌氯细胞的对外开口，并且表明具有很多不同形状的微嵴（图 3-8，14）。鳃耙着生在鳃弓一侧，稍弯曲，表面凹凸不平，末端呈钩状（图 3-8，15）。

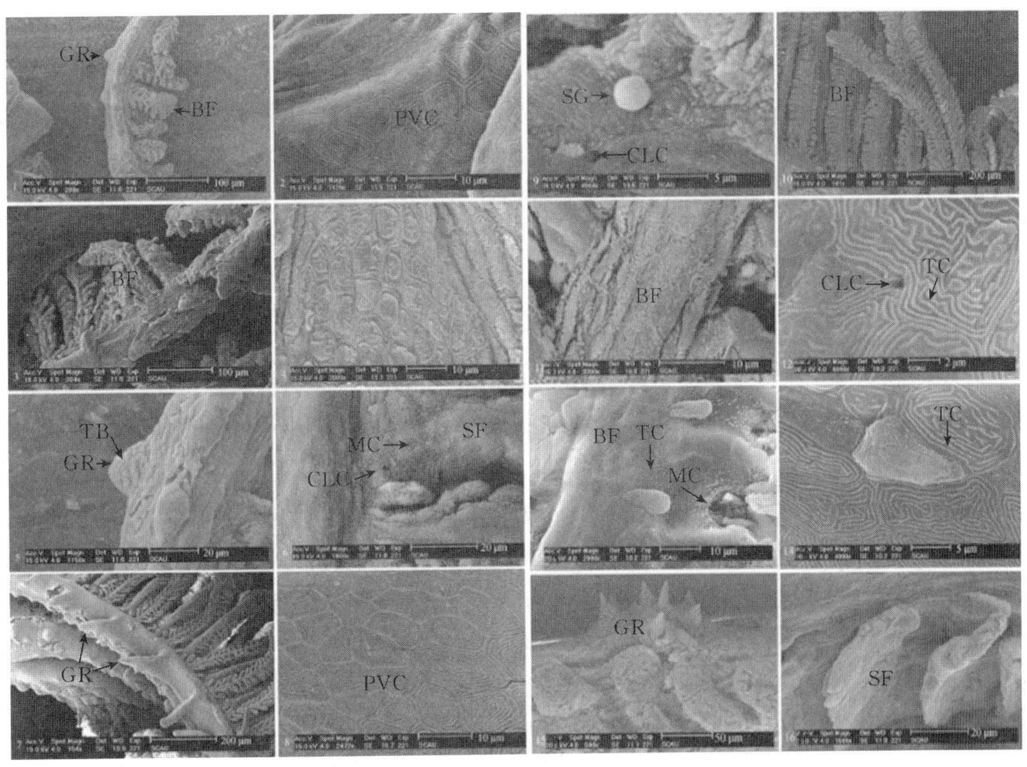

图 3-8　卵形鲳鲹鳃部胚后发育电镜观察

1～2. 孵化后第 4 天　3～5. 孵化后第 9 天　6. 孵化后第 15 天　7～9. 孵化后第 20 天　10～11. 孵化后第 25 天　12～16. 孵化后第 30 天

BA. 鳃弓　BC. 血细胞　BF. 鳃丝　CLC. 氯细胞　GAC. 鳃弓软骨　GR. 鳃耙　MC. 黏液细胞　PVC. 扁平上皮细胞　SC. 支持细胞　SG. 分泌颗粒　SF. 鳃小片　TC. 微嵴　TB. 味蕾

（区又君 等，2012a）

第四节　卵形鲳鲹胚后发育体色变化

鱼类体色变化主要是由鱼类真皮层内色素细胞所控制，体色的表现与色素细胞的种类、数量、分布及色素颗粒的集散状况有关。色素细胞主要分布在真皮中的疏松层和皮下层，在表皮和真皮的致密层中较难观测到。根据所含的色素不同，鱼类的色素细胞可分为黑色素细胞、红色素细胞、黄色素细胞及含有鸟粪结晶的白色素细胞（李霞，2006）。

体色的变化是鱼类早期发育阶段的重要特征之一，对仔鱼、稚鱼生长、存活、变态等生命活动具有重要意义。在仔鱼、稚鱼发育阶段，体色的变化亦被认为是鱼类变态发育的标志之一。本节将对卵形鲳鲹孵化后第0～31天体表色素变化进行系统阐述。

孵化后第0天（图3-9，a），卵黄囊呈椭圆形，油球位于卵黄囊中部下方。眼窝透明无黑色素，具有脉络纹。心脏位于眼窝后下方。此时仔鱼躯干部色素密集，主要为黑色素与黄色素，呈点状、星状或分支较短的树枝状。

孵化后第2天，仔鱼未开口摄食，褐色素在眼点内增加，此时不具有视觉功能。

孵化后第3天（图3-9，b），仔鱼开口摄食，肠道进一步发育，眼布满黑色素。鱼体透明浅褐色，除尾部后方外全身布满黑色素，菊花状斑纹变粗变大。

孵化后第5天（图3-9，c），头部、躯干部色素密集且交织在一起，呈网状覆盖整个头顶部。躯干部的交界处出现树枝状黄色素，树枝状色素上下延伸、相互连接。此时肛门附近也布满网状色素。

孵化后第7天（图3-9，d），鱼体全身布满大量黑色素与黄色素。背部与鳃盖具有星状斑纹，侧线腹肌黑色素呈点状、较少。此时尾部的黑色素呈星点状分布。

孵化后第11天（图3-9，e），仔鱼通身分布有由黑色素细胞形成的菊花状斑纹。鳃盖、头顶、躯干腹部边缘的黑色素细胞密集。全身黄色素细胞量进一步增加，黑色素细胞的密度逐渐减少，胞体积继续扩大，有大量树突及数级分支。此时背鳍、臀鳍具有黑色素而胸鳍与尾鳍无色透明。

孵化后第15天（图3-9，f），体表小型黑色素细胞很小，逐渐消失。大量黑色素细胞分布在头部和躯干部，沿胞体的树突充分扩散，仔鱼的体色仍旧较深。背鳍、臀鳍的鳍棘具有黄色素，鳍膜密布黑色素。

孵化后第17天（图3-9，g），鱼体体色大部分为黑色，饱食时稚鱼头部和背部呈白色或金黄色。在躯干部、尾部夹杂有黄色素，腹部呈现白色，腹鳍透明无色。

孵化后第18天，背鳍、臀鳍上具有黑色素，尾鳍基部出现少许鳞片。

孵化后第22天（图3-9，h），鱼体呈银色，鱼体背部的上缘和臀部具有带状的黑色素，色素分布均匀。

孵化后第30天（图3-9，i），鱼体通身呈银色，背部上缘和臀部具有大量黑色素且色素均匀分布。

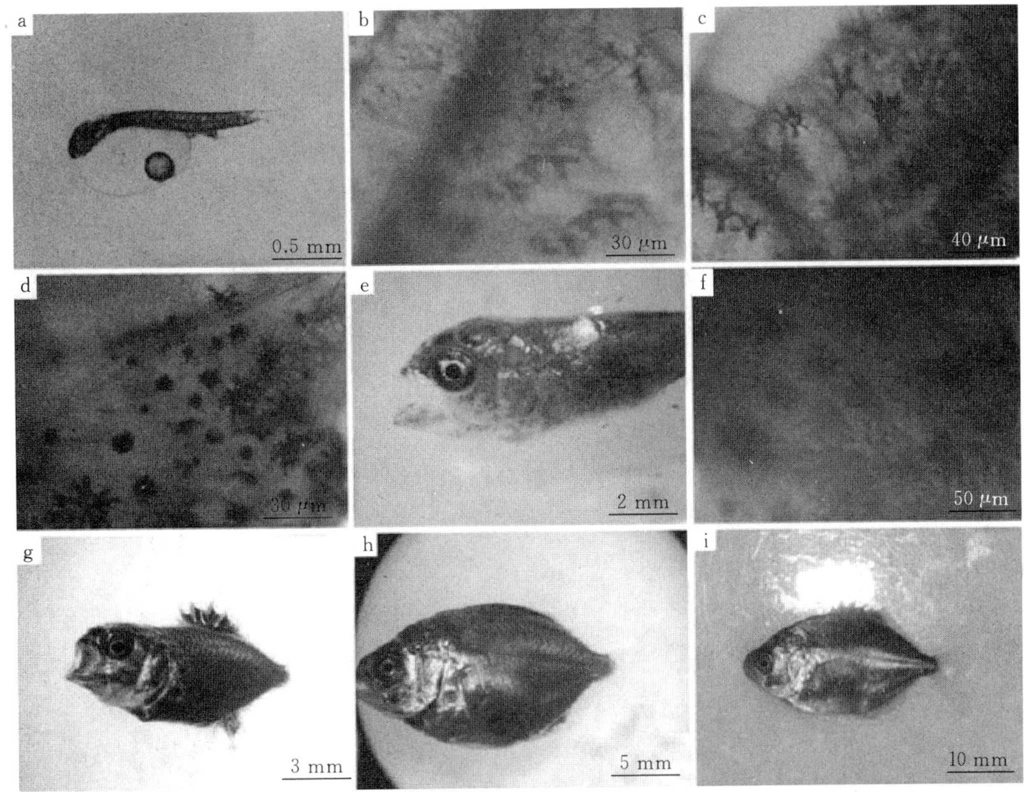

图 3-9　卵形鲳鲹仔鱼、稚鱼和幼鱼体表色素

a. 孵化后第 0 天　b. 孵化后第 3 天　c. 孵化后第 5 天　d. 孵化后第 7 天　e. 孵化后第 11 天　f. 孵化后第 15 天　g. 孵化后第 17 天　h. 孵化后第 22 天　i. 孵化后第 30 天

（区又君 等，2012b）

第五节　卵形鲳鲹鳍胚后发育

鱼鳍是鱼类的一个明显特征，是大部分鱼类用以运动及保持身体平衡的主要器官。不同部位的鱼鳍在鱼类运动中起不同作用，例如在进行向上、向下、前进或后退运动中鱼类需要运用或协调不同部位的鳍。在特殊环境条件下，鱼鳍可转化为多种多样的具特殊功能的器官，如摄食、吸附、呼吸、生殖、滑翔等。

在鱼类发育过程中，鳍的形成是仔鱼在发育到某一特定阶段后，按照一定发育顺序，由鳍褶和鳍基分化发育而来。卵形鲳鲹鳍的分化与发育顺序为胸鳍→尾鳍→背鳍→臀鳍→腹鳍，其各部位鳍发育特征与时间节点如下：

孵化后第 0 天（图 3-9，a），鳍褶从头部后缘开始向后延伸，绕过尾部，终止于肛门。此时鳍薄且褶透明无色。

孵化后第1天（图3-10，a），卵形鲳鲹鳍褶增高，胸鳍鳍芽出现，位于第2～3肌节之间，呈“耳”状。

孵化后第3天（图3-10，b），卵形鲳鲹仔鱼胸鳍呈“扇”形，尾鳍鳍褶开始向下凹陷。

孵化后第6天（图3-10，c），卵形鲳鲹尾椎骨开始上翘，尾鳍开始分化，在尾部出现放射状鳍基。与此同时，背部鳍褶开始分化，出现缺口。

孵化后第7天（图3-10，d），臀鳍原基在肛门的后缘开始形成。

孵化后第10天（图3-10，e），尾鳍分化完成，鳍条可被明显辨认。

孵化后第12天（图3-10，f），背鳍具有5～6根硬棘，鳍条为15～16根，臀鳍进一步发育。在此阶段，背鳍与臀鳍上都具有黑色素。

孵化后第13天（图3-10，g），卵形鲳鲹仔鱼臀鳍鳍条基本长成，具有鳍棘3根、鳍条17～18根。在此阶段黑色素遍布整个臀鳍。

孵化后第14天（图3-10，h），腹鳍鳍芽在卵形鲳鲹仔鱼头部的下后部出现。此时背鳍、臀鳍鳍条变宽变粗。

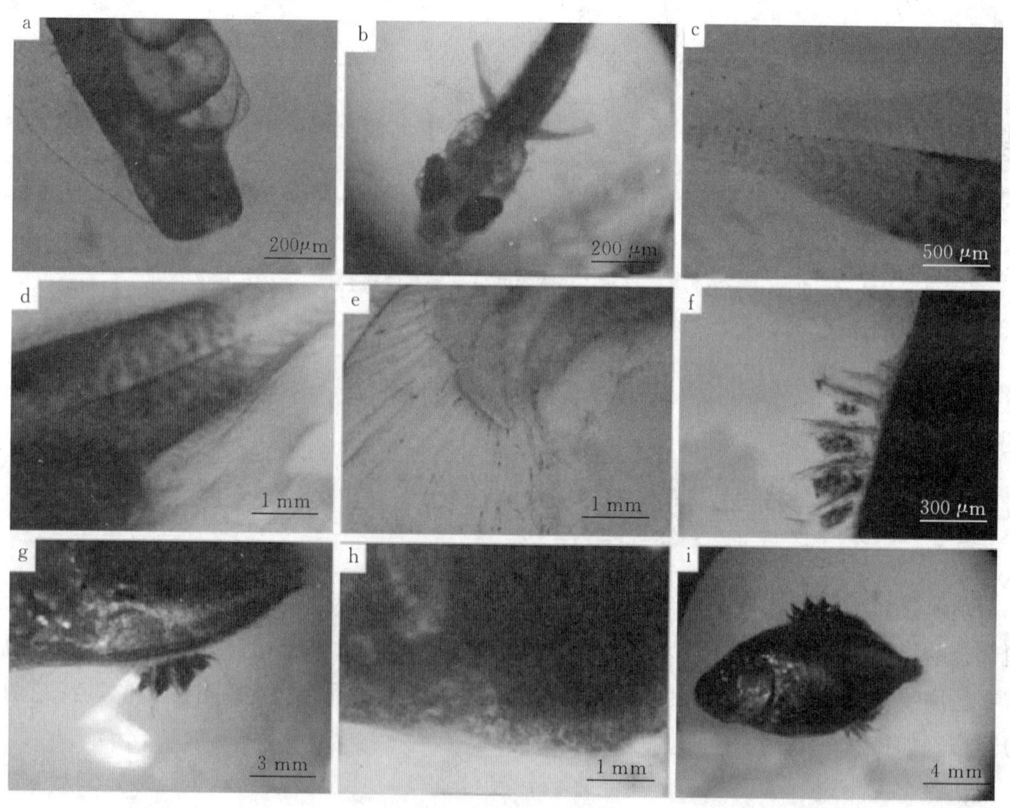

图3-10 卵形鲳鲹仔鱼、稚鱼和幼鱼鳍的发育

a. 孵化后第1天 b. 孵化后第3天 c. 孵化后第6天 d. 孵化后第7天臀鳍原基 e. 孵化后第10天尾鳍 f. 孵化后第12天背鳍 g. 孵化后第13天臀鳍 h. 孵化后第14天腹鳍 i. 孵化后第17天

（区又君 等，2012b）

孵化后第 15 天，卵形鲳鲹仔鱼尾鳍开始凹陷，腹鳍黑色素开始加深。

孵化后第 17 天（图 3－10，i），腹鳍鳍条有 5 根，小而无色，尾叉形成。此时各部分鳍已发育齐全，棘间膜尚未退化，鳍式分别为：D. Ⅵ，Ⅰ－19－20；A. Ⅱ，Ⅰ－17－18；P. 18－20；Ⅴ. Ⅰ－5；C. 17。

孵化后第 22 天，卵形鲳鲹稚鱼背鳍的基底约等于臀鳍基底，胸鳍呈短圆形，尾柄细短且无隆起棘，侧线呈直线或微呈波状。

孵化后 30 天，卵形鲳鲹幼鱼的背鳍和臀鳍棘间膜退化，各部位鳍的形态与颜色和成鱼保持一致。

第六节　卵形鲳鲹骨骼的胚后发育及畸形的发生

与脊椎动物类似，鱼类的骨骼是支持身体和保护内脏器官的重要组织，骨骼外附有肌肉，通过与骨骼共同协作对鱼类运动进行控制。鱼类的骨骼可分为内骨骼和外骨骼，内骨骼指头骨、脊椎骨和附肢骨，外骨骼包括鳞片和鳍条。内骨骼的形成一般要经过三个时期，分别为膜质期、软骨期和硬骨期。鱼类的骨骼亦可分为主轴骨骼和附肢骨骼两大部分，主轴骨骼包括头骨、脊柱和肋骨。附肢骨骼包括偶鳍骨骼和奇鳍骨骼（苏锦祥，2010）。

鱼类骨骼发育的研究可有效揭示鱼体构造与功能之间的关系，掌握鱼类在不同发育阶段对生存环境的需要，相关研究亦被用于物种分类。本节将对卵形鲳鲹骨骼的胚后发育及发育过程中的畸形现象进行系统阐述，

一、卵形鲳鲹尾部骨骼的胚后发育

孵化后第 1～5 天，卵形鲳鲹尾部骨骼处于未发育状态，在此阶段尾杆骨未出现上翘，尾板和鳍条均未出现（图 3－11，a）。在此阶段，以软骨形式出现的尾下骨（Hy）是第一批出现的尾部骨骼。第 2 片尾下骨（Hy1）在孵化后第 7 天左右出现（图 3－11，b），Hy2 在随后的第 2 天内出现。

在孵化后第 9～11 天，伴随着 5 支尾鳍鳍条的出现，Hy3 在 Hy2 的右侧形成，尾上骨（Ep，染色呈蓝色）呈芽孢形式出现于 Hy1 正上方，Phy 变长，在其左侧脉棘（Mhs）以软骨形式出现。在此阶段，后匙骨呈轻微上翘趋势，以膜骨骨化方式而形成的尾鳍鳍条亦逐渐增多，并以软骨形式与 Hy 末端连接在一起（图 3－11，c、d）。

孵化后第 13 天，卵形鲳鲹仔鱼和稚鱼尾杆（Ur）上翘明显，Hy1－Hy3、Ep 以及 Phy 明显增大（蓝色区域增大，图 3－11，e），但彼此之间边缘模糊。此时尾曲（CA）脊索的矿化尚未进行，尾鳍鳍条数由原来的 5 条增加至 12 条。骨化完成的鳍条附着在 4 片尾下骨末端。孵化后第 15 天，Hy1－Hy3、Mhs、Mns 以及 Ep 进一步增大，且轮廓较之前变得清晰，鳍条数增至 17 支，Ur 进一步上翘，脊索矿化至 CA 前端（图 3－11，f）。

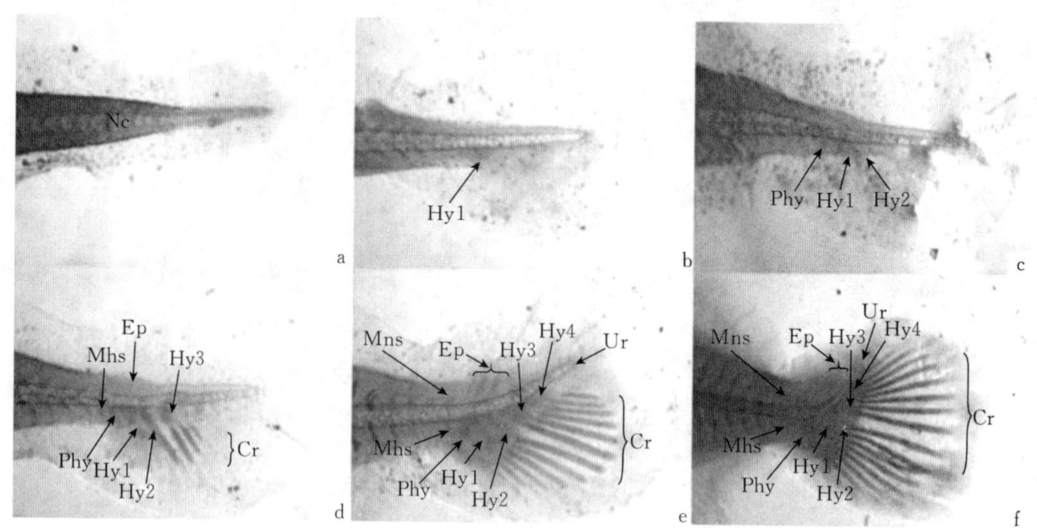

图 3-11　孵化后第 1～15 天卵形鲳鲹尾部骨骼特征

a. 孵化后第 5 天（标准体长=3.38 mm）　b. 孵化后第 7 天（标准体长=3.8 mm），Hy1 出现　c. 孵化后第 9 天，Hy1 和 Hy2 及 Phy 均出现　d. 孵化后第 11 天，Ep、Mhs 和 Hy3 出现，Cr 已分化出现，Ur 轻微上翘　e. 孵化后第 13 天（标准体长=5.14 mm），Hy4 和 Mns 出现，Ur 进一步上翘，Ep 增至 3 片，并出现在 Ur 上翘内侧，Cr 增至 12 条　f. 孵化后第 15 天（标准体长=6.1 mm）Cr 增至 17 条，Ur 上翘程度增加，Ep 轮廓变清晰

Cr. 尾鳍鳍条　Ep. 尾上骨　Hy. 尾下骨　Mhs. 脉棘　Nc. 脊索　Phy. 尾下骨旁骨　Ur. 尾杆骨

（郑攀龙 等，2014）

孵化后第 15～18 天，脊索矿化并向 CA 延伸，Hy5 出现在 Hy4 与未矿化的 Ur 形成的缝隙中，且 Ur 上翘程度进一步增加。孵化后第 18 天，整个尾部的总面积增大，出现原始的尾叉（图 3-12）。在此阶段，24 支尾鳍鳍条完成骨化，并附着于 Ep、Hy、Phy 末端。脊索（Nc）的矿化进程也逐渐延伸到 Hy5 的区域内，此时 Hy1～Hy4、Ep、Mhs 以及 Mns 进一步增大，其轮廓清晰可辨，其中 Mhs 及部分尾下骨已经开始分化（图 3-12）。尾神经骨（Urn）在孵化后的第 18 天已完成骨化过程。

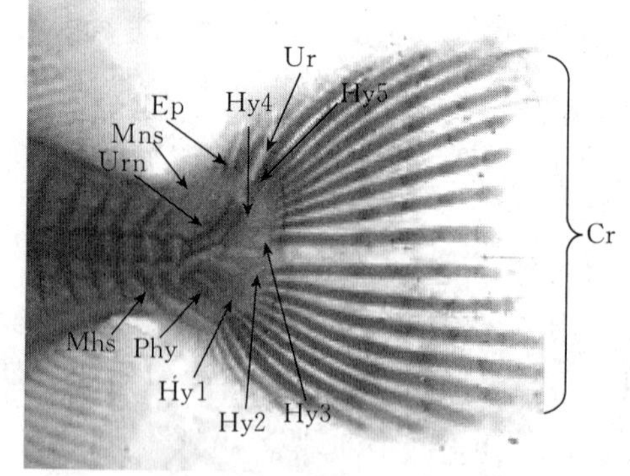

图 3-12　孵化后第 18 天（SL=9.12 mm）**卵形鲳鲹尾部骨骼特征**

Hy5 出现在 Hy4 和尾杆骨之间，Ur 进一步上翘，Cr 数目增加至 24 条，Ep、Hy、Phy 轮廓更加清晰并均匀附着有鳍条

Urn. 尾神经骨　Cr. 尾鳍鳍条　Ep. 尾上骨　Hy. 尾下骨　Mhs. 脉棘　Nc. 脊索　Phy. 尾下骨旁骨　Ur. 尾杆骨

（郑攀龙 等，2014）

二、卵形鲳鲹脊柱的胚后发育

孵化后，卵形鲳鲹在卵黄囊阶段的脊索贯穿于全身（图 3-13，a）。在此阶段，脊索呈纵向延伸支持鱼体，脊椎组件尚未发育。孵化后第 7 天，第一个形成的脊椎组件为神经拱门（图 3-13，b）。拱门的发育是由两个芽孢开始，通过膜内在脊索两侧矿化结合而形成。矿化过程是以脊索为中心，逐渐向两端矿化，最终形成拱门。从孵化后第 7 天开始，卵形鲳鲹脊椎的矿化逐渐向尾鳍延伸（图 3-13，c）。在此阶段，第一椎体横突、脉棘可以被观测到。

孵化后第 11 天，脉棘与神经棘进一步矿化，骨化过程从脊柱前部向后部推进（图 3-13，d）。孵化后第 13 天，骨骼矿化过程接近脊柱前端，在脊柱腹部椎体横突 2-3 可以被清晰辨认（图 3-13，e）。与此同时尾杆骨开始向上弯曲，脊柱躯干进一步的矿化。

在之后的发育过程中，各部分的矿化接近尾声，但尾杆骨和其相连的组件没有矿化（图 3-13，f）。孵化后第 18 天尾杆骨和脊椎末端共同作用使得尾杆骨末端上翘（图 3-13，g）。在卵形鲳鲹骨骼发育过程中，尾杆骨的变态与上翘在孵化后第 18 天完成。此时，除了尾杆骨的末端所有脊椎组件完成矿化。

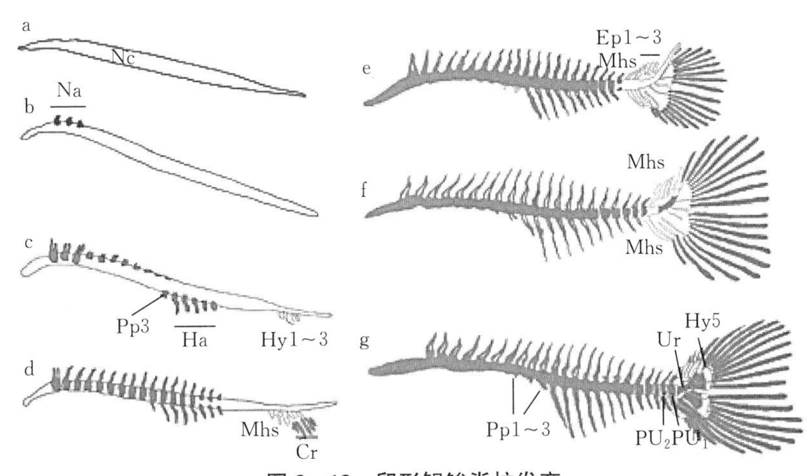

图 3-13　卵形鲳鲹脊柱发育

图中白色骨骼代表软骨，黑色骨骼代表骨化的骨骼

a. 3DPH　b. 7 DPH　c. 9DPH　d. 11 DPH　e. 13 DPH　f. 15 DPH　g. 18 DPH

Cr. 尾鳍鳍条　Ep. 尾上骨　Hy. 尾下骨　Mhs. 脉棘　Nc. 脊索　Phy. 尾下骨旁骨　Ur. 尾杆骨　PU. 尾鳍椎骨　Pp. 椎体横突

（Zheng et al，2014）

三、卵形鲳鲹脊柱的畸形发育

卵形鲳鲹仔鱼、稚鱼的脊柱骨骼畸形率在 3%～39%（图 3-14，a)。孵化后第 1～7 天，卵形鲳鲹仔鱼、稚鱼骨骼畸形率随日龄的增长而逐渐增加。其骨骼畸形根据发生的部位

可分为脊柱畸形、尾椎畸形、尾上骨畸形、尾下骨畸形，每种类型的畸形率可见图 3－14。脊柱畸形在孵化后第 3～31 天均可被观测到。孵化后第 16 天开始，本文所述 4 种类型的畸形均可被观测到。其中孵化后第 16～31 天脊柱畸形与尾椎骨畸形率分别为 7%～38%（图3－14，a）和 6%～45%（图 3－14，b）。在针对孵化后第 1～31 天卵形鲳鲹脊柱畸形的研究中，Zheng et al（2014）发现，卵形鲳鲹的脊柱畸形率在孵化后第 31 天达到峰值，在孵化后第 13 天其畸形率最低，为 7%（图 3－14，a）。在针对尾椎骨的畸形研究中，Zheng et al（2014）发现其最低值出现在第 16 天，而峰值出现在孵化后第 29 天。孵化后第 16～31 天尾上骨与尾下骨的畸形率则分别为 9%～18%（图 3－14，c）和 4%～38%（图 3－14，d）。孵化后第 19 天和第 29 天尾上骨与尾下骨畸形发生率达到极值。

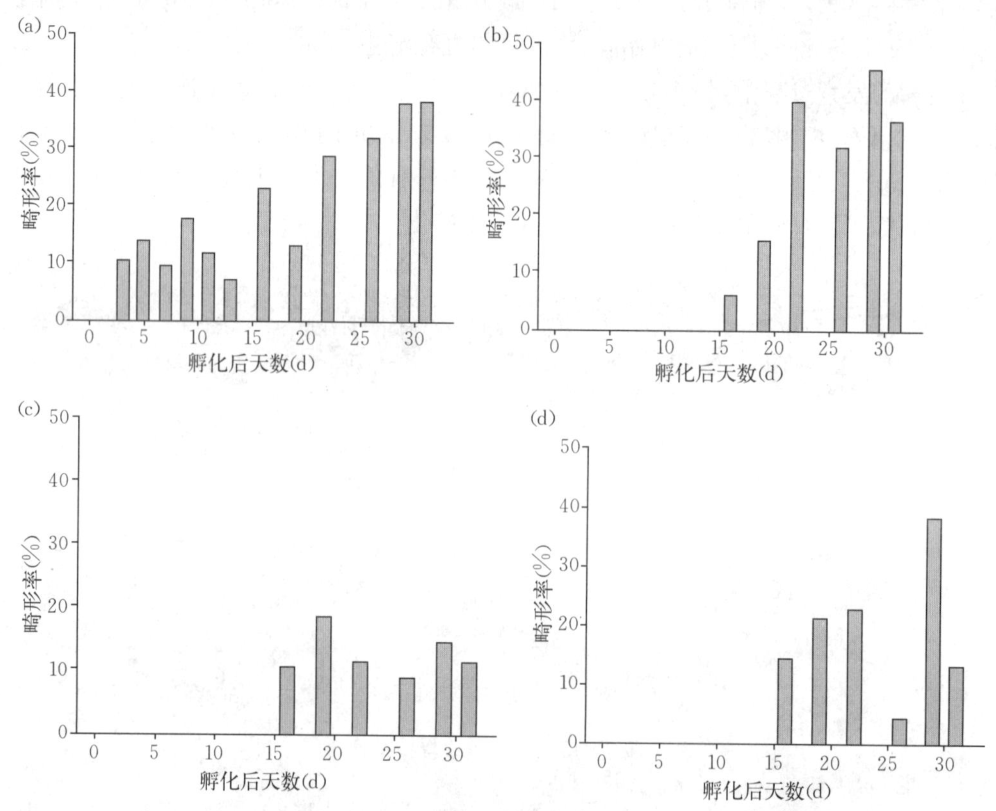

图 3－14　卵形鲳鲹仔鱼、稚鱼脊柱、尾椎骨、尾上骨、尾下骨畸形统计

a. 脊柱骨畸形率　b. 尾椎骨畸形率　c. 尾上骨畸形率　d. 尾下骨畸形率

（Zheng et al，2014）

Zheng et al（2014）的研究发现，卵形鲳鲹脊柱畸形发生率与其日龄呈正相关（图 3－15）。严重等级畸形可在孵化后第 11 天及之后被发现。孵化后第 29 天，卵形鲳鲹严重等级畸形达到峰值（图 3－15）。从孵化后第 16 天开始，卵形鲳鲹骨骼轻微畸形可被清晰地观测到，轻微等级的畸形发生率在卵形鲳鲹孵化后第 26 天达到极值。

孵化后第 16～31 天伴随着卵形鲳鲹的胚后发育，仔鱼、稚鱼的骨骼畸形发生由极微小的畸形发育到多部位的显著畸形（图 3－16）。在此阶段，正常发育的卵形鲳鲹仔鱼、稚鱼约占总样本量的 21％～63％，除此之外的样品均发现不同等级的畸形。在畸形鱼中，有22％～44％的样本出现一种种类的畸形，10％～40％的样品中出现多种畸形的现象。

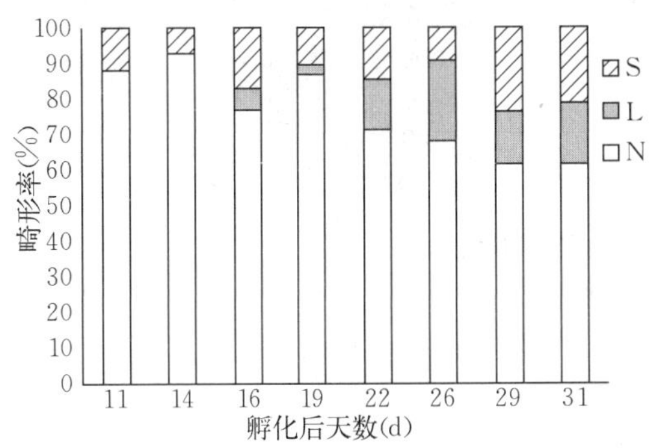

图 3－15　孵化后不同时间卵形鲳鲹脊柱骨的畸形率

N. 正常发育的脊柱骨骼　L. 轻度畸形的脊柱骨骼　S. 严重畸形的脊柱骨骼

（Zheng et al，2014）

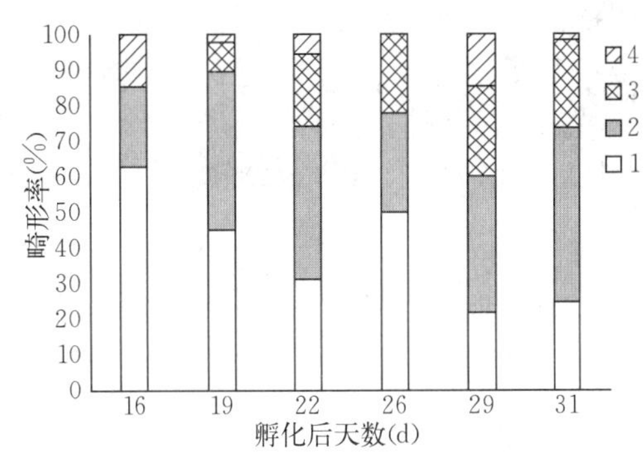

图 3－16　卵形鲳鲹骨骼畸形发生率

1. 鱼体只有 1 处畸形　2. 鱼体有 2 处畸形　3. 鱼体有 3 处畸形　4. 鱼体有 4 处畸形

（Zheng et al，2014）

Zheng et al（2014）的研究表明，脊柱畸形可出现在卵黄囊时期及之后的各个发育时期（图 3－17）。在其研究中，脊椎骨骼错位（V 形）被首次观测到（图 3－17，b，黑色箭头处）。脊柱前弯症亦被观测到（图 3－17，c，白色箭头）。样品中的脊椎 V 形畸形鱼通常体长较正常鱼短。脊椎萎缩现象（图 3－17，d，黑色箭头）亦在卵形鲳鲹仔鱼、稚鱼中被发现，在出现脊椎萎缩的同时也常常伴随着脊椎错位的发生。图 3－17（e）为典型的脊柱融合，其主要特征为脊柱间间隔消失。图 3－17（f）展示了典型脊柱侧凸的仔鱼、稚鱼。图 3－17（g～i）为典型的尾椎骨、尾上骨、尾下骨畸形。

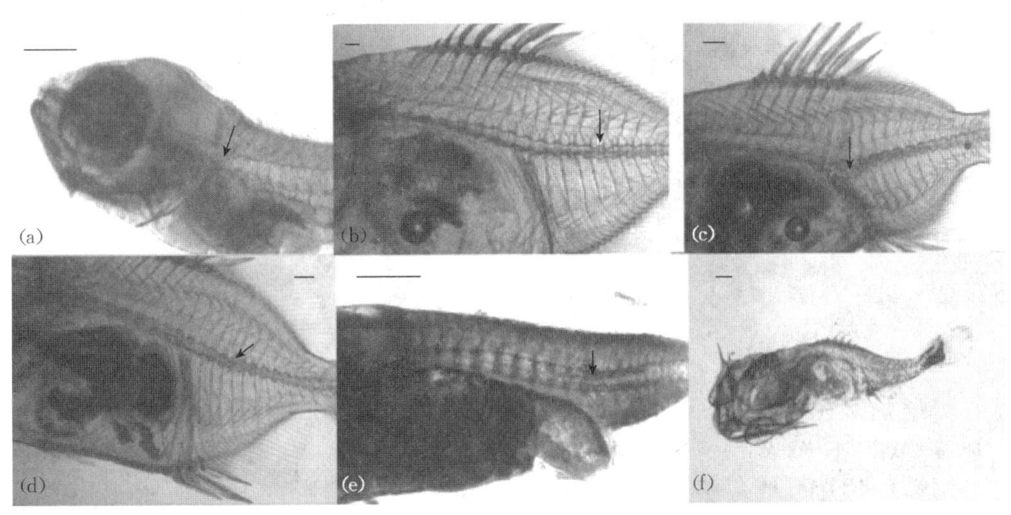

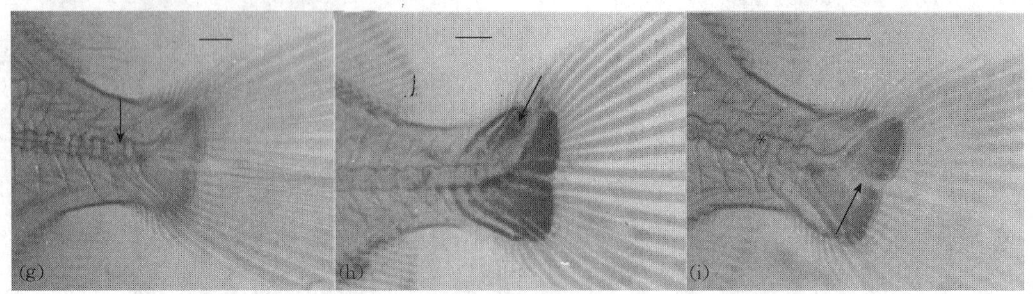

图 3-17　卵形鲳鲹骨骼畸形样品

a. 孵化后第 3 天脊索畸形　b. 孵化后第 31 天脊柱偏移　c. 孵化后第 31 天脊柱严重畸形　d. 孵化后第 31 天脊柱萎缩　e. 孵化后第 11 天脊柱融合　f. 孵化后第 16 天脊柱侧凸　g. 胸部脊椎畸形　h. 尾上骨畸形　i. 尾下骨畸形

（Zheng et al，2014）

四、卵形鲳鲹头部骨骼发育及颌骨畸形的发生

孵化后第 5 天，卵形鲳鲹鳃弓形成（图 3-18），角鳃软骨、基鳃软骨、鳃下软骨在鳃弓处出现。下舌软骨在鳃下软骨前末端形成并与一对角鳃上舌软骨相连接。美氏软骨向外延伸，与眼的腹部连接。头部方形软骨、美氏软骨及舌下接合骨与间舌软骨相连接。作

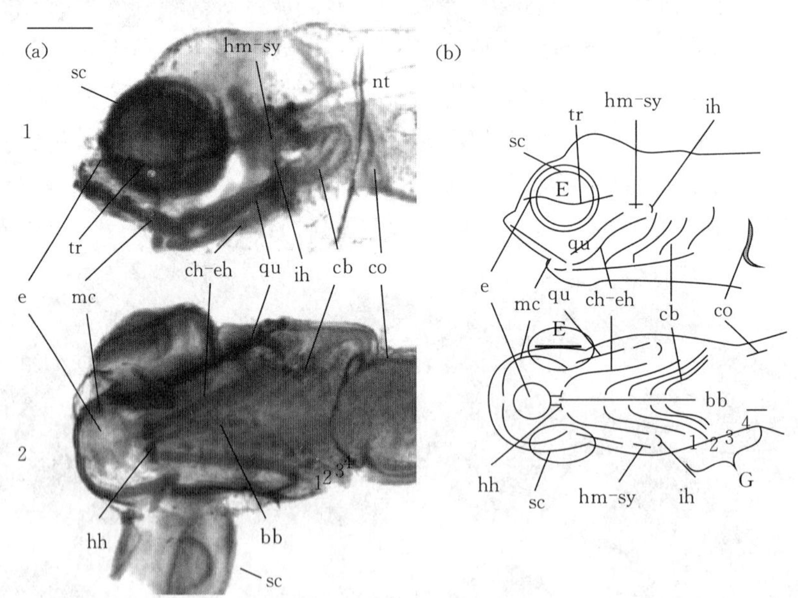

图 3-18　孵化后第 5 天卵形鲳鲹头部骨骼结构

a. 双染色方法染色的头部骨骼　b. 手绘头部骨骼

bb. 基鳃软骨　cb. 角鳃软骨　ch-eh. 上舌软骨　co. 肩胛骨软骨　e. 筛板　E. 眼　G. 鳃弓　hh. 下舌软骨　hm-sy. 舌颌骨-接合软骨　ih. 茎舌软骨　mc. 美氏软骨　nt. 脊索　qu. 方骨软骨　sc. 巩膜软骨　tr. 小梁软骨

（Ma et al，2014a）

为头颅骨骼的主要组分，骨小梁软骨与筛骨软骨在此阶段形成。卵形鲳鲹颌骨骨化过程发生在孵化后第 7 天左右。孵化后第 11 天，卵形鲳鲹前颌骨、颌骨与齿骨基本完成骨化过程（图 3-19）。

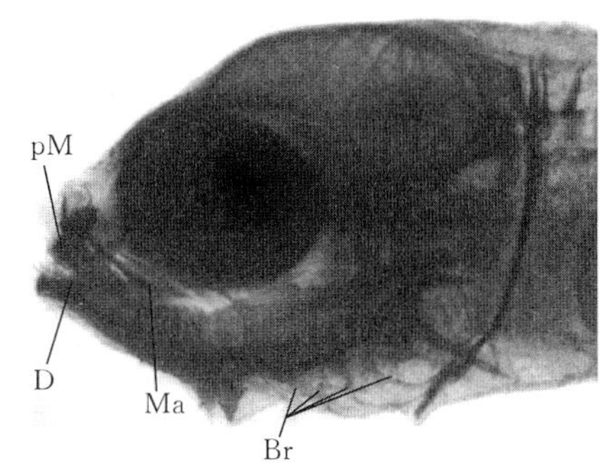

图 3-19　孵化后第 11 天卵形鲳鲹仔鱼颌骨构造

pM. 前颌骨　Ma. 颌骨　D. 齿骨　Br. 鳃条骨

（Ma et al，2014a）

孵化后第 5 天，卵形鲳鲹颌骨为串状，与正常发育的仔鱼相比（图 3-20，a），下颌短小的仔鱼、稚鱼主要表现为下颌前段出现向美氏软骨延伸（图 3-20，b、c）。在此阶段，头部软骨组件的中度畸形仔鱼（图 3-20，b）与正常颌骨发育的仔鱼（图 3-20，a）区别不显著。美氏软骨向下的卷曲导致仔鱼口不能闭合及上颌骨畸形（图 3-20，c）。图3-20（c、d）为下颌骨卷曲及上颌骨短小的仔鱼。在这类畸形鱼中，其整体胚后发育缓慢。孵化后第 5 天（图 3-20，e）与第 16 天（图 3-20，f）短小舌骨弓现象出现，其主要特征被归纳为舌骨弓位置不正。孵化后第 22 天，下颌短小的幼鱼（图 3-20，h）可导致其颌骨不能闭合。"狗头"状头骨畸形在孵化后第 29 天出现（图 3-20，i），伴随此类头骨畸形的出现，前颌骨、颌骨及喙的结合部出现畸形。

Ma et al（2014a）研究表明，卵形鲳鲹孵化后第 1 天未见颌骨畸形，但颌骨畸形在孵化后第 3 天及其之后均可被观测到。从孵化后第 3 天开始，中度畸形与严重畸形均可被观测到，畸形率在 9.6%～46.6%（图 3-21）。孵化后第 5 天，当卵形鲳鲹仔鱼标准体长达到 3.26 mm 时，严重颌骨畸形率达到峰值（图 3-21），有 25%观测样品出现了严重颌骨畸形。孵化后第 26 天当卵形鲳鲹幼鱼标准体长达到 11.70 mm 时，中度颌骨畸形率达到峰值，约有 36.4%观察样品出现中度颌骨畸形的现象。

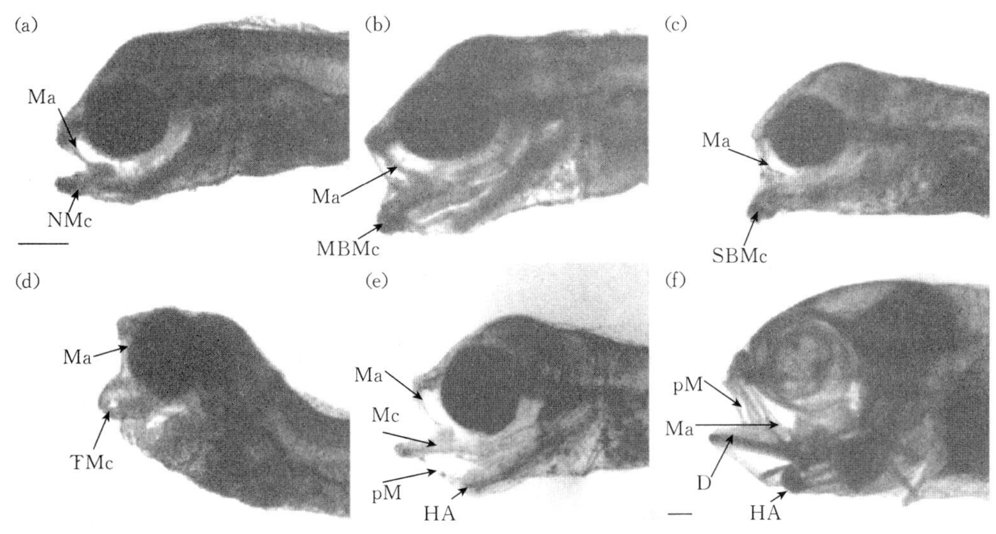

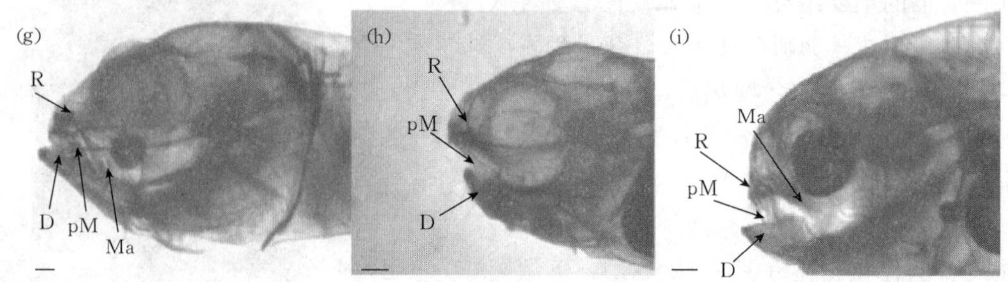

图 3-20 不同日龄卵形鲳鲹仔鱼和稚鱼头部

a. 孵化后第 5 天正常发育颌骨 b. 孵化后第 5 天中度弯曲的美氏软骨 c. 孵化后第 5 天严重弯曲的美氏软骨 d. 孵化后第 5 天卷曲的下颌骨 e. 孵化后第 5 天短小的舌骨弓 f. 孵化后第 16 天短小的舌骨弓 g. 孵化后第 17 天正常发育的颌骨 h. 孵化后第 22 天下颌段短小 i. 孵化后第 29 天头骨畸形

qu. NMc. 正常美氏软骨 MBMc. 中度弯曲的美氏软骨 SBMc. 严重弯曲的美氏软骨 TMc. 卷曲的美氏软骨 HA. 下舌骨弓 pM. 前颌骨 D. 齿骨 Ma. 颌骨 R. 喙 Mc. 美氏软骨

(Ma et al，2014a)

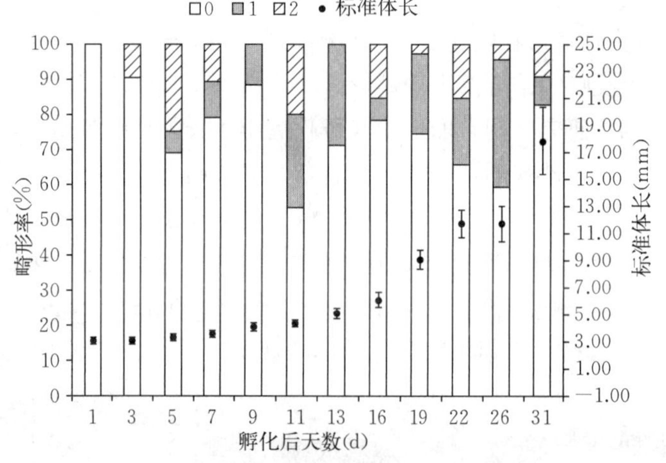

图 3-21 孵化后第 1～31 天卵形鲳鲹和骨畸形率及畸形等级

畸形等级分为三级，0 代表正常发育；1 代表轻度畸形；2 代表严重畸形

(Ma et al，2014a)

第七节 卵形鲳鲹消化系统的胚后发育

在海水鱼类养殖过程中，稳定的苗种供给被认为是影响养成阶段养殖的主要瓶颈。不合适的饵料及投喂方法被认为是造成海水鱼仔鱼、稚鱼阶段养殖大规模死亡的主要原因(Kohno et al，1997；Hunt von Herbing and Gallager，2000；Ma et al，2012)。海水鱼仔鱼、稚鱼阶段要经过一个混合营养阶段然后逐渐过渡到外源营养，在此阶段仔鱼、稚鱼

器官、组织中将会出现重要的结构、功能变化。因此，理解与掌握仔鱼、稚鱼消化生理变化、营养需求将会为进一步改善仔鱼、稚鱼成活率与营养供给提供有力的理论基础（Alvarez－Gonzalez et al，2006；Ma et al，2012）。

在仔鱼初始摄食阶段其消化系统往往处于未发育成熟阶段，要经过一系列的发育变化才能完成消化系统的发育（Canino and Bailey，1995；Chen et al，2006a）。因此，对于仔鱼、稚鱼消化道形态功能性变化的了解将有助于我们更好地掌握仔鱼和稚鱼消化生理的变化规律，通过根据仔鱼、稚鱼消化生理变化规律来制定饵料投喂规则（Lazo et al，2011；Chen et al，2006a，2006b）。因此，在仔鱼、稚鱼研究中，对于消化生理发育成熟阶段的研究至关重要。在生产实践中，对于仔鱼和稚鱼消化系统发育成熟时间的掌握，将会有助于我们更准确地确立颗粒饲料投喂时间（Cahu and Zambonino－Infante，2001；Baglole et al，1997）。本节将对卵形鲳鲹在胚后发育过程中消化生理的变化进行系统描述。

一、卵形鲳鲹消化道的形态学研究

孵化后第 0 天，卵形鲳鲹仔鱼的消化器官尚未分化，消化管为一条简单的直管，此时的仔鱼卵黄囊较大，具有一个肉眼可见的油球。口和肛门均未形成。孵化后第 1 天，卵黄囊被逐渐吸收，消化道增粗，肠道出现一个半回褶，口凹出现，肛门的基本结构形成但未与外界相通（图 3－22，a、b）。孵化后第 2 天，口已张开，但还不能摄食，消化道进一步增粗，肠管末端肛门孔与外界相通。孵化后第 3 天，卵黄囊几乎被完全吸收，油球尚存，肠道进一步加粗且弯曲（图 3－22，c）。

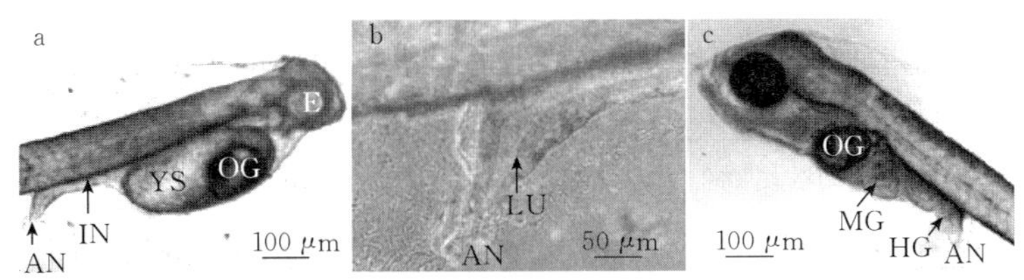

图 3－22　卵形鲳鲹仔鱼和稚鱼消化道形态及组织切片

a. 孵化后第 1 天仔鱼消化道　b. 孵化后仔鱼消化道后端　c. 孵化后第 3 天仔鱼形态

AN. 肛门　LU. 内腔　MG. 中肠　HG. 后肠

（Ma et al，2014b）

二、卵形鲳鲹消化道的组织学研究

Ma et al（2014b）根据卵形鲳鲹消化系统发育时间将卵形鲳鲹仔鱼、稚鱼的发育分为三个阶段（图 3－23）。第一阶段从孵化后开始至孵化后第 3 天，此时卵形鲳鲹仔鱼的营养供给主要来自卵黄囊与油球；第二阶段从孵化后第 3 天开始，至孵化后第 15 天胃腺在胃部形成；第三阶段从孵化后第 15 天开始。

由于鱼类的口腔与咽没有显著的分界，故统称为口咽腔。孵化后第 0 天，卵形鲳鲹仔鱼口咽腔尚未打开，口腔黏膜上皮主要由单层鳞状上皮细胞构成。孵化后第 3 天，卵形鲳鲹仔鱼口部腹部和背部的连接组织外凸形成 2 个上皮褶皱，构成了口咽腔，此时口与外界相通，已开口（图 3－24，a）。孵化后第 6 天，卵形鲳鲹仔鱼口腔表面覆盖 5～8 μm 厚、2～3层复层上皮细胞，固有膜很薄且黏膜下层不发达（图 3－24，b）。孵化后第 10 天，卵形鲳鲹仔鱼鳃耙出现，鳃丝逐渐变长，口内底部的上皮细胞不断增厚，形成舌。杯状细胞和味蕾开始出现，由外向内依次为固有膜、肌层、浆膜（图 3－24，c）。孵化后第 15 天，卵形鲳鲹仔鱼口咽腔内可见横纹肌，出现上、下咽齿，下颌的肌层比上颌的发达（图 3－24，d～e）。孵化后第 26 天，伴随着卵形鲳鲹稚鱼的发育，食道由腔面向深层次发展，依次为黏膜层、黏膜下层、肌肉层和浆膜层，此时口咽腔内上皮中的黏液细胞进一步增多（图 3－24，f）。

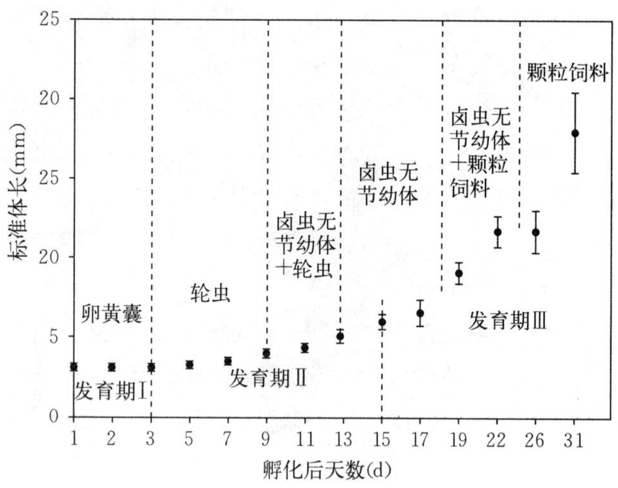

图 3－23　孵化后第 1～31 天卵形鲳鲹标准体长

生长曲线上方为卵形鲳鲹仔鱼、稚鱼投喂模式，生长曲线下方为卵形鲳鲹仔鱼、稚鱼发育阶段

（Ma et al，2014b）

孵化后第 0 天，卵形鲳鲹的食道未分化，呈线状，单层上皮细胞排列紧密。孵化后第 2 天，卵形鲳鲹仔鱼食道开始分化，其黏膜上皮具有单层立方上皮细胞，此时肌层不发达，未出现褶皱，食管开始逐渐延长（图 3－25，a）。孵化后第 3 天，卵形鲳鲹仔鱼食道黏膜上皮出现杯状细胞，孵化后第 6 天食道黏膜上皮中杯状细胞数量增加，组织结构层次明显，黏膜层略向腔面凸起从而形成了较低的褶（图 3－25，b）。孵化后第 17 天，卵形鲳鲹稚鱼食管内有数列纵行的黏膜褶，并含有大量的杯状细胞（图 3－25，d）。

孵化后第 0 天，卵形鲳鲹的胃未分化，此时仅为一条细长的细胞管道，与食道、肠道分界不明显。孵化后第 1 天，卵形鲳鲹仔鱼胃原基出现，胃的上皮结构与食管的上皮结构相似，其黏膜层与食道黏膜层相连（图 3－26，a）。孵化后第 2 天，卵形鲳鲹仔鱼胃部稍微膨大，位于卵黄囊背部的食管和肠道之间，胃与食道、肠的分界较明显（图 3－26，b）。孵化后第 4 天，卵形鲳鲹仔鱼胃部外部特征始见雏形，此时与肠和食道的分界十分明显，上皮由单层矮柱状细胞构成，具有纹状缘，缺少黏液细胞，胃肠交界处黏膜突起较高（图 3－26，c）。孵化后第 7 天，卵形鲳鲹仔鱼出现胃小凹，同时出现黏膜褶皱，胃壁较薄，可见黏膜层和浆膜层（图 3－26，d）。孵化后第 14 天，卵形鲳鲹仔鱼胃外被肌层，纹状缘明显，此时食道与胃、胃与肠交界处出现括约肌，形成贲门区、胃基部、幽门区 3

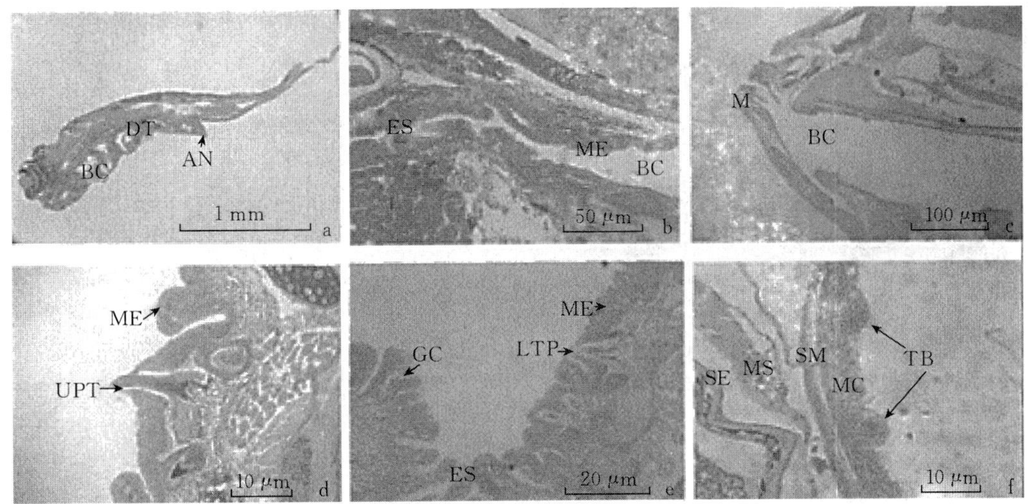

图 3-24　卵形鲳鲹口咽腔的发育

a. 3 d 仔鱼整体纵切（×50）　b. 6 d 仔鱼口咽腔纵切（×200）　c. 10 d 仔鱼口腔纵切（×100）　d、e. 15 d 仔鱼口腔纵切（×400）　f. 26 d 稚鱼口腔纵切（×400）

AN. 肛门　BB. 纹状缘　BC. 口咽腔　CS. 贲门胃　DT. 消化道　EG. 嗜伊红颗粒　ES. 食管　GC. 杯状细胞　GG. 胃腺　IL. 胰岛　L. 肝脏　LPT. 下咽齿　M. 口　MC. 黏膜层　ME. 复层上皮　MS. 肌肉层　P. 胰脏　PC. 幽门盲囊　PST. 雏形胃　RE. 直肠　SB. 鳔　SCE. 单层柱状上皮　SE. 浆膜层　SM. 黏膜下层　ST. 胃　T. 舌　TB. 味蕾　UPT. 上咽齿　V. 肝空泡　VS. 静脉窦

（区又君 等，2011）

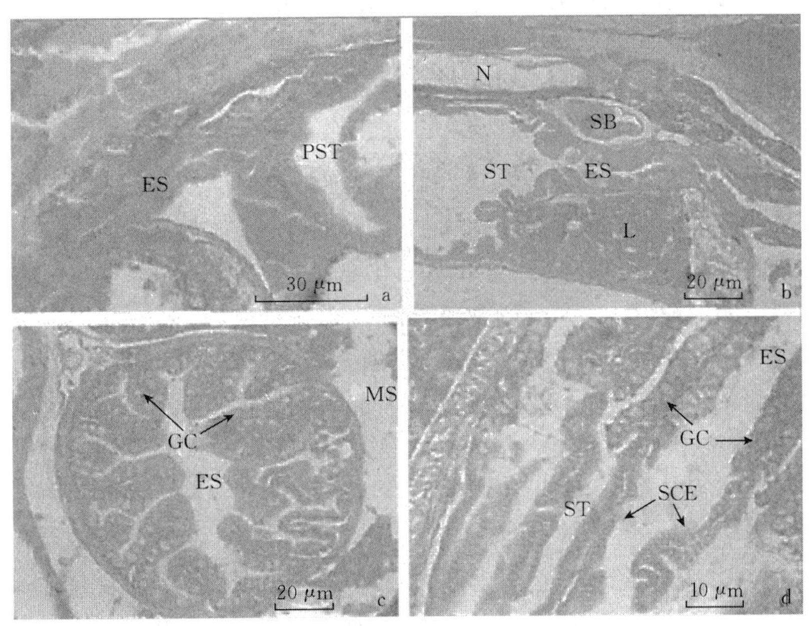

图 3-25　卵形鲳鲹食道的发育

a. 孵化后第 2 天卵形鲳鲹食道纵切　b. 化后的第 8 天卵形鲳鲹食道纵切　c. 孵化后第 14 天卵形鲳鲹食道纵切　d. 孵化后第 17 天卵形鲳鲹食道纵切

（区又君 等，2011）

个部分（图 3－26，e）。孵化后第 15 天出现胃腺，标志着胃功能的形成，孵化后第 22 天胃腺数量进一步增加（图 3－27）。

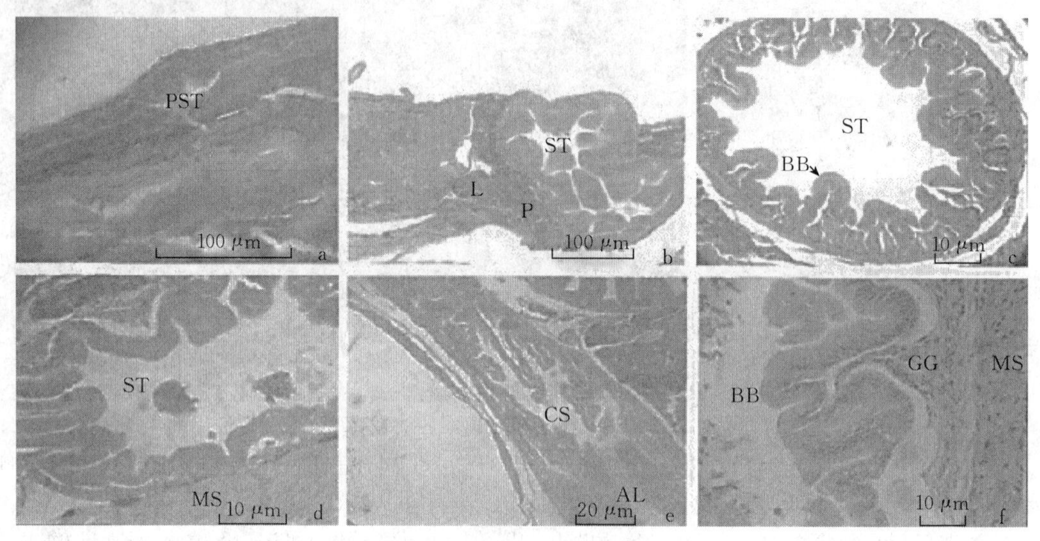

图 3－26　卵形鲳鲹胃的发育

a. 孵化后第 1 天卵形鲳鲹胃纵切　b. 孵化后第 2 天卵形鲳鲹胃纵切　c. 孵化后第 4 天卵形鲳鲹胃纵切　d. 孵化后第 7 天卵形鲳鲹胃纵切　e. 孵化后第 14 天卵形鲳鲹仔鱼胃纵切　f. 孵化后第 17 天卵形鲳鲹稚鱼胃纵切

（区又君 等，2011）

卵形鲳鲹初孵仔鱼具有原始、简单的消化道，呈直管状，肠腔狭窄，末端形成肛突，消化道由单层未分化的细胞组成。孵化后第 1 天，卵形鲳鲹仔鱼肠腔开始贯通，黏膜下层的深层结缔组织和肌肉层处于未发育初始阶段，肠道呈直线状，无弯曲，位于卵黄囊后上部。孵化后第 2 天，卵形鲳鲹仔鱼肠腔膨大，肠细胞开始分化，形成纹状缘，但未出现褶皱，此时肠腔相对较窄（图 3－28，a）。孵化后第 3 天，卵形鲳鲹仔鱼肠壁增厚，肠内腔平滑，没有肠绒毛，与胃的区分不明显。孵化后第 7 天，卵形鲳鲹仔鱼肠黏膜上皮中出现少量的杯状细胞，黏膜上皮细胞仍为单层矮柱状上皮细胞，由肠腔面向深层次可以分为黏膜层、黏膜下层、肌肉层和浆膜层（图 3－28，b）。其中，肌肉层不明显，后肠柱状上皮细胞的细胞顶部出现大量球形的嗜伊红颗粒（图 3－28，c）。孵化后第 26 天，卵形鲳鲹幼鱼后肠黏膜上皮层出现大量的空泡，纹状缘发达，肠壁分层明显，褶皱发达，有大量的杯状细胞（图 3－28，c、d）。

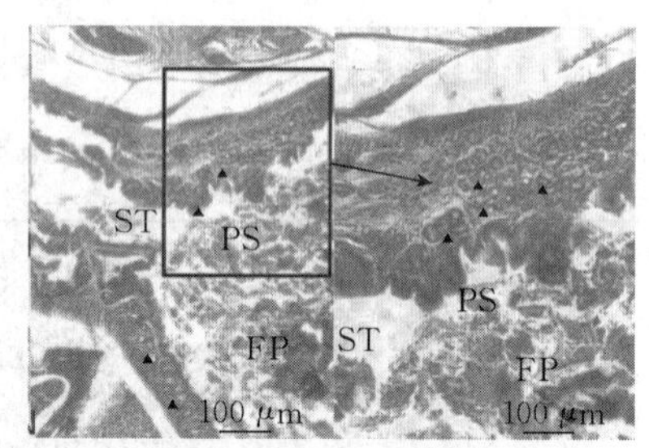

图 3－27　孵化后第 22 天卵形鲳鲹胃部纵切

黑色箭头处为胃腺

ST. 胃　PS. 幽门区　FP. 食物团

（Ma et al，2014b）

孵化后第 2 天，卵形鲳鲹仔鱼肠末端肛门孔与外界相同，肛门形成。在稚鱼与幼鱼中直肠末端与肛门相接的部位黏膜突起较高，但褶皱没有形成，也由黏膜层、黏膜下层和肌层组成，有丰富的复层细胞，肌层较厚，固有膜不明显，黏膜层的细胞也是由柱状细胞和杯状细胞组成（图 3－28，e）。孵化后第 17 天，卵形鲳鲹稚鱼的胃后端和小肠处开始出现幽门盲囊，其结构类似于前肠，也是由黏膜层、黏膜下层、肌肉层和浆膜层构成，黏膜层上皮也为单层柱状上皮，黏膜下层不明显，肌肉层同样是由内环肌与外纵肌组成（图 3－28，f）。

孵化后第 2 天，卵形鲳鲹仔鱼的卵黄囊周围、肠前端外围间充质细胞分化形成肝细胞团，细胞大小相等，细胞界限不明显（图 3－29，a）。孵化后第 3 天，卵形鲳鲹仔鱼肝细胞界限和核仁清晰，肝细胞为多角形，细胞质染色较浅，核仁大而居中，出现大量肝空泡（图 3－29，b）。孵化后第 5 天，卵形鲳鲹仔鱼肝细胞索出现，界限分明，单层肝细胞排列成管状，肝细胞管相互连接成网状，出现肝血窦。此时，在肝血窦内可清晰地看到血细胞（图 3－29，b、c）。

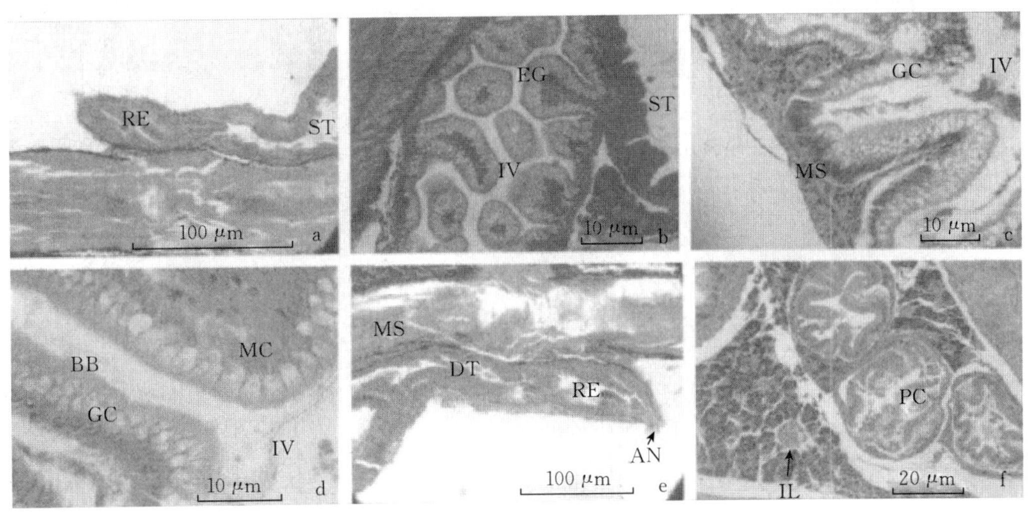

图 3－28　卵形鲳鲹肠和幽门盲囊的发育

a. 孵化后第 2 天卵形鲳鲹仔鱼肠道纵切　b. 孵化后第 7 天卵形鲳鲹仔鱼肠道纵切　c、d. 孵化后 26 天卵形鲳鲹幼鱼肠道纵切　e. 孵化后第 2 天卵形鲳鲹仔鱼直肠、肛门纵切　f. 孵化后第 17 天卵形鲳鲹稚鱼幽门盲囊纵切

（区又君 等，2011）

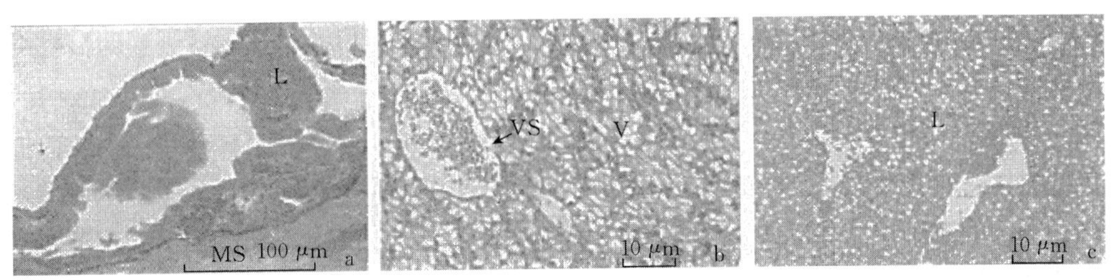

图 3－29　卵形鲳鲹肝脏的发育

a. 孵化后第 2 天卵形鲳鲹仔鱼肝脏纵切　b. 孵化后第 5 天卵形鲳鲹仔鱼肝脏横切　c. 孵化后第 5 天卵形鲳鲹仔鱼肝脏纵切

（区又君 等，2011）

卵形鲳鲹的胰脏与肝脏不分离，胰脏组织全部包埋在肝组织中，构成肝胰腺。在发育过程中，胰脏的出现晚于肝脏。孵化后第 3 天，卵形鲳鲹仔鱼的肝脏周围开始出现嗜碱性胰腺细胞团、聚集形成腺泡，在腺泡中间有明显的嗜酸性酶原颗粒（图 3-30，a）。孵化后第 6 天，卵形鲳鲹仔鱼的胰腺细胞排列紧密，胰腺实质被分隔为许多小叶，出现着色浅的、散在的胰岛（图 3-28，f，图 3-30，b）。孵化第 15 天后，卵形鲳鲹稚鱼随着鱼体的增长，胰腺体积进一步增大，胰岛十分明显，此时胰管清晰可辨（图 3-30，c）。

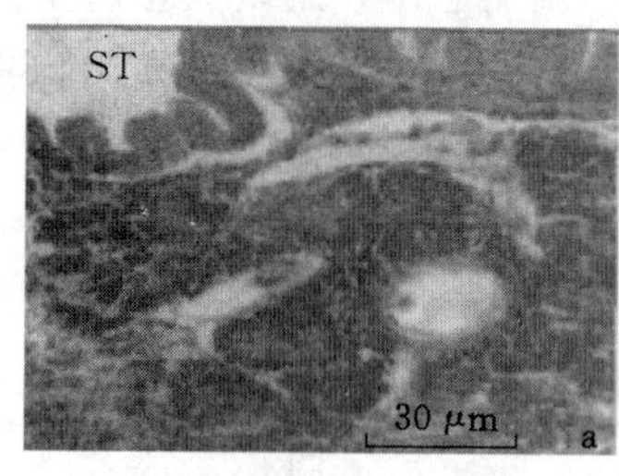

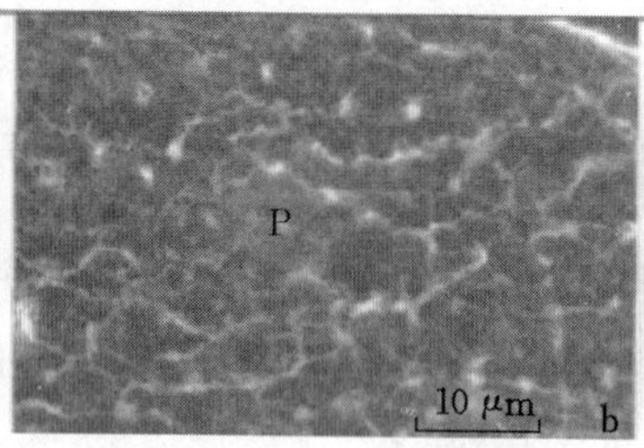

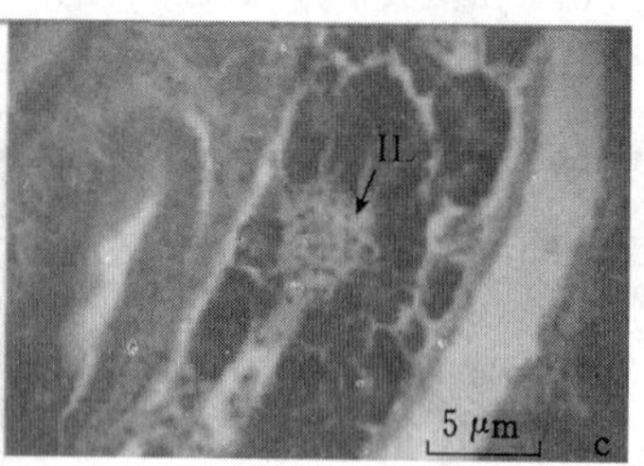

图 3-30　卵形鲳鲹胰脏的发育

a. 孵化后第 3 天卵形鲳鲹仔鱼胰脏纵切　b. 孵化后第 6 天卵形鲳鲹仔鱼胰脏纵切　c. 孵化后第 15 天卵形鲳鲹仔鱼胰脏纵切

（区又君 等，2011）

三、卵形鲳鲹消化酶在胚后发育过程中的变化

鱼类的消化主要是依靠消化器官分泌不同种类的消化酶，对食物中的蛋白质、脂肪、糖类等进行酶解，变成如氨基酸、脂肪酸、单糖等可溶物质，以便于肠细胞所吸收与运输。鱼类胃中的消化酶以酸性蛋白酶为主，而胰腺中则合成如淀粉酶、脂肪酶、胰蛋白酶等。在消化过程中，消化酶需要被不同的激活酶激活。例如，胰蛋白酶在肠道中会被肠激酶所激活。与成鱼的消化系统有所不同，海水鱼仔鱼、稚鱼的消化系统尚未完全发育，在发育初期由于消化系统的不完善，一些消化酶未被分泌（Ma et al，2012）。在海水鱼仔鱼、稚鱼消化生理研究的初期，人们一直认为在自身缺乏消化酶的情况下，海水鱼仔鱼、稚鱼会借助生物饵料中的消化酶对自身消化进行帮助（Kolkovski，1993，1997）。但亦有学者认为生物饵料中的消化酶对仔鱼、稚鱼早期消化系统的贡献极为有限（Cahu et al，1997；Kurokawa et al，1996）。仔鱼、稚鱼早期对蛋白酶的消化主要是胰蛋白酶，胰蛋白酶不具有消化人工颗粒饲料的能力。当胃腺在仔鱼、稚鱼胃中形成，胃蛋白酶开始分泌，仔鱼、稚鱼的消化系统才具有类似成鱼的消化系统，此时才能对人工颗粒饲料进行消化。因此掌握仔鱼、稚鱼早期消化酶分泌特点将有助于在育苗过程中对饵料投喂进行选择（Ma et al，2012）。

胰蛋白酶在胃蛋白酶未被分泌的情况下，胰蛋白酶作为卵形鲳鲹仔鱼主要蛋白质的消化酶在孵化后第 3 天开始分泌（图 3-31）。在初始摄食后，卵形鲳鲹仔鱼的总胰蛋白酶活力（total activity of trypsin）随着日龄的增加而升高。在孵化后第 15 天，卵形鲳鲹稚鱼的总胰蛋白酶活力显著升高（$P<0.05$），此时与卤虫无节幼体的投喂时间保持一致。总胰蛋白酶活力在孵化后第19天达到峰值（0.99±0.30）mU/尾，之后一直持续到孵化后第32天，总胰蛋白酶活力没有显著性变化（图3-31）。

孵化后第1天，卵形鲳鲹仔鱼的特定胰蛋白酶活力（specific activity of trypsin）未被发现（图3-31）。从孵化后第3天开始，特定胰蛋白酶活力从（120.7±43.3）mU/mg迅速增加到（1060.1±489.1）mU/mg（孵化后第7天）。从孵化后第7天开始，仔鱼的特定胰蛋白酶活力逐渐下降至（108.6±181.0）mU/mg（孵化后第13天）。之后，仔鱼的特定胰蛋白酶活力迅速增至（1491.3±328.0）mU/mg（孵化后第15天）。从孵化后第15天开始，卵形鲳鲹稚鱼的特定胰蛋白酶活力之间下降至（150.7±109.4）mU/mg（孵化后第32天），此时的特定胰蛋白酶活力与孵化初期的活力类似。

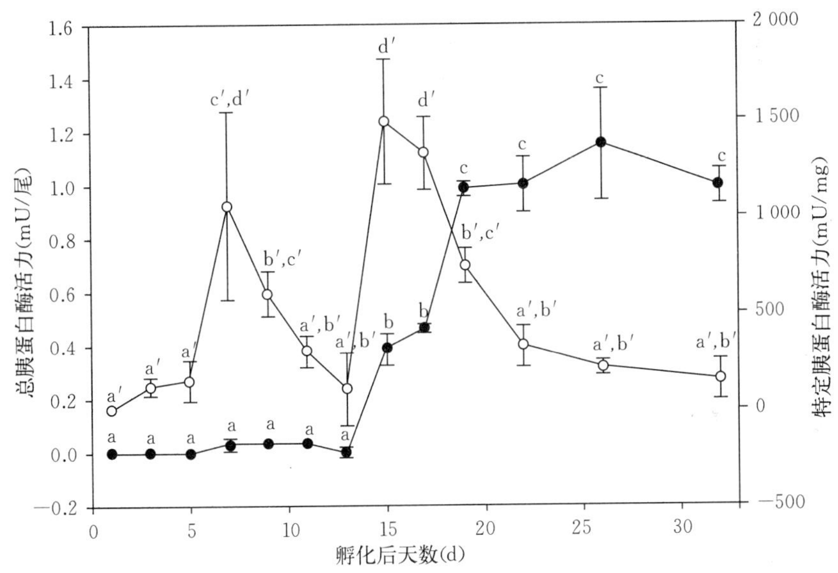

图3-31　孵化后第1～32天卵形鲳鲹仔鱼、稚鱼总胰蛋白酶活力与特定胰蛋白酶活力变化规律

（Ma et al，2012b）

淀粉酶：淀粉酶孵化后第1天未分泌，且在孵化后第1～13天总淀粉酶活力（total activity of amylase）一直保持一个较低的水平（图3-32）。卵形鲳鲹仔鱼的总淀粉酶活力从孵化后第3天的（0.39±0.04）mU/尾逐渐增加至（4.12±0.6）mU/尾（孵化后第17天）。孵化后第26天，卵形鲳鲹的总淀粉酶活力达到峰值[（47.8±1.6）mU/尾]，之后其总淀粉酶活力一直保持在该水平直至孵化后第32天。

卵形鲳鲹仔鱼特定淀粉酶活力（specific activity of amylase）从孵化后第1天的0 mU/mg上升至（31.8±14.2）$\times10^3$ mU/mg（孵化后第3天，初始摄食时）。自开口摄食起，卵形鲳鲹仔鱼的特定淀粉酶逐渐由（10.5±5.4）$\times10^3$mU/mg（孵化后第5天）降至（7.8±1.3）$\times10^3$mU/mg（孵化后第32天，试验结束时）。

胃蛋白酶：卵形鲳鲹的胃蛋白酶首次分泌是在其孵化后第15天左右，伴随着胃腺在

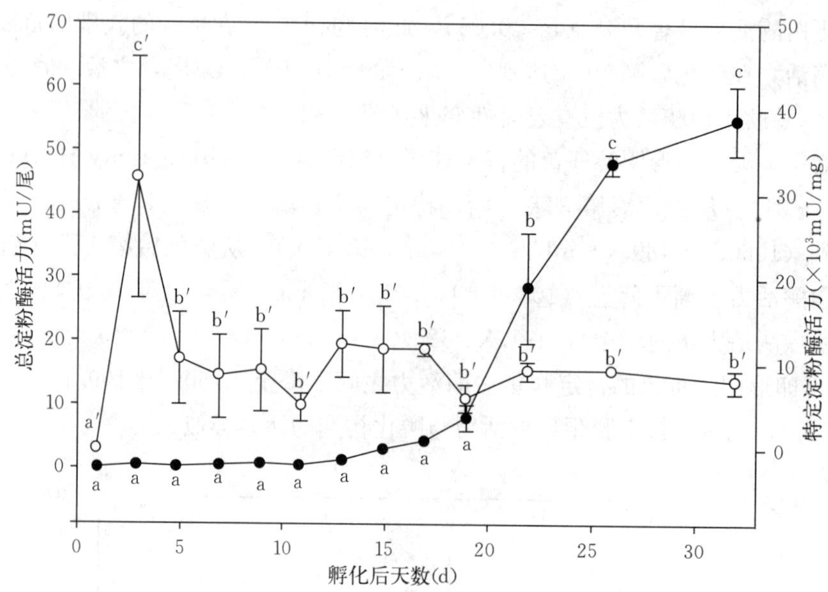

图 3-32 孵化后 1～32 天卵形鲳鲹仔鱼、稚鱼总淀粉酶活力与特定淀粉酶活力变化规律

(Ma et al, 2012b)

胃中的形成，胃蛋白酶开始分泌。孵化后第 15 天，卵形鲳鲹稚鱼的总胃蛋白酶活力（total activity of pepsin）为（6.58±7.7）U/尾（图 3-33）。从孵化后第 15～17 天，卵形鲳鲹总胃蛋白酶活力经过一个逐渐递增的过程。从孵化后第 19 天开始，卵形鲳鲹总胃蛋白酶迅速地从（107.89±35.7）U/尾增加至（1 581.8±97.7）U/尾（孵化后第 32 天，试验结束时）。

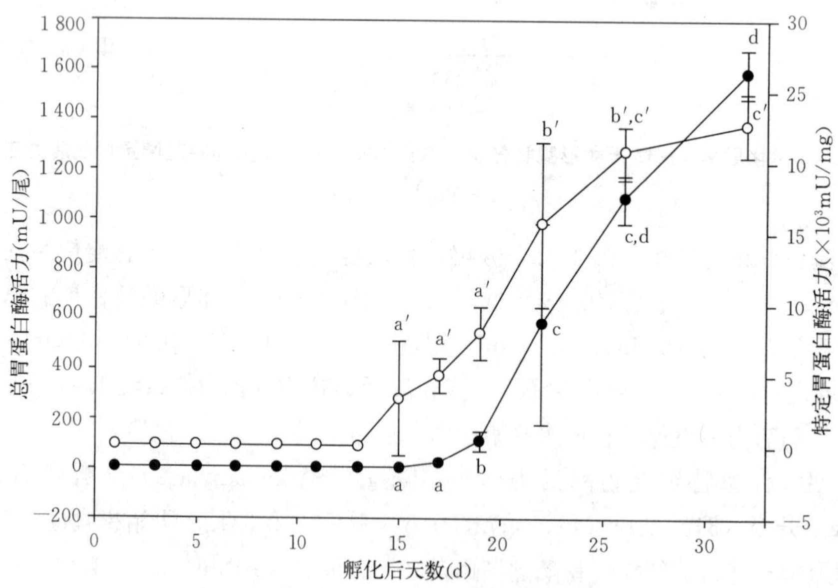

图 3-33 孵化后第 1～32 天卵形鲳鲹仔鱼、稚鱼总胃蛋白酶活力与特定胃蛋白酶活力变化规律

(Ma et al, 2012b)

孵化第 15 天，卵形鲳鲹特定胃蛋白酶活力（specific activity of pepsin）由 0 U/mg 迅速增加至 3 387.32 U/mg。之后在孵化后第 19 天前，卵形鲳鲹特定胃蛋白酶活力伴随着日龄的增加而逐渐增加。从孵化后第 19 天开始，卵形鲳鲹的特定胃蛋白酶迅速增加至 22 643.4 U/mg（孵化后第 32 天）。

脂肪酶：脂肪酶活力的变化规律与胰淀粉酶类似，总脂肪酶活力（total activity of lipase）卵形鲳鲹孵化后第 1 天为 2.34×10^{-3} mU/尾，之后直到孵化后第 19 天前一直维持在一个较低的活力水平（图 3－34）。从孵化后第 20 天开始，卵形鲳鲹总脂肪酶活力逐渐由 0.134 mU/尾增加至 2.89 mU/尾（孵化后第 32 天）。孵化后第 0 天，卵形鲳鲹仔鱼的特定脂肪酶活力（specific activity of lipase）为 0.23 mU/mg，之后迅速增加到 10.24 mU/mg（孵化后第 5 天），这种迅速增加的趋势与仔鱼摄食轮虫相关联。孵化后第 32 天，卵形鲳鲹特定脂肪酶活力为 24.7 mU/mg，此时的特定脂肪酶活力是孵化后第 1 天仔鱼的 120 倍。

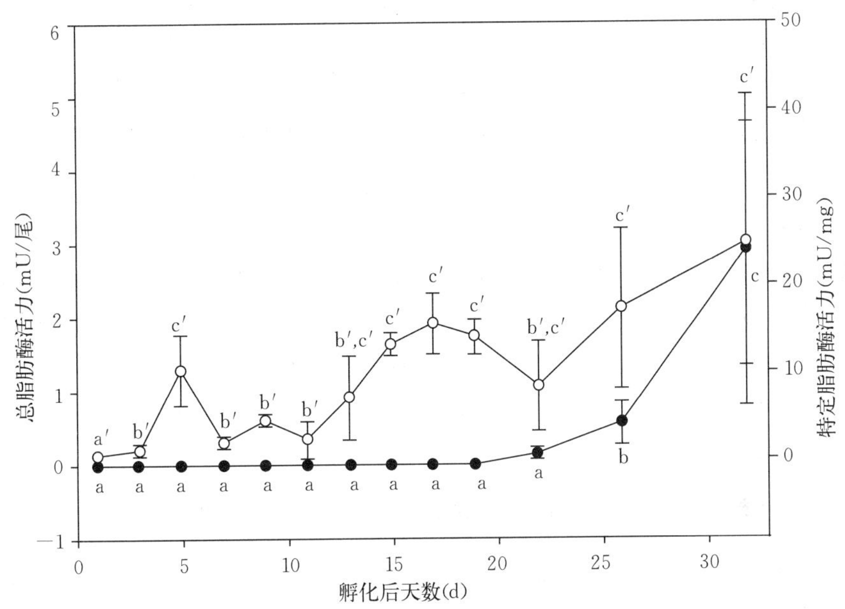

图 3－34　孵化后 1～32 天卵形鲳鲹仔鱼、稚鱼总脂肪酶活力与特定脂肪酶活力变化规律

（Ma et al，2012b）

第八节　卵形鲳鲹胚后发育营养需求

截至目前，生产性海水鱼类育苗的成活率一般在 10%左右。海水鱼鱼类育苗阶段早期会出现大量死亡的现象，这是由于早期采用不恰当的饵料造成仔鱼、稚鱼营养供给不足所导致（Ma et al，2012）。脂类是鱼类受精卵内的重要储存营养物质，也是鱼类早期所需能量的主要来源。仔鱼早期发育和生理机能的正常与否与受精卵贮藏的脂肪酸营养是否充足密切相关（Rainuzzo et al，1997）。

大量研究表明，DHA（22：6n－3）、EPA（20：5n－3）、ARA（20：4n－6）是海水仔鱼、稚鱼正常发育的必需脂肪酸。海水仔鱼、稚鱼骨骼中存在高浓度（24%～90%）的油脂（Phleger，1991），多元不饱和脂肪酸（PUFAs）的含量通常也比哺乳动物高。试验证明海水鱼对于多元不饱和脂肪酸的需求在质量和数量上有所不同（Rainuzzo et al，1997；Sargent et al，1999a）。有试验表明，在海水仔鱼、稚鱼饵料中最适的 EPA 和 DHA 含量大约为占 3%总干重（Cahu & Zambonino Infante，2001；Sargent et al，2002），其中DHA：EPA 的最适比例为 2：1（Sargent，1995）。然而由于不同种类的仔鱼、稚鱼对于 PUFAs 的需求不同，对于特定鱼类的 PUFAs 需要进行具体研究。目前，对于海水鱼仔鱼和稚鱼营养需求的研究主要手段为分析受精卵的营养成分，有学者认为仔鱼和稚鱼的饲料中营养需求应与受精卵的营养成分一致（Sargent et al.，1999b）。笔者研究发现当饵料中营养成分与受精卵（胚胎期）营养成分之间差异小于 15%，对于黄尾鰤仔鱼、稚鱼发育影响不显著，然而过量（差异＞50%）的不饱和脂肪酸、不平衡的 DHA：EPA：ARA 比例都会对黄尾鰤仔鱼、稚鱼个体发育起到负面影响（部分数据在 Ma & Qin 2014）。

冯隆峰等（2012）研究发现，卵形鲳鲹在卵黄囊阶段的仔鱼中性脂内含量高的脂肪酸为：18：1n－9，18：2n－6，DHA，16：4n－3 与 16：0。孵化后第 1 天，仔鱼体内中性脂类 DHA、EPA、SFA、MUFA、PUFA 含量较初孵仔鱼含量显著下降，随后趋于稳定。ARA 在孵化后第 1 天的仔鱼体内的含量最低，然后先下降再开始上升。EPA/ARA 的比值在孵化后第 2 天仔鱼中开始显著下降。在极性脂中含量较高的脂肪酸为：DHA、16：0、18：1n－9，极性脂内 DHA、EPA、ARA 及 PUFA 呈波动性变化，孵化后第 2 天的仔鱼体内含量最低，孵化后第 3 天含量相对较高，分别为 10.19 mg/g，0.92 mg/g，0.78 mg/g 和 17.18 mg/g（表 3－1）。

表 3－1　卵形鲳鲹卵黄囊阶段机体主要脂肪酸含量变化（mg/g）

（冯隆峰 等，2012）

脂肪酸	ODPH	IDPH	2DPH	3DPH
中性脂肪				
16：0	16.65±0.22^{a}	8.44±2.49^{b}	10.22±0.41^{b}	9.14±0.06^{b}
16：1n－5	6.68±0.08^{a}	3.63±1.06^{b}	4.45±0.18^{b}	4.10±0.03^{b}
16：4n－3	16.69±0.76	8.34±5.35	11.57±0.74	9.14±0.97
18：0	3.12±1.13	1.92±0.63	2.37±0.14	2.21±0.21
18：1n－9	39.28±0.35^{a}	20.89±7.38^{b}	26.65±0.68^{b}	25.11±0.08^{b}
18：1n－7	4.53±0.06^{a}	2.57±0.74^{b}	3.27±0.17^{b}	3.01±0.02^{b}
18：2n－6	20.11±0.15^{a}	10.65±3.99^{b}	13.79±0.37^{b}	12.34±0.05^{b}
18：3n－3	2.04±0.00^{a}	1.24±0.21^{b}	1.35±0.04^{b}	1.20±0.01^{b}

（续）

脂肪酸	ODPH	IDPH	2DPH	3DPH
18∶4n－6	3.05±0.31	1.49±1.12	2.13±0.14	1.44±0.50
18∶4n－3	6.32±0.50^{a}	2.23±2.34^{b}	3.43±0.06^{b}	2.36±0.56^{b}
20∶4n－6（ARA）	0.77±0.01^{a}	0.51±0.06^{c}	0.70±0.01^{ab}	0.62±0.02^{b}
20∶5n－3（EPA）	1.87±0.02^{a}	1.15±0.24^{b}	1.29±0.01^{b}	1.10±0.00^{b}
22∶6n－3（DHA）	18.65±0.14^{a}	8.85±3.43^{b}	10.71±0.03^{b}	8.98±0.03^{b}
DHA/EPA	9.97±0.04	7.52±1.40	8.27±0.09	8.16±0.05
EPA/ARA	2.44±0.06^{a}	2.25±0.23^{a}	1.86±0.00^{b}	1.76±0.07^{b}
SFA	24.73±1.43^{a}	12.20±3.71^{b}	16.83±0.47^{b}	15.37±0.43^{b}
MUFA	53.79±0.56^{a}	29.37±10.47^{b}	37.46±1.10^{b}	35.04±0.15^{b}
PUFA	74.79±1.92^{a}	37.18±17.97^{b}	48.37±1.26^{b}	39.97±2.16^{b}
n－3PUFA	49.40±1.39^{a}	23.83±12.38^{b}	30.86±0.71^{b}	24.94±1.51^{b}
n－6PUFA	24.68±0.52^{a}	13.10±5.40^{b}	17.12±0.50^{ab}	14.74±0.65^{b}
n－3/n－6	2.00±0.01^{a}	1.78±0.21^{ab}	1.80±0.01^{ab}	1.69±0.03^{b}
极性脂肪				
16∶0	6.66±0.45	7.28±0.86	8.90±0.96	9.05±0.07
18∶0	1.72±0.00^{e}	1.79±0.09^{e}	2.09±0.10^{b}	2.62±0.00^{a}
18：1n－9	3.74±0.08^{e}	5.55±0.43^{b}	5.04±0.49^{b}	7.52±0.00^{a}
18∶2n－6	2.10±0.17^{e}	3.16±0.23^{b}	2.49±0.20^{e}	3.92±0.03^{a}
20∶4n－6（ARA）	0.52±0.00^{e}	0.59±0.01^{b}	0.40±0.00^{d}	0.78±0.02^{a}
20∶5n－3（EPA）	0.53±0.05^{e}	0.71±0.06^{b}	0.46±0.01^{e}	0.92±0.04^{a}
22∶6n－3（DHA）	7.03±0.33^{e}	8.79±0.14^{b}	5.64±0.01^{d}	10.19±0.10^{a}
DHA/EPA	13.23±0.63	12.47±1.26	12.19±0.29	11.07±0.41
EPA/ARA	1.03±0.09	1.19±0.08	1.15±0.02	1.18±0.02
SFA	8.68±0.45^{e}	9.39±0.99^{be}	11.44±1.12^{ab}	12.05±0.07^{a}
MUFA	4.76±0.14^{e}	6.87±0.58^{b}	6.19±0.64^{b}	9.45±0.00^{a}
PUFA	12.34±0.30^{e}	14.36±0.14^{b}	11.19±0.19^{d}	17.18±0.28^{a}
n－3PUFA	8.72±0.36^{e}	10.36±0.11^{b}	6.66±0.04^{d}	12.21±0.20^{a}
n－6PUFA	3.62±0.06^{b}	4.00±0.24^{b}	4.53±0.23^{a}	4.98±0.08^{a}
n－3/n－6	2.41±0.14^{a}	2.60±0.19^{a}	1.47±0.08^{b}	2.45±0.00^{a}

注：同一行数值上标不同字母表示差异显著（$P<0.05$）。中性脂 SFA 包含 12∶0，14∶0，16∶0，17∶0，18∶0 和 21∶0；MUFA 包含 14∶1，15∶1，16∶1n－7，16∶1n－5，18∶1n－9，18∶1n－7 和 20∶1；PUFA 包含 16∶2n，16∶4n，18∶2n－6，18∶3n－3，18∶4n－6，18∶4n－3，20∶2n－6，20∶2n－3，20∶4n－6，20∶5n－3，22∶5n－3 和 20∶6n－3；极性脂 SFA 包含 14∶0，16∶0 和 18∶0；MUFA 包含 15∶1，16∶1 和 18∶1n－9；PUFA 包含 18∶2n－6，18∶3n－3，20∶4n－6，20∶5n－3，22∶5n－3 和 20∶6n－3。

参　考　文　献

蔡文超，区又君，李加儿，等 . 2012. 卵形鲳鲹免疫器官的早期发育 [J]. 南方水产科学，8（5）：39－45.

冯隆峰，黄旭雄，温文，等.2012. 青石斑鱼与卵形鲳鲹卵黄囊仔鱼发育过程中脂肪特性及脂肪酸含量变化 [J]. 上海海洋大学学报，21 (5)：720-727.

何永亮，区又君，李加儿.2009. 卵形鲳鲹早期发育的研究 [J]. 上海海洋大学学报，18 (4)：428-434.

李霞.2006. 水产动物组织胚胎学 [M]. 北京：中国农业出版社：355.

区又君，何永亮，李加儿.2011. 卵形鲳鲹消化系统胚后发育 [J]. 台湾海峡，30 (4)：533-539.

区又君，何永亮，李加儿，等.2012b. 卵形鲳鲹胚后发育阶段的体色变化和鳍的分化 [J]. 热带海洋学报，31 (1)：62-66.

区又君，何永亮，李加儿.2012a. 形卵鲳鲹胚后发育阶段鳃的分化和发育 [J]. 中国水产科学，19 (1)：13-21.

区又君，李加儿.2005. 卵形鲳鲹的早期胚胎发育 [J]. 中国水产科学，12 (6)：786-789.

苏锦祥.2012. 鱼类学与海水鱼类养殖 [M]. 北京：中国农业出版社：507.

张健东，周晖，陈刚，等.2007. 卵形鲳鲹血液细胞发生观察 [J]. 水生生物学报，31 (6)：780-787.

郑攀龙，马振华，郭华阳，等.2014. 卵形鲳鲹尾部骨骼胚后发育研究 [J]. 南方水产科学，10 (5)：45-50.

Alvarez-Gonzalez CA，Cervantes-Trujano M，Tovar-RamirezD et al. 2006. Development of digestive enzymes in California halibut *Paralichthy scalifornicus* larvae [J]. Fish Physiology and Biochemistry，31：83-93.

Baglole CJ，Murray HM，Goff G P，et al. 1997. Ontogenyof the digestive tract during larval development of yellowtail flounder：a light microscopic and mucous histo-chemical study [J]. Journal of Fish Biology，51：120-134.

Cahu C and Zambonino-Infante J. 2001. Substitution of live foodby formulated diets in marine fish larvae [J]. Aquaculture，200：161-180.

Cahu C and Zambonino-Infante J L. 1997. Is the digestive capacity of marine fish larvae sufficient for compound diet on the development of red drum *Sciaeno psocellatus* larvae [J]. Aquaculture，5：151-161.

Canino M F and Bailey KM. 1995. Gut evacuation of walleye pollock larvae in response to feeding conditions [J]. Journal Fish Biology，46：389-403.

Chen B N，Qin JG，Kumar MS，et al. 2006a. Ontogenetic development of the digestive system in yellowtail kingfish *Seriola lalandi* larvae [J]. Aquaculture，256：489-501.

Chen B N，Qin JG，Martin S K，et al. 2006b. Ontogenetic development of digestive enzymes inyellowtail kingfish *Seriola lalandi* larvae [J]. Aquaculture，260：264-271.

Hunt von Herbing I and Gallager S M. 2000. Foraging behavior in early Atlantic code larvae (*Gadusmorhua*) feeding on protozoan (*Balanion* sp.) and a copepod nauplius (*Pseudodiaptomus* sp.) [J]. Marine Biology，136：591-602.

Kohno H，Ordonio-Aguilar R S，Ohno A，et al. 1997. Why is grouper rearing difficult? An approach from the development of the feeding apparatus in early stage larvae of the grouper，*Epinepheluscoioides* [J]. Journal of Ichthyology Research，44：267-274.

Kolkovski S，Koven W，Tandler A. 1997. The mode of action of *Artemia* in enhancing utilization of microdiet by gilthead sea bream *Sparus aurata* larvae [J]. Aquaculture，155：193-205.

Kolkovski S，Tandler A，Kissil W. 1993. The effect of dietary exogenous digestive enzymes on ingestion，assimilation，growth and survival of gilthead sea bream *Sparus aurata* larvae [J]. Journal of Fish Physiology and Biochemistry，12：203－209.

Kurokawa T，Suzuki T. 1996. Formation of the diffuse pancreas and the development of digestive enzyme systhesis in the larvae of the Japanese flounder *Paralichthy solivaceus* [J]. Aquaculture，141：267－276.

Lazo JP，Darias MJ，Gisbert E. 2011. Ontogeny of the digestivetract [M]. In：G J Holt（ed）Larval fish nutrition. WestSussex：John Wiley & Sons，Inc：1－47.

Ma Z，and Qin J G. 2014. Replacement of fresh algae with commercial formulasto enrich rotifers in larval rearing of yellowtailkingfish *Seriola lalandi*（Valenciennes，1833）[J]. Aquaculture Research，45：949－960.

Ma Z，Guo H，Zheng P，et al. 2014b. Ontogenetic development of digestive functionality in golden pompano *Trachinotus ovatus*（Linnaeus 1758）[J]. Fish Physiology and Biochemistry，40：1157－1167.

Ma Z，Qin JG，Nie Z. 2012b. Morphological changes of marinefish larvae and their nutrition need [M]. In：Pourali K，Raad VN（eds）Larvae：morphology，biology and life cycle. New York：NovaScience Publishers：1－20.

Ma Z，Zheng P，Guo H，et al. 2014a. Jaw malformation of hatchery reared golden pompano *Trachinotus ovatus*（Linnaeus 1758）larvae [J]. Aquaculture Research，DOI：10. 1111/are. 12569.

Phleger CF. 1991. Biochemical aspects of buoyancy in fishes. In：Biochemistry and Molecular Biology of Fishes [M]. Hochachka PW，Mommsen TP（eds）In Phylogenetic and Biochemical Perspectives. Amsterdam：Elsevier：209－347.

Rainuzzo J R，Reitain KI，Olsen Y. 1997. The significance of lipids at early stages of marine fish：a review [J]. Aquaculture，155：103－115.

Sargent J，McEvoy L，Estevez A，et al. 1999a. Lipid nutrition of marine fish during early development：current status and future directions [J]. Aquaculture，179：217－229.

Sargent J R，McEvoy L A，Estevez A，et al. 1999b. Lipid nutrition of marine fish during early development：current status and future directions [J]. Aquaculture，179：217－229.

Sargent J R，Tocher D R，Bell J G. 2002. The lipids [M]. In：Halver JE（ed）Fish nutrition，3rd edn. San Diego：Academic Press：181－257.

Sargent J R. 1995. Origins and functions of egg lipids [M]. In：Bromage NR，Roberts RJ（eds）Nutritional implications. In：Broodstock management and Egg and Larval Quality. Oxford：Blackwell：353－372.

Zheng P，Ma Z，Guo H，et al. 2014. Osteological ontogeny and malformations in larval and juvenile golden pompano *Trachinotus ovatus*（Linnaeus 1758）[J]. Aquaculture Research，DOI：10. 1111/are. 12600.

第四章 卵形鲳鲹仔鱼和稚鱼的日常管理

第一节 盐度、温度对卵形鲳鲹胚胎、仔鱼、稚鱼发育影响

鱼类胚胎及其早期发育涉及细胞分化、形态发生及胚胎组织间相互影响的过程，再发育过程中除了机体自身如基因表达起决定作用外，发育过程中常受到如温度、溶氧、pH、光照强度、光照周期、盐度等环境因子的影响。

温度作为海水鱼类育苗阶段一个重要的环境因子，能显著影响受精卵的发育、仔鱼与稚鱼的生长与成活率（Blaxter，1992；Person-Le et al，1991；马振华和张殿昌，2014）。大量研究结果表明，在适宜温度范围内，温度的增加可以加快仔鱼、稚鱼个体发育（Ma，2014）。但过高的温度会加快仔鱼、稚鱼新陈代谢，当有效的营养供给满足不了仔鱼、稚鱼的代谢时，仔鱼、稚鱼会出现"相对饥饿"现象，从而影响仔鱼、稚鱼的成活率（Bustos et al，2007；Fielder et al，2005）。在仔鱼、稚鱼发育过程中，处于低温生长条件下的仔鱼进入变态时期个体较大（Aritaki and Seikai，2004；Martinez-Palacio et al，2002）。在高温养殖条件下，初孵仔鱼卵黄囊吸收速度加快，内源营养阶段时间会缩短（Bustos et al，2007；Dou et al，2005；Fukuhara，1990）。由此可见，仔鱼、稚鱼培育过程中选择适当的温度至关重要。

盐度是影响鱼类胚胎及胚后发育的重要环境因子，盐度的变化可导致鱼类胚胎及胚后发育出现异常。当盐度超出生理适应范围，就会对其发育造成不可逆损伤，导致器官、组织的死亡。李加儿等（1999）指出在海水鱼类胚胎发育中外界环境的高渗作用会促进胚胎发育的进程，使发育周期缩短，但盐度过高、发育周期过短会影响胚胎的正常发育，导致孵化后的仔鱼成活率低、耐受力差。

许晓娟（2010）在针对盐度对卵形鲳鲹胚胎影响研究中发现，在相对静止的状态下，卵形鲳鲹的胚胎在盐度为30以下全部沉底，盐度在30时有50%的胚胎悬浮、50%的胚胎沉底，盐度在35以上时全部浮在水面。在室温（26.8±1.4)℃，卵形鲳鲹受精卵经20 h孵化，盐度变化对孵化时间没有显著影响。当孵化盐度在5～10时，在受精后4～6 h开始胚盘扩散严重，分裂球间界限不清晰，呈融合状；6～8 h发育到多细胞期至高囊胚期时胚胎死亡；当盐度高于50时，4～6 h胚盘开始收缩，分界球界限模糊，伴随着盐度的

提升胚盘收缩聚合现象随之加剧，在多细胞期至高囊胚期形成死胚。卵形鲳鲹受精卵在盐度 15～45 可以孵化；当盐度低于 15 或高于 45 卵形鲳鲹受精卵不能孵化，且随着盐度的升高或降低胚胎的死亡时间也逐渐提前。

在孵化盐度 15～45 范围内，卵形鲳鲹受精卵孵化率与盐度呈反抛物线分布，畸形率呈正抛物线分布，当盐度高于 45 时仔鱼存活率<24 h，且 100%畸形；当盐度在 40 时，畸形率达到 51%，仔鱼全部浮于水面；当盐度低于 15 时，畸形率随盐度的下降明显升高，仔鱼沉底；当盐度为 30 时，畸形率为 32%，仔鱼在之后发育过程中在水层中均匀分布。盐度致畸的仔鱼主要出现在油球中位或前位，且随盐度范围的增加而扩展，脊椎弯曲及心律不齐的仔鱼数量呈增加趋势。许晓娟（2010）研究结果表明，卵形鲳鲹受精卵的孵化盐度为 14.9～39.4（孵化率为 50.4%～63.7%，畸形率在 55.2%～63.7%），卵形鲳鲹最适孵化盐度为 26.0～28.2（孵化率为 91.2%～93.4%，畸形率为 25%～26.6%）（图 4-1）。

王贵宁等（2011）在不同温度及盐度对卵形鲳鲹仔鱼存活与发育的研究中发现，当温度高于 21 ℃、盐度高于 28 的条件下，仔鱼开口时的存活率较高（图 4-2）。其中温度为 24 ℃、盐度为 32 时仔鱼开口后的存活率最高，为 98.33%。而在温度为 18 ℃的条件下，只有盐度为 24 时仔鱼开口后尚有存活。王贵宁等（2011）研究发现，卵形鲳鲹仔鱼在不同温度、盐度下培育至开口 1 d 后各组仔鱼大量死亡（图 4-3）。在温度为 21、24、27 ℃的环境条件下，盐度 32 时仔鱼的存活率最高，仔鱼的存活率一次为 74%、83%和 49%。孵化后 1～3 d，在 21、24、27 ℃条件下仔鱼存活率没有显著差异（图 4-4），均高于 95%，在孵化后 4～6 d，仔鱼在 21 ℃下存活率最高，27 ℃下存活率最低，处于 18 ℃的仔鱼存活率呈下降趋势，孵化后第 6 天全部死亡。当温度为 24 ℃时，盐度对卵形鲳鲹仔鱼成活率影响如图 4-5，孵化后 1～3 d，盐度 16、20、24 环境中仔鱼存活率低于盐度 28、32、36 的存活率，并且盐度 28 的存活率显著低于盐度 32 与 36 的存活率。出膜后 4～6 d，仔鱼开口后，在盐度 28～32 中的存活率显著高于其他盐度下的存活率。当盐度为 32 时，仔鱼各个时期的存活率均高于其他盐度下的存活率。

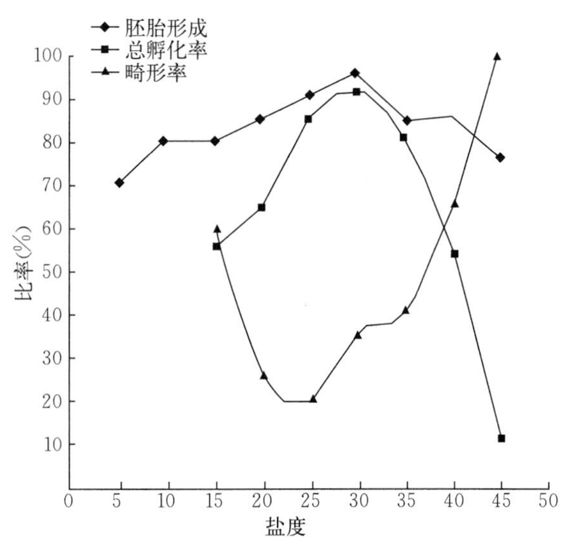

图 4-1　盐度对卵形鲳鲹胚胎形成、总孵化率、畸形率的影响

（许晓娟，2010）

笔者于 2014 年研究了温度（23、26、29、33 ℃）对卵形鲳鲹孵化后第 1～18 天影响。在盐度为 34 的条件下，温度显著影响卵形鲳鲹仔鱼和稚鱼的生长与存活率（图 4-6、

图 4-7)。在 29 ℃与 33 ℃的养殖条件下，其特定生长率为 3.46%/d 与 4.31%/d，显著高于在 23 ℃与 26 ℃的养殖条件下饲养的同批次仔鱼和稚鱼（$P<0.05$）。孵化后第 18 天，卵形鲳鲹稚鱼的体长变异系数在 4 个温度条件下为 6.79%～10.51%且变化不显著（$P>0.05$）。孵化后第 18 天在 26 ℃与 29 ℃饲养下的卵形鲳鲹稚鱼鱼体 RNA/DNA 比率差异不显著（$P>0.05$，图 4-7），但显著高于在 33 ℃饲养条件下的卵形鲳鲹稚鱼（$P<0.05$）。在测试温度范围内，卵形鲳鲹仔鱼和稚鱼存活率受温度影响显著（$P<0.05$，图 4-7），饲养在 26 ℃与 29 ℃条件下的仔鱼和稚鱼存活率显著高于饲养在 23 ℃与 33 ℃条件下的仔鱼和稚鱼。

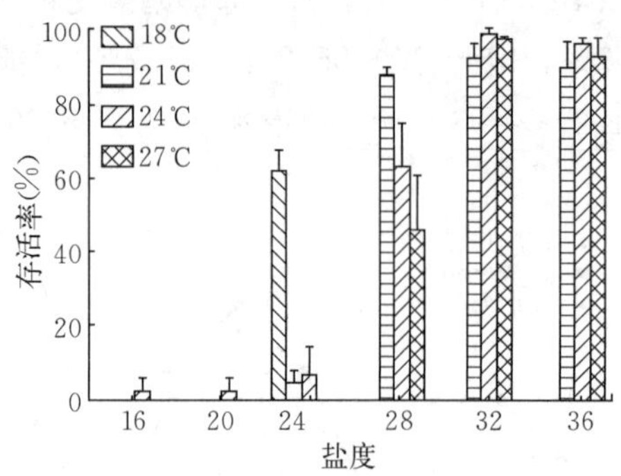

图 4-2 卵形鲳鲹仔鱼开口时存活率

（王贵宁 等，2011）

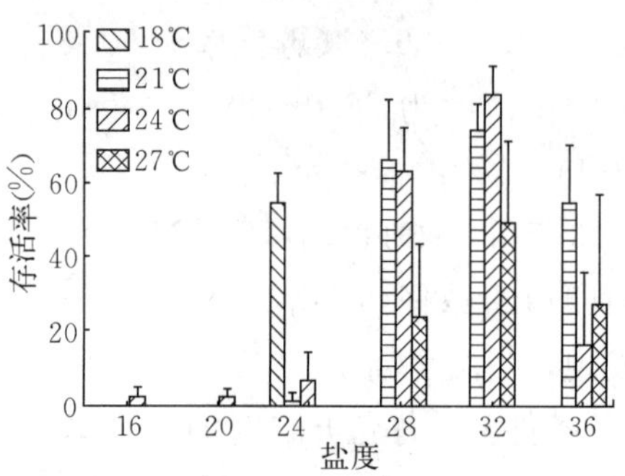

图 4-3 卵形鲳鲹仔鱼开口后 1 d 的存活率

（王贵宁 等，2011）

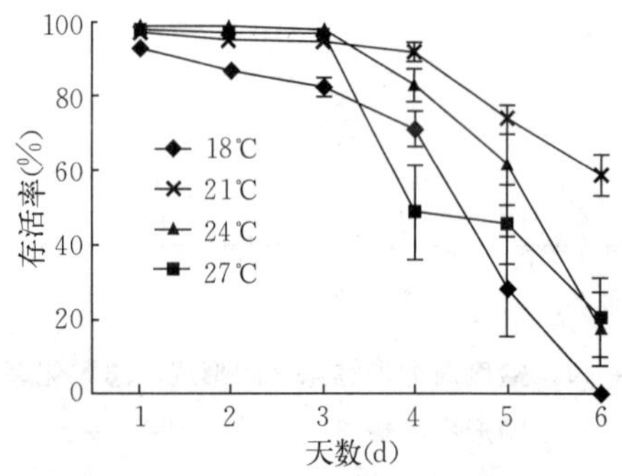

图 4-4 卵形鲳鲹仔鱼在盐度 32、温度 18～27 ℃条件下的存活率

（王贵宁 等，2011）

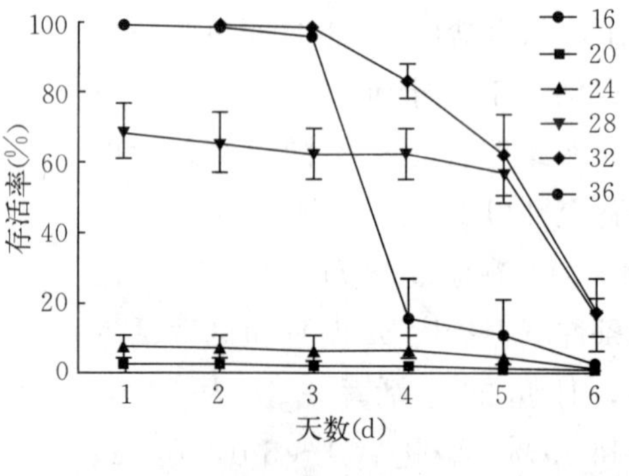

图 4-5 卵形鲳鲹仔鱼在温度 24 ℃、盐度 16～36 条件下的存活率

（王贵宁 等，2011）

在测试温度下，卵形鲳鲹颌骨畸形率在 33 ℃条件下最高，而在 23～26 ℃条件下最低（图 4-8）。孵化后第 18 天，在 26 ℃的养殖条件下有 83.34%的稚鱼形态发育正常，此结果显著高于在 29 ℃与 33 ℃养殖条件下的稚鱼（$P<0.05$）。在笔者的研究中发现，温度对卵形鲳鲹仔鱼和稚鱼脊椎与尾骨的发育影响显著（图 4-9）。在 33 ℃养殖条件下，尾骨与脊柱前端畸形发生率显著高于低温处理组。在尾上骨与尾下骨出现的畸形现象在 26～33 ℃条件下不显著，在测试温度 26～33 ℃的范围内，尾上骨的畸形率在 11.4%～17.2%

(图 4－10)。在笔者的研究中，V 形脊柱畸形是在所有测试温度中最常见的骨骼畸形现象(>75%)，其比例在 33 ℃条件下显著高于他温度处理组（$P<0.05$）。

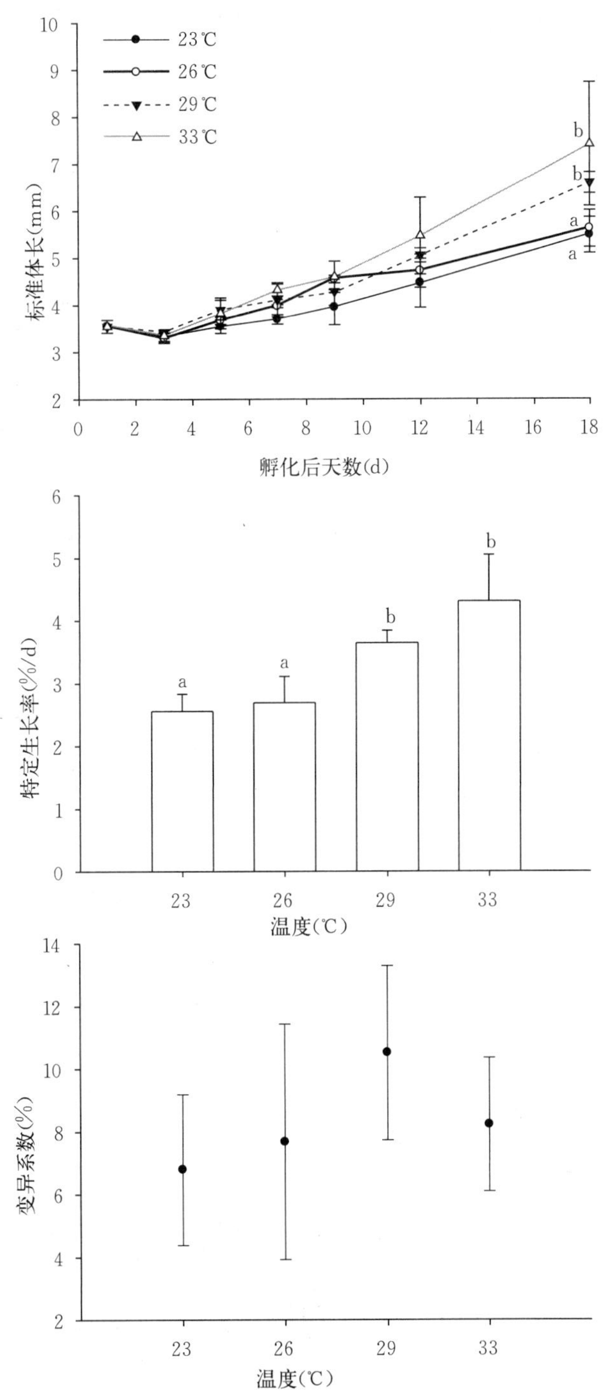

图 4－6　孵化后第 1～18 天在 23 ℃、26 ℃、29 ℃、33 ℃下卵形鲳鲹标准体长、特定生长率及标准体长变异系数

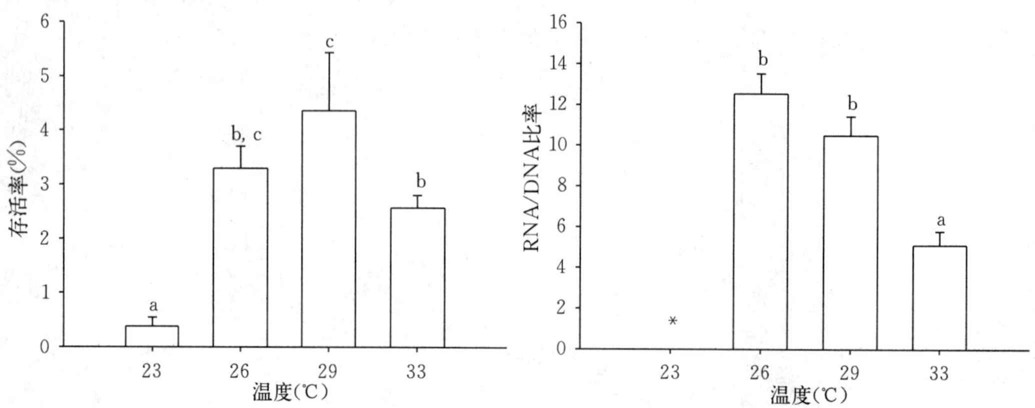

图 4-7 在 23 ℃、26 ℃、29 ℃、33 ℃条件下卵形鲳鲹存活率、RNA/DNA 比率

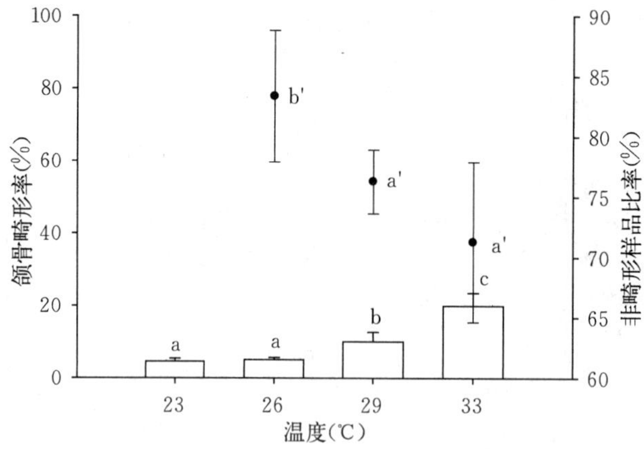

图 4-8 在 23 ℃、26 ℃、29 ℃、33 ℃条件下卵形鲳鲹颌骨畸形率

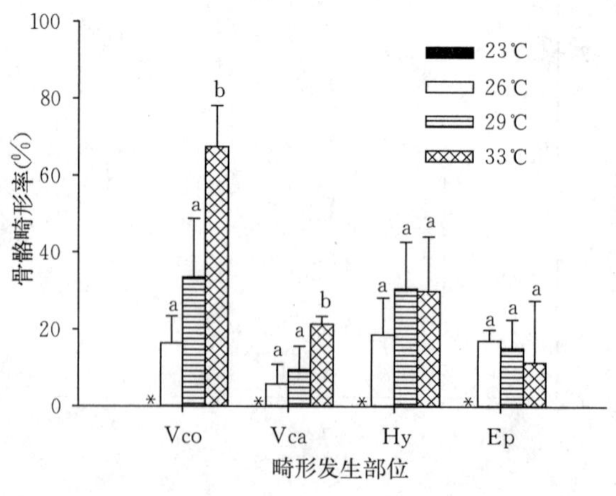

图 4-9 在 23 ℃、26 ℃、29 ℃、33 ℃条件下卵形鲳鲹脊柱形率

Vco. 脊椎骨 Vca. 尾椎骨 Hy. 尾下骨 Ep. 尾上骨

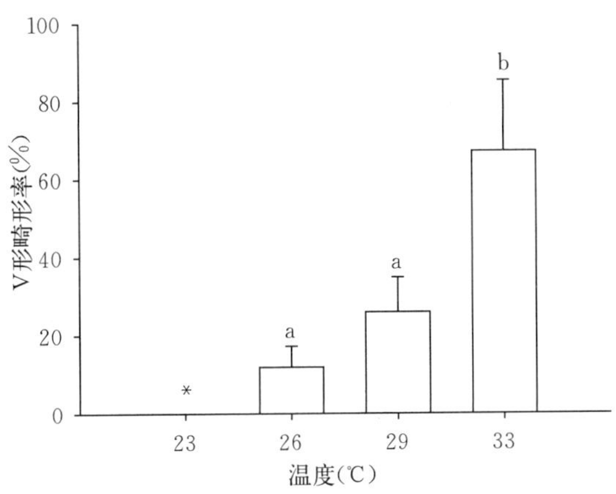

图 4-10　在 23 ℃、26 ℃、29 ℃、33 ℃条件下卵形鲳鲹脊柱 V 形畸形

第二节　营养对卵形鲳鲹仔鱼、稚鱼的影响研究

孵化初期，海水鱼仔鱼、稚鱼在饥饿的条件下会利用卵黄囊与油球储存的营养物质作为营养源来维持机体的生存与生长。但若长期处于饥饿状态，仔鱼的生长会变慢，存活率会显著降低。当仔鱼的内源营养耗尽且无法得到外源营养供给时，会造成机体自身损伤，发育受阻，导致大量死亡。因此，在人工育苗过程中，适口饵料的配套及补充是仔鱼和稚鱼阶段养殖的关键。

Blaxter 和 Hemple（1963）提出了“不可逆点（Point of no return，PNR）”的概念，即在饥饿的阶段当有 50%的仔鱼仍旧存活但由于个体虚弱到已无法进食或即便可以摄食但无法消化食物的时间即为该种仔鱼的不可逆点。PNR 自被提出以来被广泛应用于测定仔鱼的饥饿耐受力。研究表明，不同种类、相同种类不同群体的 PNR 存在一定差异（殷明称，1991），仔鱼的 PNR 时间主要与卵黄囊的容量、孵化时间及温度条件有关（Yin and Blaxter，1987）。因此，仔鱼从初次摄食到达到 PNR 的时间越长，其建立外源性营养摄取能力的可能性就越大。

许晓娟（2010）研究发现，在温度为 26.8 ℃、盐度 28.2 的条件下，卵形鲳鲹仔鱼的 PNR 在孵化后第 7 天。当延迟投饵超过 6 d 以上，仔鱼至 9 日龄完全死亡，而在相同条件下延迟投饵 0～5 d，仔鱼的存活率会维持在 5%以上。在延迟投饵 3 d 时，8 日龄的仔鱼存活率为 26.25%，延迟投饵 3 d 以上仔鱼的存活率则会急剧下降。卵形鲳鲹仔鱼的死亡主要发生在第 6～9 天，大批量死亡主要发生在第 8～9 天（表 4-1）。

在仔鱼、稚鱼处于饥饿的状态下，体重会急剧下降，表现出负增长的现象。在饥饿过后充足的摄食会使一些鱼超常规速度生长，并能恢复到正常水平或者达到更高值，这种现象被定义为补偿性生长。鱼类的补偿生长现象受自身因素（如个体大小、发育阶段等）、环境因素（如温度、盐度等）等影响。从补偿量角度划分，鱼类补偿生长分为4类：①超补偿生长，即经过一段时间饥饿后鱼的体重增加超过相同时间持续投喂的鱼的体重增加量；②完全补偿生长，即恢复投喂后鱼体增重量能达到或接近相同时间内正常持续投喂鱼的增重量；③部分补偿生长，即鱼在恢复投喂摄食后甚至生长速度在短时期内有所加快，但体重增加不能赶上相同时间内持续喂料的鱼；④不能补偿生长，即恢复投料摄食后不仅体重不能赶上持续喂料的鱼，连生长速度也不及正常水的鱼。

表 4-1　延迟投饵对卵形鲳鲹仔鱼存活率的影响

（徐晓娟，2010）

延迟投饵天数（d）	各日龄仔鱼的存活率（%）						
	3 d	4 d	5 d	6 d	7 d	8 d	9 d
0	90.75	85.45	76.45	71.25	52.50	45.50	23.50
1	91.45	89.50	80.75	75.50	56.45	47.45	37.75
2	92.00	90.50	83.75	78.75	67.75	56.25	45.25
3	92.75	83.75	79.25	61.25	47.25	26.25	6.25
4	93.45	81.50	71.75	57.75	38.75	9.25	2.75
5	89.75	79.25	65.25	53.25	39.45	6.75	0.50
6	90.00	80.45	58.45	40.50	23.25	1.75	0

许晓娟等（2010）研究发现，卵形鲳鲹仔鱼和稚鱼（1.53±0.12）mm在2～8 d的不同饥饿处理时间下表现出4种不同表征：①在短时间饥饿处理（饥饿2 d）中出现超补偿生长；②完全补偿生长（饥饿处理4 d）；③部分补偿生长（饥饿处理6 d）；④不能补偿生长（饥饿处理8 d）。这说明短时间的饥饿刺激有助于加速卵形鲳鲹仔鱼和稚鱼的生长，但较长时间的饥饿会抑制其生长，甚至导致死亡。

由于不恰当的饵料投喂影响海水鱼仔鱼、稚鱼的生长与存活，因此合理的饵料投喂管理在仔鱼、稚鱼养殖过程中显得至关重要。当一种生物饵料被确定适合在特定发育时期的特定仔鱼、稚鱼时，相应的饵料投喂管理方案应被设计去实现仔鱼和稚鱼最大化生长与存活率（Slembrouck et al，2009）。在初孵仔鱼阶段，仔鱼的摄食能力（包括寻找、选择、捕获、吞食等能力）较弱。在生产上，提高生物饵料投喂密度被认为是提高初孵仔鱼摄食成功率的一种解决方案（Slembrouck et al，2009）。但大量研究结果表明，海水鱼仔鱼、稚鱼生物饵料投喂量通常过高，远远超过了其自身可消费的饵料量（Rabe and Brown 2000），导致了生产成本过高而饵料利用率过低的现象（Ma et al，2013）。不仅如此，有研究结果表明过量的饵料投喂可能不会提高仔鱼、稚鱼生长与存活率（Duffy et al，1996；Temple et al，2004；Ma et al，2013）。持续的高密度饵料投喂亦可能加速仔鱼排泄降低其消化效率（Boehlert & Yoklavich 1984；Johnston & Mathias 1994；Temple et al，2004）。

笔者2014年的研究发现，在轮虫投喂阶段轮虫的投喂密度显著影响卵形鲳鲹仔鱼的成活率（$P<0.05$，图 4－11）。当卵形鲳鲹仔鱼饲养在 1 个轮虫/mL 或 40 个轮虫/mL 条件下，其特定生长率显著低于饲养在 10 个轮虫/mL 和 20 个轮虫/mL 的同批仔鱼。饲养在 10 个轮虫/mL 和 20 个轮虫/mL 的仔鱼特定生长率分别为 1.32%/d 和 1.56%/d，为饲养在 1 个轮虫/mL（特定生长率为 0.63%/d）和 40 个轮虫/mL（特定生长率为 0.55%/d）仔鱼特定生长率的 2 倍。轮虫饲养阶段轮虫的投喂密度显著影响卵形鲳鲹仔鱼的存活率（$P<0.05$），在 10 个轮虫/mL 和 20 个轮虫/mL 轮虫饲养密度下的卵形鲳鲹仔鱼存活率显著高于在 1 个轮虫/mL 和 40 个轮虫/mL 投喂密度饲养下的卵形鲳鲹仔鱼（Ma et al，2014a）。

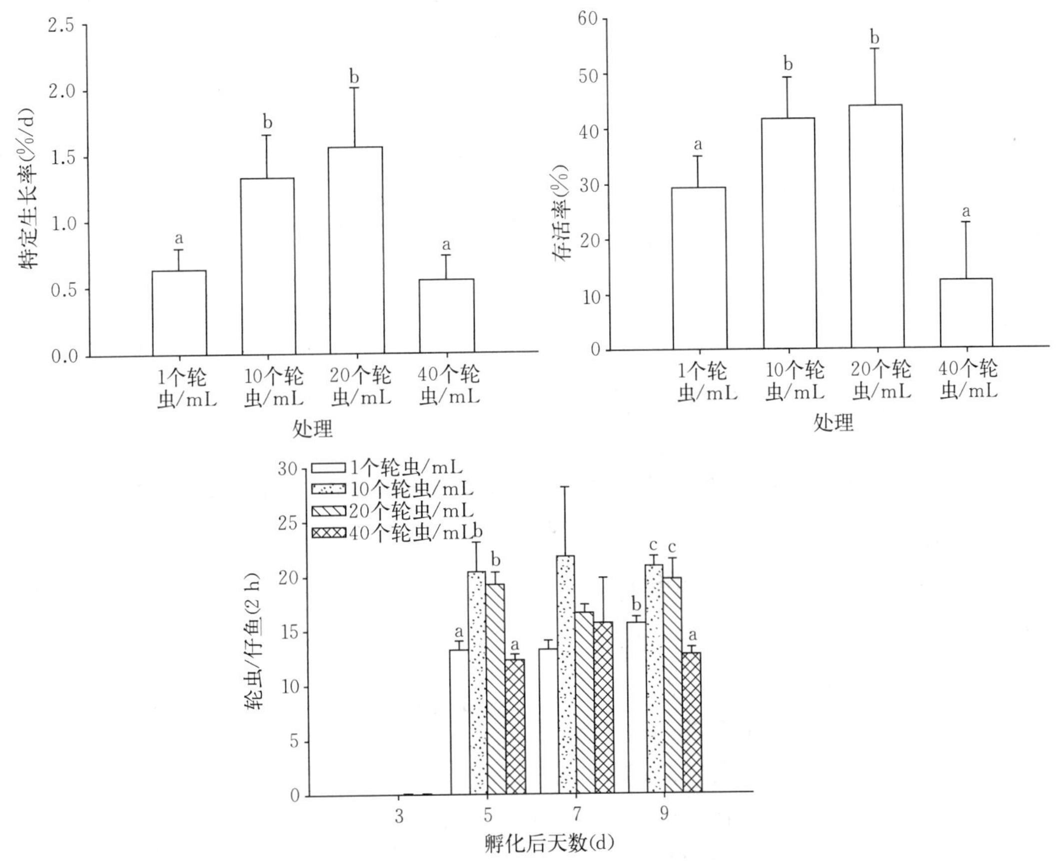

图 4－11　不同轮虫投喂密度下卵形鲳鲹仔鱼、稚鱼特定生长率、存活率及轮虫消耗量

（Ma et al，2014a）

卵形鲳鲹初孵仔鱼的摄食能力较弱（图 4－11），初孵仔鱼的摄食行为可以在孵化后第 3 天被观测到，但摄食量较低仅为 0.025 个轮虫。在孵化后第 3 天，轮虫投喂密度对卵形鲳鲹初孵仔鱼的摄食量没有显著影响。随后，卵形鲳鲹仔鱼的摄食量随着仔鱼日龄的增加而逐渐增多。在孵化后第 5 天，在 10 个轮虫/mL 和 20 个轮虫/mL 饲养条件下的仔鱼摄食量显著高于在 1 个轮虫/mL 和 40 个轮虫/mL 饲养条件下的仔鱼。孵化后第 7 天，轮虫投喂量对卵形鲳鲹仔鱼的摄食量影响不显著。但在孵化后第 9 天轮虫投喂密度显著影响卵形鲳鲹仔鱼的摄食量，投喂密度与摄食量的关系趋势与孵化后第 5 天的摄食量与投喂密度类似。即在 10 个轮虫/mL 和 20 个轮虫/mL 投喂密度下，仔鱼的摄食量显著高于在 1 个轮虫/mL 和 40 个轮虫/mL 仔鱼的摄食量。孵化后第 9 天，最低摄食量在 40 个轮虫/mL 处理组被发现，其摄食量为 12.77 个轮虫/（尾·2 h）。在孵化后第 7 天通过摄食量与肠排空速率估算卵形鲳鲹食物日消耗量为 44～60 个轮虫，在此阶段卵形鲳鲹仔鱼的饵料日消耗量受轮虫投喂密度影响不显著（$P>0.05$，图 4-12）。但轮虫投喂密度显著影响此阶段卵形鲳鲹仔鱼的饵料利用率，随着轮虫投喂密度的增加，仔鱼饵料利用率从 65.4% 迅速下跌至 3.2%（图 4-12）。

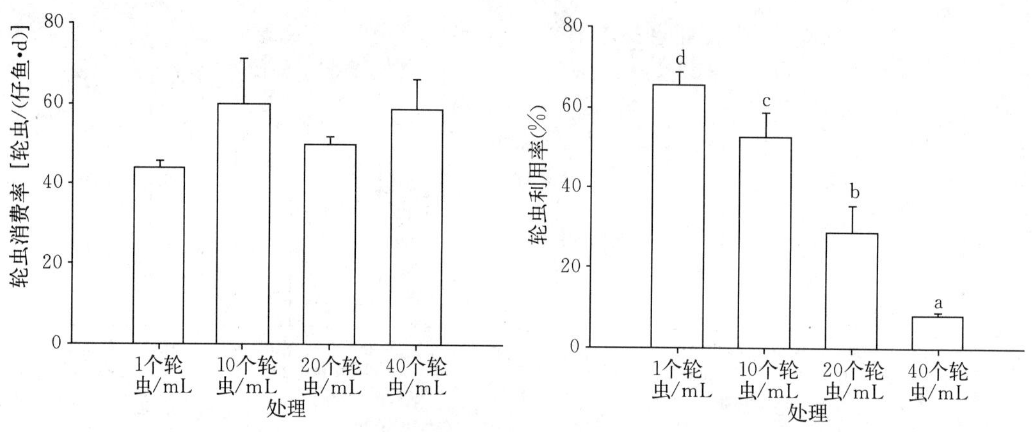

图 4-12 孵化后第 7 天卵形鲳鲹仔鱼在不同轮虫投喂密度下的轮虫摄食量及利用率

（Ma et al，2014a）

笔者于 2014 年对卵形鲳鲹仔鱼口径与标准体长（3.0～5.7 mm）关系进行了估算。开口 45°时口径的计算公式为：开口口径 $=\sqrt{U^2+L^2-2UL\cos45}$，开口 90°时口径的计算公式为：开口口径 $=\sqrt{U^2+L^2}$，其中 U 是上颌的长度，L 是下颌的长度（Qin and Fast，1997）。卵形鲳鲹开口 54°与 90°口径随其标准体长的增加而增大（图 4-13）。当卵形鲳鲹初孵仔鱼体长在 3.0 mm 时观测到其最小口径，其开口 45°的口径为 205 μm，开口 90°的口径为 377 μm。在该研究中，最大口径在仔鱼标准体长达到 5.7 mm 时被观测到，此时开口 45°的口径为 302 μm，开口 90°的口径为 557 μm。

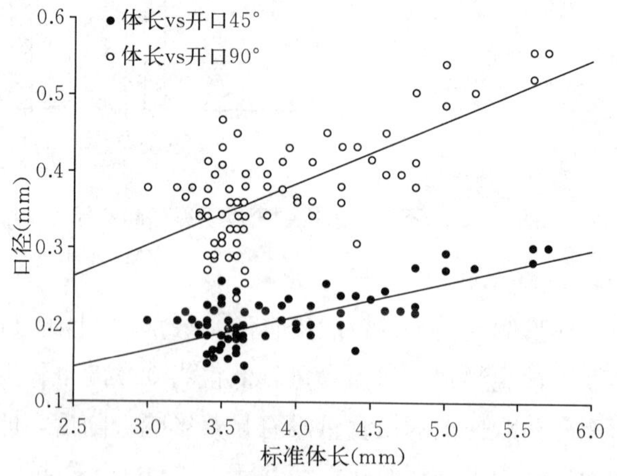

图 4-13 卵形鲳鲹仔鱼口径与标准体长的关系

（Ma et al，2014a）

在轮虫与卤虫无节幼体混合投喂的阶段，前期轮虫投喂密度显著影响后期卵形鲳鲹仔鱼、稚鱼对饵料的选择性（图 4-14）。孵化后第 5 天，当卤虫无节幼体首次加入饲养环境时，前期在 1 个轮虫/mL 饲养条件下的仔鱼回避卤虫无节幼体，而在 10 个轮虫/mL、20 个轮虫/mL 和 40 个轮虫/mL 的处理中，仔鱼开始选择卤虫无节幼体。类似的选择趋势在孵化后第 7 天亦被观测到。孵化后第 9 天，卤虫无节幼体成为卵形鲳鲹仔鱼的主要饵料，在这些处理中的仔鱼此时开始回避轮虫；而在 1 个轮虫/mL 饲养条件下饲养的卵形鲳鲹仔鱼此时仍旧选择轮虫回避卤虫无节幼体。

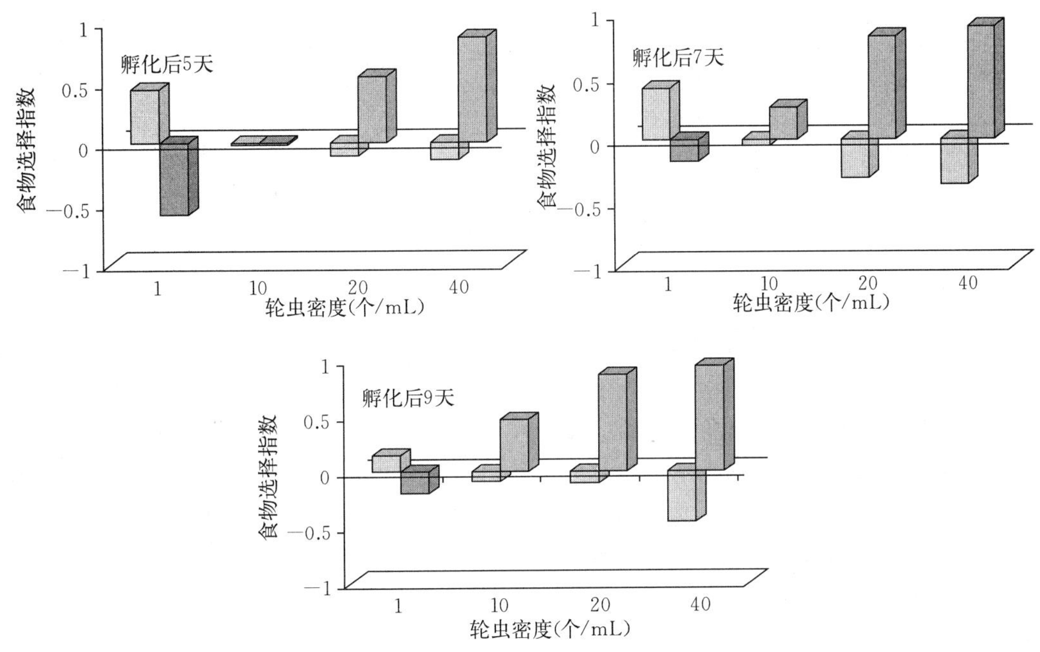

图 4-14　孵化后第 5 天、第 7 天、第 9 天卵形鲳鲹仔鱼在不同轮虫投喂密度下对轮虫及卤虫无节幼体的饵料选择性

(Ma et al，2014a)

海水鱼仔鱼、稚鱼在摄食时需要靠视觉去定位、捕获，缸壁的颜色与光线可以共同影响仔鱼、稚鱼摄食。一般情况下，海水鱼仔鱼、稚鱼在暗色的缸壁中生长与存活率较高（Chesney，2005），但在实际颜色的喜好上与鱼类品种有关。例如，*Chanos chanos*、*Morone chrysops* 和 *Morone saxatilis* 在仔鱼、稚鱼阶段喜好黑色的缸壁（Duray 1995，Denson & Smith 1996，Martin - Tichaud & Peterson 1997），*Epinephelus suillus* 的仔鱼、稚鱼喜好古铜色的缸壁（Duray et al，1996），而 *Colossoma macropomum* 喜好绿色的缸壁（Pedreira & Sipauba - Taveres 2001）。Ma et al（2014a）研究发现，在黑色和暗红色的缸壁中卵形鲳鲹仔鱼摄食量比在浅颜色的缸壁内摄食量高，这表明卵形鲳鲹初孵仔鱼喜好暗色缸壁。除了缸壁的颜色外饵料的颜色亦可影响仔鱼和稚鱼的摄食。Ma 和 Qin（2014）发现褐色的轮虫能增加黄尾鰤仔鱼的摄食量。在卵形鲳鲹仔鱼摄食试验中，笔者发现卵形鲳鲹仔鱼摄食绿色轮虫的量显著高于蓝色、红色和紫色，这表明绿色食物颗粒在此阶段更吸引卵形鲳鲹仔鱼（图 4-15）。

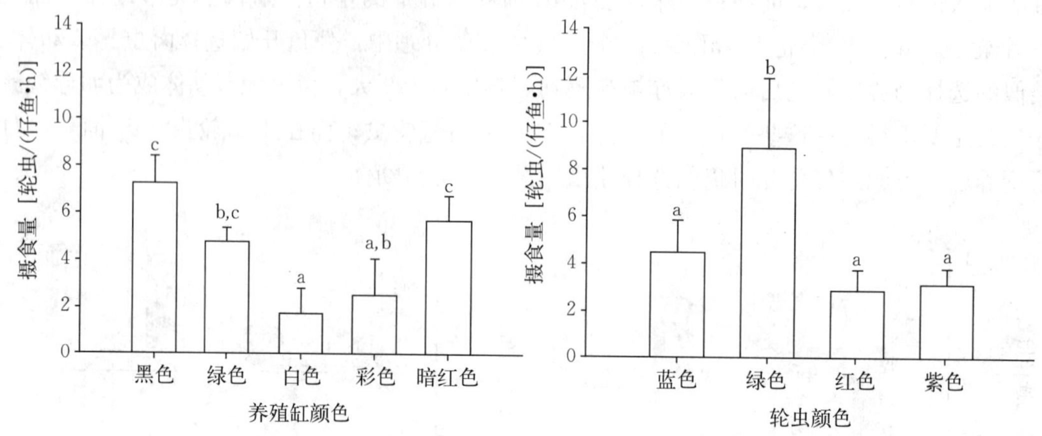

图 4-15　孵化后第 5 天卵形鲳鲹在不同轮虫颜色、缸壁颜色下的摄食量

（Ma et al，2014a）

伴随着水产养殖业的不断发展，仔鱼、稚鱼必需脂肪酸的需求量被广泛地研究（Izquierdo et al，1992；Morais et al，2007；Kjorsvik et al，2009）。长链不饱和脂肪酸如 EPA、DHA 和 ARA 在海水鱼类仔鱼、稚鱼生长、存活、应激反应中起到很重要的作用（Watanabe 1993；Bell & Sargent 2003；Faulk & Holt 2003）。作为海水鱼仔鱼、稚鱼中必需脂肪酸，日常中 EPA、DHA、ARA 的需求量已经能被很好地掌握（Hamre et al，2002；Bell & Sargent 2003）。DHA 在中性膜结构与功能上起到很重要的作用，DHA 的需求量在不同种类的鱼中有所不同（McEvoy et al，1998；Planas & Cunha 1999；Copeman et al，2002）。DHA/EPA 比率通常被用于决定仔鱼、稚鱼最适生长与发育的参考值（Koven et al，1993；Tocher et al，1997；Rodriguez et al，1998）。由于食物中缺少或过量的 DHA、EPA 可以影响到仔鱼、稚鱼存活与畸形发育（Sargent et al，1999b），因此为了保证仔鱼和稚鱼的正常发育，有必要通过模拟日常饲料需求在饲料中添加必需脂肪酸（Palmtag et al，2006）。

现阶段卤虫无节幼体在海水鱼育苗中仍旧被广泛应用，由于卤虫无节幼体自身缺乏 n-3高度不饱和脂肪酸，在投喂前通常需要对其进行营养强化（Monroig et al，2006）。由于生物饵料中的营养成分可以通过强化来模拟改良（Watanabe et al，1983；Koven et al，1989），因此对于生物饵料强化方法的选择将会直接影响到仔鱼和稚鱼的生长与生存（Rainuzzo et al，1997）。Monroig et al（2006）研究发现采用不同强化剂配方强化的卤虫无节幼体营养成分有所差异，仔鱼和稚鱼对营养强化的反应也是在不同种类中有所不同。

笔者 2014 年采用 Algamac3080、海水拟微球藻、螺旋藻作为强化剂强化卤虫无节幼体对卵形鲳鲹仔鱼、稚鱼进行投喂试验。研究结果表明，卵形鲳鲹生长受强化剂影响显著（图 4-16）。卵形鲳鲹的特定生长率在 Algamac3080 处理组达到极值，最低值出现在未强化组和采用螺旋藻强化组。特定生长率在未强化组和采用螺旋藻强化组差异不显著。在未强化组和海水拟微球藻强化组中，卵形鲳鲹稚鱼成活率最高，而在 Algamac3080 强化组中成活率最低。研究表明，鱼体 RNA/DNA 比率受强化剂影响显著，Algmac3080 强化组鱼体 RNA/DNA 比率达到最高值，次之为螺旋藻强化组，最低值在未强化组与拟微球藻组中（图 4-16）。

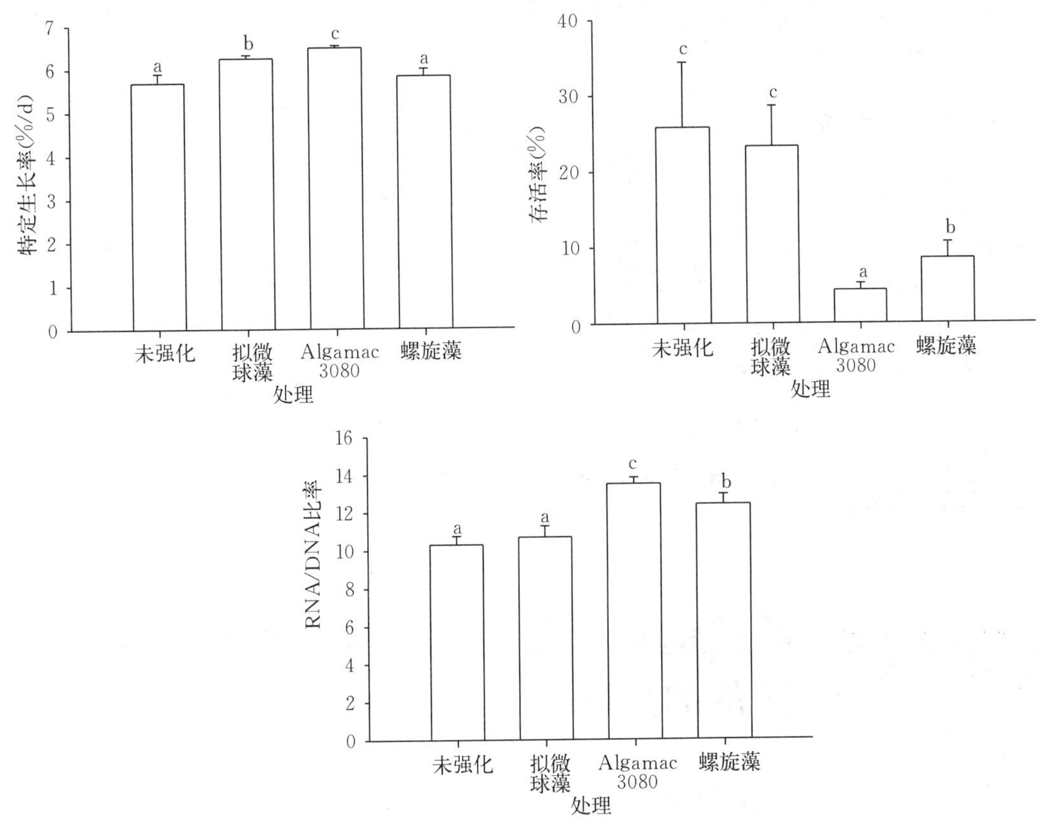

图 4-16　不同强化剂对卵形鲳鲹稚鱼生长、存活及 RNA/DNA 影响

强化剂处理显著影响卵形鲳鲹稚鱼的颌骨畸形（$P<0.05$）。在 Algamac3080 和螺旋藻强化处理组中，卵形鲳鲹颌骨畸形率显著高于强化组和拟微球藻强化组（图 4-17）。卵形鲳鲹颌骨畸形在未强化组和拟微球藻强化组，或在 Algamac3080 强化组和螺旋藻强化组中差异不显著。

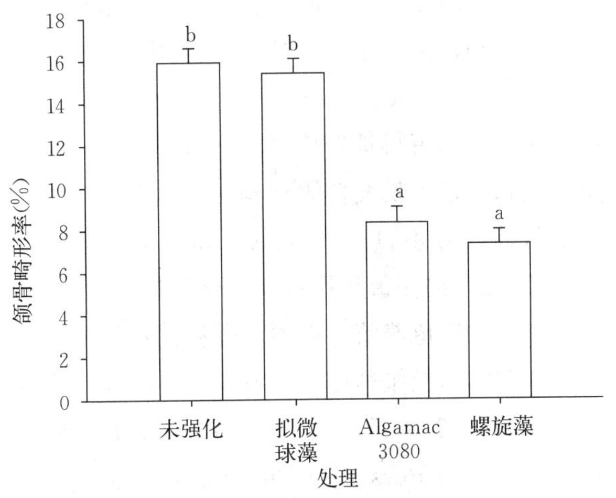

图 4-17　不同强化剂对卵形鲳鲹颌骨畸形的影响

笔者研究发现，营养强化可显著影响卵形鲳鲹仔鱼和稚鱼骨骼畸形率（图 4-18），投喂营养强化的轮虫无节幼体可有效降低卵形鲳鲹仔鱼和稚鱼的骨骼畸形（脊柱、尾骨畸形）。笔者在 2014 年研究中发现，当投喂用螺旋藻强化的卤虫无节幼体时可显著降低卵形鲳鲹仔稚鱼的脊柱畸形（$P<0.05$，图 4－18）。在未强化组、拟微球藻强化组和 Algamac3080 强化组中尾椎骨的畸形率差异不显著（$P>0.05$）。在投喂 Algamac3080强化的卤虫无节幼体组中，尾下骨的畸形率显著高于其他处理组。而在尾上骨的畸形中，峰值出现在投喂拟微球藻的组，最低值则出现在采用螺旋藻强化处理组中。

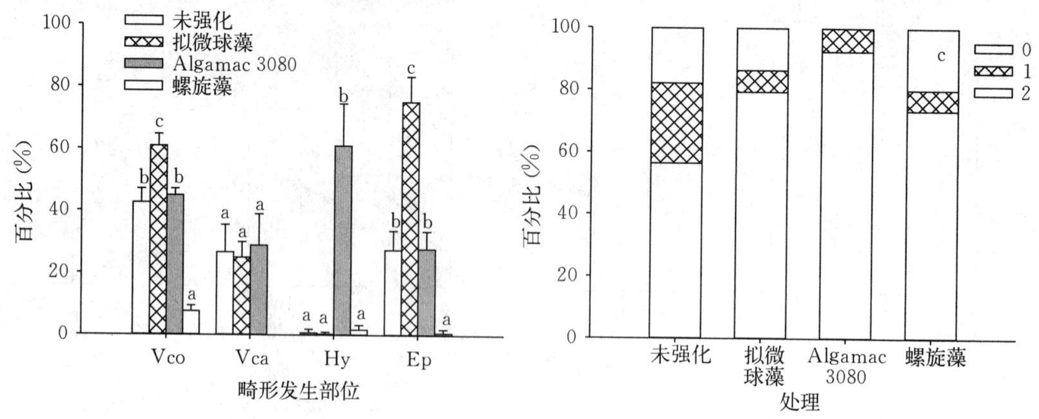

图 4－18　不同强化剂对卵形鲳鲹稚鱼骨骼畸形影响

Vco. 脊柱椎骨　Vca. 尾椎骨　Hy. 尾下骨　Ep. 尾上骨

第三节　颗粒饲料投喂时间对卵形鲳鲹仔鱼、稚鱼的影响

海水鱼孵化后，其消化系统处于不完全发育状态，需要经过一系列组织结构的变化与发育，最终形成成熟的消化系统（Cahu and Zambonino－Infante，2001；Ma et al，2012）。尽管在过去 20 年内，各种养殖技术得到了很大提高，但是生物饵料如轮虫、卤虫仍在海水鱼类仔鱼、稚鱼中被广泛使用（Rosenlund et al，1997；Hamlin & Kling 2001；Sorgeloos et al，2001；Ma et al，2012）。海水鱼类育苗过程中，在鱼类变态后适应颗粒饲料前对于生物饵料具有依赖性（Alves et al，2006）。由于生物饵料自身不具有供给海水鱼仔鱼和稚鱼生长发育的营养，长时间使用生物饵料不但会增加生产成本，也会造成仔鱼、稚鱼的营养不良（Le Ruyet et al，1993；Baskerville－Kling，2000；Callan et al，2003）。因此，在仔鱼和稚鱼期驯化其摄食颗粒饲料势在必行。

在仔鱼和稚鱼养殖过程中，颗粒饲料的驯化过程是一个逐渐将颗粒饲料取代生物饵料的过程。在实际操作过程中，颗粒饲料驯化通常是在仔鱼和稚鱼度过变态期之后开始进行（Ma et al，2012）。通过早期的颗粒饲料投喂驯化，可以使得仔鱼和稚鱼更容易接受颗粒饲料（Hart and Purser，1996；Baskerville－Bridges and Kling，2000）。然而，由于仔鱼、稚鱼早期消化系统脆弱且不具有消化颗粒饲料的能力，过早地投喂颗粒饲料会影响仔鱼和稚鱼的生长与存活（Ma et al，2012；Andrade et al，2012）。为了能够突破仔鱼和稚鱼早期消化系统的局限性，通常会采用生物饵料与颗粒饲料混合投喂的方法来驯化饵料。在混合投喂过程中生物饵料的投喂量逐级递减而颗粒饲料的投喂量则逐渐递增，混合投喂过程会使仔鱼和稚鱼在营养上逐渐适应颗粒饲料（Rosenlund et al，1997；Engrola et al，2009a）。试验证明，混合投喂的方法不仅可以提高仔鱼、稚鱼如 *Rhombosolea tapirina*、*Sciaenops ocellatus*、*Solea senegalensis* 的生长与存活，也可以提高苗种的质量（Hart & Purser，1996；Lazo et al，2000；Engrola et al，2009b）。

笔者于 2013 年对卵形鲳鲹室内育苗颗粒饲料投喂时间进行了探索性研究，试验设计见图 4-19，试验分为 4 个处理，每个处理 3 个平行，分别从孵化后第 13 天、第 16 天、第 19 天和第 22 天开始投喂颗粒饲料，试验过程中在投喂颗粒饲料时每个处理都会经过一个 10 d 的混合投喂期，当混合投喂期过后，颗粒饲料将成为唯一的饵料来饲养卵形鲳鲹稚、幼鱼。

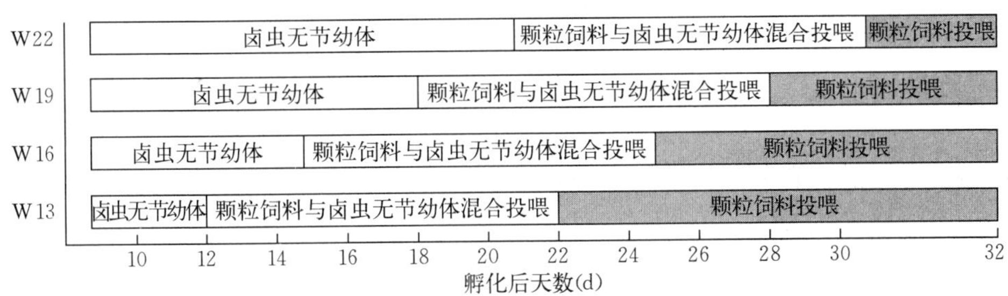

图 4-19　颗粒饲料投喂时间示意图

W13. 孵化后第 13 天开始投喂颗粒饲料　W16. 孵化后第 16 天开始投喂颗粒饲料　W19. 孵化后第 19 天开始投喂颗粒饲料　W22. 孵化后第 22 天开始投喂颗粒饲料

（Ma et al，2014b）

孵化后第 13 天，在 W13 处理中当开始投喂颗粒饲料时，卵形鲳鲹仔鱼的标准体长为（5.14±0.44）mm（图 4-20，A）。在投喂试验结束时，W19 与 W22 处理中幼鱼的标准体长显著高于 W13 和 W16 处理中幼鱼的标准体长（$P<0.05$，图 4-20，B）。试验结束时，在 W19 和 W22 处理中卵形鲳鲹幼鱼的存活率分别为 85.17%和 86.5%，在这两个处理间不存在显著性差异（$P>0.05$）。试验结束时 W13 和 W16 两个处理间的成活率没有显著性差异（$P>0.05$），但显著低于 W19 与 W22 处理的成活率（$P<0.05$，图 4-20，C）。

大量研究结果表明，颗粒饲料的投喂时间显著影响海水鱼仔鱼和稚鱼的生长与成活率（Curnow et al，2006；Engrola et al，2007）。不恰当的颗粒饲料投喂时间会导致鱼体经受先饥饿的过程（Ma et al，2012；Ma et al，2014c）。由于鱼体早期不能完全消化颗粒饲料，颗粒饲料投喂过早会导致鱼体使用自身储藏的能量来维持新陈代谢，导致用于生长发育的能量分配减少，从而使得在初始投喂颗粒饲料时鱼体生长缓慢（Civera - Ceredo et al，2008；Engrola et al，2007）。在笔者的研究中，W19 与 W22 处理组中特定生长率显著高于 W13 和 W16 处理组中的特定生长率。笔者先前对卵形鲳鲹仔鱼和稚鱼消化系统的研究证明，卵形鲳鲹胃腺在孵化后第 15 天左右出现，属于发育相对较快的种类（Ma et

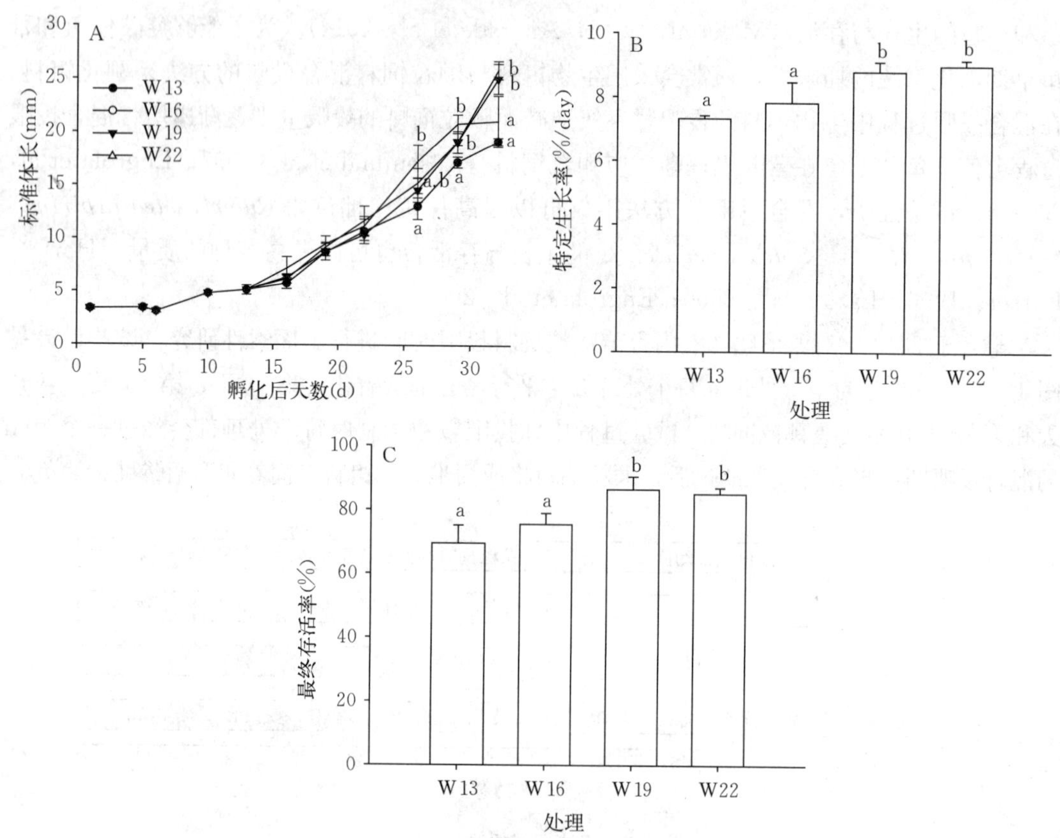

图 4-20　不同颗粒饲料驯化时间下卵形鲳鲹仔鱼和稚鱼的生长、特定生长率和成活率

W13. 孵化后第 13 天开始投喂颗粒饲料　W16. 孵化后第 16 天开始投喂颗粒饲料　W19. 孵化后第 19 天开始投喂颗粒饲料　W22. 孵化后第 22 天开始投喂颗粒饲料

（Ma et al，2014b）

al，2014 d）。在 W19 和 W22 出现较高的特定生长率可能与卵形鲳鲹稚鱼成熟的消化系统发育后投喂颗粒饲料有关。

笔者研究结果表明，颗粒饲料投喂时间显著影响稚、幼鱼鱼体 RNA/DNA 比率（$P<0.05$，图 4-21，A）。当混合投饵结束时，W13 处理组稚鱼鱼体 RNA/DNA 比率从 7.4 下降到了 5.6，而 W16、W19、W22 处理组中卵形鲳鲹鱼体的 RNA/DNA 比率在完成混合投喂后出现了显著上升的趋势（$P<0.05$），但其变幅在 W16、W19、W22 中差异不显著（$P>0.05$，图 4-21，B）。以往研究表明鱼体 RNA/DNA 比率与仔鱼、稚鱼饵料是否充足，可以用来评价仔鱼、稚鱼营养水平（Esteves et al，2000；Diaz et al，2011）。除此之外，仔鱼、稚鱼鱼体 RNA/DNA 比率亦被用于评价饵料投喂量（Ben Khemis et al，2000）、颗粒饲料投喂时间对稚鱼影响（Mendoza et al，2008）。在笔者研究中，当混合投喂结束时，RNA/DNA 比率在 W13 中出现下降趋势，这可能说明过早地进行颗粒饲料混合投喂对仔鱼、稚鱼的鱼体营养水平有负面影响。然而，在 W16、W19 和 W22 处理中，RNA/DNA 比率出现了增加的现象，说明这几个处理中，卵形鲳鲹仔鱼、稚鱼已经适应混合投喂阶段颗粒饲料投喂。

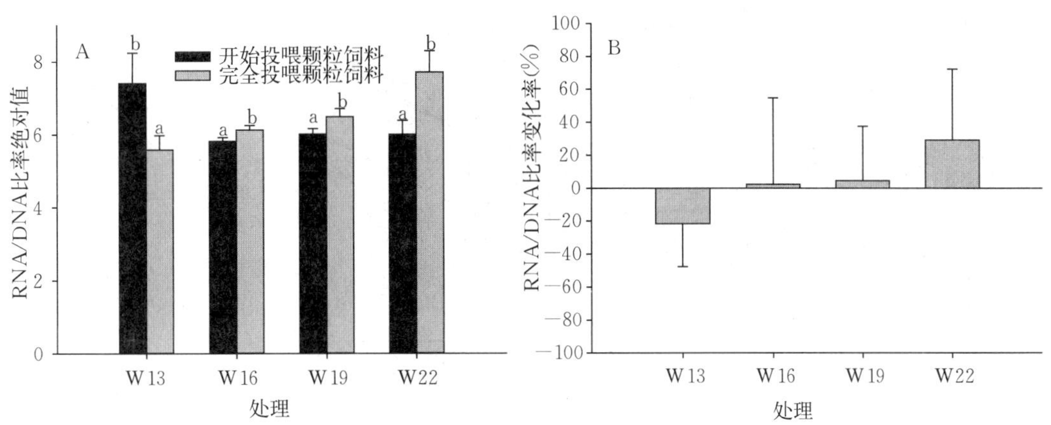

图 4-21　不同颗粒饲料驯化时间下卵形鲳鲹鱼体 RNA/DNA 比值的变化

W13. 孵化后第 13 天开始投喂颗粒饲料　W16. 孵化后第 16 天开始投喂颗粒饲料　W19. 孵化后第 19 天开始投喂颗粒饲料　W22. 孵化后第 22 天开始投喂颗粒饲料

(Ma et al，2014b)

笔者研究表明，颗粒饲料投喂时间显著影响卵形鲳鲹消化道上皮细胞高度（$P<0.05$，图 4-22）。孵化后第 10 天，卵形鲳鲹仔鱼的中肠上皮细胞高度为（13.02±0.73）μm。在混合投喂开始的时候，卵形鲳鲹仔鱼的中肠上皮细胞高度在 W13 和 W16 处理中显著低于 W19 和 W22 处理中的高度（$P<0.05$）。孵化后第 22 天，卵形鲳鲹中肠上皮细胞高度在 W19 和 W22 处理中显著高于 W13 和 W16 处理中的高度（$P<0.05$），但其高度在 W19 和 W22 处理间或在 W13 和 W16 处理间不显著（$P>0.05$）。

在仔鱼、稚鱼中，中肠消化道上皮细胞高度被认为是一个用来评价仔鱼、稚鱼营养状态的很好的组织学指标（Gwak et al，1999），这主要是因为仔鱼和稚鱼饥饿时，鱼体会改变其消化道上皮细胞的形状（Domeneghini et al，2002）。仔鱼、稚鱼消化道上皮细胞对饥饿的反应与鱼的种类和饥饿发生的时间有关（Theilacker & Porter 1995；Gisbert et al，2004）。在黄尾鲱的仔鱼、稚鱼中鱼类在孵化后第 33 天前经受饥饿后鱼体消化道上皮细胞会发生改变，但在孵化后第 33 天改变不明显（Chen et al，2007）。在笔者本研究中发现在 W13 处理中，孵化后第 15 天消化道内上皮细胞与 W22 组内鱼体消化道上皮比显著缩短。类似的现象 Hamza et al（2007）亦报道过。这种消化道上皮细胞高度降低的现象，主要是由于在颗粒饲料投喂过程中，鱼类处于相对饥饿状态，导致其高度降低。

第四节　卵形鲳鲹育苗概述

截至目前，卵形鲳鲹育苗的方式主要有室内工厂化育苗、室外大塘生态育苗两种方

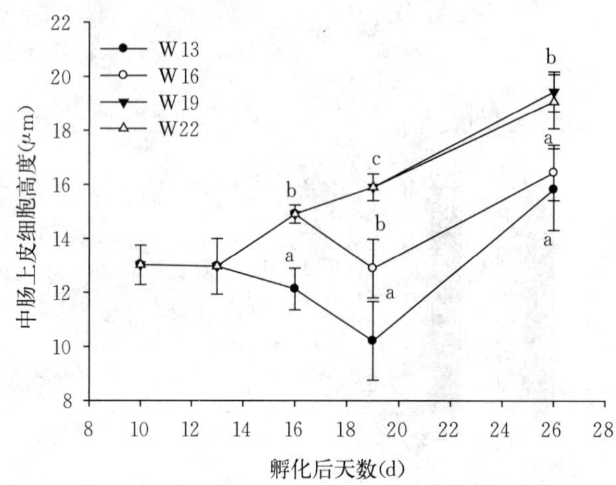

图 4-22　不同颗粒饲料驯化时间下卵形鲳鲹消化道上皮细胞高度的变化

W13. 孵化后第 13 天开始投喂颗粒饲料　W16. 孵化后第 16 天开始投喂颗粒饲料　W19. 孵化后第 19 天开始投喂颗粒饲料　W22. 孵化后第 22 天开始投喂颗粒饲料

(Ma et al，2014b)

式。两种育苗方式各有所长，各自缺点亦很突出。室内工厂化育苗的优点在于受气候影响小，育苗阶段对环境全程可调控，可进行高密度育苗，对水体的利用率高，苗种成活率较高。但缺点在于室内育苗过程中，生物饵料比较单一，饵料系统比较脆弱，苗种生长发育较慢、育苗时间长。室外大塘育苗的优点在于具有稳定的水质、天然生物饵料丰富、苗种生长速度快、育苗时间短、苗种体质健壮等优点，因此被我国南方沿海地区养殖业者广泛使用。但室外大塘育苗的缺点在于受天气影响比较大。

1. 室内工厂化育苗

室内工厂化育苗必须控制生物饵料质量、换水量、充气量。具体操作参数如下。

放苗密度：卵形鲳鲹孵化后第 2 天晚上至第 3 天早上，将孵化后的仔鱼放入育苗池。建议密度初孵仔鱼 60～100 尾/L，稚鱼期后在 20～40 尾/L。当然建议数值非绝对数值，放苗量应根据所用系统的工作效率所决定。

环境因子调控：建议培育水温在 25～29 ℃、盐度>26，DO>5.5 mg/L，氨氮<0.02 mg/L，光照强度控制在 2 000～9 000 lx，养殖水体需保持 24 h 连续充气，前期应为微充气，之后随着鱼日龄的增大而增加充气量。

2. 室外大塘育苗

室外大塘育苗主要操作流程如下。

前期生物饵料培养：在放苗前 8～10 d，将水排干，对大塘进行消毒。清塘后第 3 天，注水施肥培育生物饵料，可对池水接种海水拟微球藻，当池水呈绿色后，接入轮虫，当塘内轮虫密度达到 4～5 个/mL 时即可放苗。

仔鱼和稚鱼培养：受精卵通常在苗种培育池中的帆布水槽内进行孵化，孵化时需要进行微充气。在仔鱼开口摄食前 2～3 h 内，将仔鱼放入苗种培育池内。

日常管理：仔鱼入塘后应每天定时检查塘内生物饵料数量，当生物饵料不足时，应及时补充。应定期检测水质，水体透明度应控制在 40～80 cm 为宜。育苗中后期夜间至次日早上应开启增氧机，防止缺氧。

参　考　文　献

李加儿，李正森，Banno J E. 1999. 遮目鱼受精卵和早期仔鱼对盐度的耐受性 . 海洋水产科学论文集［M］. 广州：广东科技出版社：168 - 174.

马振华，张殿昌 . 2014. 黄尾鰤繁育理论与养殖技术［M］. 北京：中国农业出版社：159.

王贵宁，李兵，罗蕾，等 . 2011. 温度及盐度对卵形鲳鲹仔鱼存活率和发育的影响［J］. 上海海洋大学学报，20（6）：831 - 837.

许晓娟 . 2010. 几种因子对卵形鲳鲹早期生长发育影响及血液学指标研究［D］. 上海：上海海洋大学 .

殷明称 . 1991. 鱼类早期生活史研究与其进展［J］. 水产学报，14（4）：348 - 358.

Alves，J T T，Cerqueira，V R，Brown J A. 2006. Early weaning of fat snook（*Centropomus parallelus* Poey 1864）larvae［J］. Aquaculture，253：334 - 342.

Aritaki M，Seikai T. 2004. Temperature effects on early development and occurrence of metamorphosis related morphological abnormalities in hatchery - reared brown sole *Pseudopleuronects herzensteini*［J］. Aquaculture，240：517 - 530.

Andrade C A P，Nascimento F，Conceição L，et al. 2012. Red porgy，*Pagrus pagrus*，larvae performance and nutritional condition in response to different weaning regimes［J］. Journal of World Aquaculture Society，43：321 - 334.

Baskerville - Bridges B，Kling L J. 2000. Early weaning of Atlantic cod（*Gadus morhua*）larvae onto a microparticulate diet［J］. Aquaculture，189：109 - 117.

Baskerville - Bridges B，Kling L J. 2000. Early weaning of Atlantic cod（*Gadus morhua*）larvae onto a microparticulate diet［J］. Aquaculture，189：109 - 117.

Blaxter J H S，amdHempel G. 1963. The influence of egg size on herring larvae（*Clupea harengus* L.）［J］. ICES Journal of Marine Science，28：211 - 240.

Blaxter J H S. 1992. The effect of temperature on larval fishes［J］. Netherlands Journal of Zoology，42：336 - 357.

Bell J G，Sargent J R. 2003. Arachidonic acid in aquaculture feeds：current status and future opportunities［J］. Aquaculture，218：491 - 499.

Bustos C A，Landaeta M F，Bay - Schmith E，et al. 2007. Effects of temperature and lipid droplet adherence on mortality of hatchery - reared southern hake *Merluccius australis* larvae［J］. Aquaculture，270：535 - 540.

Cahu C，and Zambonino - Infante J. 2001. Substitution of live food by formulated diets in marine fish larvae

[J]. Aquaculture，200：160－180.

Callan C，Jordaan A，Kling L J. 2003. Reducing *Artemia* use in the culture of Atlantic cod（*Gadus morhua*）[J]. Aquaculture，219：585－595.

Chesney E J. 2005. Copepods as Live Prey：A Review of factors that influence the feeding success of marine fish larvae. In：Lee CS，O' Bryen PJ，Marcus NH（eds）Copepods in Aquaculture. Iowa，USA：John Wiley & Sons，Ltd：133－150.

Civera－Cerecedo R，Alvarez－Gonzalez C A，García－Gómez R E，et al. 2008. Effect of microparticulate diets on growth and survival of spotted sand bass larvae，*Paralabrax maculatofasciatus*，at two early weaning times [J]. Journal of the World Aquaculture Society，39：22－36.

Copeman L A，Parrish C C，Brown J A，et al. 2002. Effects of docosahexaenoic，eicosapentaenoic，and arachidonic acids on the early growth，survival，lipid composition and pigmentation of yellowtail flounder（*Limandaferruginea*）：a live food enrichment experiment [J]. Aquaculture，210：285－304.

Curnow J，King J，Bosmans J，et al. 2006. The effect of reduced *Artemia* and rotifer use facilitated by a new microdiet in the rearing of barramundi *Lates calcarifer*（BLOCH）larvae [J]. Aquaculture，257：204－213.

Chen B N，Qin J G，Carragher J F，et al. 2007. Deleterious effects of food restrictions in yellowtail kingfish *Serio lalalandi* during early development [J]. Aquaculture，271：326－335

Denson M R. & Smith T I J. 1996. Larval rearing and weaning techniques for white bass，*Morone chrysops* [J]. Journal of the World Aquaculture Society，27：194－201.

Diaz M V，Pajaro M，Olivar M P，et al. 2011. Nutritional condition of Argentine anchovy *Engraulis anchoita* larvae in connection with nursery ground properities [J]. Fishery Research，109：330－341.

Dou S Z，Masuda R，Tanaka M，et al. 2005. Effects of temperature and delayed initial feeding on the survival and growth of Japanese flounder larvae [J]. Journal of Fish Biology，66：362－377.

Domeneghini C，Radaell G，Bosi G，et al. 2002. Morphological and histochemical differences in the structure of the alimentary canal in feeding and runt（feed deprived）white sturgeons（*Acipenser transmontanus*）[J]. Journal of Applied Ichthyology，18：341－346.

Duray M N. 1995. The effect of tank color and rotifer density on rotifer ingestion，growth and surivival of milkfish（*Chanos chanos*）larvae [J]. Philippine Scientist，32：18－26.

Duray M N，Estudillo C B，Alpasan L G. 1996. The effect of background color and rotifer density on rotifer intake，growth and survival of the grouper（*Epinephalus suillus*）larvae [J]. Aquaculture，146：217－224.

Engrola S，Conceicao L E C，Dias L，et al. 2007. Improving weaning strategies for Senegalese sole：effect of body weight and digestive capacity [J]. Aquaculture Research，38：696－707.

Engrola S，Mai M，Dinis M T，et al. 2009a. Co－feeding of inert diet from mouth opening does not impair protein utilization by Senegalese sole（*Solea senegalensis*）larvae [J]. Aquaculture，287：185－190.

Engrola S，Figueira L，Conceicao L E C，et al. 2009b. Co－feeding in Senegalese sole larvae with inert diet from mouth opening promotes growth at weaning [J]. Aquaculture，288：264－272.

Esteves E，Pina T，Chicharo M A，et al. 2000. The distribution of estuarine fish larvae：Nutrition condition and co－occurrence with predators and prey [J]. ActaOecologica，21：161－173.

Faulk C K. and Holt G J. 2003. Lipid nutrition and feeding of Cobia *Rachycentron canadum* larvae [J]. Journal of the World Aquaculture Society, 34: 368 - 378.

Fielder D S, Bardsley W J, Allan G L, et al. 2005. The effects of salinity and temperature on growth and survival of Australian snapper, *Pagrus auratus* larvae [J]. Aquaculture, 250: 201 - 214.

Fukuhara O. 1990. Effects of temperature on yolk utilization, initial growth, and behavior of unfed marine fish larvae [J]. Marine Biology, 106: 169 - 174.

Gwak W S, Seikai T, Tanaka M. 1999. Evaluation of starvation status of laboratory - reared Japanese flounder *Paralichthys olivaceus* larvae and juveniles based on morphological and histological characteristics [J]. Fisheries Sciences, 65: 339 - 346.

Gisbert E, Conklin D B, Piedrahita R H. 2004. Effects of delayed first feeding on the nutritional condition and mortality of California halibut larvae [J]. Journal of Fish Biology, 64: 116 - 132.

Hamre K, Opstad I, Espe M, et al. 2002. Nutrient composition and metamorphosis success of Atlantic halibut (*Hippoglossus hippoglossus*, L.) larvae fed natural zooplankton or *Artemia* [J]. Aquaculture Nutrition, 8: 139 - 148.

Hamlin H J, Kling L J. 2001. The culture and early weaning of larval haddock (*Melanogrammus aeglefinus*) using a microparticulate diet [J]. Aquaculture, 201: 61 - 72.

Hamza N, Mhetli M, Kestemont P. 2007. Effects of weaning age and diets on ontogeny of digestive activities and structures of pikeperch (*Sander lucioperca*) larvae [J]. Journal Fish Physiology and Biochemistry, 33: 121 - 133.

Hart P R, Purser G J. 1996. Weaning of hatchery - reared greenback flounder (*Rhombosolea tapirina* Gunther) from live to artificial diet: effect of age and duration of the changeover period [J]. Aquaculture, 145: 171 - 181.

Izquierdo M S, Arakawa T, Takeuchi T, et al. 1992. Effect of n - 3 HUFA levels in *Artemia* on growth of larval Japanese flounder (*Paralichthys olivaceus*) [J]. Aquaculture, 105: 73 - 82.

Kjørsvik E, Olsen C, Wold P A, 2009. Comparison of dietary phospholipids and neutral lipids on skeletal development and fatty acid composition in Atlantic cod (*Gadus morhua*) [J]. Aquaculture, 294: 246 - 255.

Koven W M, Tandler A, Sklan D, et al. 1993. The association of eicosapentaenoic and docosahexaenoic acids in the main phospholipids of different - age *Sparus aurata* larvae with growth [J]. Aquaculture, 116: 71 - 82.

Lazo J P, Dinis M T, Holt G J, et al. 2000. Co - feeding microparticulate diets with algae: toward eliminating the need of zooplankton at first feeding in larval red drum (*Sciaenops ocellatus*) [J]. Aquaculture, 188: 339 - 351.

Le Ruyet J P, Alexandre J C, Thebaud L, et al. 1993. Marine fish larvae feeding: formulated diets or live prey [J]. Journal of World Aquaculture Society, 24: 211 - 224.

Ma Z, Qin J G, Nie Z, et al. 2012. Morphological changes of marine fish larvae and their nutrition need. In: Pourali K andRaad V N (eds) Larvae: Morphology, Biology and Life Cycle. New York, NY, USA: Nova Science Publishers, Inc: 1 - 20.

Ma Z, Qin J G, Hutchinson W, et al. 2013. Optimal live food densities for growth, survival, food selection and consumption of yellowtail kingfish *Seriola lalandi* larvae [J]. Aquaculture Nutrition, 19: 523 - 534.

Ma Z. 2014. Food ingestion, prey selectivity, feeding incidence and performance of yellowtail kingfish *Seriola lalandi* larvae under constant and varying temperatures [J]. Aquaculture International, 22: 1317 - 1330.

Ma Z, and Qin J G. 2014. Replacement of fresh algae with commercial formulas to enrich rotifers in larval rearing of yellowtail kingfish *Serio lalalandi* (Valenciennes, 1833) [J]. Aquaculture Research, 45: 949 - 960.

Ma Z, Guo H, Zhang D, et al. 2014a. Food ingestion, consumption and selectivity of pompano, *Trachinotusovatus* (Linnaeus 1758) under different rotifer densities [J]. Aquaculture, DOI: 10. 1111/are. 12413.

Ma Z, Zheng P, Guo H, et al. 2014b. Effect of weaning time on the performance of *Trachinotusovatus* (Linneus 1758) larvae [J]. Aquaculture Nutrition, DOI: 10. 1111/anu. 12183.

Ma Z, Qin J G, Hutchinson W, et al. 2014c. Responses of digestive enzymes and body lipids to weaning times in yellowtail kingfish *Serio lalalandi* (Valenciennes, 1833) larvae [J]. Aquaculture Research, 45: 973 - 982.

Ma Z, Guo H, Zheng P, et al, 2014d Ontogenetic development of digestive functionality in golden pompano *Trachinotus ovatus* (Linnaeus 1758) [J]. Journal of Fish Physiology and Biochemistry, 40: 1157 - 1167.

Martinez - Palacios C A, Barriga T E, Taylor J F, et al. 2002. Effect of temperature on growth and survival of *Chirostoma estor estor*, Jordan 1879, monitored using a simple video technique for remote measurement of length and mass of larval and juvenile fishes [J]. Aquaculture, 209: 369 - 377.

Martin - Tichaud D J. & Peterson R H. 1997. Factors affecting swim bladder inflation success in larval striped bass (*Morone saxatilis*) . Bulletin of the Aquaculture Association of Canada, Special Publication 2: 111.

McEvoy L A, Naess T, Bell J G, et al, 1998. Lipid and fatty acid composition of normal and malpigmented Atlantic halibut (*Hippoglossus hippoglossus*) fed enriched *Artemia*: a comparison with fry fed wild copepods. Aquaculture, 163: 237 - 250.

Mendoza R, Aguilera C, Carreon L, et al. 2008. Weaning of alligator gar (*Atractosteus spatula*) larvae to artificial diets. Aquaculture Nutrition, 14: 223 - 231.

Morais S, Conceicao L E C, Ronnestad I, 2007. Dietary neutral lipid level and source in marine fish larvae: Effects on digestive physiology and food intake. Aquaculture, 268: 106 - 122.

Person - Le R J, Baudin - Laurencin F, Devauchelle N, et al. 1991. Culture of turbot (*Scophthalmusmaximu*) . In: McVey J P. Handbook of mariculture. Boston, Massachusetts, USA: CRC Press.

Pedreira M N. andSipauba - Taveres L H. 2001. Effect of light green and dark brown colored tanks on survival and development of Tambiqui larvae, *Colossoma macropomum* (*Osteichthyes*, *Serrasalmidae*) [J]. ActaScientiarum, 23: 521 - 525.

Palmtag M R, Faulk C K, & Holt G J. 2006. Highly unsaturated fatty cid composition of rotifers (*Brachionus plicatilis*) and *Artemia* fed various enrichments [J]. Journal of the World Aquaculture Society, 37: 126 - 131.

Planas M, and Cunha I. 1999. Larviculture of marine fish: problems and perspectives [J]. Aquaculture, 177: 171 - 190

Qin J G, and Fast A W. 1997. Food selection and growth of young snakehead (*Channa striatus*) [J]. Journal of

Applied Ichthyology，13：21 - 26.

Rabe J，and Brown J A. 2000. A pulse feeding strategy for rearing larval fish：an experiment with yellowtail flounder [J]. Aquaculture，191：289 - 302.

Rodriguez C，Perez J A，Badia P，1998. The n - 3 highly unsaturated fatty acids requirements of gilthead seabream (*Sparus aurata* L.) larvae when using an appropriate DHA/EPA ratio in the diet [J]. Aquaculture，169：9 - 23.

Rosenlund G，Stoss J，Talbot C. 1997. Co - feeding marine fish larvae with inert and live diets [J]. Aquaculture，155：183 - 191.

Sargent J，Bell G，McEvoy L. 1999. Recent developments in the essential fatty acid nutrition of fish [J]. Aquaculture，177：191 - 199.

Slembrouck J，Baras E，Subagja J，et al. 2009. Survival，growth and food conversion of cultured larvae of *Pangasianodon hypophthalmus*，depending on feeding level，prey density and fish density [J]. Aquaculture，294：52 - 59.

Sorgeloos P，Dhert P，Candreva P. 2001. Use of the brine shrimp，*Artemia* spp.，in marine fish larviculture [J]. Aquaculture，200：147 - 159.

Theilacker G H，and Porter S M. 1995. Condition of larval walleye pollock，*Theragra chalcogramma*，in the western Gulf of Alaska assessed with histological and shrinkage indices [J]. Fishery Bulletin，93：333 - 344.

Tocher D R，Mourente G，Sargent J R. 1997. The use of silages prepared from fish neural tissues as enrichers for rotifers (*Brachionus plicatilis*) and *Artemia* in the nutrition of larval marine fish [J]. Aquaculture，148：213 - 231.

Watanabe T. 1993. Importance of docosahexaenoic acid in marine larval fish [J]. Journal of the World Aquaculture Society，24：152 - 161.

Yin M C，and Blaxter J H S. 1987. Feeding ability and survival during starvation of marine fish larvae reared in the laboratory [J]. Journal of Marine Biology and Ecology，105：73 - 83.

第五章
卵形鲳鲹幼鱼和成鱼养殖技术

第一节　卵形鲳鲹幼鱼生长及代谢的影响因素

卵形鲳鲹为广盐暖水性中、上层鱼类，耐低温的能力不强，适宜温度为 16～36 ℃，最适生长水温 22～28 ℃，当水温下降至 16 ℃以下时，停止摄食，当温度低于 14 ℃时，会出现死亡；适宜盐度 3～33，适宜 pH 范围为 7.6～9.6（成庆泰和郑葆珊，1987）。近年来极端天气常造成养殖水体盐度、温度等条件的急剧变化，导致卵形鲳鲹大量死亡，对其养殖产业造成重创（区又君，2008）。因此，在卵形鲳鲹养殖过程中的日常管理尤为重要，特别是养殖环境条件的变化。本章重点介绍养殖水质理化因子以及环境条件对卵形鲳鲹幼鱼生长、代谢的影响，以期为卵形鲳鲹的健康养殖提供理论依据。

一、温度对卵形鲳鲹幼鱼生理生态的影响

温度是影响生物生长、发育及新陈代谢的主要环境因子之一。鱼类是变温动物，会随着外界环境的改变并发生相应的变化，在适宜温度范围内，水温的升高促使鱼体温的升高，鱼体组织细胞内的各种酶活性增强，组织内生理生化反应加快，新陈代谢增强，从而导致鱼体内一系列生理生化指标变化（王跃斌 等，2007）。此外，水温还可以影响鱼类体内的离子和渗透压调节以及影响鱼类的耗氧状况从而影响其代谢水平。

研究表明，养殖水温的高低与耗氧量、排氨率存在密切的关系，在一定的温度范围内，水温的高低与耗氧率和排氨率存在正相关（殷名称，1995）。王刚等（2012）研究了温度对卵形鲳鲹幼鱼的耗氧率和排氨率的影响。研究表明，在一定的温度范围内，随着水温的升高，卵形鲳鲹幼鱼的耗氧率和排氨率均出现先增大后减小的趋势（图 5-1 和图 5-2）。通过卵形鲳鲹幼鱼的耗氧率和排氨率的变化，认为水温 26～30 ℃是卵形鲳鲹幼鱼较快生长的最适温度。

然而，温度对鱼类代谢反应及能量的影响并不是固定的，而是因温度、适应的阶段以及研究对象的鱼种、体质量或生长发育阶段的不同而不同（Díaz et al，2007；Grigoriou and Richardson，2009）。温度系数（Q10）是反应水温与鱼体代谢速度的重要指标，一般而言 Q10 值的降低预示着鱼类降低代谢率并将更多能量用于生长（Díaz et al，2007）。研

究表明，在 19～33 ℃内，卵形鲳鲹代谢水平与水温呈正相关，主要由氧化蛋白质供能，卵形鲳鲹 Q10 值随温度的升高而递减。当水温由 28 ℃升至 33 ℃时，该鱼代谢活动最旺盛，Q10 值却最小，说明其代谢在 28～33 ℃内受温度影响较小，能较好维持体内稳态并将更多能量用于生长。此外，随水温的升高，逐渐降低蛋白质供能比例，增加脂肪和糖类的比例，特别是卵形鲳鲹逐渐加强对肝糖原和乳酸的代谢，在 28～33 ℃时蛋白质供能比最小，利于鱼体生长（图 5－3）（李金兰 等，2014 ）。

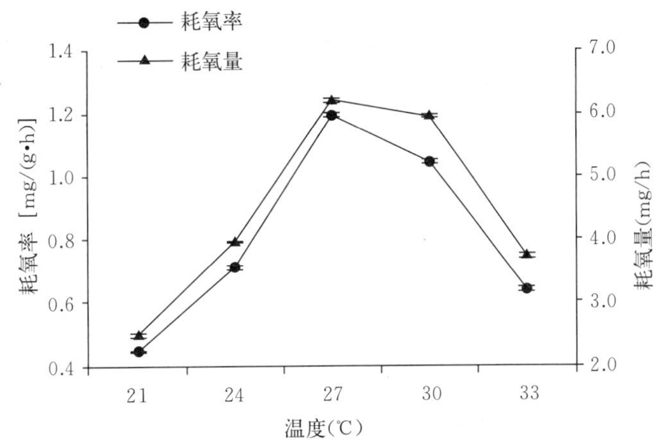

图 5－1 温度对卵形鲳鲹幼鱼耗氧量、耗氧率的影响

（王刚 等，2012）

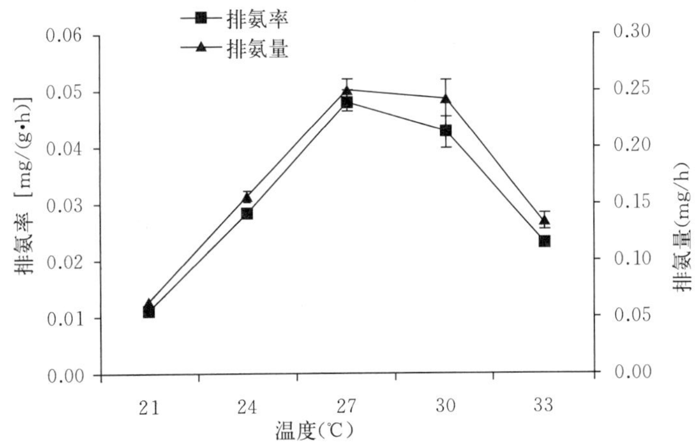

图 5－2 温度对卵形鲳鲹幼鱼排氨量、排氨率的影响

（王刚 等，2012）

二、盐度对卵形鲳鲹幼鱼生理生态的影响

研究表明，盐度的变化可影响鱼类的生长（黄建盛 等，2007；王艳 等，2007）、新陈代谢效率（闫茂仓 等，2007；侯俊利 等，2007）、摄食（Rubio et al，2005）、消化酶

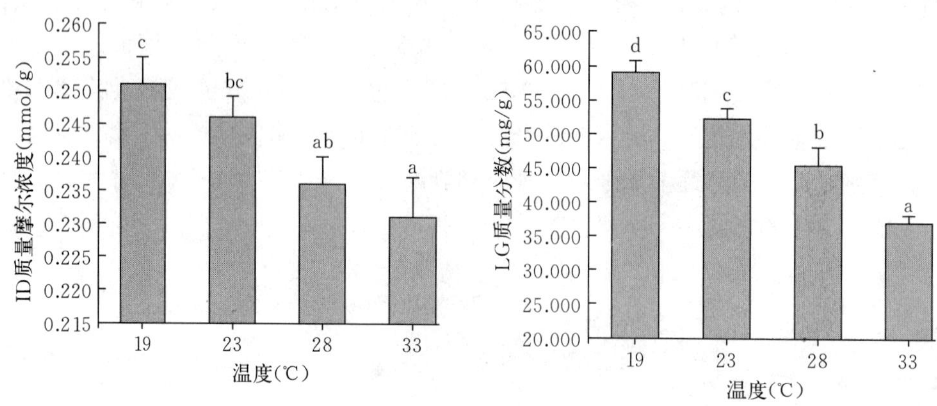

图 5-3　温度对卵形鲳鲹乳酸（LD）、肝糖原（LG）的影响

（李金兰 等，2014）

(Moutou et al，2014)、摄食转化效率（Alava，1998）等，其主要通过影响渗透压的调节来改变鱼体的代谢。卵形鲳鲹适宜盐度范围较广，可存活于3～33盐度范围，但在不同的养殖盐度下，其生长速度会有不同，盐度变化通过影响鱼类自身的生理变化，来调整体内外渗透压的动态平衡，从而影响其新陈代谢以及生长存活。

宋恒锋等（2014）在广西钦州市尖山镇沙井港钦州市海水养殖场内开展了低盐度下卵形鲳鲹与凡纳滨对虾混养试验。养殖池塘大小为25 m×667 m，养殖海水盐度为6。每667 m^2 投放凡纳滨对虾苗1万尾以及经淡化的3.5 cm的卵形鲳鲹鱼苗2 000尾。经过143 d的养殖，卵形鲳鲹平均体重达510 g/尾，起捕商品鱼共11 200 kg；收获凡纳滨对虾1 500 kg，规格为60只/kg，取得了较好的经济效益。由此可见，卵形鲳鲹低盐度养殖是可行的，但需选择经过淡化的卵形鲳鲹苗种以提高养殖成活率。然而，养殖盐度过低时，卵形鲳鲹抵抗力变弱，从而容易引发疾病。在该研究中，由于7—8月份台风天气增多，导致连续多天大雨，池塘盐度下降至3，持续了3 d。在持续的低盐度环境下，部分卵形鲳鲹表现出感染疾病的症状。病鱼体色发黑、体型消瘦、离群缓慢侧游于水上层，摄食大幅降低或不摄食，对外界刺激不敏感，部分病鱼体表无病灶，有的病鱼鳃盖与口颌部部分缺损，丝状出血，有的病鱼胸鳍与尾鳍基部出血，出现胀腹症状。解剖后，发现病鱼的鳃丝边缘缺损，伴有出血症状，黏液较多，甚至出现点状斑。病鱼的肝脏严重出血，个别会呈土黄色，并有出血斑。病鱼的胆囊肿大，胆汁变黑，肠壁、体腔充血。因此，还需注意天气变化，防止卵形鲳鲹养殖盐度超出了其最低耐受盐度。

鳃作为绝大多数鱼类的呼吸器官，在维持鱼体的离子和水平衡中起到重要作用，该功能与几乎存在于所有海水硬骨鱼类鳃丝上皮的线粒体丰富细胞密切相关。研究表明，盐度对广盐性硬骨鱼类线粒体丰富细胞的大小、数量、形状及作用均产生影响（Daborn et al，2001；Kaneko et al，2008；Martínez-Álvarez et al，2005）。区又君等（2013）采用组织显微技术和透射电镜技术，研究卵形鲳鲹在盐度为5、20、30三个不同盐度条件下鳃线粒体丰富细胞的超微结构变化。研究结果表明，卵形鲳鲹线粒体丰富细胞主要分布于鳃丝和鳃小片基部，且随盐度升高而体积增大，数量增多（图 5－4）。经过 30 d 驯化后，不同盐度条件下卵形鲳鲹线粒体丰富细胞结构出现了一定差异。3 个盐度组均存在由线粒体丰富细胞、扁平细胞和附细胞构成的顶端小窝。盐度 5 和 20 组线粒体丰富细胞同时具有“海水型线粒体丰富细胞”和“淡水型线粒体丰富细胞”特征，其中，盐度 5 组线粒体丰富细胞顶膜面积增大明显，顶端小窝较浅，胞质内微细小管系统丰富；盐度 20 组顶膜面积较小，顶端小窝较深，微细小管系统不发达。盐度 30 组线粒体丰富细胞与“海水型线粒体丰富细胞”结构相同，其线粒体丰富细胞顶膜面积相对较小，微脊不发达，顶端小窝明显内陷；存在发达的微细小管系统，线粒体内脊丰富（图 5－5）。由此可见，卵形鲳鲹线粒体丰富细胞的结构变化与其所处的渗透压环境相适应。

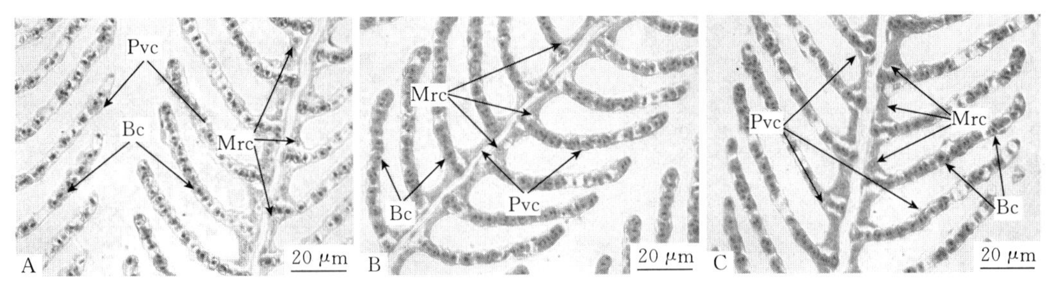

图 5－4　盐度对卵形鲳鲹鳃的影响

A. 盐度 5　B. 盐度 20　C. 盐度 30　Bc. 血细胞　Mrc. 线粒体丰富细胞　Pvc. 扁平细胞

（区又君 等，2013）

研究表明，盐度对卵形鲳鲹幼鱼离体鳃组织耗氧量也存在一定的影响（王刚等，2011），盐度在 13～28 时离体鳃组织耗氧量逐渐增加，盐度为 28 时耗氧量最大；盐度＞28 时离体鳃组织耗氧量逐渐降低（图 5－6）；而卵形鲳鲹幼鱼离体鳃组织每单位呼吸面积耗氧量在盐度 13～23 时耗氧量逐渐增加，盐度 23 时耗氧量最大，盐度＞23 时耗氧量逐渐降低（图 5－7）。这可能是因为卵形鲳鲹为广盐性鱼类，而且鳃组织与其生活的水环境直接接触，水体盐度的变化会促使鳃丝上皮细胞的形态结构发生适应性变化。

研究表明，盐度影响着水生动物吸引代谢率，其关系曲线可分为 4 种类型：在较大盐度范围内代谢率保持稳定；代谢率在等渗点时最小；最适盐度两侧都升高（U 形）；在最适盐度两侧都降低（∩形）（Nordlie，1978）。李金兰等（2014）研究了盐度为 15、20、25、30 四种盐度组对卵形鲳鲹幼鱼呼吸代谢能的影响。在试验盐度范围内，卵形鲳鲹的耗氧率（RO）、排氨率（RN）、能量代谢率（REO）、排泄率（REN）均随盐度的升高以“U 型”的趋势变化，并在 20～25 有最小值，表明该鱼在此盐度范围内代谢水平较低，用于维持体内稳态的渗透压调节耗能最少。由此可见，盐度 20 ～25 有利于卵形鲳鲹生长。氨商（QA ）是鱼类 RN 和 RO 的摩尔比，可反映蛋白质代谢供能占总供能的比例（Rosas et al，2002）。在硬骨鱼类中，当 QA 为 0.33 时，鱼类仅通过氧化蛋白质供能；若 QA 高于 0.33 或低于 0.33，说明机体内发生了蛋白质的厌氧分解作用，或者发生了代

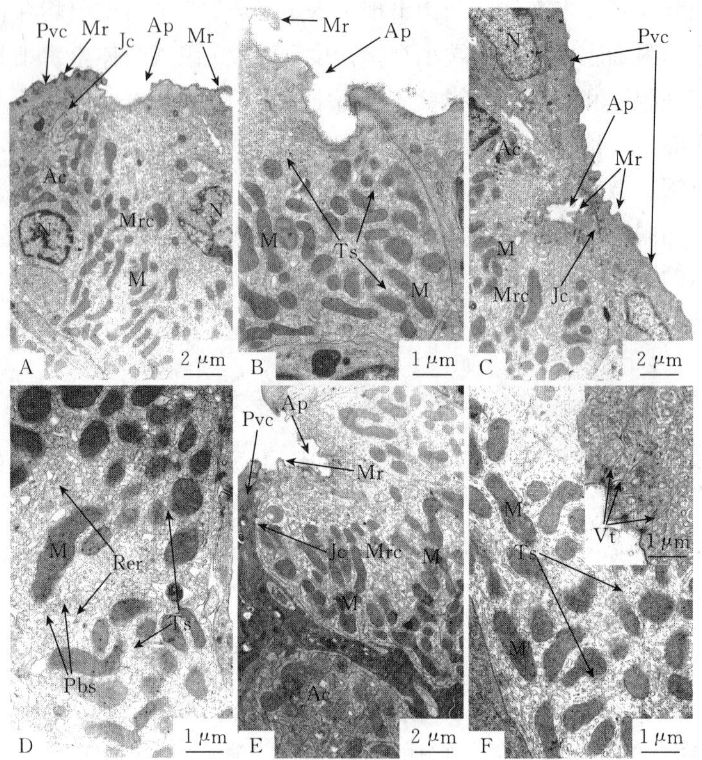

图 5-5　盐度对卵形鲳鲹鳃线粒体丰富细胞超微结构的影响

A. 盐度 5　B. 盐度 5　C. 盐度 20　D. 盐度 20　E. 盐度 30　F. 盐度 30

Ac. 附细胞　Ap. 顶端小窝　Jc. 紧密连接　M. 线粒体　Mr. 微脊　Mrc. 线粒体丰富细胞

N. 细胞核　Pbs. 珠泡结构　Pvc. 扁平细胞　Rer. 粗面内质网　Ts. 微细小管系统　Vt. 囊管

（区又君 等，2013）

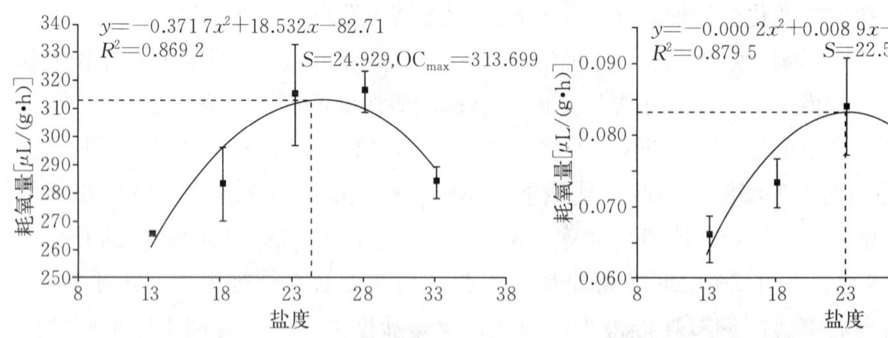

图 5-6　盐度对卵形鲳鲹离体鳃组织的耗氧量的影响

（王刚 等，2011）

图 5-7　盐度对卵形鲳鲹离体鳃组织每单位呼吸面积耗氧量的影响

（王刚 等，2011）

谢底物的转换（Kutty，1978）。研究表明，在盐度 15～ 30 范围内，QA 与蛋白质供能比（PEP）在 20 ～25 有最小值，表明卵形鲳鲹在盐度 20～25 虽主要由氧化蛋白质供能（脂肪和糖类供能约共占 55.8%～56.9%），但 PEP 却最低，在此盐度范围内，蛋白质供能比最小，肝糖原储存量最多，将有利于机体储存蛋白质，利于卵形鲳鲹幼鱼的生长（表 5 - 1）。

表 5 - 1　卵形鲳鲹在不同盐度下的代谢特征值

（李金兰 等，2014）

盐度	耗氧率 [mg/(g·h)]	排氨率 [μg/(g·h)]	能量代谢率 [J/(g·h)]	排泄率 [J/(g·h)]	氨商 Q_A	蛋白质供能比（%）
15	0.18 ± 0.00^{b}	12.31 ± 0.46^{b}	2.49 ± 0.09^{ab}	0.31 ± 0.01^{b}	0.15 ± 0.01^{b}	46.43 ± 0.95^{b}
20	0.16 ± 0.01^{a}	10.29 ± 0.68^{a}	2.19 ± 0.11^{a}	0.26 ± 0.02^{a}	0.15 ± 0.00^{a}	44.19 ± 0.25^{a}
25	0.17 ± 0.00^{ab}	10.76 ± 0.45^{a}	2.35 ± 0.09^{a}	0.27 ± 0.01^{a}	0.14 ± 0.00^{a}	43.13 ± 0.53^{a}
30	0.21 ± 0.01^{c}	14.22 ± 0.55^{c}	2.78 ± 0.10^{b}	0.35 ± 0.02^{c}	0.16 ± 0.00^{c}	48.13 ± 0.24^{c}

注：同列肩注字母不同表示有统计学意义（$P<0.05$）。

盐度对海水鱼类的生长、消化酶存在显著性影响。Ma et al（2014a）研究了不同盐度对卵形鲳鲹幼鱼生长的影响。研究结果表明，不同盐度下卵形鲳鲹幼鱼的特定生长率存在显著性差异（$P<0.05$）。随着盐度的降低，卵形鲳鲹幼鱼的生长也随之下降，其中盐度为 34（对照组）时其特定生长率最大，这可能与试验鱼长期适应该环境有关。盐度对卵形鲳鲹幼鱼的存活率也存在一定的影响，盐度较低时卵形鲳鲹幼鱼的成活率显著下降（图 5 - 8）。RNA/DNA 值是衡量鱼类营养供应和生长的指标之一。卵形鲳鲹幼鱼的 RNA/DNA 比值受盐度的影响显著。在该试验盐度范围内，其 RNA/DNA 比值随着盐度的升高而增大（图 5 - 9）（Ma et al，2014b）。在不同盐度下，卵形鲳鲹胃蛋白酶不存在显著性，但淀粉酶活性随着盐度的增加而加强（图 5 - 10）（Ma et al，2014b），尽管目前还没有相关研究报道淀粉酶活性与不同盐度下鱼体生长之间的直接关系，但值得深究。

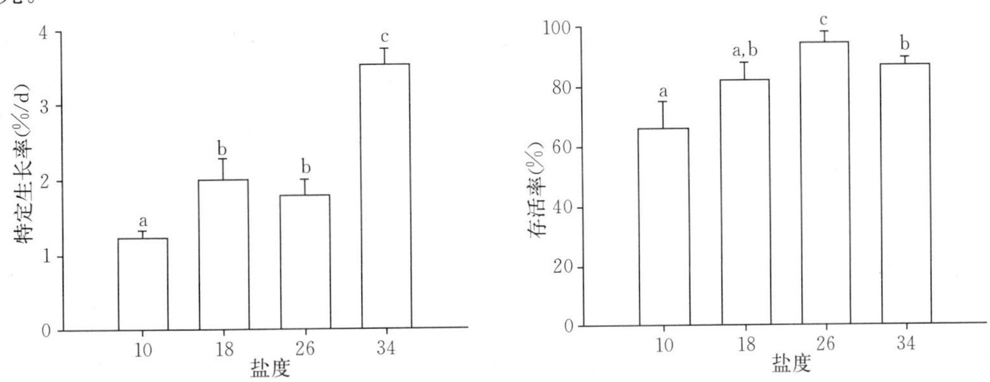

图 5 - 8　盐度对卵形鲳鲹幼鱼生长、存活的影响

（Ma et al，2014a ）

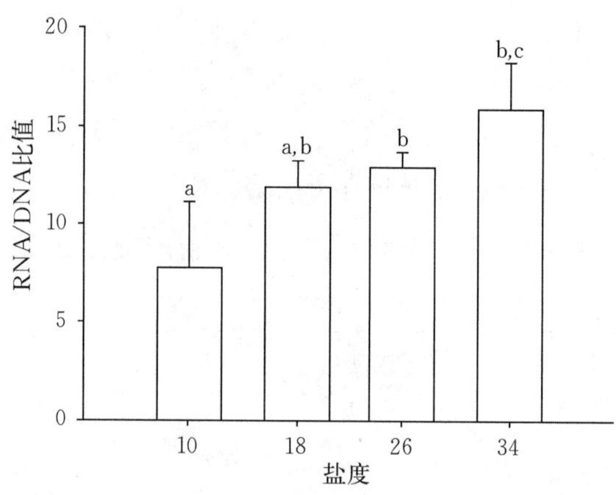

图 5-9　不同盐度对卵形鲳鲹 RNA/DNA 比值的影响

（Ma et al，2014b）

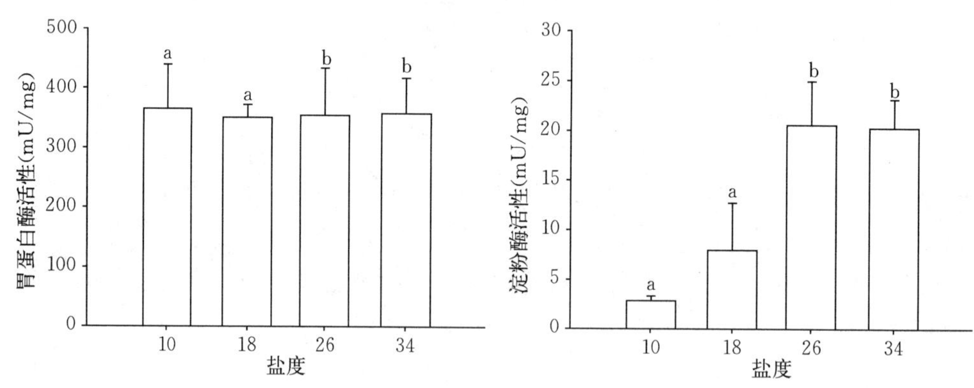

图 5-10　不同盐度对卵形鲳鲹胃蛋白酶、淀粉酶活性的影响

（Ma et al，2014b）

海水鱼类在应对渗透压变化的过程中将消耗其总能量的 10%～50%（Boeuf and Payan，2001）。当外界盐度发生改变时，鱼类要消耗体内储存的能量，以适应外界的盐度变化，因而代谢消耗的能量升高，而当鱼类处于基本等渗的环境时，代谢消耗能最小，摄食、生长和转化效率最大（Marinez，1990）。黄建盛等（2007）对不同盐度下卵形鲳鲹幼鱼生长及能量收支进行了研究，研究结果表明，盐度对卵形鲳鲹幼鱼的生长、摄食以及转化效率均存在显著性影响（$P<0.05$）（表 5-2 至表 5-4）。在盐度 25 时，卵形鲳鲹幼鱼湿重、干重、蛋白质和能量指标的特定生长率均达到最大值，表明在该盐度下卵形鲳鲹幼鱼达到了较好的生长效果（表 5-2）。同时在该盐度下，其干重、蛋白质和能量的转化效率也均达到最大值，此时卵形鲳鲹幼鱼获得最佳的转化效率（表 5-3）。而在不同盐度下，湿重、干重、蛋白质和能量指标的吸收效率并未随着盐度的增加而发生改变，而盐度对卵形鲳鲹幼鱼摄食率存在一定的影响，在盐度为 25 时，卵形鲳鲹幼鱼获得最大的摄食率（表 5-4）。由此可见，卵形鲳鲹幼鱼的等渗点在盐度 25 左右。此外，不同盐度对卵形鲳鲹代谢能以及能量收支存在显著性差异（$P<0.05$），在盐度为 25 时，代谢能分配比

例最低，生长能分配比例最高，从能量学角度而言，卵形鲳鲹幼鱼在此盐度下用于渗透调节的耗能最低，能量转化效率最高，由此可认为该盐度为卵形鲳鲹幼鱼养殖的最佳盐度（表 5－5 至表 5－6）。

表 5－2 不同盐度下卵形鲳鲹幼鱼的特定生长率（%/d）

（黄建盛 等，2007）

盐度	SGR－WW	SGR－DW	SGR－PW	SGR－EW
10	0.39±0.16[a]	0.86±0.21[a]	3.74±1.31[a]	4.10±0.35[a]
15	1.37±0.31[b]	1.25±0.14[b]	3.73±0.72[a]	4.25±0.15[a]
20	2.04±0.04[c]	1.29±0.04[b]	3.49±0.11[b]	4.48±0.09[b]
25	3.21±0.27[d]	2.06±0.07[c]	4.76±0.33[c]	4.66±0.04[c]
30	1.62±0.14[bc]	1.26±0.28[b]	4.22±0.07[d]	4.19±0.06[a]
35	1.09±0.33[b]	1.04±0.40[ab]	3.53±0.66[b]	3.83±0.07[d]

注：数值后面字母表示 Duncan 氏多重比较结果，字母相同表示无显著差异，字母不同表示有显著性差异。SGR 为特定生长率，WW 为湿重，DW 为干重，PW 为蛋白质总量，EW 为能量总量。

表 5－3 不同盐度下卵形鲳鲹幼鱼的转化效率（%）

（黄建盛 等，2007）

盐度	CE－DW	CE－PW	CE－EW
10	21.34±0.44[a]	31.90±0.55[a]	42.46±0.64[a]
15	23.82±0.16[b]	32.88±0.65[a]	46.33±0.80[b]
20	21.76±0.15[a]	36.79±0.29[b]	48.21±0.10[bd]
25	35.61±0.41[c]	46.60±0.37[c]	52.78±1.18[c]
30	24.70±0.41[d]	38.86±0.13[d]	50.57±1.47[dc]
35	28.44±0.10[e]	30.09±0.11[e]	37.70±1.88[e]

注：字母相同表示无显著性差异，字母不同表示有显著性差异。CE 为转化效率，DW 为干重，PW 为蛋白质总量，CE 为能量总量。

表 5－4 不同盐度下卵形鲳鲹幼鱼的摄食率和吸收率（%）

（黄建盛 等，2007）

盐度	CR－DW	CR－PW	CR－EW	AE－PW	AE－EW
10	16.51±0.39[a]	11.45±0.34[ab]	7.83±1.12[a]	94.97±0.81[a]	91.77±0.35[a]
15	15.54±0.21[b]	11.66±0.05[b]	9.37±0.36[b]	95.38±0.32[a]	92.80±0.66[a]
20	16.67±0.16[a]	11.37±1.15[ab]	9.89±0.07[b]	95.47±0.67[a]	93.05±0.30[a]
25	20.31±0.11[c]	13.57±0.18[c]	12.21±0.05[c]	95.59±0.11[a]	93.30±0.14[a]
30	15.69±0.13[b]	10.27±0.07[b]	8.84±0.14[ab]	94.09±1.07[a]	91.18±1.35[a]
35	13.79±0.15[d]	8.48±0.21[c]	7.09±0.18[a]	94.16±0.17[a]	91.99±0.10[a]

注：字母相同表示无显著性差异，字母不同表示有显著性差异。CR 为摄食率，AE 为吸收率，DW 为干重，PW 为蛋白质总量，CE 为能量总量。

表 5-5 不同盐度下卵形鲳鲹幼鱼的摄食能、生长能、代谢能、排泄能和同化能

（黄建盛 等，2007）

盐度	摄食能	生长能	代谢能	排粪能	排泄能	同化能
10	164.43±13.52[a]	69.78±9.45[a]	68.95±7.30[a]	9.22±7.97[a]	16.48±5.71[a]	138.73± 8.69[a]
15	196.77±7.56[b]	91.05±11.76[b]	69.46±9.34[b]	14.01±8.86[b]	22.25±6.31[b]	160.51± 9.90[b]
20	207.69±1.47[b]	100.07±9.87[c]	73.96±6.93[c]	10.11±6.55[a]	23.55±2.10[b]	174.02± 6.51[b]
25	256.41±1.05[c]	135.31 ±7.43[d]	135.31±7.43[d]	18.72±1.26[c]	25.97± 10.34[c]	211.72±11.16[a]
30	185.64±2.94[ab]	85.75±8.06[b]	85.75±8.06[b]	15.19±5.35[d]	19.44 ±1.89[d]	151.02± 10.81[b]
35	148.89±3.78[a]	64.23±6.67[a]	64.23±6.67[a]	11.39±8.82[a]	12.64 ±14.99[c]	124.86±11.11[a]

注：字母相同表示无显著性差异，字母不同表示有显著性差异。

表 5-6 不同盐度下卵形鲳鲹幼鱼的能量收支（%）

（黄建盛 等，2007）

盐度	生长能/摄食能	代谢能/摄食能	排粪能/摄食能	排泄能/摄食能	生长能/同化能	代谢能/同化能
10	42.44±0.45[a]	41.93±1.30[a]	5.61±0.57[a]	10.02±0.51[a]	51.98±0.89[a]	48.02±0.89[a]
15	46.27±0.56[b]	35.30±1.54[b]	7.12±0.66[bc]	11.31±0.53[b]	56.86±1.90[b]	43.14±1.90[b]
20	48.18±0.47[c]	35.61±0.33[b]	4.87±0.55[a]	11.34±0.10[b]	57.52±0.31[b]	42.48±0.31[b]
25	52.77±0.83[d]	29.80±1.33[c]	7.30±0.06[bc]	10.13±0.54[a]	63.97±1.96[c]	36.03±1.96[c]
30	46.19±0.86[b]	35.16±0.05[b]	8.18±1.35[c]	10.47±0.09[ab]	56.71±0.61[b]	43.29±0.61[b]
35	43.14±1.27[a]	40.72±2.17[a]	7.65±0.42[c]	8.49±1.19[c]	51.51±2.91[a]	48.49±2.91[a]

注：字母相同表示无显著性差异，字母不同表示有显著性差异。

当鱼类受到盐度胁迫时，鱼体内的自由基（ROS）将会增加，长期处于氧化压力下，鱼体的免疫防御能力和抗病力将会下降，影响鱼类的正常生长。此时，鱼体将会产生一系列的抗氧化剂如超氧化物歧化酶（SOD）、过氧化氢酶（CAT）、谷胱甘肽过氧化物酶（GPX）等消除体内的自由基。研究表明，当卵形鲳鲹养殖盐度发生变化时，鱼体内的抗氧化酶也会受到盐度的影响（刘汝建，2013）。在盐度变化过程中，由于渗透压的调节，鱼体的新陈代谢受到较大的影响，SOD 和 GPX 活力受到抑制，而 CAT 活性受到激发，可见在盐度变化过程中，不同酶的激活或抑制具有一定的时序性。随着胁迫时间的延长，渗透压的变化对鱼体产生的影响进一步加剧，48 h CAT 活力明显下降，72 h 时 3 种抗氧化酶活力均升高，120 h 时 3 种酶活力恢复正常水平，鱼体内自由基达到动态平衡状态（图 5-11）。

鱼类的窒息点能够直接反映出该种鱼种对低氧的耐受能力。研究表明，盐度对卵形鲳鲹的窒息点存在显著影响。在盐度 0～40 时，无论是盐度渐变或骤变，卵形鲳鲹窒息点随着盐度的升高呈现先下降后升高的趋势（图 5-12）（刘汝建，2013）。

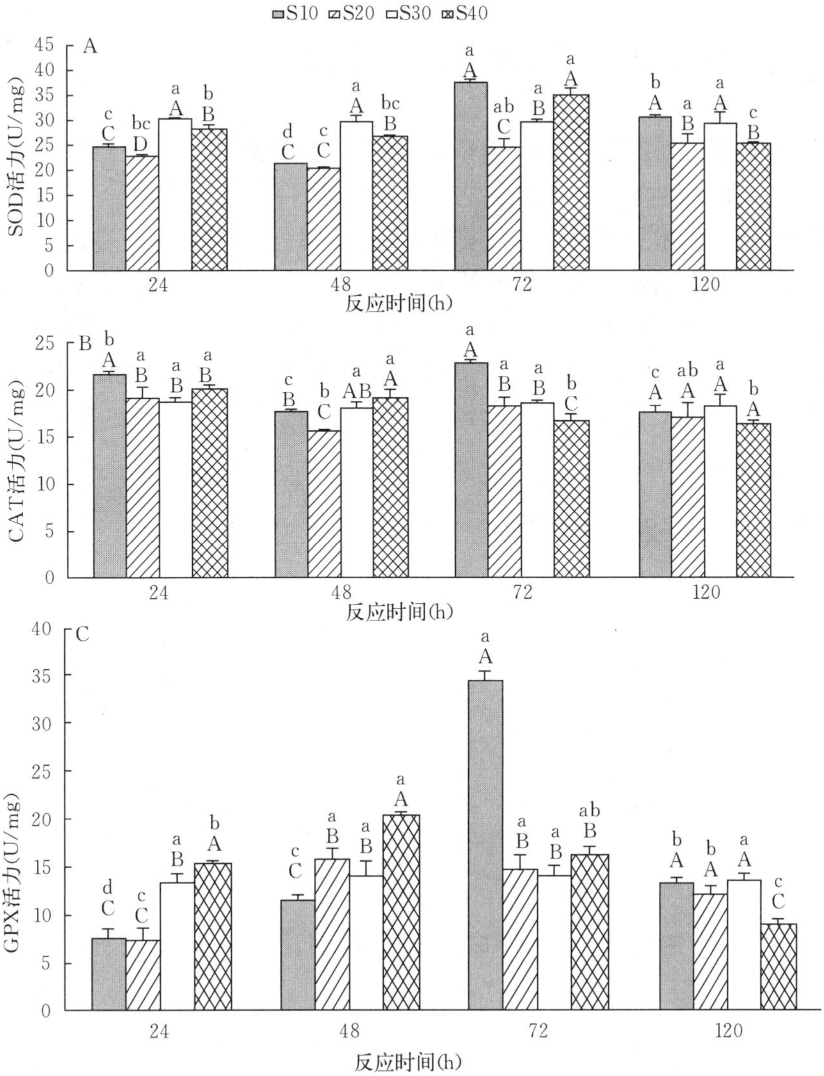

图 5－11　盐度对卵形鲳鲹抗氧化酶活力的影响

（刘汝建，2013）

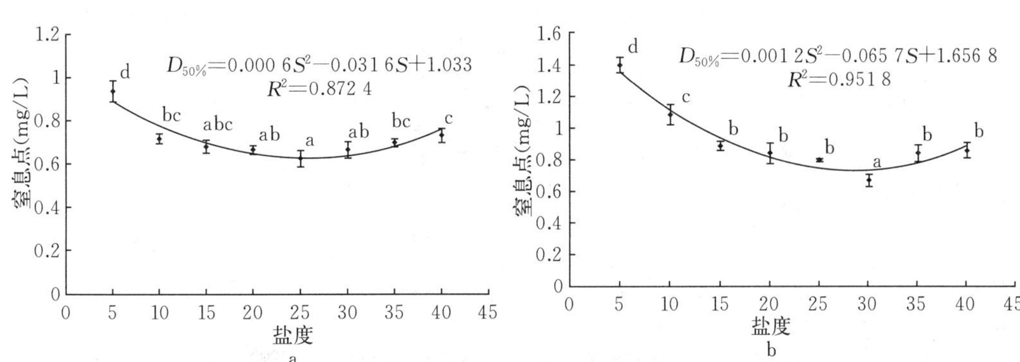

图 5－12　盐度渐变（a）和骤变（b）对卵形鲳鲹窒息点的影响

（刘汝建，2013）

三、pH对卵形鲳鲹幼鱼生理生态的影响

pH是重要的理化因素之一，水体环境中pH的显著变化会影响鱼类的呼吸运动，导致鱼类的呼吸运动也发生相应的变化。当pH大于或小于一定范围时，会使多数鱼类生命活动受到抑制，甚至死亡。当水体pH接近上述界限时，鱼类耗氧、排氨能力受到抑制。研究表明，随着pH的升高，卵形鲳鲹幼鱼的耗氧率变化不明显，排氨率呈先增大后减小的趋势（图5-13，图5-14）（王刚 等，2012）。pH对卵形鲳鲹离体鳃组织的耗氧量存在一定的影响，在pH为7.5～8.5时，离体鳃组织的耗氧量逐渐增加，pH>8.5时离体鳃组织耗氧量逐渐降低，离体鳃组织的每单位呼吸面积耗氧量随盐度的变化趋势与其耗氧

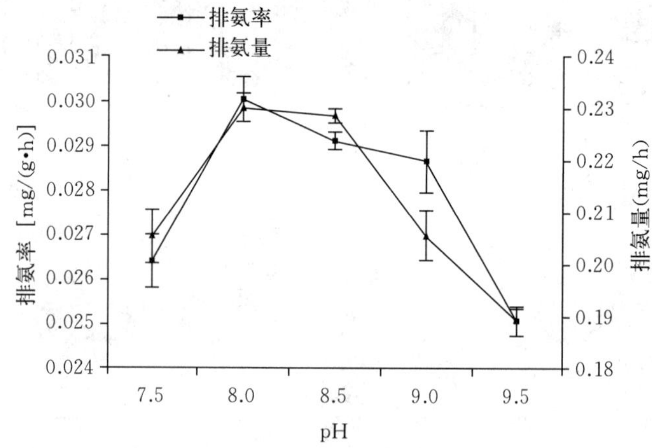

图5-13 pH对卵形鲳鲹幼鱼排氨量、排氨率的影响

（王刚 等，2012）

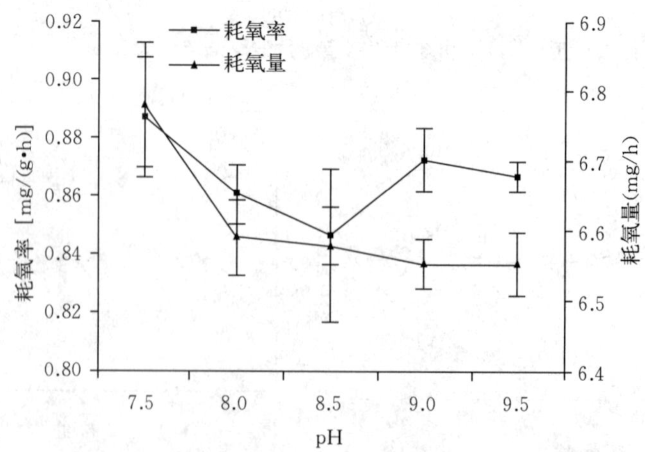

图5-14 pH对卵形鲳鲹幼鱼耗氧量、耗氧率的影响

（王刚 等，2012）

量的变化趋势相一致（图 5－15，图 5－16）（王刚 等，2011）。这可能是因为水体的酸性或碱性离子刺激了鱼的鳃和表皮的感觉末梢造成的。当水体环境中的酸碱度超出或偏离鱼类生活水质酸碱度时，鱼类从周围环境中获取氧气的能力降低，从而造成的卵形鲳鲹生理性损害。

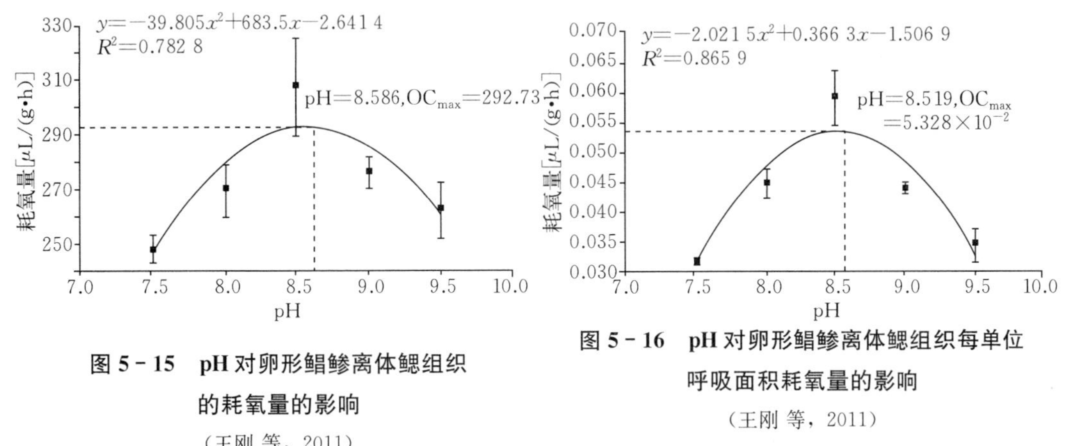

图 5－15　pH 对卵形鲳鲹离体鳃组织的耗氧量的影响

（王刚 等，2011）

图 5－16　pH 对卵形鲳鲹离体鳃组织每单位呼吸面积耗氧量的影响

（王刚 等，2011）

四、溶氧对卵形鲳鲹生理生态的影响

溶解氧是鱼类养殖的限制因子之一，受到水体温度、盐度、pH 等多种环境因子的综合影响，水中溶氧量直接关系到鱼类的生存、生长、酶活性和代谢水平（Bowden，2008）。区又君等（2014）在 70 cm×40 cm×50 cm 长方形水族箱放入 3 尾体长 31.40～37.10 cm、体质量 450.61～510.73 g 的卵形鲳鲹。停止充气后，水中溶解氧在 20 min 内迅速由（5.93±0.21）mg/L 下降至窒息点以下，此时水中溶解氧为（1.94±0.02）mg/L。鱼开始出现缺氧症状，呼吸频率增加，呼吸幅度加大，极度烦躁不安，上蹿下跳和打转，失去方向，肌肉出现颤抖，随后下沉，以各种姿势卧于水底濒临死亡（区又君 等，2014）。

研究表明，急性低氧胁迫后卵形鲳鲹血清离子含量与对照组相比都有不同程度的升高，其中钾、磷、尿素氮浓度上升趋势不明显（$P>0.05$），钠、氯、钙浓度与对照组相比均有显著性差异（$P<0.05$），铁浓度极显著高于对照组（$P<0.01$）（表 5－7）（区又君 等，2014）。这可能是由于低氧条件下，卵形鲳鲹鱼体产生应激反应。为获得较多的溶解氧，使得鳃的扩散容量明显增大，严重的缺氧甚至使细胞受损，细胞膜的通透性加大，外界的离子渗透到机体中，故血清中离子含量增高。同时当水中溶氧急速下降时，鱼体红细胞数量增加，血红蛋白和氧的亲和力增强，以便运输更多的氧分子从而导致血清中铁的含量极显著增加。

急性低氧胁迫下，卵形鲳鲹的血清蛋白、尿酸、肌酐、血脂、血糖等指标的变化不同，其中肌酐、尿酸极显著高于对照组（$P<0.01$），总蛋白、总胆固醇显著低于对照组（$P<0.05$）。其他指标相对对照组无显著性差异（$P>0.05$）（表 5－8）。其中急性低氧组血糖含量略高于对照组，可能是由于外界水环境溶氧量降低而使鱼体产生应激反应，通过肾上腺素的调节作用促使较多的血液进入次级鳃瓣进行气体交换，肾上腺素的分泌导致血糖升高，同时也说明肝糖原分解增加（区又君 等，2014）。

表 5-7　卵形鲳鲹血清离子含量

（区又君 等，2014）

参数（mmol/L）	对照组	低氧组	t-检验
钾	3.93±1.53	5.83±3.06	$P>0.05$
钠	167.30±0.13	172.93±2.94	$P<0.05$
氯	138.60±1.37	145.77±3.06	$P<0.05$
磷	2.63±0.79	3.84±0.79	$P>0.05$
铁	10.20±1.13	22.13±2.93	$P<0.01$
钙	2.71±1.73	3.00±0.09	$P<0.05$
尿素氮	0.79±0.56	0.83±0.25	$P>0.05$

研究表明，甘油三酯、胆固醇和总蛋白水平受蛋白质分解代谢和肝糖原分解的影响（Andenen et al，1991；Vijayan and Moon，1992）。卵形鲳鲹低氧胁迫下，除甘油三酯外，后两项变化显著（表 5-8），表明低氧胁迫后加快了鱼体内蛋白质分解和肝糖原分解（区又君 等，2014）。急性低氧胁迫后卵形鲳鲹血清蛋白、尿酸、肌酐等有着不同的变化，肌酐、尿酸显著高于对照组，说明急性低氧胁迫对卵形鲳鲹鳃和肾组织造成损伤，使其机能出现紊乱；血清总蛋白显著低于对照组，表明急性低氧胁迫后鱼体的代谢、物质运输和防御能力都处于不正常状态（表 5-8）（区又君 等，2014）。同时，卵形鲳鲹血清中肌酸激酶、肌酸激酶同工酶含量显著高于对照组，γ-谷氨酰转肽酶含量显著低于对照组（$P<0.05$）（表 5-9）。由此可见，急性低氧胁迫对卵形鲳鲹心脏和肌肉造成了一定的损伤。

表 5-8　卵形鲳鲹血清中有机成分浓度

（区又君 等，2014）

参数	对照组	低氧组	t-检验
葡萄糖（mmol/L）	5.10±1.55	11.52±5.19	$P>0.05$
总蛋白（g/L）	40.70±1.05	30.40±4.05	$P<0.05$
白蛋白（g/L）	16.20±2.53	14.57±3.42	$P>0.05$
球蛋白（g/L）	24.50±2.66	22.50±8.74	$P>0.05$
白蛋白/球蛋白	0.66±0.03	0.67±0.09	$P>0.05$
总胆固醇（mmol/L）	4.63±0.53	3.55±0.62	$P<0.05$
甘油三酯（mmol/L）	0.67±0.14	0.99±0.60	$P>0.05$
肌酯（μmol/L）	22.00±1.36	36.33±4.93	$P>0.05$
尿酸（μmol/L）	28.00±3.53	110.33±19.13	$P<0.05$

表 5-9 卵形鲳鲹血清酶含量

（区又君 等，2014）

参数（U/L）	对照组	低氧组	t-检验
谷丙转氨酶	4.00±0.03	7.67±2.51	$P>0.05$
谷草转氨酶	38.00±1.23	91.00±0.44	$P>0.05$
γ谷氨酰转肽酶	8.00±1.15	5.00±1.73	$P<0.05$
碱性磷酸酶	58.83±19.85	52.00±11.4	$P>0.01$
肌酸激酶	731.00±21.31	1 828.67±58.85	$P<0.05$
肌酸激酶同工酶	529.00±55.29	1 241.00±342.69	$P<0.05$
乳酸脱氢酶	309.00±15.30	342.00±144.01	$P>0.05$
乳酸脱氢酶同工酶	2.00±0.52	7.00±4.58	$P>0.05$

五、水流对卵形鲳鲹生理生化的影响

养殖环境水的流速是影响鱼类生长以及配合饲料投喂效果的重要环境因子之一。胡石柳（2006）研究了4个不同地区网箱养殖环境的水流在35 cm/s、15～30 cm/s、10～25 cm/s，5～15 cm/s等4种不同流速下，测试同种配合饲料在不同流速下的饲养效果。研究结果表明，与水流速在15 cm/s以内的生长相比，水流速在35 cm/s以上时卵形鲳鲹的生长慢。每口网箱总产量比水流速在15 cm/s以内的减少206～349.5 kg。这与其个体小和成活率低有关。此外，水流在35 cm/s以上的海区养殖卵形鲳鲹所用配合饲料的饲料系数为4.5，比在5～15 cm/s养殖的饲料系数高出2.0（表5-10）。由此可见，水的流速在30 cm/s以上不适宜卵形鲳鲹饲养，水流在5～15 cm/s的范围内是卵形鲳鲹饲养的最佳环境条件。这与杨洪志等（杨洪志 等，2001）提出卵形鲳鲹最适饲养环境水流为12～16 cm/s相一致。

表 5-10 养殖环境水的流速对卵形鲳鲹生长、投喂效果的影响

（胡石柳，2006）

组别	水流速（cm/s）	放养鱼体重（g）	日投料次数	养殖天数	测试时体重（g）	尾增重（g）	箱总增重（g）	饲料系数
一	5～15	2～5	5～6	30	26～35	24～30	13 200～16 500	2.5
二	10～25	2～5	5～6	30	24～30	22～25	6 000～7 500	3.0
三	15～30	2～5	5～6	30	17～23	15～18	6 750～6 500	3.8
四	>35	2～5	5～6	30	7～4	5～9	2 000～3 600	4.5
一	5～15	24～30	3～4	180	524～680	500～650	265 000～344 500	2.5
二	10～25	22～25	3～4	180	322～475	300～450	144 000～216 000	3.0
三	15～30	15～18	3～4	180	195～318	180～300	77 400～129 000	3.8
四	>35	5～9	3～4	180	155～259	150～250	57 000～95 000	4.5

注：组别代号一、二、三、四分别代表马銮湾、火烧屿、鳄鱼屿、猴屿岛海区。

水流作为鱼类生活环境中的一种非生物性因子，可刺激鱼类的感觉器官，使其产生相应的活动方式及反应机制。研究表明，养殖水流对鱼类的耗氧率存在一定的影响（Herskin and Stefensen，1998；Lee et al，2003）。流速对卵形鲳鲹幼鱼的耗氧率和排氨率均存在显著性影响（$P<0.01$）（王刚 等，2012）。在流速为 100～250 mL/min 范围内，卵形鲳鲹的耗氧率和排氨率随着流速的增大呈现出先增大后减少的趋势（图 5－17，图 5－18）。由此可见，水流对鱼体造成的逆流游泳运动必然造成鱼机体的能量消耗，代谢率增加，当水流速度过大时，即超出适宜范围时，逆流游泳运动减少，代谢率也相对减少。因此，卵形鲳鲹的养殖过程中特别是网箱养殖，在网箱安置时，需充分考虑养殖水流的大小。

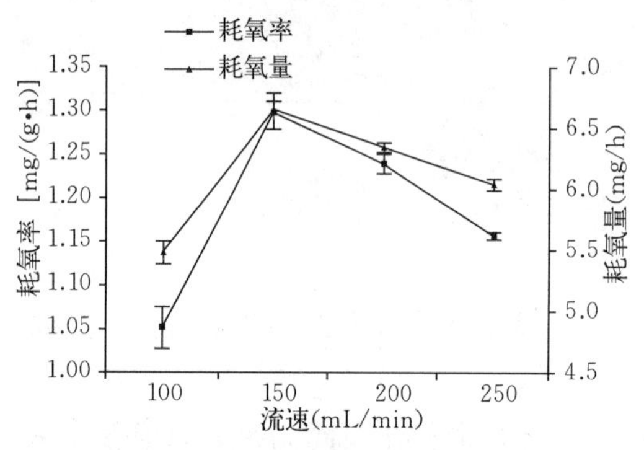

图 5－17　流速对卵形鲳鲹幼鱼耗氧量、耗氧率的影响
（王刚 等，2012）

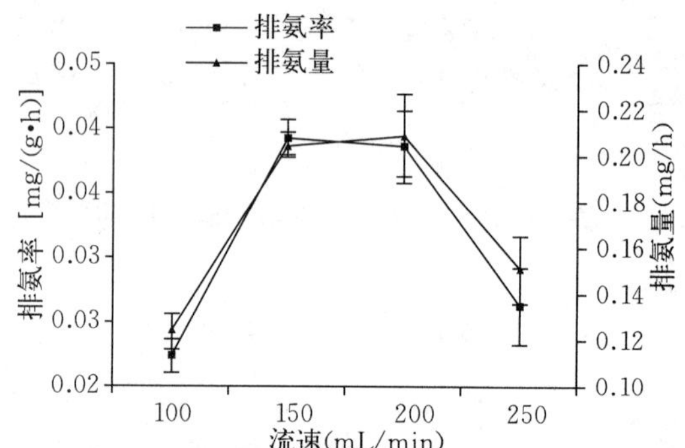

图 5－18　流速对卵形鲳鲹幼鱼排氨量、排氨率的影响
（王刚 等，2012）

第二节　卵形鲳鲹投喂技术研究

卵形鲳鲹是杂食偏肉食性鱼类，自然海中以小鱼、甲壳类、小鱿鱼等为食。在人工养殖条件下除摄食新鲜或冰冻杂鱼外，还摄食人工配合饲料，是目前海水鱼类养殖中大量使用配合饲料的为数不多的几种海水养殖鱼类之一，产业化养殖发展前景看好（杨火盛，2006）。本节主要介绍卵形鲳鲹不同饵料优缺点以及投喂方式等对卵形鲳鲹生长的影响，具体营养需求见第六章。

一、卵形鲳鲹人工配合饲料和鲜杂鱼饲料选择

目前我国大多数海水鱼养殖还是以小杂鱼为主，配合饲料的使用率较低，一般只局限于苗种阶段和伏季休渔期间。早在 20 世纪 60 年代，人们就开始养殖卵形鲳鲹，然而由于养殖的卵形鲳鲹存活率、生长率以及饲料转化率等均较低，导致其养殖效果差。造成养殖效果差的主要原因之一是有关卵形鲳鲹的营养需求研究少。

早期的卵形鲳鲹养殖以鲜杂鱼为主，而卵形鲳鲹的口径、咽喉部较小，鱼体过小时极易被鲜杂鱼鱼糜的骨头卡住，造成死亡；大量投喂冰鲜杂鱼后，容易造成养殖海区水质恶化。此外，鲜杂鱼中一些矿物元素缺乏、氨基酸不平衡，使用量又大，鲜度难以保证，所饲养的鱼必然免疫力下降、腹大，不利游动，也就给病菌、寄生虫有“机”可乘，而且自身也带有病原菌，造成所饲养的卵形鲳鲹成活率下降，增加成本。小杂鱼供应受海洋资源及休渔期影响，质量、数量无法得到保证，增加了投资和养殖风险。因此，配合饲料的研制成为了必然的发展趋势。

近年来，随着海水养殖业的发展需求，海水鱼配合饲料开发与应用开展如火如荼，已涌现大量的海水鱼配合饲料加工企业。据不完全统计，2011 年我国卵形鲳鲹的养殖产量达到 8 万 t，使用配合饲料量约为 10 万 t。在卵形鲳鲹养殖成本中，饲料占了 60%～70%，降低养殖成本最直接的办法就是降低卵形鲳鲹饲料的成本，开发一种高效卵形鲳鲹饲料已成为研究热点。中国水产科学研究院南海水产研究所 2012 年申请了一项卵形鲳鲹高效促生长配合饲料专利，其主要成分及配比为：鱼粉 0～40%、豆粕 10%～19%、玉米蛋白粉 0～18%、大豆浓缩蛋白 10%～24%、花生粕 7%、面粉 13.7%～17.9%、鱿鱼内脏粉 3%、鱼油 6.5%～8.4%、卵磷脂 1%、复合维生素 2%、复合矿物质 2%、氯化胆碱 0.5%、高稳定维生素 C 0.1%、晶体赖氨酸 0～1%、晶体蛋氨酸 0～0.3%。利用该饲料投喂卵形鲳鲹 56 d 后，卵形鲳鲹从初始均重的 6.29 g 增至均重为 75.93 g，平均饲料系数为 1.12。周歧存等 2004 年申请了一项卵形鲳鲹配合饲料专利，包括如下组分：蒸汽鱼粉 20～40 kg、膨化豆粕 5～20 kg、花生粕 5～15 kg、肉粉 3～10 kg、乌贼内脏粉 2～10 kg、啤酒酵母 2～7 kg、面粉 15～30 kg、大豆卵磷脂 0.5～2.0 kg、海鱼油 1～5 kg、大豆油 1～5 kg，复合维生素 0.1～0.5 kg、复合矿物盐 0.3～1.5 kg。广东恒兴集团有限公司 2006 年开发一种绿色环保的卵形鲳鲹膨化配合饲料的加工方法，其通过将质量百分比为 25%～45%的蒸汽鱼粉、5%～25%的大豆粕、5%～20%的肉骨粉、1%～6%的啤酒酵母、2%～5%的乌贼膏、1%～2%的鱼油、10%～26%的高筋面粉、3%～6%的虾头粉、0.5%～1%的卵磷脂、0.3%～0.5%的复合维生素、0.5%～1%的复合矿物质、0.3%～0.5%的氯化胆碱混合均匀，并按比例于每 100 kg 上述混合料中加入虾青素 20～30 g、类胡萝卜素 30～50 g、复合免疫增强剂 50～70 g，然后进一步混合、超微粉碎、调制、挤压制粒、烘干而成。2008 年，该公司还开发了卵形鲳鲹抗病高效膨化配合饲料。方卫东等（2005）开展了鲜杂鱼和海马牌人工配合饲料单一投喂卵形鲳鲹试验。养殖结果表明，放养规格为 6～11 g 卵形鲳鲹鱼苗，在放养密度一致的情况下，养殖 120 d 后，使用配合饲料的卵形鲳鲹生长较快，平均规格较鲜杂鱼组重约 50 g；配合饲料投喂组养殖成活率较鲜杂鱼组相差约 15%；鲜杂鱼组饲料系数显著高于配合饲料组，饲料成本也相对较高（表 5-11）。由此可见，人工配合饲料更适合于卵形鲳鲹养殖。其主要原因在于：①卵形鲳鲹配合饲料是针对卵形鲳鲹的营养需求进行配方设计的。②全价配合饲料在配方设计时就考虑了氨基酸、维生素、矿物元素的平衡补充，适应海水鱼吸收利用的色素添加以及抗应激的特殊因子的添加。在维生素、矿物元素添加剂的配方设计中，也充分考虑了维生素之

间、矿物元素之间、维生素与矿物元素之间的拮抗与协同作用，进行了前处理和相互平衡

表5-11 两种饵料投喂卵形鲳鲹养殖效果比较

（方卫东 等，2005）

饲料种类	养殖天数（d）	生长速度（g）	成活率（%）	饵料系数	饲料成本（元/kg）
鲜杂鱼	120	301	74.9	10.3	16.48
配合饲料	120	356	90.0	1.8	12.24

的科学设计。③其饲料营养成分均衡，容易消化吸收，投喂方便，并可以有效地控制投饵量，节省人力物力，减少饲料的浪费，减轻环境的污染。此外，配合饲料研制中容易添加保健、免疫增强剂。所以使用全价配合饲料饲喂，不仅可促进鱼健康快速生长，也充分利用资源降低养殖成本，提高养殖技术和效益。

二、摄食水平对卵形鲳鲹幼鱼生长及能量收支的影响

摄食水平是影响鱼类生长和能量收支的一个重要因子。不同食性的鱼类其吸收效率差异较大，肉食性鱼类的吸收效率较高，一般为66%～99%（Allen et al，1982）。关于摄食水平与吸收效率的关系，相关报道的结论不一致。有的认为吸收效率随摄食水平的增加而增加（Cui and Wootton，1988），有的报道吸收效率不受摄食水平的影响（Cui et al，1994），还有一些学者认为吸收效率随摄食水平的增加而降低（Solomon and Brafield ，1972）。

黄建盛等（2010）开展了不同摄食水平对卵形鲳鲹幼鱼的生长和能量收支的影响。研究结果表明，幼鱼的湿重、干重、蛋白质和能量特定生长率随着摄食水平的提高而增长（表5-12）。因此，建议在卵形鲳鲹幼鱼养殖阶段，投饵应尽量达到最大摄食水平以提高幼鱼的生长率。然而，过量的投饵不但会增大养殖成本，同时还将增大鱼类养殖自身污染对环境的压力，因此，最适投饵策略需根据养殖的具体情况而定。

表5-12 不同摄食水平下卵形鲳鲹幼鱼的特定生长率（%/d）

（黄建盛 等，2010）

摄食水平	SGR-WW	SGR-DW	SGR-PW	SGR-EW
1%	-0.19 ± 0.21^{a}	-3.73 ± 0.35^{a}	-0.44 ± 0.28^{a}	-1.75 ± 0.21^{a}
2%	1.64 ± 0.13^{b}	0.56 ± 0.13^{b}	1.95 ± 0.35^{b}	1.29 ± 0.11^{b}
3%	1.79 ± 0.44^{b}	0.95 ± 0.07^{bc}	2.46 ± 0.36^{b}	2.14 ± 0.27^{c}
4%	2.88 ± 0.42^{c}	1.32 ± 0.14^{cd}	3.56 ± 0.38^{c}	3.68 ± 0.35^{cd}
5%	3.29 ± 0.47^{c}	1.47 ± 0.13^{cd}	4.15 ± 0.14^{d}	4.11 ± 0.21^{d}
饱食	4.10 ± 0.39^{d}	1.71 ± 0.19^{d}	5.36 ± 0.32^{e}	6.27 ± 1.15^{e}

注：同列数间上标字母不同者表示两者间差异显著（$P<0.05$）。WW为鱼体湿重，DW为鱼体干重，PW为蛋白质总量，EW为能值总量，SGR为特定生长率。

研究表明，卵形鲳鲹幼鱼干重、蛋白质和能量转化效率随摄食水平增加而增加（表5-13），摄食水平达4%时能值转化效率与饱食组差异无显著性（$P>0.05$），摄食水平为5%时，幼鱼干重以及蛋白质转化效率与饱食组差异不显著（$P>0.05$）。这与有些品种转化效率随摄食水平的升高而下降有所不同，可能与饲料质量、鱼种以及发育阶段有关。

表5-13　不同摄食水平下卵形鲳鲹幼鱼的转化效率（%）

（黄建盛 等，2010）

摄食水平	CE-DW	CE-PW	CE-EW
1%	-4.47 ± 0.44^{a}	-8.54 ± 0.14^{a}	-10.11 ± 1.05^{a}
2%	7.62 ± 0.14^{b}	14.79 ± 0.23^{b}	22.86 ± 0.41^{b}
3%	19.41 ± 0.42^{c}	26.33 ± 0.25^{c}	26.88 ± 0.21^{c}
4%	21.55 ± 0.46^{d}	30.46 ± 0.50^{d}	36.19 ± 1.65^{d}
5%	28.77 ± 0.23^{e}	39.78 ± 0.27^{e}	43.48 ± 1.33^{e}
饱食	29.32 ± 0.16^{e}	41.35 ± 0.17^{f}	45.58 ± 0.09^{e}

注：同列数间上标字母不同者表示两者间差异显著（$P<0.05$）。WW为鱼体湿重，DW为鱼体干重，PW为蛋白质总量，EW为能值总量，CE为转化效率。

卵形鲳鲹幼鱼干重、蛋白质和能量表观效率均随摄食水平升高而升高（表5-14），摄食水平达2%时干重、蛋白质表观效率与饱食组差异无显著性（$P>0.05$），摄食水平达4%时，能量表观效率与饱食组差异无显著性（$P>0.05$）。此外，随着摄食水平增加，卵形鲳鲹幼鱼生长能占摄食能比例显著升高（表5-15），其可能原因在于：一是生长率随摄食水平增加而升高；二是饲料转化效率随摄食水平增加而升高；三是代谢能占摄食能比例随摄食水平增加而降低。Cui et al（1996）根据相关研究得出肉食性鱼类、植食性鱼类平均能量收支方程存在很大差异。研究表明，在一定温度范围内，最大摄食水平时的能量收支可以互相比较，前提条件是能量收支在这一温度范围内不随温度而变化（Cui et al，1990）。卵形鲳鲹是否存在这一现象，有待进一步研究。

表5-14　不同摄食水平下卵形鲳鲹幼鱼的表观消化率（%）

（黄建盛 等，2010）

摄食水平	AD-DW	AD-PW	AD-EW
1%	89.54 ± 0.08^{a}	93.97 ± 0.41^{a}	90.39 ± 0.17^{a}
2%	90.39 ± 2.98^{a}	94.59 ± 0.32^{a}	93.24 ± 0.21^{b}
3%	91.28 ± 0.31^{ab}	95.16 ± 0.21^{ab}	94.34 ± 0.09^{c}
4%	91.73 ± 0.21^{ab}	95.32 ± 1.44^{ab}	95.00 ± 0.31^{c}
5%	92.49 ± 0.13^{ab}	95.47 ± 0.17^{ab}	95.83 ± 0.39^{d}
饱食	94.12 ± 1.59^{b}	96.61 ± 0.38^{b}	96.38 ± 0.39^{d}

注：同列数间上标字母不同者表示两者间差异显著（$P<0.05$）。WW为鱼体湿重，DW为鱼体干重，PW为蛋白质总量，EW为能值总量，AD为表观消化率。

表 5-15　不同摄食水平下卵形鲳鲹幼鱼的能量收支（%）

（黄建盛 等，2010）

摄食水平	G/C	R/C	F/C	U/C	G/A	R/A
1%	−15.06±1.75[a]	78.46±1.19[a]	8.57±0.47[a]	28.03±0.09[a]	−23.79±2.97[a]	−123.79±2.97[a]
2%	23.85±0.41[b]	59.16±0.84[b]	6.52±0.13[b]	10.47±0.45[b]	28.73±0.38[b]	72.27±0.38[b]
3%	30.68±1.11[c]	55.12±1.19[c]	5.97±0.35[b]	8.23±0.26[c]	35.76±1.33[c]	64.24±1.33[c]
4%	37.79±0.49[d]	50.24±0.30[d]	5.00±0.31[c]	7.37±0.32[d]	42.67±0.25[d]	57.33±0.25[d]
5%	43.48±1.32[e]	44.19±1.41[e]	5.10±0.24[c]	7.23±0.33[d]	49.60 ±1.56[e]	50.40±1.56[e]
饱食	48.94±1.02[f]	39.94±1.78[f]	4.97±0.38[c]	6.15±0.37[e]	55.07±1.62[f]	44.93±1.62[f]

注：同列数间上标字母不同者表示两者间差异显著（$P<0.05$）。G 为生长能，C 为摄食能，R 为代谢能，F 为排粪能，U 为排泄能，A 为同化能。

三、投喂频率对卵形鲳鲹生长的影响

饲料投喂管理在卵形鲳鲹养殖过程中十分重要。投喂管理的主要内容是投喂频率和投喂量，而投喂管理与鱼体健康生长及饲料利用密切相关。科学合理的投喂管理能有效提高饲料利用效率，降低饲料系数。

周勤勇等（2013）针对深水网箱养殖卵形鲳鲹的投喂技术问题，开展常规投喂、高频率投喂和饱食投喂 3 种不同投喂方式对卵形鲳鲹生长特性和鱼体营养成分影响的研究，其试验设计见表 5-16。其中，①常规投喂组：投喂频率为每天 3 次，分别在每天 08:00、12:00 和 18:00 投喂 1 次，日投喂量依不同阶段鱼的体重而定，体重在 50 g/尾之前的日投喂量为鱼体重的 12%，50～100 g/尾时为鱼体重的 8%，100～300 g/尾时为鱼体重的 6%，早、中、晚按 2∶1∶2 的比例分配当天的投喂量，根据卵形鲳鲹生长与摄食水平的关系，鱼体将在 0.5 h 之内完成摄食，此时鱼体离饱食尚有一定距离。②高投喂频率组：比常规组增加 1 次投喂（每天 15：00），按 1.5∶1∶1∶1.5 的比例分配当天的投喂量，日投喂量同常规组。③饱食投喂组：每次加大投喂量，使 0.5 h 后仍有食可摄，逐渐停止抢食，最后水面有少量配合膨化饲料剩余。各试验组其他条件与常规投喂组相同。

表 5-16　投喂频率试验设计

（周勤勇 等，2013）

试验处理	放养数量（尾）	日投喂量	投喂频率（次/d）
常规投喂	500	常规	3
高频率投喂	500	常规	4
饱食投喂	500	饱食	3

研究表明，鱼类的特定生长率和饲料转化效率均随着投喂频率的提高而升高（Omar

and Gunther，1987；Windell et al，1978）。该试验中，投喂频率增加到每天4次时，卵形鲳鲹鱼体的特定生长率（4.48%）大于每天投喂3次（4.37%），鱼体蛋白质沉积率（81.22%）高于常规投喂组（80.30%），鱼体成活率（92.60%）也高于常规投喂组（88.00%）（表5-17）。这说明提高投喂频率，有利于加快鱼体生长速度、提高饲料转化利用效率和鱼体成活率。这是因为卵形鲳鲹在较高投喂频率下更接近表观饱食，此时有更多的营养和能量能满足鱼体生长需求，从而使得鱼体能更好地生长。孙丽华等（2009）和黄建盛等（2010）发现在饱食投喂条件下，卵形鲳鲹处于最高摄食水平，生长速度最快，鱼体对氮转换效率随摄食水平的增加而持续增长，并在饱食水平时达到最大值，但在饱食状态下，鱼群成活率低，导致蛋白质沉积率降低。此外，饱食组饲料系数显著高于常规投喂组和高频率投喂组，明显增加了养殖成本，直接导致养殖效益降低（表5-17）。

研究表明，在高频率投喂方式下，优势个体摄食至饱食后的侵略性下降，从属个体增加了摄食机会，因此能使群体内的生长分化程度降低，鱼体更加均匀（wang et al. 1998）。该试验中，高频率投喂下卵形鲳鲹鱼体相对于常规投喂组更加均匀，而且鱼体粗脂肪含量明显更高（$P<0.05$），但肝脏粗脂肪含量却显著偏低（$P<0.05$）（表5-18）。这说明提高投喂频率能减少卵形鲳鲹肝脏脂肪的累积，降低患脂肪肝和肠胃病的可能性。

表5-17 不同投喂频率对卵形鲳鲹生长的影响

（周勤勇 等，2013）

项目	常规投喂组	高频率投喂组	饱食投喂组
初始尾均重（g）	4.00 ± 0.08^{a}	4.00 ± 0.08^{a}	4.00 ± 0.08^{a}
终末尾均重（g）	106.02 ± 0.76^{a}	115.4 ± 0.70^{b}	140.83 ± 1.00^{c}
特定生长率（%）	4.37^{a}	4.48^{a}	4.75^{b}
饲料系数	1.64^{a}	1.61^{a}	1.87^{b}
蛋白质沉积率（%）	80.30^{a}	81.22^{a}	75.34^{b}
成活率（%）	88.00^{a}	92.60^{b}	80.20^{c}

注：同行数据上标字母不同表示有显著性差异（$P<0.05$），下同。

表5-18 不同投喂方式对卵形鲳鲹体重体长比、肥满度和肝指数的影响

（周勤勇 等，2013）

形态指标	常规投喂组	高频率投喂组	饱食投喂组
体重/体长（g/cm）	7.33 ± 0.37^{a}	7.90 ± 0.42^{a}	8.92 ± 0.33^{b}
肥满度（%）	0.34 ± 0.02^{a}	0.34 ± 0.02^{a}	0.35 ± 0.01^{a}
肝指标（%）	1.83 ± 0.09^{a}	1.84 ± 0.14^{a}	1.86 ± 0.20^{b}

注：同行数据上标字母不同表示有显著性差异（$P<0.05$）。

投喂频率对鱼体的营养组成也存在一定的影响。该试验中，饱食投喂组卵形鲳鲹鱼体粗脂肪含量、肝脏粗脂肪含量以及鱼肝指数均明显高于常规投喂组（$P<0.05$）（表5-19）。

分析原因可能为在饱食投喂条件下，鱼体脂肪肝、肠胃病患病率高，肝脏和肠胃发生脂肪性病变，阻碍了鱼体对营养的消化吸收，结果鱼体食欲下降、生长缓慢，严重时甚至死亡。

表 5-19　不同投喂方式下卵形鲳鲹的鱼体营养组成

（周勤勇 等，2013）

组别	初始	常规投喂组	高频率投喂组	饱食投喂组
鱼体水分含量（%）	70.94	68.69^{a}	66.09^{b}	67.81^{c}
鱼体粗蛋白含量（%）	55.46	52.83^{a}	53.10^{a}	54.66^{b}
鱼体粗脂肪含量（%）	22.12	32.67^{a}	33.84^{b}	35.90^{c}
鱼体灰分含量（%）	18.88	11.92^{a}	10.35^{b}	8.19^{c}

注：同行数据上标字母不同表示有显著性差异（$P<0.05$）。

由此可见，增加投喂频率后，卵形鲳鲹的生长速度、饲料转化率和成活率等都得到了一定提高，但是同时也增加了人工劳动量，这对深水网箱规模化养殖管理不利。因此，在深水网箱规模化养殖过程中，每天投喂 3 次较合理。饱食投喂条件下，卵形鲳鲹生长大小不均匀，将影响商品鱼上市，并且鱼体发病率明显升高，成活率大大降低，饲料系数增大，导致养殖成本增加，对养殖效益影响较大。因此，在实际生产过程中应尽量避免饱食和过饱食投喂。但是，在适宜水质、水温和溶氧等条件下，适当增加日投饲量，能使卵形鲳鲹的个体生长速度加快，并提前达到上市规格，取得相对较高的经济效益。

四、限食水平与饥饿时间对卵形鲳鲹幼鱼的影响

饥饿是鱼类生活史中必须面临的环境胁迫因子之一，无论是在自然界中还是在养殖生产过程中，都会由于各种因素如环境气候恶劣、饵料不足、养殖过密等导致饥饿现象。饥饿是影响鱼类生长、发育的重要环境因子，其不但对鱼类生长和生理生化存在影响，同时也对鱼类消化系统形态学和组织学具有显著影响。

不同种类的鱼对饥饿的应变能力不同，补偿生长的程度也因鱼的种类、生理状态、饥饿或限食程度不同而有较大差异。江华等（2014）开展了限食水平与饥饿时间对卵形鲳鲹幼鱼生长试验。试验分为 7 组，其中 3 个限食处理组日投喂量分别为对照组的 20%、40%和 60%，限食 12 d 后饱食投喂 28 d；3 个饥饿处理组饥饿时间分别为 4、8、12 d，分别饱食投喂 36、32 和 28 d；对照组饱食投喂 40 d。研究结果表明，试验鱼限食处理后体质量和恢复阶段后体质量之间存在正相关的关系。在限食处理组之间，限食阶段结束时各组的体质量随限食比例增加而递增，各组恢复至试验结束时的体质量与对照组都没有明显差异（表 5-20）；而在饥饿时间处理组之间，饥饿时间延长而体质量变小；恢复至试验结束时的体质量与对照组之间比较，饥饿 12 d 后鱼体的体质量的生长受到一定的限制（表 5-20）。恢复阶段的各组特定生长率都不同程度高于对照组，限食 20%组相对于限食 40%和 60%组明显提高（$P<0.05$），饥饿 12 d 组明显大于饥饿 4 d 和 8 d 组（$P<0.05$）

（图 5-19）。由此可见，短期限食都能发生完全补偿生长效应，限食处理的各组和饥饿8 d组都发生了完全补偿生长现象，补偿生长效果随饥饿时间延长而减弱，饥饿 4 d 组发生了超补偿生长现象，饥饿 12 d 组发生了部分补偿生长现象。

表 5-20　限食水平、饥饿时间对卵形鲳鲹幼鱼生长的影响（g）

（江华 等，2014）

处理	组别	处理前初质量	处理后体质量	恢复阶段后体质量
限食组	限食 20%	50.14±2.84	43.76±0.51[a]	130.46±0.80[a]
	限食 40%	50.14±2.84	45.97±1.68[a]	129.60±1.14[a]
	限食 60%	50.14±2.84	52.97±2.33[b]	141.30±1.34[b]
	对照组	50.14±2.84	59.56±2.54[c]	134.22±7.94[ab]
饥饿组	饥饿 4 h	50.14±2.84	46.69±1.65[bc]	150.51±1.55[c]
	饥饿 8 h	50.14±2.84	44.06±1.83[ab]	129.07±4.84[b]
	饥饿 16 h	50.14±2.84	41.79±0.83[a]	115.73±1.79[a]
	对照组	50.14±2.84	50.14±2.84[c]	134.22±7.94[b]

注：$n=3$，不同处理组同列右上角上标小写字母代表差异显著（$P<0.05$）。

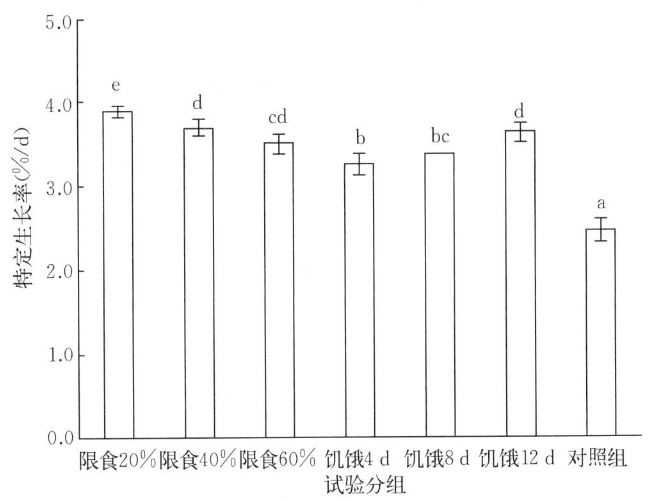

图 5-19　卵形鲳鲹幼鱼恢复阶段的特定生长率

（江华 等，2014）

鱼类补偿生长的途径判断，以恢复阶段的摄食率和饲料转化率为指标（冯健等，2005；骆作勇 等，2007）。饥饿或限食后的基础代谢水平较低且延迟升高，用于生长的能量比例增高，从而饲料转化率提高而出现补偿生长，或者鱼类在恢复生长中食欲增强，大幅度提高摄食率，也会实现补偿生长。该试验中，恢复投喂阶段，限食 20%、40%组和饥饿 12 d 组的摄食率比值显著高于对照组（$P<0.05$），限食 60%组和饥饿 8 d 组与对照组差异不显著，饥饿 4 d 组与对照组几乎没有差异。限食处理组之间差异不明显，饥饿时

间组之间，4 d、8 d 和 12 d 呈递增趋势，但饥饿 12 d 组明显大于前两组（$P<0.05$）（图 5－20）。各处理组在恢复阶段的饲料转化率均明显高于对照组，限食处理组之间增大幅度规律不明显，饥饿时间组间饥饿 12 d 组明显大于 4 d 和 8 d 组（$P<0.05$），但是也没有明显规律（图 5－21）。由图 5－20 和图 5－21 可知，投喂 20%、40%和饥饿 12 d 的处理组出现的补偿生长效应主要是通过提高摄食率和提高饲料转化率共同来实现的，而投喂 60%、饥饿 4 d 和 8 d 的处理组出现的补偿生长效应是主要通过提高饲料转化率来实现的。

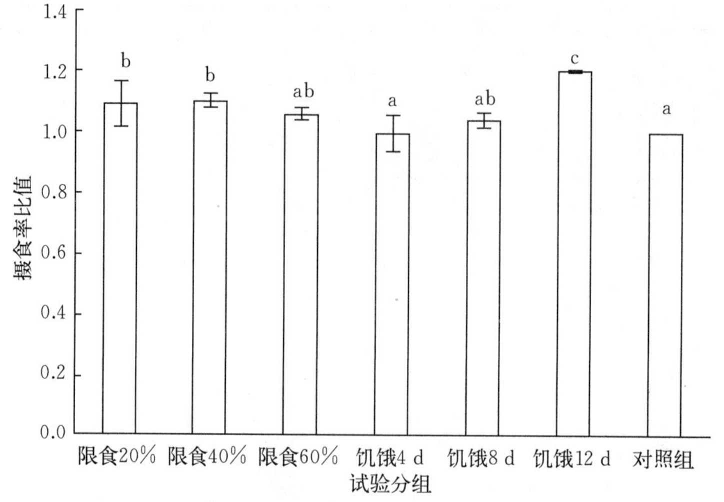

图 5－20　卵形鲳鲹幼鱼恢复阶段的处理组与相同阶段对照组的摄食率比值

（江华 等，2014）

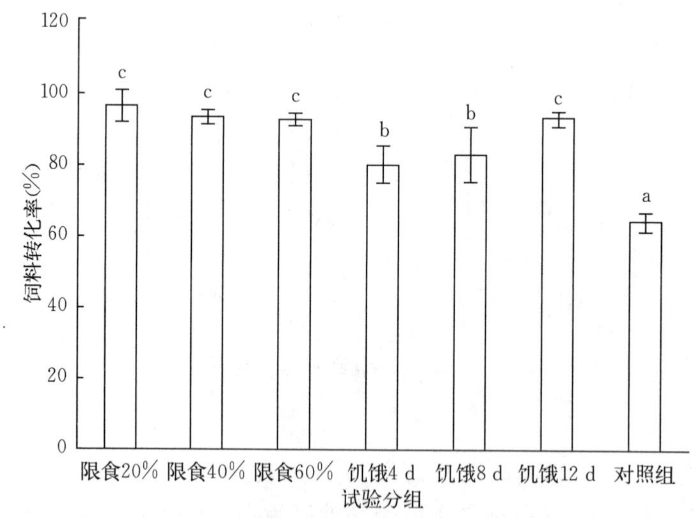

图 5－21　恢复阶段卵形鲳鲹幼鱼的饲料转化率

（江华 等，2014）

此外，饥饿或营养不足对鱼类消化系统组织结构具有显著影响（宋海霞 等，2008；张永泉 等，2010；江丽华 等，2011）。鱼类在饥饿过程中，由于缺乏外源营养，为了维持机体正常的生命活动，必须要消耗自身的机体组织，利用机体的蛋白质、脂肪等作为能量来源，必然会使机体组织器官发生不同程度的变化。过度的饥饿将导致机体、器官受损，生长抑制和死亡（区又君 等，2007）。

区又君等（2013）利用形态学和连续组织切片技术，观察和研究了分别饥饿 0 d、3 d、6 d 、9 d 和 12 d 卵形鲳鲹幼鱼食道、胃、幽门盲囊、肠和肝胰脏等消化器官组织结构变化。研究结果表明，3 d 以内的短时间饥饿对消化器官组织结构的影响不明显，随着饥饿时间延长，消化器官开始出现损伤，饥饿 6～9 d 对消化器官的损伤程度较轻，饥饿 12 d 消化器官损伤严重，出现消化道管腔变窄、变薄，黏膜上皮细胞界限变得模糊，上皮逐渐脱落、断裂，分泌细胞变小等（图 5－22 至图 5－25）。食道组织结构受饥饿胁迫的损伤程度较其他消化器官轻，短时间饥饿对卵形鲳鲹食道组织结构无明显影响，但随着饥饿时间的延长，食道黏膜上皮细胞界限开始模糊，上皮逐渐脱落、断裂（图 5－22）。

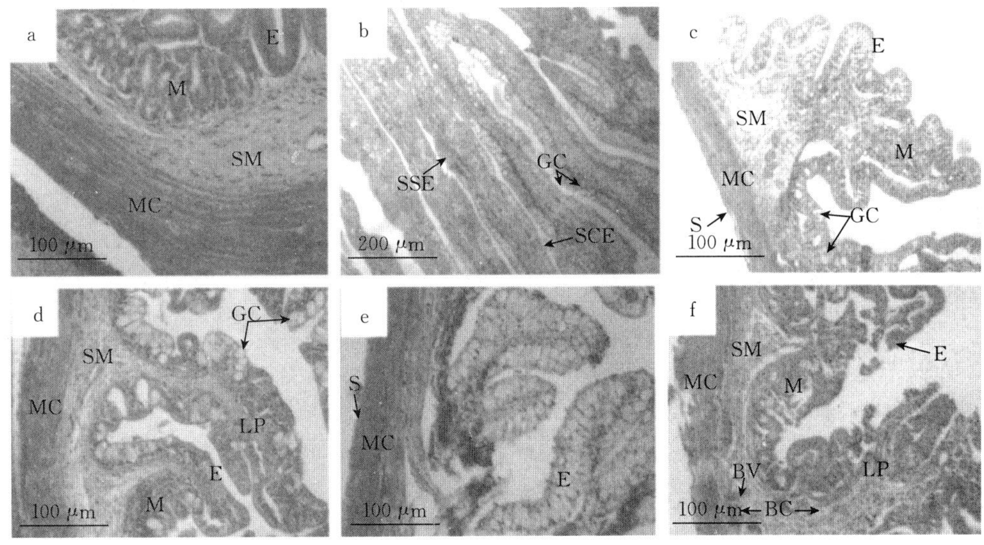

图 5－22　饥饿前后卵形鲳鲹幼鱼食道组织的比较

a．饥饿 0 d，200×　b. 饥饿 3 d，100×　c. 饥饿 3 d，200×　d. 饥饿 6 d，200×　e. 饥饿 9 d，200×　f. 饥饿12 d，200×

BC. 血细胞　BV. 血管　E. 上皮　GC. 杯状细胞　LP. 固有膜　M. 黏膜层　MC. 肌层　S. 浆膜　SCE. 单层柱状上皮　SM. 黏膜下层　SSE. 复层扁平上皮

（区又君 等，2013）

饥饿对卵形鲳鲹幼鱼胃肠组织结构具有明显影响，长时间的饥饿使上皮细胞界限模糊，排列不规则，黏膜层上皮与固有膜之间间隙变大、黏膜下层结缔组织变得更加疏松，上皮层出现断裂、脱落等，其中卵形鲳鲹幼鱼后肠的损害程度较前、中肠严重（图 5－23，图 5－24）；胃管腔直径、胃壁厚度、肌肉层厚度、上皮层高度、皱襞高度和宽度等随饥饿时间的延长，都有不同程度的降低。

肝脏作为代谢功能的一个器官，起到储存肝糖、合成分泌性蛋白质等作用。研究表

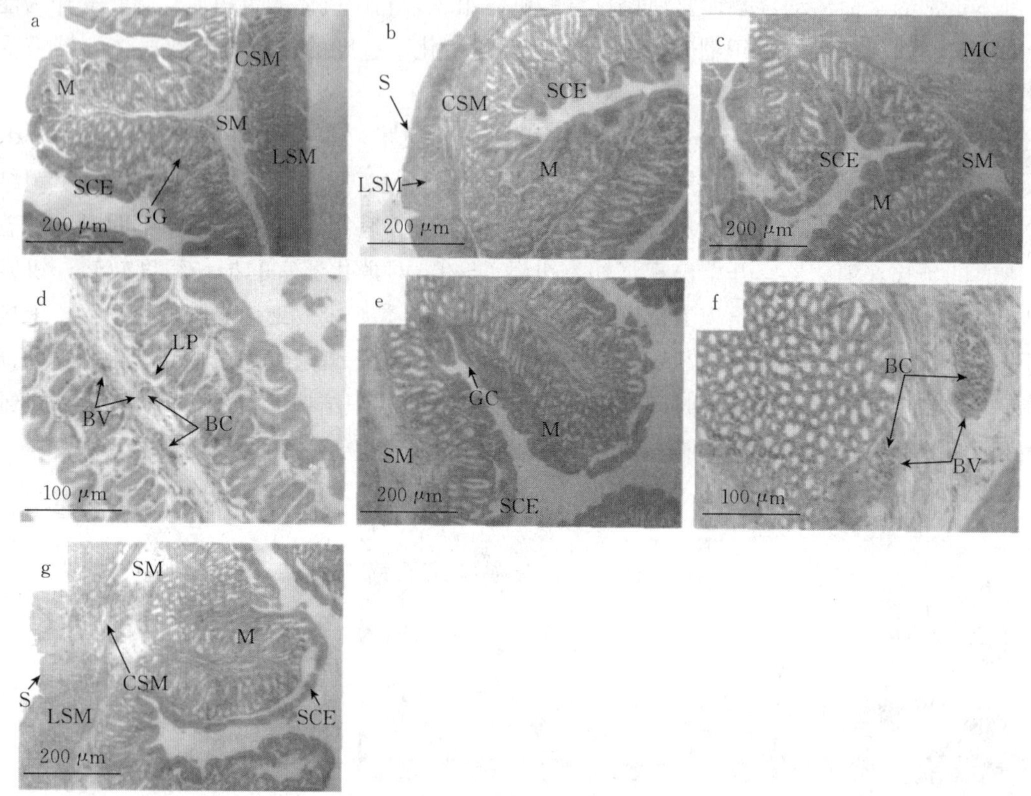

图 5－23　饥饿前后卵形鲳鲹幼鱼胃组织的比较

a. 饥饿 0 d，100×　b. 饥饿 3 d，100×　c. 饥饿 6 d，100×　d. 饥饿 6 d，200×　e. 饥饿 9 d，100×　f. 饥饿 9 d，200×　g. 饥饿 12 d，100×

BC. 血细胞　BV. 血管　CSM. 环肌　GC. 杯状细胞　GG. 胃腺　LP. 固有膜　LSM. 纵肌　M. 黏膜层　MC. 肌层　S. 浆膜　SCE. 单层柱状上皮　SM. 黏膜下层

（区又君 等，2013）

明，饥饿对鱼类肝脏结构具有明显影响（楼宝 等，2007；李霞 等，2002）。该试验中，经过 3 d 和 6 d 饥饿的卵形鲳鲹，其肝细胞体积缩小，细胞内脂肪减少；血细胞数量增加，体积略有减小；胰腺泡细胞逐渐缩小（图 5－25，d～f）；饥饿 9 d 肝细胞体积进一步缩小，肝组织变得疏松，细胞排列不规则，细胞界限模糊，肝静脉窦中出现大量黑色颗粒物质（图 5－25，g）；饥饿 12 d 可见血管破裂，肝细胞血液浸润，血细胞体积减小，并出现降解现象，肝细胞几乎无细胞质，细胞界限模糊（图 5－25，h、i）。卵形鲳鲹幼鱼肝胰脏的损伤程度要较胃肠明显，饥饿第 3 天可以清晰地观察到肝胰脏内脂肪明显减少，说明卵形鲳鲹幼鱼在饥饿过程中首先利用肝胰脏中的脂肪来补充自身的能量需要；随着饥饿时间延长，肝细胞受损伤并且损伤程度愈来愈严重。由此可见，饥饿胁迫使卵形鲳鲹幼鱼的消化器官发生了不同程度的变化，不同的饥饿胁迫时间对不同消化器官的影响程度也不同。

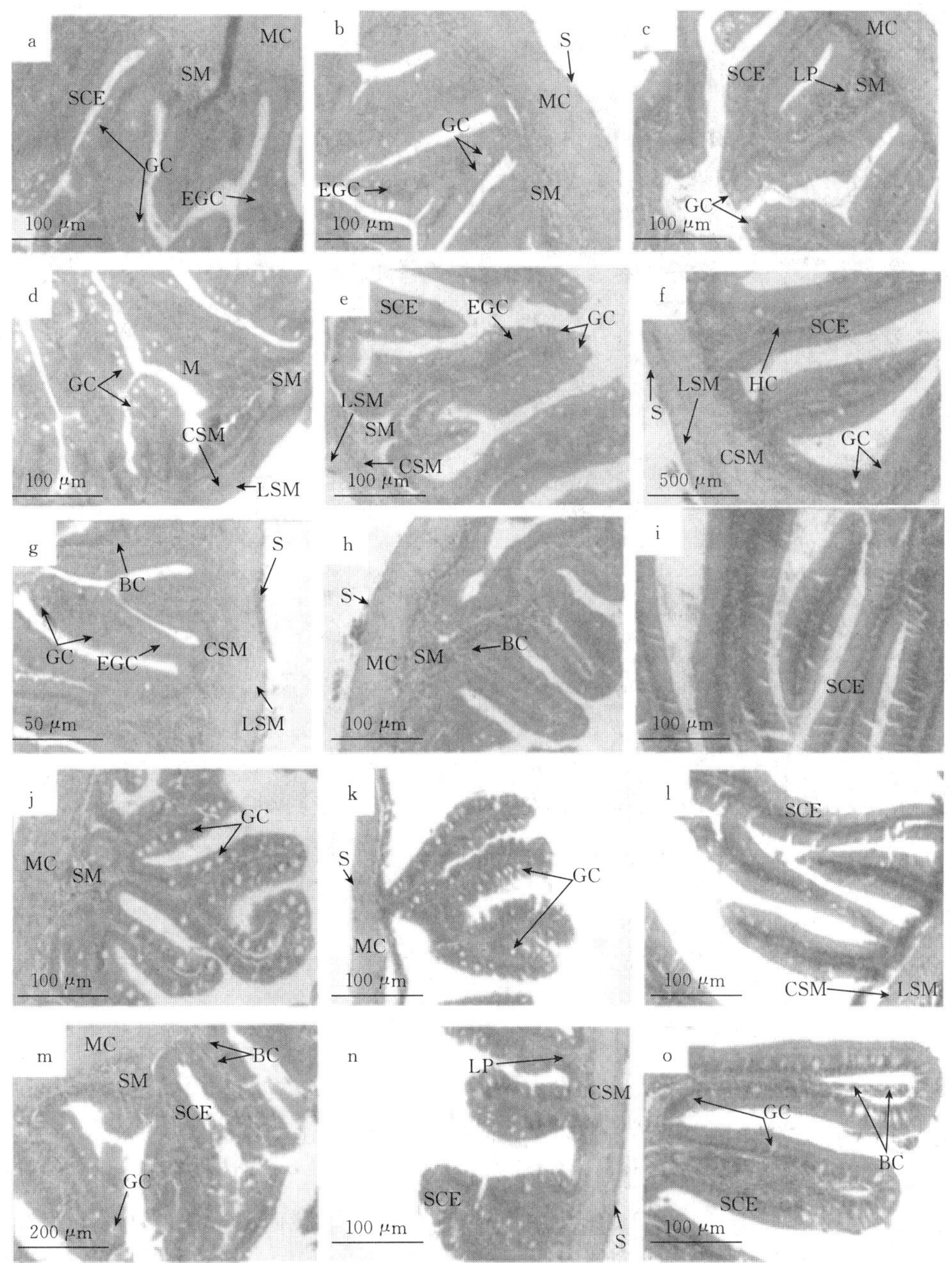

图 5-24　饥饿前后卵形鲳鲹幼鱼肠道组织的比较

a. 前肠，饥饿 0 d，200× b. 中肠，饥饿 0 d，200× c. 后肠，饥饿 0 d，200× d. 前肠，饥饿 3 d，200× e. 中肠，饥饿 3 d，200× f. 后肠，饥饿 0 d，200× g. 前肠，饥饿 6 d，200× h. 中肠，饥饿 6 d，200× i. 后肠，饥饿 6 d，200× j. 前肠，饥饿 9 d，200× k. 中肠，饥饿 9 d，200× l. 后肠，饥饿 9 d，200× m. 前肠，饥饿 12 d，200× n. 中肠，饥饿 12 d，200× o. 后肠，饥饿 12 d，200×

BC. 血细胞　CSM. 环肌　EGC. 嗜酸性颗粒细胞　GC. 杯状细胞　LP. 固有膜　LSM. 纵肌　M. 黏膜层　MC. 肌层　S. 浆膜　SCE. 单层柱状上皮　SM. 黏膜下层

（区又君 等，2013）

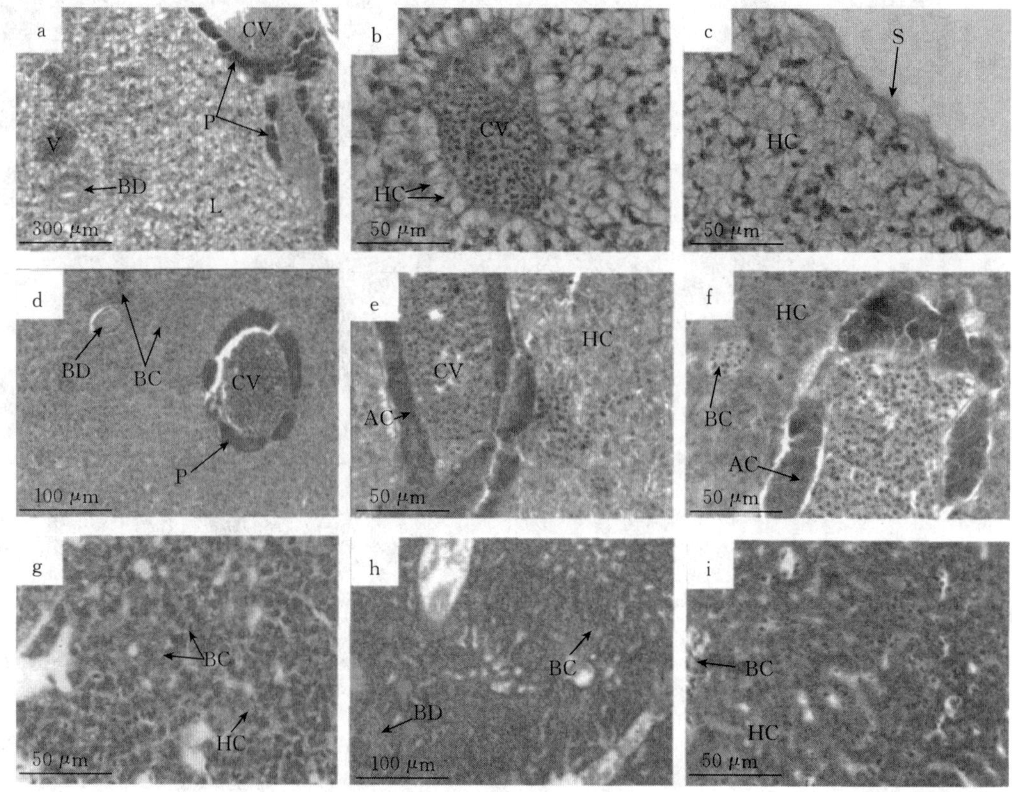

图 5-25　饥饿前后卵形鲳鲹幼鱼肝胰腺组织切片

a. 饥饿 0 d，200×　b. 饥饿 0 d，400×　c. 饥饿 0 d，400×　d. 饥饿 3 d，200×　e. 饥饿 3 d，400×　f. 饥饿 6 d，200×　g. 饥饿 6 d，400×　h. 饥饿 12 d，200×　i. 饥饿 12 d，400×

AC. 胰腺泡细胞　BC. 血细胞　BD. 胆管　CV. 中央静脉　HC. 肝细胞　L. 肝脏　P. 胰腺　S. 浆膜　V. 静脉

（区又君 等，2013）

研究表明，饥饿能够产生大量的自由基，这些自由基能够加速老化，加大局部缺血性损伤，导致氧化应激反应，包括一些氧化代谢产物、抗氧化酶类和 Na^+/K^+-ATP 酶活力的改变（刘松岩，2006）。苏慧等（2012）以卵形鲳鲹幼鱼为研究对象，研究了饥饿对其抗氧化能力和 Na^+/K^+-ATP 酶活力的影响，阐明了饥饿使卵形鲳鲹机体所发生的应激反应。研究结果表明，饥饿使卵形鲳鲹处于营养不足状态，其机体通过加强免疫机能来适应环境变化，加强自我保护。饥饿 7 d 后卵形鲳鲹鳃丝的 T-AOC、SOD 活力和 b (MDA)均极显著升高，T-AOC、SOD 活力显著升高表明卵形鲳鲹幼鱼鳃丝抗氧化能力显著增强，但是并没有阻止其脂质过氧化反应的加剧，鳃丝受饥饿的影响明显（图 5-26）。卵形鲳鲹肝脏的 T-AOC 在饥饿后显著下降，SOD 活力与对照组相比变化不显著，b (MDA)显著性升高，说明饥饿也引起了肝脏的脂质过氧化反应的加剧，SOD 活力变化不显著，幼鱼机体清除多余自由基的能力未加强，T-AOC 显著下降，说明卵形鲳鲹幼鱼肝脏在饥饿过程中受到严重损伤。卵形鲳鲹肌肉的 T-AOC、SOD 活力饥饿后均极显著性升高，b(MDA）变化不显著，表明饥饿使卵形鲳鲹幼鱼肌肉抗氧化能力增强，肌肉组织脂质过氧化反应未加剧。根据饥饿后卵形鲳鲹幼鱼鳃丝、肝脏和肌肉 3 种组织的 T-AOC、SOD 活力和 b（MDA）的总体变化可知，在饥饿过程中卵形鲳鲹幼鱼肝脏受饥饿的影响最严重，其次为鳃丝，最后为肌肉。肝脏是机体重要的消化腺，在饥饿或营养不足时必然首先受到影响，肌肉中含有大量的脂肪、蛋白质等能量物质，饥饿时这些能量保证机体的正常活动需要，所以饥饿对肌肉的影响最小（图 5-26）。

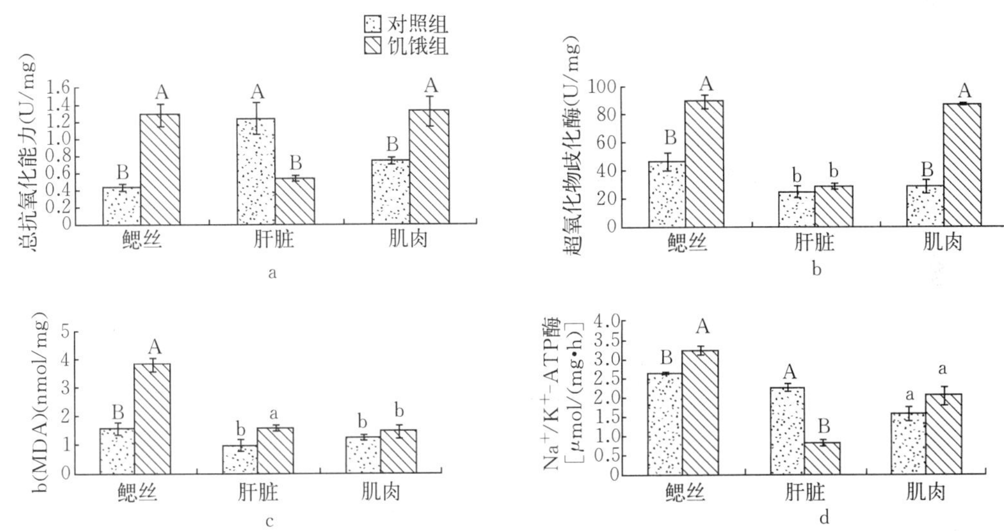

图 5-26　饥饿对卵形鲳鲹不同组织中 T-AOC、SOD、b（MAD）和 Na^+/K^+-ATP 酶活力的影响

图标上方不同小写字母表示同一部位不同试验组之间差异显著（$P<0.05$），大写字母表示差异极显著（$P<0.01$）

（苏慧 等，2012）

饥饿状态下水产动物不能从水环境中获得满足机体的能量代谢和维持生命活动所需的物质和能量，只能被迫动用自身贮存的营养物质。研究表明多数水产动物在饥饿状态下主要先利用脂肪与糖原供能向机体提供能量（罗波 等，2010；姜志强 等，2002；罗海忠等，2009）；少数种类利用蛋白质提供能量（Cho. 2005；张波 等，2000；宋兵 等，2004）。苏慧等（2012）研究了饥饿对卵形鲳鲹幼鱼生化组成的影响，研究结果表明，卵形鲳鲹幼鱼饥饿 8 d 后鱼体水分含量有所上升，粗蛋白和粗脂肪含量下降，粗脂肪的相对损失率大于粗蛋白的相对损失率，鱼体能值也有所下降，说明卵形鲳鲹幼鱼在饥饿时主要消耗脂肪供能，蛋白质作为结构性物质被相对保留，随着饥饿时间的延长，蛋白质将被消耗（表 5-21）。

通过上述研究表明，饥饿对卵形鲳鲹消化系统发育、生长、存活以及机体应激防御均存在影响。因此，在卵形鲳鲹繁殖及养殖过程中，应科学地进行投喂，尽量减少饥饿的发生，以保证其正常摄食、消化和生长，进而增强卵形鲳鲹的体质，提高成活率，为卵形鲳鲹的人工繁殖及工厂化育苗提供保障。

表 5-21　饥饿对卵形鲳鲹幼鱼生化组成的影响（鲜质量）

（苏慧 等，2012）

饥饿时间 (d)	ω（水分）(%)	ω（粗蛋白）(%)	ω（粗脂肪）(%)	ω（碳水化合物）(%)	ω（灰分）(%)	能值 (KJ/g)
0	78.8	14.7	1.3	0.2	5.0	3.983
8	79.1	14.4	1.0	0.5	5.0	3.793

第三节　卵形鲳鲹池塘养殖技术

海水鱼类池塘养殖主要依靠在近海区的陆地上挖建池塘，采用机械抽水将海水引入，利用潮汐涨落进行池内海水的更换，放入人工捕捞或人工培育的苗种进行半精养或精养。池塘养殖水体较小，管理方便，适用各种养殖技术、可进行高密度精养或混养、产量高。同时具有投资少、生长中周期短、收益大、生产较为稳定等优点。因此，20 世纪 70 年代以来，在我国沿海地区养殖面积日益增大，发展较快，已成为我国水产业的重要组成部分。池塘养鱼及其先进性，具体体现在“水、种、饵、密、混、轮、防、管”八个字上，不断充实和完善这八个字配套技术，是推动我国池塘养鱼健康发展的强大动力。

随着养殖效益日益增大，卵形鲳鲹养殖面积不断增加，并有自南向北发展之趋势。目前，我国北方也开始了卵形鲳鲹池塘养殖。池塘养殖是卵形鲳鲹最早的养殖模式，其养殖方式主要包括精养、混养两种。相对于网箱养殖，池塘养殖成本较低、养殖周期较短，对盐度要求不高，具有较好的经济和社会效益。但卵形鲳鲹对氧气需求量较大，需配备完备的增氧设施，切勿盲目施药。池塘养殖也存在一定的风险，因此，掌握其养殖方法尤为重要。

一、卵形鲳鲹池塘精养技术

（一）池塘准备

池塘养鱼，其水体生态条件的好坏，直接关系到养殖产量和经济效益。因而，必须创造一个良好的水域生态环境。

1. 场地选择

养殖池塘选址应根据当地水产养殖发展的整体规划要求。养殖环境应符合《农产品安全质量　无公害水产品产地环境要求》（GB/T 18407.4）的要求，水源应符合国家《渔业水质标准》(GB 11607）的要求，养殖水质符合《无公害食品　海水养殖用水水质》（NY5052）的要求。同时，实行池塘、道路、进排水系以及其他配套设施综合建设，提高集约化、规模化经营水平。目前，广东、海南等地已分别发布了《无公害食品 卵形鲳鲹养殖技术规范》（DB44/T 822—2010）标准以及《卵形鲳鲹池塘养殖技术规程》（DB46/T 169—2009），对卵形鲳鲹无公害养殖以及池塘养殖技术进行了规定，有效地指导了卵形鲳鲹规范化养殖。

养殖池塘应建在周围无工农业生产的废水和生活污水污染，水源充足、水体交换自净能力强、理化因子相对稳定、潮差大、内湾风平浪静，有一定量陆源淡水注入的高、中潮区。沙滤井抽水养殖效果会更好。同时要建设完善的进排水系，按照高灌低排的格局，分别建好进水渠道和排水设施，做到灌得进、排得出，水质清新，旱涝保收。海水盐度为23.0～33.0均适合其生长，30左右最佳；pH在7.2～8.5；适宜水温在16～36 ℃，水透明度在20～40 cm，化学耗氧量为4.0～17.6 mg/L，溶氧量在6.0 mg/L以上。

2. 底质及池埂

卵形鲳鲹对池塘底质要求不高，但池塘土质影响鱼塘塘基的牢固。因此，应选用保水性好、不渗漏、不易坍塌的泥沙质、泥质的池塘。最好以黏壤土为佳，这种土质保水保肥性能较好。池内坡比以1∶2或1∶2.5为宜，池底较为平坦，淤泥较少。老的精养鱼池，淤泥深超过10 cm的，每年冬春应结合鱼池整修，清除过多的淤泥，减少池底的有机物。同时池底要向排水口方向倾斜，以便排水捕鱼，拉网操作。

3. 池塘大小及性状

精养池塘以长方形、东西向为好，这样的鱼池光照时间长，有利于浮游植物进行光合作用，增加水中的溶氧量，有利鱼体生长。鱼池面积0.20～0.67 hm^2大小均可，最佳面积为0.47～0.67 hm^2。注意把握养殖面积应适宜。过小水体受风面小，水中溶氧少，水质不易稳定，相对放养密度小，生产效益低；过大，容易产生鱼类栖息、摄食不匀，给投饵、管理、捕捞带来诸多不便。

4. 其他要求

鱼池水深以2.5 m左右为宜，有条件的可保持3 m。池水过浅，水温、水质不稳定，单位载鱼量过大；超过3 m，一方面增加鱼池开挖难度，增加成本，另一方面，水位过深时，底层光线极弱，溶氧极少，不利于底栖生物的繁殖，也会引发有机物缺氧分解，产生有毒物质，不利于鱼的生长。配备良好的供水系统，养殖池塘的供水系统包括引水渠（或管道）和闸门（阀门），排水系统包括排水渠和闸门等，涨潮开闸纳水，落潮可以开闸放水。对于潮水落差较大的池塘，需配备提水泵，保障不同季节和不同生长期池塘供水的方便和安全。

5. 池塘清整及消毒

池塘的改造是针对低产鱼池而言的，要根据稳产高产的要求，实行“小池改大池、浅水改深水、死水改活水、低埂改高埂”的原则达到鱼池规格化，使其各方面都符合稳产高产的要求。同时，还要结合鱼池改造，搞好鱼池护坡，为发展现代化生态渔业打好基础。而池塘的清整则是指经过一年养殖，池埂或池坡部分倒塌，池底积聚了较多淤泥的鱼池而言。这样的鱼池必须进行整修，否则将会影响下一年的养殖生产。池塘清整的主要内容如下：①整修池埂、池坡　结合清淤，整修好池埂、池坡，堵塞好漏洞。②进排水系的整修　清理进水渠道，维修好进水闸门，检修抽水机等机械，为下年的正常生产做好各项准备工作。③清除过多的淤泥　一般精养鱼池养鱼 1 年后，淤泥要增加 10 cm 以上，这些淤泥含有大量的残饵及粪便等有机质。因此要在冬季商品鱼起捕后，用机械或人力将过多的淤泥清除掉。清除出的污泥可以用来肥田，种植饲草。④鱼塘消毒处理　经清淤或改造后的池塘，需对其进行科学处理，杀灭病原体，从而提高鱼类养殖的成活率。一般采用药物清塘，常见的药物有生石灰、茶粕、漂白粉等。消毒方法一般采用注水消毒，先向养殖池塘注入 10 cm 水，药物溶于水后，全池泼洒，必要时可采用多种药物联合使用，效果更佳。具体操作如下：

(1) 生石灰清塘

干塘清塘：在修整池塘结束后，选择在苗、种放养前 2～3 周内的晴天进行生石灰清塘消毒，过早或过晚对苗、种成长都是不利的。在进行清塘时，池中必须有积水 6～10 cm，使泼入的石灰浆能分布均匀。生石灰的用量一般为每 667 m^2 60～75 kg，淤泥较少的池塘则用 50～60 kg。生石灰在空气中易吸湿转化成氢氧化钙，如果以后不及时使用，应保存于干燥处，以免降低效力。

方法：先在池底挖掘若干小潭，小潭的多少及其间距，以能泼洒遍及全池为度。然后将生石灰分放入小潭中，让其吸水溶化，不待冷却即向四周泼洒，务使全池都能泼到（若不挖小潭，改用木盆、小缸亦可）。第 2 天上午再用长柄泥耙将塘底淤泥与石灰浆调和一下，使石灰浆与塘泥均匀混合，加强其清塘除野的作用。

带水清塘：有些不靠近河、湖的池塘清塘之前水无法排出池外，排出后又无法补入，若暂以邻池蓄水，交相灌注，则增加了传播病原的机会，失去了清塘防病的目的。为了克服这些困难，可以进行带水清塘。生石灰用量为每 667 m^2 平均水深 1 m 用 25～150 kg，水深2 m，生石灰用量则加倍，以此类推。

方法：在池边及池角挖几个小潭，将生石灰放入潭中，让其吸水溶化，不待冷却即向池中泼洒。面积较大的池塘，可将生石灰盛于箩筐中，悬于船边，沉入水中，待其吸水溶化后，撑动小船，在池中缓行，同时摆动箩筐，促使石灰浆散入水中，第 2 天上午用泥耙推动池塘中的淤泥，以增强除害的作用。实践证明，带水清塘不仅省工，而且效果比干塘清塘更好。

(2) 茶粕清塘　茶粕（茶饼）是山茶科植物油茶、茶梅（*Camellia sasangua*）或广宁茶（*C. semiserrata*）的果实榨油所剩余的渣滓，与菜饼相似，茶粕含有皂苷，为一种溶血性的毒素。

茶粕为广东、广西地区渔民普遍用作清塘的药剂，每 667 m^2、平均水深 1 m 时，用量为

40～50 kg。用时将茶粕捣碎成小块，放在水缸中加水浸泡，在一般情况下（水温 25 ℃左右）浸泡一昼夜即可应用。浸泡后挑入预置在池塘中的小船舱里，加入大量水后，向全池泼洒。

茶粕清塘的效果：能杀死野鱼、蛙卵、蝌蚪、螺蛳、蚂蟥和一部分水生昆虫，但对细菌没有杀灭作用，且能助长绿藻、裸藻等的繁殖，而绿藻和裸藻中有些种类是鲢、鳙所不易消化的藻类，大量繁殖时对鱼类不利。所以其效果不如生石灰好。

(3) 漂白粉清塘　漂白粉一船含氯 30％左右，经潮湿极易分解，放出次氯酸和碱性氯化钙，次氯酸立刻释放出初生态氧，有强力的漂白和杀菌作用。

中欧各国早已广泛应用它来清塘，我国在 50 年代才开始应用。根据湖北省淡水养殖试验的结果，每 667 m^2、平均水深 1 m 时，其用量为 3.5 kg，等于每立方米水中用 20 g。用法为将漂白粉溶化后，立即洒遍全池，用竹竿在池内搅动，使药物在水体中均匀地分布，可以加强清塘的效果。清塘后一般在 5 d 以上放鱼，可保安全。

使用漂白粉清塘应注意：漂白粉在空气中极易挥发和分解，因此必须密封贮藏在陶瓷器内，在口盖空隙处用油灰堵塞，隔绝空气，以免水分进入发生潮解，并贮藏于阴凉干燥的地方，以免失效；保存漂白粉的器皿最好用陶瓷器或玻璃瓶，不宜用金属制成的器皿。因为漂白粉分解时放出氧气，易和金属作用（如生成氧化铜或氧化铁等），不但损坏了容器又降低了药效；使用时最好先用“水生”漂白粉有效氯快速测定器测一下。挥发部分，按量补足；工人在操作时应戴口罩，在上风处泼洒药剂，以防中毒。还要防止衣裤沾染而被腐蚀。

漂白粉清塘的效果：能杀灭鱼类、蛙卵、蝌蚪、螺蛳、水生昆虫以及致病的病原体及其休眠孢子等，效果与生石灰无异；用漂白粉清塘，用量少，药效消失快，对用生石灰不便的地方和急于使用鱼池时，采用此药比生石灰有利；漂白粉消毒的效果优劣与池塘水质肥瘦关系很大，越肥的池塘效果愈差；改良池塘土壤的作用较小。

(4) 生石灰和茶粕混合清塘　广西壮族自治区有些地区曾试用生石灰和茶粕的混合剂清塘。用量为每 667 m^2、水深 0.66 m，用生石灰 50 kg 和茶粕 30 kg。用法是先将茶粕敲碎加水浸泡然后将浸泡好的茶粕连渣带水混入生石灰中，让石灰吸水溶化后，再均匀地遍洒全池。经过一星期，用鱼篓盛装鱼放入水中，经过 7～8 h 不死，即证明药性已过，可以开始放养。应用这两种药物混合剂清塘的效果，从药物本身看，有取长补短，相得益彰的效果。

(5) 生石灰与漂白粉混合清塘　平均水深 1.5 m，每 667 m^2 的用量为漂白粉 6.5 kg，生石灰 65～80 kg，用法与漂白粉、生石粉清塘相同，放药后经 10 d 左右即可放养。生石灰和漂白粉混合清塘的效果，较单独使用漂白粉好。

(6) 各种药剂清塘效果的比较　清除敌害及防病的效果：清除野鱼的效力，以生石灰最为迅速和彻底，茶粕、漂白粉次之。

杀灭寄生虫和致病菌的效力以漂白粉最强，生石灰次之。茶粕对细菌有助繁殖的作用，因此用生石灰、漂白粉清塘，可以减少鱼病的发生。

(二) 必备养殖设施

由于卵形鲳鲹养殖过程中对水体溶氧要求比较高，因此在池塘养殖过程中需配备增氧机或鼓风机。增氧机有叶轮式、水车式、喷水式和充气式等多种，目前大多采用叶轮式增氧机，具有增氧、搅水、曝气等作用，适用于水深1 m以上的大面积池塘增氧：3 kW的叶轮式增氧机，适用于1.4～2.0 m水深，5.5 kW的叶轮式增氧机适用于2.1～2.4 m水深，7.7 kW的叶轮式增氧机适用于2.5 m以上。如果在1.3 m以下水深中使用叶轮式增氧机会使池底污泥泛起，导致生化耗氧增多，反而降低了池塘的溶氧。水深不足1.3 m的池塘配置喷水式增氧机为宜。水浅面积小，配增氧泵即可。每667 m^2 产量在500～800 kg的池塘，0.20～0.33 hm^2 水面配置1～2台3 kW的增氧机为宜。池塘面积较大时，可在池塘四周多安装几台增氧机，开启使得池塘内水流呈微环流较佳。近年来，全国各地都在鱼虾池中推广应用底部微孔增氧机，实践证明，底部微孔增氧机增氧效果优于传统的叶轮式增氧机和水车式增氧机，在主机相同功率的情况下，微孔增氧机的增氧能力是叶轮式增氧机的3倍，为当前主要推广的增氧设施（谷坚 等，2013）。

目前卵形鲳鲹养殖饲料以颗粒饲料为主，为了节省人工，降低劳动强度，可配置池塘投饵机，其工作原理是利用带动转盘，靠离心力把饲料抛撒出去。选择池塘使用的投饵机，还要根据池塘面积及鱼产量进行合理取舍，并不是投饵机电机转速越高、投的距离越远、面积越大越好。在条件许可的情况下尽可能选择功能全的投饵机。目前，投饵机抛撒面积为10～50 m^2。主电机功率一般为30～100 W，投饵距离2～18 m，料箱容积60～120 kg，每台投饵机的使用面积0.33～1.00 hm^2。如果投饵机的抛撒距离过远，面积过大，就会造成边缘部分饲料的浪费（肖远金，2006）。

此外，养殖卵形鲳鲹必须配备一定功率的发电机，以备停电使用，防止因停电导致卵形鲳鲹缺氧泛池造成不必要的损失。

（三）水质检测及肥水

水是鱼类生存的特定环境，水质好坏会直接影响养殖对象的生长发育。因此，在养殖过程中首先要了解池塘水质条件，综合分析后对其进行处理。卵形鲳鲹适宜于中性偏碱、氨氮含量低、溶解氧较高的水体中。在养殖过程中，需定期对养殖水质进行检测。主要的检测指标包括水体的pH、盐度、硬度、溶解氧、氨氮等指标，并根据检测结果及时对水质进行调整。

一般而言，放养卵形鲳鲹苗种前7 d注水，进水时用60目筛绢袋过滤，精养注水深度控制在2 m左右。注水后，用0.2～0.5 mg/L的“百菌净”或0.3～0.4 g/m^3 的溴氯海因全池泼洒，消毒水体。同时，还需采取相关的肥水措施。

肥水是提高鱼产量的有效措施之一，其目的在于：一是增加水体中各种营养元素的数量，提高鱼池的初级生产力；二是施放到水体中的有机肥中，含有一部分有机碎屑，可直接为鱼类和其他水生动物所吞食和利用，从而提高鱼产量。在放苗前，可投放人工微生物制剂、无机营养盐以及有机肥等培养有益浮游藻类调节水色，提高生产力。目前，常用的商品化人工微生物制剂包括光合细菌、芽孢杆菌、硝化细菌以及EM菌。养殖过程中常采用多种微生物制剂配合使用。此外，特别注意有机肥的施用，禁止使用未经处理的有机肥，有机肥需经过发酵、腐熟、消毒、杀菌灯处理方可使用。

肥料的使用需根据养殖水质、养殖品种特性而定。此外，不同养殖户对肥料的用量和肥水效果把握也存在差异。在卵形鲳鲹池塘养殖中，广西钦州曾在放苗前 4 d，每公顷施放过磷酸钙 75 kg，有机尿素 15 kg，快绿肥水素 15 kg，有机培藻素 15 kg，再用浓度为 20 mL/m^3 的 EM 菌泼洒水面调节水质，效果较佳（朱瑜等，2010）。海南文昌利用经发酵腐熟的鸡粪、利生素、复合肥、尿素、过磷酸钙、杂鱼浆（海水鱼类）、肥水育藻剂等进行肥水，使池水呈黄绿色或黄褐色，并取得了较好的经济效益，每 667 m^2 用量依次为 85 kg、1.0 kg、1.0 kg、2.0 kg、0.5 kg、8.0 kg、2.0 kg（郭泽雄，2006）。

（四）苗种放养

1. 鱼苗购买

苗种质量决定养殖鱼类的成活率和生长，进而影响着养殖的经济效益。苗种需向信誉度好、资金雄厚、技术过硬的苗场购买，有水产苗种生产许可证，并索要相关发票或检疫合格证等凭证。最好能问清苗种的来源（包括受精卵产地、亲本信息等）、养殖方法以及养殖条件。

苗种培育过程中，鱼苗由于摄食、个体种质差异等原因，常常出现苗种大小参差不齐。因此，在购买苗种时，尽量选择没有出售过的池塘苗种，并对苗种大小进行一定的筛选，选择“头苗”进行购买。正常判别苗种质量尤为重要，尽可能选择体色正常、有银色光泽、苗种活泼、游动有力，且搅动水时具有一定抗逆流能力、体表完整无损、规格整齐均一的苗种。

2. 鱼苗运输

苗种购买后，需利用活鱼运输车进行短途运输和大规格苗种运输。运输时配备充气设备或使用纯氧充氧，运输水应符合《渔业水质标准》（GB 11607）。由于卵形鲳鲹不耐低氧，因此，运输鱼苗密度不宜过大，汽车运输时，每立方米水体装苗 1 500 尾。

塑料袋充氧运输主要针对小规格苗种。一般塑料袋规格为 80 cm×55 cm，可加海水 3～5 kg，水温控制在 20～25 ℃，可运输 10～15 h。而塑料袋充气运输需根据苗种规格大小调整运输密度。具体见表 5－22。

表 5－22　不同规格苗种的装袋密度

体长（cm）	0.8～1.0	1.0～1.5	1.5～2.0	2.0～2.5	2.5～3.0
密度（尾/袋）	10 000～15 000	2 000～2 500	1 500～2 000	1 000～1 500	500～800

鱼苗装运前最好停食 2 d，使空其腹。运输时应做到快装、快运、快卸，不宜在途中停留，即使需要途中停留时，需专人看管氧气供应情况。并随时观察运输桶、袋中氧气供

应情况。一旦发现苗种浮头严重或身体发黑、水质发黏有腥臭时，需及时换水充气。换水时注意水温变化，缓慢加入并不断搅动。苗种入池时，应注意水温变化，一般以温差不超过 3 ℃为宜。为了减少因温度刺激造成苗种过激应急反应，运输时间最好选择在清晨或傍晚。

3. 鱼苗放养

（1）放养的时间及规格 我国南方卵形鲳鲹苗种繁育主要集中在 3 月初。因此，卵形鲳鲹最早放养时间在 4 月中旬至 5 月初，在我国南方放养温度大约在 25 ℃。尽早放养，可延长其生长期，提高商品规格。放养规格一般在 2.5～3.0 cm，尽可能地选择大规格苗种放养。

（2）放养密度 鱼苗的放养密度应依据苗种、池塘条件（水源、水质）、商品鱼规格要求以及养殖水平、管理水平而定。卵形鲳鲹放养密度不宜过大，以 30 000～37 500 尾/公顷为宜。放养密度过大，容易造成鱼体生长缓慢；养殖密度过低将影响经济效益。

（3）苗种消毒 为防止鱼苗携带细菌进入池内，运输途中或入塘时，利用二氧化氯或二溴海因药浴（10 mg/L）10 min。较大规格的苗种可采用 10 mg/L 高锰酸钾药浴 10 min。

（五）养殖管理

池塘养殖的日常管理工作十分重要，直接影响着养殖经济效益。在卵形鲳鲹养殖过程中，要做到科学管理、合理调控，应做到专塘专管。主要包括以下内容：

1. 水质调控

水色是水质肥瘦的标志，各类浮游植物含有不同的色素，因而池塘出现浮游生物的种类和数量也不同，池水就会呈现出不同的颜色和浓度。如何看水色来判断水的肥瘦度是池塘养殖的关键，也是难点。对于鱼类养殖有利的水色有两类：一类是绿色，包括黄绿色、褐绿色、油绿色三种；另一类是褐色，包括黄褐色、红褐色、绿褐色三种。这是因为这两类水体中的浮游生物数量多，鱼类容易吸收消化的也多，此类水可称为“肥水”。如果水色呈浅绿、暗绿或灰蓝色，只能反映浮游植物数量多，而不能说明其质量好，这种水一般视为瘦水，是养不好鱼的。如果水色呈乌黑、棕黑或铜绿色，甚至带有腥臭味，这是变坏的预兆，是老水或恶水，将会造成泛塘死鱼。池塘常见水色与水质关系见表 5－23。

养殖过程中，池塘水质的调节需结合当时池水的实际情况，适时换水。换水量也需根据池塘水质调整，但不能一次换水量过大，以免盐度、水温等理化因子剧变，或者使得原已形成的较为稳定的生态平衡遭到破坏。一般而言，养殖前期以添加水为主。每天加水一次，每次加水 2～3 cm，将水位渐渐加至 2.0 m；饲养中后期阶段根据池水水色变化等情况排换水。通常每隔 7～10 d 排换水 1 次，每次换水量控制在 10～20 cm。自投喂鲜小杂鱼块起，通常每隔 5 d 左右采用“人工掀底摊水法”排水一次，换水量的大小根据污水的颜色和气味而定（郭泽雄，2006）。夏季高温期间，最好采用边排边放的方式换水，保持养殖水体水质的良好状态。中午不宜换水，以晚上换水最好。

在卵形鲳鲹养殖过程中，需根据池塘水色及时追加肥料，但注意把握好瘦肥水之间的度。施肥的数量与次数应视水温、天气以及水质变化而定。水温较高时，施肥次数应该多而量少，特别是夏季，一次施肥过量可能导致池塘缺氧而出现鱼浮头泛塘。水温较低时则相反，遵循量大次数少原则。在施用无机肥或有机肥的同时，可选用光合细菌、EM 菌、芽孢杆菌等微生物制剂配合使用，视水色情况使用微生物制剂改良水质。每 10 d 左右全池泼洒一次光合细菌或 EM 原露等活菌剂，使池水浓度为 1×10^{-6}，使水色保持黄绿色；定期泼洒生石灰，每半个月一次，每次用量 75～150 kg/hm²，使池水 pH 保持在 7～8 之间（朱瑜 等，2010）。此外，还需保持溶解氧充足，每天都开启增氧机增氧，特别是在阴雨、闷热天气，确保池塘水体溶解氧的含量不低于 6.0 mg/L；透明度保持在 35 cm 左右较佳，使得养殖水质达到“肥、活、嫩、爽”的要求。

表 5－23　池塘常见水色与水质关系

水色	特征	优势藻类	水质优劣与评判	备注
黄绿色	水色清爽、浓度适中	硅藻为主，绿藻、裸藻次之	肥水，一般	
草绿色	水色清爽、较浓	绿藻、裸藻为主	肥水，一般	
油绿色	水质肥瘦程度适中	主要是硅藻、绿藻、甲藻、蓝藻，且数量比较均衡	肥水，一般	施用有机肥的水体中该种水色较为常见
茶褐色（黄褐色、茶褐色、褐带绿色等）	水质肥瘦程度适中	以硅藻、隐藻为主，裸藻、绿藻、甲藻次之	肥水、较佳	施用有机肥的水体中该种水色较为常见
蓝绿色、灰绿色而浑浊	水质老化	以蓝藻为主	瘦水、差	天热时常在池塘下风的一边水表出现灰黄绿色浮膜
灰黄色、橙黄色而浑浊	水色过浓，水质恶化	以蓝藻为主，且已开始大量死亡。	瘦水、差	水表面出现灰黄绿色浮膜
淡红色	颜色往往浓淡分布不匀	水蚤繁殖过多，藻类很少	较瘦、差	水体溶氧量很低，已发生转水现象
灰白色		大量的浮游生物刚刚死亡，水质已经恶化	坏水	水体严重缺氧，往往有泛塘的危险
黑褐色	水色较老且接近恶化	以隐藻为主，蓝藻、裸藻次之	坏水	施用过多的有机肥所致，水体中腐殖质含量过多

2. 饲料投喂

卵形鲳鲹是杂食偏肉食性鱼类，对饲料蛋白质要求较高，饲料粗蛋白质含量在 40%

以上；同时为便于观察鱼类摄食、生长情况，浮性颗粒饲料成为了卵形鲳鲹养殖的首选。

海水鱼浮性膨化饲料作为鱼饲料的第二次革命，大大提高了养殖效益。其优点在于：①可长时间漂浮于水面，便于饲养管理，有利于节约劳力，同时可很好地观察鱼的摄食情况，便于根据鱼的摄食情况调整投饵量；同时，可以较为准确地根据鱼摄食量的变化以及鱼到水面摄食的状况了解生长情况和健康状况。养殖人员可根据所养殖鱼的品种、规格、数量、水温和投饵率计算应投饵量，快速投喂，既节约大量时间，又能提高劳动生产率。②由于高温、高压的加工条件，使饲料中的淀粉熟化，脂肪等更利于消化吸收，并破坏和软化了纤维结构和细胞壁，破坏了棉籽粕中的棉酚以及大豆中的抗胰蛋白酶等有害物质，从而提高了饲料的适口性和消化吸收率。另外，由于膨化加工的物理和化学变化，使膨化饲料一般产生粉料在1%以内，这就直接地提高了饲料的有效利用率。在通常情况下，采用膨化浮性饲料养鱼，与用粉状料或其他颗粒饲料相比，可节约饲料5%～10%。③采用膨化浮性鱼饲料，可以减轻对水质的污染。膨化浮性鱼饲料在水中长时间不会溶散，优质的浮性鱼饲料漂浮时间可长达12 h左右，并且投饵上容易观察控制，减轻或避免粉料、剩余的残饵等对水体的污染，这对于环境保护以及对鱼的生长都是极为有利的。

一般在苗种投放后第2天开始投喂。根据鱼体不同的生长阶段选用适口的饲料。饲料日投喂量根据池水水质、鱼类摄食及当日天气等情况灵活掌握，适当增减。低温阴雨天气少投饵，晴天多投饵：高温闷热天气适度控制投饵量。卵形鲳鲹食量大，消化非常快，不注意掌握投喂量会容易造成撑死的现象。鱼苗体长在4 cm以前投喂0号海水膨化饲料，必须先用水泡后方可投喂。为了提高其生长速度，每年5—8月份，在适宜水温、控制好水质的情况下，投饵量可提高到鱼体重的6%～7%。水温低时，可根据摄食情况，控制在鱼体重的4%～5%。有时可用配合饲料与新鲜的杂鱼杂虾等饵料一起投喂作为补充，其效果比单独投喂一种饲料更为明显。需要特别注意的是，鱼体在5 cm以前不能投喂杂鱼杂虾，因为在这阶段进食杂鱼杂虾，其骨头容易在鱼的肠胃产生积食现象。此外，投喂鲜杂鱼时，需对鲜杂鱼进行一定的处理方可投喂，其处理流程：鲜小杂鱼—淡水清洗—消毒（聚维酮碘）—淡水清洗—剁块—全池均匀投喂。

投饵应做到“四定”（定质、定量、定时、定位）和“四看”（看季节、看水质、看天气、看摄食情况）。投喂时间及频率也需注意。正常情况下，日投喂2次，时间在08:00—09:00和17:00—18:00为宜。小潮汛时在清晨和傍晚投喂，大潮汛时应选择平潮或缓潮时投喂，阴雨天可隔天投喂，水温低于18 ℃不投喂。水温在20 ℃左右每天投喂2次，水温25 ℃以上，每天投喂3～5次。

在使用投饵机时，需对投饵机安放位置以及开启时间进行把握：①投饵机位置必须面对鱼池的开阔面，要放在离岸3～4 m处的跳板上，跳板高度离池塘最高水位0.2～0.5 m。投饵台位置可一年一换。如果两个塘口并立的，可共用一台。②开启投饵机，主要根据水温而定，一般12 ℃以上的水温，常规鱼类便可开食，据试验早春水温低于16 ℃，秋季低18 ℃，鱼群一般不上浮水面抢食了。③投饵机的工作时间一般是：投饵2 s左右，间隔为5 s左右，每次投饵量以鱼群上浮抢食的强度而灵活设置，每次正常投饵不超过

1 h。此前的驯化期间间隔时间调到 10 s 以上，每次投饵时间可延长 3～4 h。一般以 80%鱼儿吃饱离开为宜。使用得当，与人工投喂颗粒饲料相比一般可节约饲料 15%左右，每 667 m^2 产量可增加 15%～20%。

卵形鲳鲹生长速度较快，若能及时放苗、投喂足量适口饲料，则当年就可养殖达到 500 g 以上的商品鱼规格，在海南 4—5 月份放养 5 cm 以上鱼苗，经过 5～7 个月养殖体重可达 500 g 以上。

3. 巡塘

巡塘是对水产养殖鱼类工作的综合检查，是发现问题的有效办法。巡塘要坚持长效，做好记录，仔细分析发生的一系列现象，做出准确判断和确定有效措施。经常巡视池塘，观察池塘养殖鱼动态，每天至少早、中、晚巡塘 3 次；黎明时观察池鱼有无浮头现象，浮头程度如何；日间结合投饲和测水温等工作，检查池鱼活动和吃食情况，近黄昏时检查全天吃食情况和观察有无浮头预兆。酷暑季节，天气突变时，鱼易发生严重浮头，还需在半夜前后巡塘，以防止浮头发生。

巡塘主要从 3 个方面着手，概括为“三看”。一看天，天气变化异常（如阴天、大风、闷热、有雾等）对池鱼、池水有不利影响，同时直接影响到饲养效果。因此，在生产过程中应做好天气变化预测、推断工作，及时做好防范措施。二看水，观察水质变化，尤其是水生生物、pH、溶氧量的变化。要经常测量溶氧量、pH，准确把握水质、水色变化，控制适宜肥度。三看鱼，观察鱼吃食的情况、活动情况、有无异常反应、有无死鱼，控制适宜日粮，有病早治，无病先防。巡塘时还要注意鱼病情况，如果有些鱼离群，身体发黑，在池边缓慢游动，要马上捕出检查，确定什么病，采取必要的防治措施。鱼病严重时要少投料和施肥，或停止投料和施肥。

4. 观察、记录

每天定时观测水温、相对密度、溶氧、透明度、水位变化以及鱼的摄食、活动、病害情况，并做好详细记录。更重要的是每隔 15～30 d 随机抽样 20 尾鱼苗进行生物学测定，以便掌握卵形鲳鲹生长速度、规格、存活率等情况和确定饲料投喂量。

5. 病害防治

池塘养殖过程中，注重疾病预防，从池塘的清整、暴晒、药物清塘到水质调节、饵料培养、饲料投喂等各个环节着手，为养殖生物创造良好的生存条件，增强其体质，提高免疫力，防止疾病的发生。一旦发生疾病，要正确诊断，找出病因，及时采取相应的治疗措施，防止疾病蔓延。

卵形鲳鲹病害防治要坚持“以防为主、防治结合”的原则。放养苗种前要经过杀菌消毒，苗种投放前可用淡水或 0.1 mg/L 高锰酸钾溶液浸洗鱼体 10～15 min。此外，在巡塘的过程中，特别留意观察鱼群的游动、摄食情况。及时隔离病鱼进行治疗，清除死鱼并做好无害化（如深埋）处理，防止疾病进一步传播。具体鱼病治疗见第七 章。

（六）收获及运输

卵形鲳鲹的收获要根据鱼体的生长和市场行情，适时捕捞成鱼上市。卵形鲳鲹池塘精养一般采用“刮网”等办法：采用人工围网拉网操作起捕。考虑运输能力以及捕捞后鱼体质量，一般采取多次起捕，最后采取干塘起捕。起捕还应注意天气情况，根据天气情况做好起捕计划，准备相关工具和人力。尽量选择在早晚进行，不宜在天气闷热及水温较高时操作。起捕前 1 d 需停食，以减少对鱼体伤害以及减少活鱼运输中的风险。操作时，动作要轻快、拉网要小心，减少因机械损伤造成鱼体死亡。每次起捕后，记录相关数据如规格、日期、大小等，为计算养殖成本和效益做准备。

卵形鲳鲹由池塘进入市场，最后就是运输。成鱼的运输根据客户需求不同，可采用活鱼运输、麻醉运输和冰鲜运输三种方式。运输前，需对鱼体进行清洁，保证卵形鲳鲹鱼体、口腔、鳃内无黏液和污泥后方可运输。活鱼运输多采用活鲜运输车运输，适合于短途运输。车内需配备增氧设施，以减少运输途中活鱼死亡。药物麻醉运输多采用巴比妥钠、乙醚、碳酸氢钠等麻醉剂对鱼体活体保鲜运输，其适合于高密度长途运输，且无毒副作用，减少运输成本。冰鲜运输多利用冰块对鱼体进行保鲜运输。运输过程中的补给，直接关系到卵形鲳鲹出售的价格和经济效益，必须做好相应的、有效的措施。

二、卵形鲳鲹池塘精养及北方池塘养殖案例

（一）卵形鲳鲹池塘精养案例

郭泽雄等（2005）利用高位池对卵形鲳鲹进行了精养，获得了较高的产量，产生了较好的经济效益。

1. 试验时间、地点及池塘条件

2005 年 4 月 25 日至 11 月 24 日，试验地点在海南省文昌市。养殖池塘为一口使用多年的旧高位养虾池，面积 0.27 hm^2。全铺黑色地膜，虾池设计深度为 3.0 m，池底铺砂 0.4 m，最大蓄水能力 1.8 m。水源一部分来自自然海区提抽，另一部分由内湾（砂滤井）提抽（均常受退潮影响），周边无污染，水质清爽，溶氧含量 6 mg/L 以上，pH 8.0～8.9，盐度 30～34。

2. 池塘准备

（1）清池消毒 鱼苗入池前，将池底垫砂全部清除干净，洗刷鱼池一次，让其暴晒 1 周，重新铺砂 0.4 m 并注入海水浸泡（以刚好没过整个垫砂面为宜），浸泡—排干—再浸泡—再排干，重复 3 次后再注入海水，按每 667 m^2 用含有效氯 30%以上的漂白粉 10 kg

加水溶解后全池泼洒。3 d 后先将消毒池水排干，接着用干净海水均匀冲洗一次，再将池水排干，让鱼池暴晒 1 周。

(2) 水体消毒　由蓄水池注入鱼池至 1.2 m 水位，翌日上午用 0.3～0.4 g/m^3 的溴氯海因全池水体消毒。

(3) 肥水及基础饵料生物培养　先后施用的肥料有经发酵腐熟的鸡粪、利生素、复合肥、尿素、过磷酸钙、杂鱼浆（海水鱼类）、肥水育藻剂等，每 667 m^2 用量依次为 85 kg、1.0 kg、1.0 kg、2.0 kg、0.5 kg、8.0 kg、2.0 kg，使池水呈黄绿色或黄褐色。

3. 试验鱼放养

2005 年 4 月 25 日自某育苗场购进规格为 4.0～5.0 cm、体重 16～20 g、盐度为 22 的卵形鲳鲹鱼苗 8 000 尾，于当天傍晚投放池塘，放养密度为每 667 m^2 2 000 尾。

4. 饲养管理

前期以添加水为主。每天加水一次，每次加水 2～3 cm，将水位渐渐加至 1.8 m；饲养中后期阶段根据池水水色变化等情况排换水。通常每隔 7～10 d 排换水 1 次。每次换水量控制在 10～20 cm。保持水体中溶氧充足。饲养前期日投喂 2～3 次，饲养中后期日投喂 3～4 次。饲料日投喂量根据池水水质、鱼类摄食及当日天气等情况灵活掌握，适当增减。前、中、后期饲料日投喂量分别为鱼类总体重的 9%～7%、7%～5%、5%～4%，中后期每月投喂 3～4 次鲜小杂鱼块，中期每次投喂量为 60 kg，后期每次投喂量为 100 kg。

5. 试验结果

2005 年 11 月 24 日起捕。共收获卵形鲳鲹商品鱼 2 380 kg，平均每 667 m^2 产量为 595 kg，商品鱼平均规格为 0.35 kg/尾，成活率 85%。总产值 7.14 万元，平均每 667 m^2 产值 1.785 万元，总利润 3.094 万元，平均每 667 m^2 利润 7 735 元。

(二) 北方池塘养殖卵形鲳鲹案例

卵形鲳鲹对盐度适应范围广，甚至可以在淡水中生存，具有广泛的推广价值。长期以来，卵形鲳鲹的养殖范围仅限于海南、广州等少数省份的少数地区，而且养殖方式多是海上网箱养殖。但随着养殖效益的增加，北方也开始了卵形鲳鲹养殖试验，主要以池塘养殖为主，但尚处于试验阶段，养殖技术尚不成熟。唐兴本等（2009a，2009b，2009c）在江苏连云港开展了卵形鲳鲹咸淡水养殖试验，并对北方池塘养殖卵形鲳鲹的技术、病害进行了相关报道。

1. 试验时间、地点及池塘条件

2008 年 5 月 23 日至 10 月 21 日，试验地点在江苏连云港。养殖池塘为东西走向，长方形，面积为 0.27 hm^2，平均水深 2.1 m，池底平坦，老池塘，池塘在年前经过清淤、晒塘、消毒。水源水质清新，水源充足，pH 为 7.8～8.4，氨氮为 0.3～1.1 mg/L，盐度为 9～15。

2. 池塘准备

年前经过清淤、晒塘、消毒，春节前后，海水从河流入海口处自动纳入养水滩。5 月 10 日池塘进水 50 cm。

3. 苗种购买与放养

5 月 23 日从海口购买卵形鲳鲹鱼苗 1 000 尾，规格为 2～3 cm，平均规格为 2.7 cm，苗种规格整齐，活力好、无病害。采用降温空运方式运至连云港，运输成活率达 100%。苗种到达池口后，将装苗塑料袋放在池塘里 3～10 min 后，将鱼苗放在水箱内并逐渐向水箱内加池塘水，当水箱内池塘水占 2/3 时，将鱼苗全部放入池塘里。池塘投放鱼苗时，平均水深为 1.5 m，水淡茶色，透明度为 36 cm，水温 25 ℃，盐度 15，pH 为 8.4。

4. 水质控制

养殖前期采用每天加水方式增加养殖水位，5 月份每天加水 5～8 cm；养殖中期采用换水方式控制水质，其中 6—7 月份每天换水量一般为 20～50 cm，8 月份以后，采用边排边放的方式交换池水，日流量为池水的 50%～150%。其中 6 月中旬为了提高水质的透明度，投放了青蛤 375 kg（规格为 300～600 只/kg）。根据水质、水温、天气、鱼的活动情况等确定换水量或水的日流量。池塘养殖期间的盐度为 9～15，每次换水盐度差小于 2，整个试养期间溶氧保持在 4 mg/L 以上，pH 为 7.8～8.9，氨氮 5 mg/L 以下。

5. 饵料投喂

养殖过程中投喂人工配合饲料。投量一般为估计水体鱼重量的 3%～ 5%，一般 5 d 调整一次饵料投喂量，具体投喂饵料数量要根据鱼体大小、水质、水温、天气、鱼摄食情况等确定，一般饵料投喂后 10～15 min，鱼将饵料吃光（投喂的饵料均为悬浮颗粒饲料）。一般日投饵 3 次，分别为 06:00、12:00、20:00，各时间段投喂饵料的比例一般为 2∶1∶3。

6. 日常管理

每天巡塘 1 次，观察水色、水位等变化情况，观察鱼的摄食、活动、分泌黏液、死亡等情况，定期测量鱼的规格、水温、盐度、pH、透明度、氨氮等情况，注意了解天气变化情况等。

7. 病害防治

① 每隔 15～20 d，按 0.2%的比例，用氟苯尼考浸泡饵料 4～5 h，将所需药品量兑水后，均匀地喷洒到饵料上，饵料投喂时，饵料潮湿但不粘在一起。每天一次，连续 3 d。

② 每隔 15～20 d（与投药饵间隔 3 d 以上），全池均匀泼洒漂白粉溶液，氯的浓度为 1.5～2.0 mg/L。

③ 7 月 20 日以后，考虑到自然水温的升高和水质的变化，对养殖用的海水进行消毒，氯的浓度为 15 mg/L，向池塘进水前，把捉到的小鱼、虾围在网中并放在养殖用的海水中试水。

④ 严格控制饵料投喂量，饵料投喂前，一定要将饵料先浸泡湿润。

8. 养殖效益

经过近 150 d 的池塘养殖，鱼平均规格为 0.35 kg/尾，共收鱼 1 232 kg，养殖成活率 35.2%，平均每 667 m^2 出鱼 308 kg，投喂饵料总计 1 632 kg，饵料系数为 1.32。以 55 元/kg 进行销售计算，收入 67 760 元，扣除饵料费 9 048 元、苗种费 11 090 元、水电、塘租、人工等 13 120 元，纯收入共计 34 502 元，每 667 m^2 平均纯收入为 8 625.5 元。

9. 小结与建议

海南等南方省份水温高，卵形鲳鲹的养殖周期长，在条件允许的情况下，可以进行池塘精养。但是北方省份卵形鲳鲹的养殖周期短，如江苏省，适应卵形鲳鲹快速生长的时期最多只有 2 个月（7 月 15 日至 9 月 15 日），因此，为了充分利用资源，池塘应该采用混养的方式养殖金鲳，使在养殖周期、单位水体内产生更好的效益。

在该试验中，卵形鲳鲹爆发车轮虫病时水温是 27～29 ℃，该水温正好适合车轮虫的大量繁殖（适宜水温 22～29 ℃）；当时水温接近车轮虫大量繁殖的上限，所以车轮虫病对养殖试验的卵形鲳鲹危害更大。海南等地区水温大多超过 29 ℃，而北方地区水温维持在 22～29 ℃的时间相对较长。因此，北方地区池塘养殖卵形鲳鲹发生车轮虫病的可能性比南方大。

三、卵形鲳鲹池塘混养技术

混养是我国池塘养鱼的特色，也是池塘养鱼稳定高产的重要技术措施。其优点在于可以充分合理地利用养殖水体与饵料资源、发挥养殖鱼类共生互利的优势，从而达到降低成本，有效提高单位产量，增加养殖经济效益为目的。实践证明，根据生活习性、食性，合理搭配混养品种是鱼类混养取得成功的关键。卵形鲳鲹混养的池塘处理方法与池塘精养方法相同，本节重点介绍混养品种的选择以及养殖方法。

（一）混养品种选择

混养是根据不同养殖品种的生物学特点（栖息习性、生活习性、食性等），充分运用它们相互优良的一面，尽可能地限制和缩小它们有矛盾的一面，让不同种类的养殖品种或同种异龄鱼类在同一空间和时间内生长生活，从而发挥“水、种、饵”的生产潜力。

养殖品种的选择主要根据其养殖水层、养殖习性决定，多选用上层水、中层水以及下层水生活的水生动物同时套养。首先确定主养品种和套养品种，主养品种指在放养量上占较大比例，而且是投饵施肥和饲料管理的主要对象。配养品种是处于配角地位的养殖鱼类，它们可以充分地利用主养鱼的残饵、粪便形成的腐屑以及水中的天然饵料促进其生长。

在卵形鲳鲹混养过程中，主养品种为卵形鲳鲹，其主要生存于上、中层水，饵料以投喂颗粒饲料为主。目前对于配养品种的选择，多选择生活于水体下层，以摄食鱼排泄物和残饵残渣的斑节对虾、凡纳滨对虾等虾类、蟹类或以青苔、排泄物、残饵残渣食物的鲻鱼、棱梭鱼。常见的混养品种如下：

1. 凡纳滨对虾

凡纳滨对虾（*Penaeus vannamei*），俗称南美白对虾，是广温广盐性热带虾类。自然栖息于泥质海底，水深 0～72 m，能在盐度 0.5～35 的水域中生长，2～7 cm 的幼虾，其盐度允许范围为 2～78。能在水温为 6～40 ℃的水域中生存，生长水温为 15～38 ℃，最适生长水温为 22～35 ℃。对高温忍受极限 43.5 ℃（渐变幅度），对低温适应能力较差，水温低于 18 ℃，其摄食活动受到影响，9 ℃以下时侧卧水底。要求水质清新，溶氧量在 5 mg/L以上，能忍受的最低溶氧量为 1.2 mg/L。离水存活时间长，可以长途运输。适应的 pH 为 7.0～8.5，要求氨氮含量较低；人工养殖生长速度快，60 d 即可达上市规格；适盐范围广，可以采取纯淡水、半咸水、海水多种养殖模式，从自然海区到淡水池塘均可生长，从而打破了地域限制，且具耐高温，抗病力强；食性杂，幼虾期主要取食池塘中的浮游生物，成虾期主要取食沉落池底的残余饲料有机碎屑和腐殖质等；此外，还可摄食人工配合饲料，饲料蛋白要求低，35%即可达生长所需。

2. 斑节对虾

斑节对虾（*Penaeus monodon*），俗称鬼虾、草虾、花虾、竹节虾、斑节虾、牛形对虾，联合国粮农组织通称大虎虾，体被黑褐色、土黄色相间的横斑花纹。为当前世界上三大养殖虾类中养殖面积和产量最大的对虾养殖品种。我国沿海每年有 2—4 月份和 8—11 月份两个产卵期。喜栖息于沙泥或泥沙底质，一般白天潜底不动，傍晚食欲最强，开始频繁的觅食活动。其对盐度的适应范围为 5～25，而且越接近 10 生长越快。适温范围为 14～34 ℃，最适生长水温为 25～30 ℃，水温低于 18 ℃以下时停止摄食，水温只要不低于 12 ℃，就不会死亡。杂食性强，对饲料蛋白质的要求为 35%～40%，贝类、杂鱼、虾、花生麸、麦麸等均可摄食。自然海区中捕获的斑节对虾最大体长可达 33 cm，体重达 500～600 g。人工池塘养殖 80～100 d，体长可达 12～13 cm，体长日均生长 0.1～0.15 cm，体重达 25 g 左右。每千克虾可达 40～60 尾，一般每 667 m^2 产量为 100～200 kg，1 年可养 2 造。

3. 锯缘青蟹

锯缘青蟹（*Scylla serrata*），又名青蟹，属甲壳纲，梭子蟹科。雌蟹，被我国南方群众视作“膏蟹”，有“海上人参”之称。喜栖息、生活在江河溪海汇集口，海淡水缓冲交换的内湾-潮间带泥滩与泥砂质的涂地上。青蟹是游泳、爬行、掘洞型蟹类，一般白天多潜穴而居，夜间出穴（洞）进行四处觅食。虽为杂食性，但以肉食性为主，喜欢寻食小杂贝、小杂螺、小杂鱼、小杂虾及小杂蟹等，在锯缘青蟹饵料充足的情况下，不必另外投喂混养鱼的饵料。如锯缘青蟹饵料不够充足时，可增投豆饼、米糠、麸皮、鱼用配合饵料等。它们对盐度的适应性特强，从海水到半咸水都可生活。其养殖的适宜盐度为7～33，最适是10～20，适温范围6～35 ℃，最适生长水温18～25 ℃，此时青蟹的活动力强，食欲旺盛，而它的耐干露能力也极强，一只健康青蟹离开水后，鳃腔内只要留有极少量的水分，能保持鳃丝湿润，便可以存活数天。青蟹的一生要经过13次蜕壳。其中，幼体变态蜕壳6次，生长蜕壳6次，生殖蜕壳1次。青蟹的变态发育和整个生长生活过程中，始终伴随着蜕壳而进行。一般春季（4—5月份）放养的6～8期幼蟹到夏季（7—8月份），养殖3.5个月至4个月，每只蟹的体重就能达到200～250 g，若是秋季（9—10月份）放养的幼蟹需经越冬，养殖到翌年的5—6月份，也可达到商品规格。

4. 鲻

鲻属鲻科鱼类，全世界鲻科鱼类有70多种，我国沿海已发现20多种。鲻（*Mugil cephalus*），又名乌支、九棍、葵龙、田鱼、乌头、乌鲻、脂鱼、白眼、丁鱼、黑耳鲻，是一种温热带浅海中上层优质经济鱼类。我国沿海均产之，如沿海的浅海区、河口、咸淡水交界的水域均有分布，尤以南方沿海较多，而且鱼苗资源丰富，有的地方已进行人工养殖，是我国东南沿海的养殖对象。其为广盐性鱼类，生命力较强，从盐度为38到咸淡水直至纯淡水都能正常生活。适温范围为3～35 ℃，致死低温为0 ℃，较适暖水水域。鲻为杂食性，以食硅藻和有机碎屑为主，也食小鱼小虾和水生软体动物，在人工饲养条件下，也喜食动植物性颗粒饲料，如合成饲料、麦麸、花生饼、豆饼等，食物来源广，物化成本低。喜欢生活于浅海、内湾或河口水域，一般4龄鱼体重2 kg以上性腺便成熟，游向外海浅滩或岛屿周围产卵繁殖。鱼苗的发生季节为1—4月份，此时最适于捕捞收集鱼苗暂养，经过一个时期的培育和驯化、淡化后，可在水库、鱼塘、半咸水池塘和其他海淡水水面放养。养殖经验表明，鲻的成鱼养殖既可主养又可混养，在鱼塘内混养鲻，一般每667 m^2可放养3 000～5 000尾，如有充氧设备或流水性养殖，密度可高些，可多至8 000尾以上，还可搭配适当的其他鱼种，管理得好，当年鱼可长到条重300～700 g。此外，鲻病害相对较少，是较好的套养品种。

（二）混养优点

卵形鲳鲹-对虾混养是养殖过程中长期实践摸索的结果，也是主要的卵形鲳鲹混养模式。其优点在于可显著缩短养殖周期，提高养殖效益。这一混养模式获得成功主要归结于卵形鲳鲹与斑节对虾、凡纳滨对虾的生长特性、生长周期以及管理模式十分相近。

卵形鲳鲹混养模式的优点如下。

1. 合理利用水体

卵形鲳鲹主要活动于水体的中上层，且游动速度较快；而凡纳滨对虾、斑节对虾喜欢在水体的下层活动。卵形鲳鲹与虾类混养后，可充分利用池塘的各个水层。同单养卵形鲳鲹相比，增加了池塘单位面积放养量，提高了养殖效益。

2. 充分利用饵料

卵形鲳鲹属广盐性肉食鱼类，抢饲凶猛，摄食量大；幼、成鱼主要以浮性配合饲料为食，也可以鲜杂鱼投喂。投喂时，卵形鲳鲹游至水面摄食，但也会有一部分饲料或杂鱼散落后下沉被虾类、青蟹或其他套养鱼类如鲻鱼、棱梭鱼等摄食，使得全部饲料可得到有效利用，不至于浪费，提高了饵料利用率，降低了饵料系数，从而降低能耗和成本。此外，鲻、棱梭鱼等滤食营养碎屑，可降低池塘有机物累积与污染，防止了水质过肥，为卵形鲳鲹养殖提供了优质的养殖水质条件。通过合理利用各个养殖品种食性互补关系，提高饵料利用率，降低饵料系数，从而降低能耗和成本。

3. 减少病害发生

卵形鲳鲹抗病能力强，病害相对较少。而在对虾的养殖中，病害相对较多，在混养模式下，可利用卵形鲳鲹捕食患病活力差、体质差的对虾个体，消除直接传染源和易感个体，使对虾的发病率大大减少。

（三）混养关键技术

1. 放养规格及放养时间

卵形鲳鲹 1 年可养殖两造，为考虑养殖效益最大化。第一批苗种必须在 3—4 月份投放，否则将影响第二造的养殖生产，尽管有时苗种价钱高一些，但可以赶在禁渔期上市，此时卵形鲳鲹的价格高，可以获得更高的收益。在第一批鱼上市前投放第二批鱼苗进行标粗，待第一批鱼上市后将标粗苗过塘，进行第二造的养殖。

由于不同品种食性和生长周期不同，因此在混养过程中需注意苗种放养顺序和放苗规格。鲻为杂食性，以食硅藻和有机碎屑为主，也食小鱼小虾和水生软体动物，且其繁殖季节较早，可提前饲养；斑节对虾、凡纳滨对虾以及青蟹可以同时放养，但青蟹一生退壳次数高达 13 次，其中前 6 次都是在幼体期，蜕壳后自我保护能力差，容易被虾刺伤，可先入池标粗再放虾苗，此外还可通过提高放养青蟹的规格以达到提高青蟹养殖成活率的目的。虾苗的投放规格不宜过小，因为小虾苗活动能力差，卵形鲳鲹属肉食性鱼类，会捕食弱小虾苗而导致虾苗成活率过低。一般提前将虾苗入池标粗，养殖一段时间待虾苗长至一定规格后再放入相应规格的卵形鲳鲹鱼苗。此时，虾苗活动能力较强，不容易被鱼苗所摄食，可大大提高养殖虾类的成活率，提高了养殖经济效益。

2. 适宜放养密度选择

卵形鲳鲹不耐低氧，对溶解氧非常敏感，易缺氧死亡，密度过大使水中溶氧量过低，会抑制鱼虾生长，严重时引起鱼虾窒息死亡。养殖密度大，则排泄物多，严重影响水质，致使病害频发，失去鱼虾混养模式的生态优化互补意义。此外，过高的放养密度不利于卵形鲳鲹生长，并且增大了饲料系数，增加了养殖成本。因此，池塘混养卵形鲳鲹要确保溶解氧充足，要合理配置和使用增氧机，并要配置备用发电机。如果增氧机数量配置不够，则一定要相应降低混养密度。

试验证明，在卵形鲳鲹与对虾混养中，凡纳滨对虾每 667 m^2 放苗不宜超过 3 万尾，规格为 1.2 cm 斑节对虾每 667 m^2 最适放养密度为 1 万尾。而卵形鲳鲹的放养密度需根据池塘情况以及放养大小而定。一般而言，2.5～3.0 cm 卵形鲳鲹鱼苗每 667 m^2 放养密度不宜超过 2 000 尾（唐志坚 等，2008），而 6.5～8.0 cm 规格鱼苗的适宜的放养密度在 800～1 000 尾（林壮炳 等，2013）。否则，卵形鲳鲹长到 200 g 以上时容易因缺氧或水质恶化而死亡。其他套养品种如鲻、棱梭鱼以及青蟹，其主要起到调节水质、降低池塘有机物累积与污染等作用，养殖过程中投放养殖密度可适当减少，一般放养密度为每 667 m^2 300 尾。

3. 饵料投喂

在鲻、棱梭鱼的标粗过程中，由于放养密度较低，一般可不投喂饲料；而青蟹投放后，可在池塘角落适当增加些遮蔽物供其蜕壳和躲避敌害。青蟹标粗阶段可投喂蛋黄或鱼糜，入池后可投喂红肉蓝蛤或人工饲料。斑节对虾、凡纳滨对虾亦如此。卵形鲳鲹苗种入池时，由于池塘中的生物饵料已被鲻、虾以及青蟹大量摄食，因此，卵形鲳鲹苗种入塘后需及时补充饲料供其生长。目前，一般的鱼苗在出售之前已经可以摄食颗粒饲料，省去了颗粒饲料驯化过程，可大大提高养殖成活率。鱼苗入池早期，投喂量需少而勤，随着鱼体的生长可逐渐增加投喂量，每日投饵量要根据天气、水温、鱼的生长、健康等具体情况来确定增减，每餐以 90%饱为准。然而，在鱼苗入池初期，需坚持投喂 1 个月的虾料，这将可提高虾苗的成活率和抗病力，加快生长速度。投喂时，先投鱼料，再投虾料。因为卵形鲳鲹比虾活动能力、摄食能力要强得多，若先投虾料再投鱼料则虾料均被鱼霸占抢食，虾摄食不到料。鱼料为膨化浮性料，鱼能摄食多少十分容易观察，虾料为沉性料，鱼摄食多少难以观察，投料量难以把握。若先投鱼料，再投虾料则保证鱼摄食，且卵形鲳鲹有不吃塘边饲料及吐食的习惯，有食进又吐、再摄食新食物的习惯，吐出的食物会沉入底部或浮在池角。先投鱼料后投虾料，两者最好间隔 0.5 h，虾可食鱼的塘边料和吐食，这样避免有鱼料残饵浪费及污染水质，鱼虾摄食互补非常好。此后，随着卵形鲳鲹饲料投喂量的增加，可以停止投喂虾料。此时有足够的残饵和鱼的排泄物供虾摄食，这样可以提高饵料的利用率，降低养殖成本，减少对水环境的污染，改善水质，降低病害发生的概率，提高养殖效益。为了进一步提高配养品种的成活率，可在养殖期间适当地补充些红肉蓝蛤和小杂鱼供虾、蟹摄食。

4. 日常管理及病害防治

混养的日常管理与一般精养大致相同。一定要注意开增氧机的时间、药饵的投喂、微生物制剂的应用、水体消毒用药等，保持充足的溶解氧，否则卵形鲳鲹很容易因缺氧而导致大量死亡，死亡率达 90%以上。特别在养殖中后期，要经常换水、排污，坚持开增氧机增氧，以保持水质清爽。为了降低养殖风险，建议在鱼重达到 250 g 以上时尽快上市。此后卵形鲳鲹抢食较多，排泄物增加，耗氧增大，池塘溶氧减少，水质不易控制。另外，水体的盐度对卵形鲳鲹的生长亦存在较大的影响。特别是暴雨过后卵形鲳鲹易发病，主要原因是雨水冲淡了池塘水，造成池塘水的盐度几乎接近于完全淡水。再者是暴雨过后氨氮、亚硝酸等有毒物质含量超标，而连续的阴雨天气，抑制了池水中浮游植物的光合作用，造成水中溶氧不足，所以在雨天期间，要 24 h 开增氧机。同时，往池塘里注入盐度较高的新鲜水，保证池水盐度在 3 以上，否则不利于卵形鲳鲹的生长。

在养殖过程中可能由于苗种本身有虫或后期感染，日常管理中要注意是否有鱼离群独游、侧游、打转，身体发黑等现象。养殖过程中，定期施放 EM 菌、光合细菌和底改以保持良好水质；结合内服药物和池塘泼洒杀虫、灭菌药物预防疾病，抑制细菌、病毒、指环虫、车轮虫的滋生。养殖早期每餐拌喂 EM 菌、免疫多糖，以增强鱼虾的早期营养和免疫力，提高苗种的成活率。中后期每 3～5 d 拌喂维生素 C、蒜泥和火炭母等 1 次，以预防肠胃病，改善鱼的肠胃健康，增强消化吸收和抗病能力。如果确诊为寄生虫，必须进行杀虫。卵形鲳鲹对敌百虫等有机磷农药敏感，慎用；同时不要长期使用一种驱虫药品，可交替使用同效的不同药品预防，以免寄生虫产生耐药性。注意在杀虫后要及时用消毒药对水体进行消毒，以免引起细菌性感染，导致出现烂鳃、烂身等病害，同时要注意增氧。养殖过程中尽量使用生物制剂，少用或不用化学药物，倡导绿色养殖，达到出口的标准，提高产品市场竞争力。

常见疾病的防治方法如下。

肠胃病：以预防为主，发病时每千克鱼体重可拌喂土霉素 50～80 mg、维生素 C 1 g、蒜泥 30 g；每千克鱼体重可拌喂“海水鱼必康”1 g，每天 1 次，连用 3～4 d。

车轮虫、指环虫：每 667 m^2 用 500 g 的硫酸铜和 200 g 硫酸亚铁溶解后，全池泼洒。若池塘有小瓜虫则用福尔马林按每 667 m^2 用 10 kg 全池泼洒。

第四节　卵形鲳鲹池塘混养养殖案例

一、卵形鲳鲹与凡纳滨对虾混养技术

（一）养殖案例一

蔡强等（2009）针对卵形鲳鲹与凡纳滨对虾混养技术进行了报道。

1. 养殖池塘

卵形鲳鲹和凡纳滨对虾混养池塘采用高位池、低位池均可，面积为 0.20～0.67 hm^2，水深 1.5～2.0 m，水质良好，给水排水方便，盐度保持在 5～25，每 667 m^2 配备 1 台增氧机。池塘基本情况见表 5 - 24。

表 5 - 24　混养池塘基本情况

（蔡强 等，2009）

塘号	池底	面积（667 m^2）	水深（m）	配置增氧机
2 - 2	沙底高位池	4	1.3	4 台 4 叶轮增氧机
2A	沙底高位池	5	1.5	5 台 4 叶轮增氧机

2. 池塘准备

排干池水，高压水泵冲洗，尽量清除池底残饵、粪便及对虾残体等，之后进行暴晒。消毒除害：经太阳暴晒会除去大部分的敌害生物，可不消毒；若没有太阳暴晒则必须使用药物消毒，常用的消毒剂有漂白粉、生石灰等，用量：漂白粉（有效氯 30%）30～50 mg/L，生石灰 350～500 mg/L。消毒除害后可利用 60～80 目筛绢网一次性把水进够，使用二氧化氯消毒剂进行水体消毒。24 d 后可以培养基础饵料，每 667 m^2 施用 1.0～1.5 kg无机复合肥及单细胞藻类生长素，5～7 d 可将基础饵料培好。

3. 放苗

虾苗先放，密度在每 667 m^2 3 万左右，养殖 20 d 待虾苗长至 4～5 cm 活动能力较强时再放入体长约 5 cm 的鱼苗，鱼苗密度控制在每 667 m^2 1 000～1 500 尾。

4. 养殖管理

养殖人员每天至少早、午、晚三次巡塘。前期鱼苗未放时与一般低密度对虾养殖方法相同，若水体基础饵料培养得好则放虾苗 1 周不用投料，如水中饵料不足，可投喂少量凡纳滨对虾 0# 料，并随食料情况逐渐加料，前期要特别注意追肥稳定水中基础饵料，避免水环境时浓时清。卵形鲳鲹饲料投喂遵循“少量多餐、宁少勿多”原则；保持溶氧充足；定期检测水质指标，视水质、底质情况灵活使用生物制剂和水质、底质改良剂，中后期勤换水。

5. 养殖效益

经过 100 d 养殖，卵形鲳鲹规格达到 350～450 g/尾，凡纳滨对虾规格达到 15～25 g/尾。在卵形鲳鲹与凡纳滨对虾混养模式下，卵形鲳鲹养殖成活率高达 85%以上，饵料系数在 1.2～1.3，每 667 m^2 产鱼量为 405～430 kg，每 667 m^2 养鱼产值为 8 100～8 600 元；

凡纳滨对虾成活率在39%～42%，饵料系数在0.9～1.0，每667 m^2 产虾量为252～246 kg，每667 m^2 养虾产值为7 128～7 308元。除去苗种、水电、人工、饲料、药品等养殖费用外，卵形鲳鲹与凡纳滨对虾混养，每667 m^2 纯利润为5 963～6 278元。具体投入产出情况及养殖效益分析分别见表5-25、表5-26。

表5-25　卵形鲳鲹与凡纳滨对虾池塘混养投入产出情况

（蔡强 等，2009）

塘号	投苗时间（月-日）	收获时间（月-日）	投苗数量（尾）	收获规格（g/尾）	成活率（%）	饵料系数	产量（kg）	价格（元/kg）	产值（元）
2-2虾	03-25	08-10	12万	12	42	0.9	1 008	29	29 232
鱼	04-15	08-10	5 000	400	86	1.3	1 720	20	34 400
2A虾	03-25	08-10	15万	21	39	1.0	1 229	29	35 641
鱼	04-15	08-10	6 000	375	90	1.2	2 025	20	40 500

表5-26　卵形鲳鲹与凡纳滨对虾池塘混养养殖效益分析（单位：元）

（蔡强 等，2009）

塘号	苗	水电	人工	饲料	药品	杂费	塘租	成本合计	利润
2-2虾	720	9 200	3 750	5 800	600	1 200	2 000	39 780	23 852
鱼	1 750			14 760					
2A虾	900	9 600	3 750	7 860	700	1 300	2 500	44 750	31 391
鱼	2 100			16 040					

2008年，汕尾市城区马宫镇利用虾池对卵形鲳鲹与凡纳滨对虾进行混养，面积达200 hm^2，普遍获得丰产。以其中一养殖户为例，简明介绍卵形鲳鲹与凡纳滨对虾混养技术（刘楚斌 等，2008）。

（二）养殖案例二

1. 养殖池塘

土池1口，面积8 004 m^2，平均水深1.4 m，设有进、排水闸，配有增氧机。投苗前对池塘进行常规消毒。

2. 苗种放养

5月20日，投放卵形鲳鲹苗6 800尾，规格为体长2.5～3.0 cm。5月16日、5月30日和6月15日，分别投放凡纳滨对虾苗30万尾、50万尾和40万尾（3批共投放120万尾），规格均为体长0.8～1.0 cm。

3. 饲料

以卵形鲳鲹为投喂对象，使用膨化配合饲料，白天投饲，初期（鱼苗体长5 cm以下）

每天投喂4～5次，中后期（鱼苗体长5 cm以上）每天投喂3次，分别在06：00、11：00和16：00；日投喂量为存池鱼体重的2%～5%，在此投喂率范围内，鱼类个体小时投喂率高些，个体大时投喂率低些，水温24～28 ℃投喂率高些，低于24 ℃或高于28 ℃投喂率低些。

4. 养殖管理

定期注排水，鱼苗体长小于10 cm时，每天加添水一次，保持水深1.4 m；鱼苗体长10～15 cm时，每1～2 d换水一次，每次换水量为原池水的1/3；鱼苗体长超过15 cm时，每4～5 d换水一次，每次换水量为原池水的1/2。定期抽查养殖对象，根据其体长的变化调整饲料投喂率，如发现病害则及时治疗。根据水质变化情况，适时开动增氧机增氧，适量投放微生物制剂（EM菌、光合细菌等），调节和改善水质。

5. 收获

9月20日使用疏目拉网一次性收捕卵形鲳鲹，产量为3 175 kg，平均体重525 g，成活率89%，饵料系数1.89；7月20日开始使用虾笼逐渐收捕凡纳滨对虾，至9月21日干池收捕结束，产量计1 430 kg，开始时的规格为120尾/kg，结束时为30尾/kg，平均为60尾/kg，回捕率7.2%（其余的以活饵的形式为卵形鲳鲹所摄食）。平均每667 m^2 水面鱼虾产量384 kg，其中卵形鲳鲹265 kg，凡纳滨对虾119 kg。

二、卵形鲳鲹与凡纳滨对虾、鲻、棱梭鱼生态混养

（一）小规模试验

林壮炳等（2013）开展了河口区池塘卵形鲳鲹生态混养技术研究，取得了较好的经济效益。

1. 养殖池塘

7口池塘共1.17 hm^2，5口试验组，2口对照组，水深1.3 m，配备2台1.5千瓦增氧机。

2. 试验地点

汕头市华勋水产有限公司牛田洋生产基地。

3. 养殖水质

汕头市榕江入海口河口区咸淡水，盐度1～4，pH 7.8～8.3，其他指标均符合《海水水质标准》（GB3097—1997）第二类水质，适合卵形鲳鲹养殖。

4. 放养时间、种类、规格与比例

4 月 3 日放养鲻鱼苗、棱梭鱼苗，4 月 7 日放养凡纳滨对虾苗，5 月 1 日放养卵形鲳鲹苗。1～5 号试验池放养卵形鲳鲹、凡纳滨对虾、鲻和棱梭鱼；6 号对照池塘放养凡纳滨对虾苗、鲻苗、棱梭鱼苗，凡纳滨对虾苗分两次放苗，每次放养 4 万尾；7 号对照池塘放养卵形鲳鲹苗、鲻苗、棱梭鱼苗。试验池塘和对照池塘的鱼虾苗的养殖数量见表 5－27。

表 5－27　卵形鲳鲹与混养品种的搭配比例

（林壮炳 等，2013）

		试验池塘放养数量（尾/667 m²）					对照池塘（尾/667 m²）	
品种	规格（cm）	1	2	3	4	5	6	7
卵形鲳鲹	6.5～8.0	800	100	1 200	1 500	2 000	—	1 000
凡纳滨对虾	0.7～0.8	25 000	25 000	25 000	25 000	25 000	80 000	—
鲻	3.0～3.2	100	100	100	100	100	100	100
棱梭鱼	2.2～3.0	300	300	300	300	300	300	300

5. 养殖管理

对养殖池塘进行清塘消毒后进水，暴晒后至水色呈清爽浅绿色放苗。养殖期间，通过换水和添加微生物制剂调节水质。

6. 结果分析

（1）养殖产量　在此试验中，池塘卵形鲳鲹平均产量为每 667 m² 450.4 kg，比 7 号对照池的每 667 m² 418 kg 提高 7.8%；放养相同密度的 2 号池则比对照组提高 13.9%；试验池塘凡纳滨对虾平均产量为每 667 m² 172.4 kg，只有 6 号对照池的 52.2%，但其放养量为对照池的 31.3%，若按比例折合试验池塘对虾产量每 667 m² 103.3 kg 就可以与对照池产量相同，按此测算试验池塘对虾产量比对照池提高 66.9%。

（2）养殖成活率　当卵形鲳鲹超过每 667 m² 1 500 尾，因养殖密度太高容易缺氧而影响成活率，试验池塘 5 号池就是每 667 m² 放养卵形鲳鲹 2 000 尾，养殖中后期经常缺氧浮头死亡而使养殖成活率只有 46.0%。试验池塘的卵形鲳鲹平均成活率为 82.5%，与 7 号对照池塘卵形鲳鲹成活率的 92.8%相比，下降 12.5%，但与放养密度相近的 1～3 号试验池相比，7 号对照池塘的成活率则下降 1.6%。试验池塘凡纳滨对虾成活率为 29.4%，与 6 号对照池塘凡纳滨对虾的成活率 26.0%相比，提高 13.1%。

（3）不同密度对鱼体生长的影响　相同规格的卵形鲳鲹经过 30 d 饲养后，试验池 1、2、3 号和对照池之间无显著差异（$P>0.05$），与试验池 4、5 号差异显著（$P<0.05$），随着饲养时间的增长，试验池 1 号卵形鲳鲹的生长明显快于其他试验池和对照池，且差异显著（$P<0.05$）；试验池 2、3 号和对照池在不同养殖阶段稍有差异，到收获时差异不显

著（$P>0.05$），而与试验池1、4、5号差异显著（$P<0.05$）；试验池4、5号卵形鲳鲹生长最慢，且与其他各池差异显著（$P<0.05$）。

(4) 不同饵料搭配对卵形鲳鲹饵料系数的影响　由于对照池7号使用单一的配合饲料，卵形鲳鲹生长较慢，个体规格较小，1～5号试验池使用配合饲料与红肉蓝蛤相结合，饵料系数分别为1.0、1.1、1.1、1.4和1.7，平均饵料系数1.26，比对照池降低3.1%，因此，单一使用配合饲料养殖卵形鲳鲹效果比不上使用配合饲料与红肉蓝蛤相结合养殖卵形鲳鲹效果。1～5号试验池凡纳滨对虾饵料系数分别为0.5、0.8、0.7、1.0和0.9，平均饵料系数0.8，比6号对照池降低42.91%。

(5) 养殖经济效益分析　经成本核算，1～5号试验池每667 m² 利润分别为16 750元、12 710元、18 090元、10 730元和4 757元，每667 m² 平均利润12 607.4元，分别比6号、7号对照池提高了3.5倍和0.99倍，经济效益显著（表5-28）。

表5-28　不同养殖模式养殖效果的比较

（林壮炳　等，2013）

养殖模式		卵形鲳鲹			凡纳滨对虾		鲻	棱梭鱼
		收获规格（g/尾）	产量（kg/667 m²）	成活率（%）	产量（kg/667 m²）	成活率（%）	产量（kg/667 m²）	产量（kg/667 m²）
试验池塘	1	520	396	95.2	230	38.1	48	10
	2	506	476	94.1	180	34.0	49	8
	3	500	468	93.5	221	39.0	48	8
	4	420	526	83.5	136	21.0	42	6
	5	420	386	46.0	95	15.0	35	6
对照	6	—	—	—	330	26	50	12
	7	450	418	92.8	—	—	45	8

（二）大规模试验

1. 试验池塘

20口池塘共16 hm²，每口面积0.8 hm²，水深1.3 m，配备6台1.5 kW增氧机。地点同小规模试验。

2. 放养时间、种类、规格与比例

2009年4月5日放养鲻苗、棱梭鱼苗，凡纳滨对虾苗分2次放养（4月10日、7月10日，每次按每667 m² 2.0万～2.5万尾投放），5月1日放养卵形鲳鲹苗。卵形鲳鲹按每667 m² 800～900尾投放。其他鱼类放养同小面积试验。

3. 管理方法

同小规模试验。

4. 养殖效益

2009 年 16 hm^2 大面积试验池塘卵形鲳鲹收获规格为 520.5 g/尾，总产量为 58 000 kg，平均每 667 m^2 产量 242 kg、平均成活率为 93%。凡纳滨对虾收获规格为 16 g/尾，对虾总产量为 54 240 kg，平均每 667 m^2 产量 226 kg、平均成活率为 28.3%。其他鱼类鲻、棱梭鱼总产量为 10 800 kg，平均每 667 m^2 产量 45 kg。卵形鲳鲹配合饲料饵料系数为 1.1，凡纳滨对虾配合饲料饵料系数为 1。16 hm^2 试验池塘总产值 460 万元，总投入 237 万元，每 667 m^2 利润为 9 292 元，经济效益明显。

三、卵形鲳鲹与斑节对虾、青蟹混养技术

1. 养殖地点

珠海市金湾区三灶镇鱼月村定家湾。

2. 养殖池塘

养殖池塘 0.4 hm^2，平均水深 1.5 m，盐度为 3～20。

3. 放养时间

2007 年 8 月 4 日。

4. 养殖品种及放养密度

主养品种：卵形鲳鲹，规格 3～6 cm；混养品种：斑节对虾规格 1.2 cm、青蟹规格 40 只/kg；放养密度：卵形鲳鲹每 667 m^2 1 500 尾，斑节对虾每 667 m^2 1 万尾，青蟹每 667 m^2 100 只。

5. 养殖管理

驯化 1 周后入池，通过利用微生物制剂进行水质调控，投喂海水鱼浮性料，定期在饲料中添加多维、大蒜素和护肝类中草药制剂，提高鱼体的免疫力和抗病力。由于金鲳鱼耗氧量大。池塘必须配备增氧机和发电机组，开足增氧。

6. 养殖效益

11 月 16 日收鱼，养殖天数为 105 d，总产量 2 142 kg，其中，主养品种：1 890 kg，平均规格 0.3 kg/尾，斑节对虾 154 kg，青蟹 98 kg。按当时塘头价计算，卵形鲳鲹 22 元/kg，

斑节对虾 50 元/kg，青蟹 36 元/kg，总产值 54 768 元，总成本 32 065 元，每 667 m^2 效益 3 784 元。具体经济效益分析见表 5－29。

表 5－29　养殖经济效益分析表

（于方兆 等，2008）

生产投入					总收入	总利润
苗种	饲料	电费	药物	总计		
11 050 元（其中卵形鲳鲹 9 450 元，斑节对虾 100 元，青蟹 1 500 元）	19 845 元（单价 7000 元/t，使用总量 2.835 t）	1 170 元（增氧机 2 台，共 900 h）	5 000 元	32 065 元	54 768 元	22 703 元

第五节　卵形鲳鲹网箱养殖技术

网箱养殖已成为海水鱼类养殖的主要方式之一，最早起源于 140 多年前湄公河畔的柬埔寨。我国海水鱼类网箱养殖始于 20 世纪 80 年代初，80 年代基本上处于起步和技术积累阶段。进入 90 年代以来，随着多种鱼类人工繁殖苗种培育技术以及养成技术的日臻成熟，网箱养殖呈快速发展。1998 年我国从挪威引进大型深水网箱设备与技术，在海南临高试验养殖以来，各地相继引进试验，并开发了国产化技术，还引进了其他国家的网箱养殖设备和技术，深水网箱养殖技术在我国海水鱼养殖业中迅速发展。

卵形鲳鲹作为我国南方主要的养殖品种之一，其生长速度快，放养 4 cm 左右的苗种，经 4～5 个月养殖，体重可达 400～600 g，当年就达到商品规格，养殖经济效益显著，开展卵形鲳鲹人工养殖具有良好的市场前景（杨火盛，2006）。在我国，从 20 世纪 90 年代初开展了卵形鲳鲹海水网箱和池塘养殖，并达到了规模化生产水平。过去多采用池塘养殖、高位池养殖进行养殖。但是，陆地池塘养殖模式常受土地、水质、养殖密度等条件的限制。而网箱养殖的卵形鲳鲹体色银白、鳍色泽金黄，同时品质相对池塘养殖鲜美，无泥腥味或腥臭味，备受市场青睐。截至 2010 年，我国卵形鲳鲹产量已突破 10 万 t，仅海南每年就有近 2 万 t 的产量。随着卵形鲳鲹国外需求增加以及国内加工产业的发展，卵形鲳鲹优质商品鱼需求日益增大，深水网箱养殖成为卵形鲳鲹优质商品鱼养殖的主要模式，其养殖规模日益增大。进入 2011 年以来，广东、广西、海南三省养殖卵形鲳鲹的高密度聚乙烯（HDPE）深水抗风浪养殖网箱数量迅猛增加。到 2012 年年底，仅海南地区养殖卵形鲳鲹的周长为 40 m 的 HDPE 网箱数量增加约 5 000 个。由此可见，网箱养殖技术直接影响着卵形鲳鲹养殖产业的发展。

一、网箱的类型及规格

目前海水鱼常用的网箱类型按大类划分，可分为简易式网箱、深水网箱；按网箱的操作来分，主要分为浮动式网箱、升降式网箱、固定式网箱以及沉下式网箱 4 种养殖方式。此外，在外形上可分为方形网箱和圆形网箱；从组合方式而言，可分为单个网箱和组合型网箱。我国卵形鲳鲹的养殖主要以浮动式网箱为主，其中包括简易浮动式网箱和深水浮性网箱。

（一）浮动式网箱

1. 网箱组成及技术特点

浮动式网箱是最早的网箱养殖方式，其将网衣挂在浮架上，借助浮架的浮力使网箱浮于水体上层，网箱随着潮水的涨落而浮动，从而保证养殖水体不变。这种网箱移动较为方便，其形状多为方形，也有圆形。

浮动式网箱主要包括我国南方沿海地区较为流行的、适合于内湾等风浪较小海区使用的木制组合式网箱，也就是俗称的“鱼排”。其具有造价低、简便、大小随意等优点。它由浮架、网箱（网衣）、缆绳以及重物（铁框、沙包或坠子）4 个部分组成。浮架由木制框架和浮子组成，多采用平面木结构组合式，我国福建、广东、海南等地流行这种框架。这种网箱常常 6 个、9 个、12 个或 16 个组合在一起，每个网箱可设计为 3 m×3 m、4 m×4 m、5 m×5 m 的框架，常见于 3 m×3 m 规格，可根据养殖需要调整网衣大小，变化出 3 m×6 m、6 m×6 m 等多种规格。框架以 8 cm 厚、25 cm 宽的木板连接，接合处以大螺丝钉加以固定，可便于在上面行走、操作。框架底部利用方形泡沫或圆形空心塑料桶加以固定，起到浮力作用。根据浮力需要增加浮子数量，一般要求框架木板的上缘至少高出水面 20 cm 以上（彩图 3）。为防止网箱漂移或不稳定，还需用铁锚或木桩对网箱加以固定。网衣多采用尼龙、聚乙烯等材料，国内常采用聚乙烯网线（14 股）编结，其水平缩结系数为 0.707，以保证网具在水中张开。网衣的形状随框架而异，大小应与框架一致。网高随低潮时水深而异，一般网高为 3～4 m。网衣网目的大小随养殖对象的大小而定。鱼体越大，网衣网目越大，从而达到节省材料并达到网箱水体最大交换率的目的，最好达到破一目而不能逃鱼为度。网底四周绑上沙袋或铅质，防止网箱变形。小规格网箱网底可放置比框架每边小 5 cm 的底框。底框由 0.025～0.03 m 镀锌管焊接或包有 PVC 管的铁管弯曲而成，可有效地最大限度保障网底空间的展开。

2. 浮动式网箱的优点及不足

传统的网箱较池塘养殖以及工厂化养殖，存在以下优点：①不占土地，海湾和内港均可安置网箱，可最大限度利用水体；②可实现高密度养殖，养殖产量高；③同一水体内可实现多种养殖产品养殖，而管理和鱼产品依然可分开；④溶解氧充足，可充分利用海区中的天然饵料，生长较快；⑤操作方便、管理简易，较为容易地观察鱼群活动、摄食和健康状况，容易控制竞争者和掠食者；⑥鱼病防治简便，直接利用塑料袋套于网箱外围进行药物浸泡；⑦捕捞方便，可一次性将鱼产品收获，也可分批上市，可提供活鱼出售；⑧生产周期内减少操作过程，鱼体损失较小，降低死亡率。

然而，传统的网箱养殖也受到许多客观条件的限制，如易受风浪冲击，尤其是台风袭击，常常出现因网箱材料不坚固或网箱设置不牢靠而出现鱼体“集体逃狱”现象，损失惨重。此外，网箱设置过密、养殖鱼类的生物量超过海区养殖容量、以及饵料的投喂，容易导致局部水域养殖自身污染，水体富营养化，浮游生物大量繁殖，甚至形成赤潮，严重影响这个海域渔业生产力。

（二）深水网箱

深水网箱是鱼类养殖的主要载体，产品质量达标与否，直接关系到网箱的安全，任何一个环节的纰漏都会造成网破鱼跑的重大损失。深水网箱开始从挪威引进并在海南临高试验养殖，随后在各地迅速发展。近年来，我国自行研制的网箱技术已日渐成熟，同时由于造价低、抗风浪能力强、可随意调整养殖容量和使用寿命长等优点，相关技术和设施已拓展至海外市场。

1. 深水网箱类型

随着网箱养殖业的发展，深水网箱的发展根据不同的海况条件，创立了多种形式的网箱类型，主要包括以下几种。

（1）HDPE 重力式全浮网箱 1998 年海南临高引进挪威全浮式重力网箱，大多数为圆形，框架结构以 HDPE 为材料。目前国产全浮式深海抗风浪网箱的性能要求为：抗风能力最大 10 级，抗浪能力 5 m，抗流能力最大 1.0 m/s，网衣防附着时间 6 个月。目前国内使用的为周长 50～60 m，国外已发展为 90～120 m 周长的规格。

整个网箱系统组成可分为框架系统、网衣系统以及锚泊系统 3 个部分。三个组成部分紧密相关、缺一不可，因此，各个系统的材料选择、结构设计、制作安装以及海上铺设等，直接影响着这个网箱系统的抗风浪、耐流性能及养殖生产的安全性。其基本结构包括高密度聚乙烯网箱框架系统、网衣、网底、网底圈以及沉子。

网箱框架系统：网箱的框架系统主要由内、外圈主浮管、护栏立柱管、护栏管、网衣挂钩以及过道组成。主浮管由 2～3 道、直径为 250 mm 的一次性发泡 HDPE 填充复合管组成，用于网箱的成型，同时可在主浮管一旦出现渗水时保证其提供足够的浮力，人可在其上面操作和行走。

目前的深水全浮网箱多以 2×2 组合型出现，因此，主浮管间需通过三通连接。主浮管连接三通采用高密度聚乙烯原料和抗老化剂，并采用中空结构以及一次性注塑成型工艺，可明显提高连接三通抗老化性能和使用寿命，同时由于中孔设计，可减少网箱框架的受流阻力（彩图 4）。

主浮管对接处采用无暴露焊缝热箍套的加固技术，提高焊缝强度。主浮管上设有护栏立柱管，高 80 cm，上设护栏立柱管，以保障操作安全。网衣可挂于护栏之上，可保障鱼难以跳出网衣，无需网盖。

网衣系统：目前网衣材料多采用高密度六边聚乙烯网衣，采用 PA 网片电热烫裁、特殊缘刚、网衣合缝、扎边、纲索扎结等国际上先进编织工艺，经抗紫外线工艺处理的无结网片缝制而成。网衣强度高，纵向强力>3 000N，横向强度>2 500N，安全性好，使用寿命长，大大提高了网箱网具整体抗风浪能力。此外，针对海区附着生物附着后难以清洗难题，可对网衣进行防附着处理，可保障网衣正常条件下有效防附着时间延长半年以上，减少人工换网的频率。

锚泊系统：网箱的类型多种多样，设置方法也各不同，应因地制宜。针对不同的海域地质，采用锚固，桩固，混凝土预制块等方式固定网箱，常见的锚泊系统多采用铁锚。采用先进的张力缓冲结构，利用主副缆绳把网箱受的力均匀分散到各点上。保障网箱在恶劣的环境下最大限度地减少风浪对网箱的冲击，为网箱的安全提供了充足的保障。主锚（150～250 kg）固定的位置为主缆绳端点投影处，锚绳用聚乙烯绳或钢索等绳缆均可，长度应超过水深的 4 倍；副锚（50～100 kg）位置在主锚本身的投影线上，长度为水深的 3 倍。网箱迎风浪一边安置 3 个主锚，背风浪处安置 2 个，利用主锚绳（直接 3～4 cm 聚乙烯绳）将主锚和网箱架的主缆绳固定；在网箱副缆绳两侧固定副锚，再用副锚绳将副锚和框架网箱四角处的主副缆绳连接在一起，最后将各缆绳拉紧。在不宜打桩或抛锚的海区，可以用混凝土块代替桩和锚。

（2）高密度聚乙烯圆形升降式网箱 这种网箱目的是采用网箱下底圈注水或充气来改变底圈的重量，使得网箱下沉或上浮，从而实现网箱沉降至安全水层避免强风大浪对网箱的破坏。其主要技术原理采用潜水艇工作原理，将网箱框架浮管的空腔按设计要求分隔为多个水舱，各个水舱均设有气孔及气孔阀门，其开启与关闭由手动或自动控制系统实现。

（3）浮绳式网箱 浮绳式网箱是浮动式网箱的改进，相比之下，具较强的抗风浪性能，最早为日本使用。网箱由绳索、箱体、浮力及铁锚等构成，是一个柔软性结构，可随风浪的波动而起伏，具有“以柔克刚”的作用。其次，网箱是一个六面封闭的箱体、不易被风浪淹没而使鱼逃逸。柔性框架由两根直径 2.5 cm 聚丙烯绳作为主缆绳，多根直径 1.7 cm 的尼龙绳或聚丙烯绳作副缆绳，连接成一组若干个网箱软框架。该类网箱的操作管理较为方便，在海流作用下，容积损失率也较高。最大的优点是制作容易，价格低廉。养殖渔民自己可以制作，且可根据当地海况调整结构。

（4）碟形网箱 美国的碟形网箱也叫中央圆柱网箱、海洋站半刚性网箱。它由浮杆及浮环组成。浮杆是一根直径 1 m、长 16 m 的镀锌钢管，作为中轴，既作为整个网箱的中间支撑，也是主要浮力变化的升降装置。6～30 min 可从海面沉到 30 m 水深。周边用 12 根镀锌管组成周长 80 m、直径 2.5 m 的十二边形圈，即浮环。用上下各 12 条超高分子量聚乙烯纤维编结的网衣，构成碟式形状，面积 600 m^2，容量 3 000 m^3。箱体在 2.25 节流速下不变形，抗浪能力 7 m。网箱上部有管子便于放鱼苗及投饵，中上部网衣上有一拉链入口，供潜水员出入，以便于高压水枪冲洗清洁网衣，收集死鱼、检查网衣破损。这类网箱抗风浪性能好，养殖容积损失少，比较适合较开放海域，但进口设备成本高，管理及投饵不便，常由潜水员操作。

（5）其他类型网箱 随着养殖品种的增大，针对不同养殖品种，开发了多种类型网箱，其中包括挪威制作的强力浮式网箱、张力腿网箱、美国制作的海洋圆柱网箱、加拿大

Futuru cua 技术公司制作的 SEA 系统网箱，这些网箱在不同海洋品种的养殖过程中占据了重要作用，同时推动了网箱制作业的发展，进一步促进了人类海产品养殖业的发展，为人类提供了优质的海洋蛋白质。

2. 深水网箱的优点

（1）经济效益高　网箱体积大（700 m^3），产量高（10 t），适合规模化生产、企业化运作，传统的浮筏式网箱养殖容量有限，产量低。按养殖容量及产量计，一组（4 口）深海网箱相当于 100 个传统网箱。

远离海湾、陆地，水质好，环境优，成活率高、生长速度快，养殖产品品质高。而传统浮筏式养殖环境差，发病率、死亡率高，品质差，因此深海网箱养殖产出高、鱼品价值高，经济效益良好。

（2）抗风浪、使用寿命长　抗风浪深海网箱材料为 HDPE，可抗 12 级台风，使用寿命 10 年以上，适宜深海养殖；传统浮筏式网箱由木板、螺丝及泡沫等组成，其结构决定其只能在内湾养殖，抗风浪能力差，使用寿命短（3～5 年）。

（3）拓展海洋空间　由于 HDPE 材料的深海网箱具有抗风浪、使用寿命长等特点，因此适合在远离陆源污染的深海养殖，能极大地转移近海海湾的养殖压力，保护环境、拓展养殖海域。

（4）质量安全、绿色健康　由于远离各种污染源、养殖水质优良，鱼类成活率高，而且养殖饲料为天然捕捞冰鲜鱼，养殖过程中不使用渔药、抗生素等，产品品质接近野生鱼类，绿色健康。

（5）环保、无污染　养殖区处于外海，养殖密度合理，养殖海域水质自净化能力强，整个养殖过程环保、无污染。

3. 网箱养殖配套设施

（1）分离栅框　鱼苗投放一段时间后，其规格差异很大，必须按大中小进行分级，否则会产生强弱混养、浪费饵料、管理困难的现象。福建省水产研究所与中国海洋大学共同研制的棱台形鱼规格分级装置，分级效果明显。该装置由分离栅、网衣、绳索和属具构成，分离栅为棱台形刚性结构，由四个正梯形（侧面）和一个正方形（底面）格栅平面构成，并在其上方连接由 PE 网片制成的导鱼网笼。采用 35 mm×25 mm×0.7 mm 的不锈钢方管，栅条采用 20 mm×2 mm 的浅灰色 PVC 管。栅间距按不同品种的鱼类进行生物学参数统计分析后确定（朱健康 等，2006）。

（2）换网设备　液压传动技术已日益普及且应用于渔船捕捞机械，能实现较大范围的无级变速，使整个传动简化，操作方便、安全可靠，结构紧凑，便于甲板布置，渔民乐于接受。只要在工作船上安装一套小型的设备（立式液压绞纲机和伸缩臂液压吊机），共用一个泵站，并且配套操作技术，换网的问题便可迎刃而解（朱健康 等，2006）。

（3）高压洗网机　网衣清理机是利用高压水射流清洗网衣上的附着物，也称高压洗网机。其主要包括一台独立驱动（通常采用汽油机或柴油机）的高压柱塞泵、一根高压连接软管和一个会旋转的清洗头。网衣清理机工作时，高压柱塞泵通常放在工作艇上，独立驱动的柴油机或汽油机动力能够四处移动。清洗人员手持连接清洗头的操作杆站在网箱边上进行清洗工作，高压柱塞泵产生的高压水经喷嘴喷射出很细的高压水射流，同时由于高压水射流在水里产生的反作用力，推动清洗盘转动，从而产生一个高压水射流圈，把网衣上的附着物清洗掉（朱健康 等，2006）。

（4）投饲装置 国内外使用的渔用投饵机一般都以硬（干）颗粒饲料为对象，其形式有离心抛散式、电磁振动式和气力输送式等，但无法对软颗粒饲料和冻鲜小杂鱼饲料实现投喂。福建省水产研究所研发的渔用多功能投饵机利用水力输送的原理，能把三种不同性状的饵料喷投到所需要的地方。该样机由柴油机、变速离合装置、料斗、软颗粒成型装置、低压水泵、混合腔、输送软管和喷头组成。工作时，低压水泵进水，软颗粒成型装置源源不断地把制好的颗粒饲料（湿颗粒配合饲料）送入混合腔，在水力的作用下，饵料和水瞬时混合经输送软管、喷头喷送至养殖网箱。对于硬颗粒饲料及冻鲜小杂鱼块则不必经成型装置加工，可直接投入混合腔，由喷头喷出（朱健康 等，2006）。

（5）起捕设备 网箱吸鱼泵要符合养殖工况条件，捕捞输送活鱼必须也无损伤。目前国内研究用于网箱起捕的吸鱼泵，是利用真空负压原理，将鱼水吸上来，鱼受的是负压作用，鱼体无损伤。水科院黄海水产研究所研发的网箱真空活鱼起捕机，其工作原理就是将吸鱼橡胶管放入达到一定鱼水比例的网箱中（鱼水比例 1∶1 以上），启动自动控制电路开关，真空泵开始工作。连接真空泵的真空集鱼罐内部抽气形成负压，当罐内的负压达到设定值时，吸鱼口电动球阀自动打开，鱼和水通过吸鱼胶管被吸入到集鱼罐内。当罐内的水位达到设定的水位时，高位浮球限位开关动作，进气电磁阀打开进气，罐内负压消除，出鱼水的密封门因内外气压差消除而打开，完成出鱼出水工作。当罐内水位降至排净时，低位浮球限位开关动作，自动控制系统重复以上的工作程序和步骤，从而实现间歇式真空起捕活鱼的目的（朱健康 等，2006）。

（6）安全监测装置 目前，水下安全监测装置依据原理来分主要有两种形式，即光波传输和声波传输。厦门大学研发的网箱鱼群安全状态声学监控仪，就是采用高性能声呐探测系统进行鱼群探测的，监测系统由水声换能器、发射机、接收机、数据显示屏和换能器转向驱动机构组成。该监控仪能对回波强度进行统计积分，并由此判断鱼群量的相对值，判断是否无鱼（或少鱼）并能及时发出报警信号（朱健康 等，2006）。

二、卵形鲳鲹网箱养殖技术

（一）养殖海区的选择

1. 海区选择

选择网箱养殖的海区，既要考虑其养殖条件，最大限度地满足养殖品种生存和生长需要，又要满足养殖方式的要求。因此，网箱养殖卵形鲳鲹的海区选择非常重要。卵形鲳鲹为暖水性鱼类，如越冬需考虑海区最低水温。卵形鲳鲹网箱养殖应选择在风浪较小的港湾，南方沿海地区可选抗台风、水流畅通、水体交换充分、不受港湾污染影响的海区。海水在大潮期的流速在 12～26 cm/s 时为适宜，如流速较小，网箱的水流交换不好，在短时间内容易被杂藻、杂贝、藤壶等附着堵塞；若流速过大，虽然水体交换较快，但在投喂饵料时容易造成饵料流失大，鱼体本身消耗能量大，影响鱼的生长速度（陈傅晓 等，2008）。网箱放置海区水深最佳在 10～15 m（落潮后），深水网箱可以设置在水深 20 m 以上的海区，在最低潮时，网箱底到海底的距离至少应在 2 m 以上（陈锋 等，2011）。传统网箱与深水抗风浪网箱养殖水域要求比较见表 5－30（黎文辉 等，2012）。

表 5－30　深水抗风浪网箱与传统网箱养殖水域要求比较

（黎文辉和黄旭君，2012）

项目	深水抗风浪网箱	传统网箱
水深	20 m 以上	10 m 以上
水质	符合《渔业水质标准》	符合《渔业水质标准》
风浪	可抵抗十二级以上台风	十级以上风速出现损坏情况
养殖面积	安装区域投影面积大于 40 000 m^2	安装区域投影面积大于 500 m^2
气温	因网箱可沉降可抵御 5 ℃以下气温	气温 8 ℃以下出现鱼类死亡

2. 海区条件要求

（1）盐度　盐度在 18～32 范围内均可适合其生长，23 左右为最佳，故在选择海区时可少考虑常年盐度较高的海区，更要考虑港湾在台风季节或雨季时淡水冲击的情况。

（2）水温　适宜的水温在 16～36 ℃，海南的气候为较为理想的生长环境，在其他地区需考虑越冬问题。

（3）水质条件　要求海区水质较好，符合国家渔业水质标准，pH 7.6～9.6，透明度 8～15 m，溶解氧>5 mg/L。

（二）苗种放养

1. 鱼苗选择

苗种筛选要求鱼苗健康活泼，无畸形鱼，鱼体、鳞片完整无损伤，体表与鱼鳃内部无任何病害和寄生虫感染，鱼种大小整齐。此外，卵形鲳鲹幼鱼中间培育也尤为关键，一般在育苗场内进行中间培育，也可以通过池塘、传统网箱进行培育，直至苗种达到适宜网箱养殖的最适大小规格。

2. 网箱准备

鱼苗放养前 1 d 将洗净后检查无破损的网衣系挂于网箱框架上，并潜水对网箱锚泊系统进行全面检查，网衣水面部分内侧加挂密围网，以防浮性饲料随潮流流失。

3. 放苗时间及养殖密度

放苗时间在每年的4—5月份，放养规格为2～3 cm，最好在中间培育过程中将苗种规格提高至6～10 cm，以提高鱼体的养殖成活率及生长速度。当水温回升并稳定在18 ℃以上时，即为鱼种的适宜投放时间。鱼苗放养前要进行消毒，杀灭病原菌及寄生虫，放养后要加强鱼苗早期的营养、壮苗、增强抗应激能力。

在网箱养殖卵形鲳鲹中，放养密度不但直接影响上市规格所需的时间，同时直接影响着养殖经济效益。因此，合理放养密度是养殖成败的关键因素之一。网箱养殖放养密度，需根据养殖鱼体的生长情况，及时分苗并调整养殖密度，同时需根据养殖海区水质条件、水流条件等决定，从而提高养殖成活率和鱼体生长速度，以保证养成效益最大化为宜。养殖密度过大，鱼类对饲料的消化率降低，从而导致鱼类的生长率减低，饲料系数增大（邓利 等，2000；石小涛 等，2006）。古恒光等（2009）对卵形鲳鲹养殖初期不同放养密度下养殖3个月鱼苗生长情况以及经济效益进行研究，结果见表5-31。由此可见，放养密度对于深水网箱养殖卵形鲳鲹的生长、成活率和饲料系数均有影响。放养密度太大卵形鲳鲹生长减慢，要达到上市规格势必延长养殖时间，相应地要投喂更多的饲料，并且密度越大成活率越低，放养密度为80尾/ m^3 鱼的成活率明显比其他密度低，因而从收获规格、饲料系数和成活率3个指标分析，深水网箱养殖卵形鲳鲹的放养密度以40～50尾/m^3较适宜。此外，随着放养密度增加和养殖时间的延长，虽然鱼的单位产量和产值也增加，但每千克商品鱼的养殖成本却也依次递增。因而养殖密度越大，最终的养殖利润越小，甚至亏损（表5-32）。陈傅晓等（2011）也开展了不同养殖密度对卵形鲳鲹生长、经济效益进行了研究。结果表明，放养规格13～14 g/尾的卵形鲳鲹、放养密度40～60尾/m^3的卵形鲳鲹最为适宜，经济效益也最好，这与古恒光（2009）结果相一致。

表5-31　不同放养密度下卵形鲳鲹放养和收获时的情况

（古恒光 等，2009）

放养密度（尾/ m^3）	放养（n=100）			收获（n=收获总数量）			投饵量（kg）	饲料系数	成活率（%）
	规格（g/尾）	数量（万尾）	总重（kg）	规格（g/尾）	数量（万尾）	总重（kg）			
40	14.5±0.6	2.0	286	446.10±16.76	1.834 0	8 181.5	13 817.1	1.75	91.7
50	14.5±0.6	2.5	357.5	436.10±10.81	2.257 5	9 845.0	17 077.4	1.80	90.3
60	14.5±0.6	3.0	429.0	416.20±11.99	2.688 0	11 187.5	20 656.2	1.92	89.6
80	12.5±0.4	4.0	500.0	387.10±13.26	3.456 0	13 378.2	27 044.2	2.10	86.4

一般而言，在卵形鲳鲹网箱养殖中，体长2～3 cm苗种可放200～300尾/m^3，

养成体长为 10 cm 左右的鱼苗后，则放养密度调整为 40～50 尾/m^3，若养殖水质条件以及管理到位的话，可适当加大养殖密度，养殖密度可调整至 60 尾/m^3，但生长周期会增大。同时，随着鱼体的增长，苗种的放养密度也随之改变，最终养殖密度为 18～20 尾/m^3。

表 5-32　不同密度养殖卵形鲳鲹的产量和经济效益情况

（古恒光 等，2009）

放养密度（尾/ m^3）	养殖时间（d）	产量（kg/m^3）	成本（元/kg）	产值（元/m^3）	利润（元/m^3）
40	102	16.36	16.68	316.0	43.0
50	102	19.68	16.93	378.0	44.6
60	107	22.37	17.81	422.0	23.4
80	122	27.37	18.60	492.0	−17.4

（三）日常管理及病害防治

1. 饲料投喂

饵料选择对卵形鲳鲹养殖存在一定的影响。卵形鲳鲹系杂食偏肉食性鱼类，可摄食小杂鱼、软体动物、浮游藻类等。目前大规模的养殖主要采用高档海水鱼膨化配合饲料，要求饲料蛋白质含量需达到 35%～40%，或采用粗蛋白含量 43%的金鲳鱼专用膨化饲料。养殖至一定大小后，可配合投喂鲜杂鱼，养殖效果更佳。

鱼种放养后到起网收捕期间的饲料投喂也是至关重要的，应该结合放养的数量、养殖饲料的品种以及养殖海区的环境条件来制定投喂规程。卵形鲳鲹食量大，消化非常快，不注意掌握投喂量容易造成撑死现象。在投喂时可遵循潮小多投，大潮少投；水透明度大时多投，水浑时少投；流水急时少投，平潮、缓流时多投；水温适宜时少投或不投，每年5—8月份多投，越冬时少投等原则。养殖过程中需根据鱼体不同生长阶段选用适口饲料，在养殖的不同阶段，根据鱼的大小投喂 2 号，3 号，4 号，5 号饲料（颗粒直径依次为 3.0～3.8 mm，4.0～4.8 mm，5.0～5.8 mm，6.1～7.0 mm）（古恒光 等，2009）。各阶段日投喂量及投喂次数见表 5-33（陈傅晓 等，2011）。

表 5-33　日投喂量、投喂次数

（陈傅晓 等，2011）

鱼体重（g）	投喂量（占鱼体重）	投喂次数	投饲时间
18～100	5%～6%	4	07:00—07:30、12:00—12:30、17:00—17:30、20:30—21:00
100～300	3%～4%	3	07:00—07:30、12:00—12:30、17:00—17:30
>300	2%～3%	3	07:00—07:30、12:00—12:30、17:00—17:30

特别注意，在卵形鲳鲹鱼体在 15 cm 以内不能投喂杂鱼杂虾，因卵形鲳鲹嘴巴较小，杂鱼杂虾的骨头容易卡住喉咙或造成在鱼肠胃内积食现象。投喂鲜杂鱼时，需根据鱼体大小，对鲜杂鱼进行搅碎或剁切至适宜大小方可投喂。必要时，可定时在饲料中添加维生素 C 和维生素 E，提高鱼体饲料转化效率和抗应激能力。

卵形鲳鲹的投喂方法为，开始应少投、慢投，诱集鱼类上游摄食；等鱼纷纷游向上层争食时，则多投快投；当部分鱼开始吃饱散开时，则减慢投喂速度，以照顾弱者。一般每次投喂时间保持 1 h 以上（黎文辉 等，2012）。

2. 养殖管理

网箱养殖的日常管理要做好“五勤一细”，即勤观察、勤检查、勤检测、勤洗网和勤防病。每天早、晚对网箱进行巡查，检查网箱是否存在破损，重点检测饲料台网有无破损，特别是台风过后；观察鱼体摄食及活动情况是否正常，有无游泳较弱的鱼；有无残饵，做好相关养殖记录。

网衣清洗和更换是非常重要的工作。养殖海域海水里的浮游生物较多，特别是夏季（6～9 月份），网箱的网衣更容易生长附着物如藤壶、牡蛎、石灰虫等，且生长繁殖的速度极快，影响了网箱内外水体的交换，导致了网箱内水体溶氧量和水质下降，影响养殖鱼体的生长率和成活率。因此，需根据网衣附着生物量确定换网次数，深水网箱一般 3～6 个月换一次网，而内湾中则 1 个月换一次网较佳。换网时需防止养殖鱼卷入网角内造成擦伤，操作需细致。网衣清洗可使用高压水枪喷洗、淡水浸泡、暴晒等方法进行。

每天做好日常记录，记录水温、pH、盐度、饲料投喂、药物使用、天气变化以及鱼病防治等情况，每隔半个月或 1 个月测定鱼体的体长、体重，以掌握其生长速度及规律等情况，以便合理确定饲料的投喂量；同时检测鱼体是否有病害发生。特别注意，在天气闷热、阴雨天气，需及时开启增氧机或鼓风机，防止卵形鲳鲹因缺氧造成的浮头和泛箱现象。

3. 疾病防治

鱼病是影响卵形鲳鲹成活率的主要因素，由于深水网箱养殖放养密度大，一旦鱼发病，交叉感染速度快，病情难以控制，易造成批量死亡。因此，卵形鲳鲹病害防治要像其他品种一样，坚持“以防为主、防治结合”原则，主要是从维护良好的水质、提供充足的营养和控制病原传播等三方面入手。日常工作坚持巡视，留意观察鱼群流动、摄食情况，在病害流行季节加强疾病预防工作，在预混合配合饲料粉料中添加大蒜素、免疫多糖或中草药制剂，加工制成软颗粒饲料投喂，网箱内挂消毒剂袋，一旦发现病、死鱼应及时隔离治疗，或进行无害化处理，切勿随意将其扔出网箱外，使病毒传播蔓延。卵形鲳鲹常见疾病及治疗方法见表 5 - 34 。

表 5-34　常见卵形鲳鲹疾病及治疗方法

鱼病名称		症状	治疗方法
寄生虫疾病	小瓜虫病	病鱼体表会出现直径 0.5～1.0 mm 的白色斑点，黏液增多，鳞片脱落，厌食，小瓜虫在鳃部寄生会破坏鳃小片，致使鱼呼吸困难，直至死亡	淡水浸泡 8～10 min 后，再用 20 mg/L 福尔马林淡水溶液或 20 mg/L 高锰酸钾淡水溶液浸泡 10 min，每天 1 次，反复多次后可将虫体杀死；20 mg/L 的硫酸铜和硫酸镁加 1% 食盐混合浸泡 20～30 min，可全部杀死
	指环虫病	病鱼体表失去光泽，食欲不振，游泳迟缓；有的鳍条溃烂，体表和鳃部黏液增多，局部鳞片脱落，一侧或两侧眼球凸出、发炎、坏死或脱落，游泳失去平衡，打转	淡水浸浴 5～10 min，每天 1 次，连续 2～3 d
	瓣体虫病	鱼常浮于水面，游泳迟钝，呼吸困难，头部皮肤、鳍及鳃上黏液分泌增多，表皮出现不规则的白斑点，严重时白斑点会连成一大片，病鱼食欲不强，有时会狂游几下向网衣上擦身，死亡时胸鳍向前僵直，几乎贴于鳃盖上	用 2 mg/L 硫酸铜海水溶液浸洗，翌日重复 1 次，病重时可连续几天治疗
	车轮虫病	鱼体变黑，不摄食，游动无力，浮于水表面，体表面黏液分泌过多，白浊，鳃上寄生虫数量多时，鳃组织坏死，病鱼呼吸困难	用 100～150 mg/L 福尔马林淡水溶液药浴 15～25 min
细菌、真菌疾病	皮肤溃烂病	体表皮肤溃烂。感染初期，体表呈斑块状褪色，食欲不振，缓慢地浮游于水面；中度感染时，侧鳍基部、躯干部等发红或出现斑点状出血；随着病情的发展，患部呈出血性溃疡。有的吻端或鳍膜烂掉，有的眼球凸出；眼内有出血点，肛门发红扩张，有黄色黏液流出；解剖观察，胃内无食物，空肠并带有黄色黏液，肝、肾等明显充血、肿大	投喂鱼血康（苯扎溴溶液，水产用，生产厂家：山西康洁药业有限公司）5 g 或鱼虾乐（主要成分：二氯异氰脲酸钠粉，生产厂家：成都三友药业公司）8 g，按每千克饲料来配制药饵，连喂 5～7 d
	肠胃病	病鱼的胃或肠道呈现异常的颜色，多数是暗红色，严重时可见出血现象	发病时可停喂饲料 1～2 次，然后按每千克饲料加入 2.5 g 肠鳃灵［通用名：乙酰甲喹预混剂，是痢特灵（呋喃唑酮）的最佳替代产品，安全性较高］制成药饵投喂，每天 1 次，连喂 1 周左右

三、网箱养殖案例

卵形鲳鲹作为我国南方网箱养殖的主要品种之一，其养殖主要集中于福建、广东、广西、海南 4 个省份，其中以广东养殖面积最大，依次为海南、福建、广西。目前，卵形鲳鲹的网箱养殖主要包括传统网箱养殖和深水网箱养殖。然而，传统网箱养鱼模式易受到水质、养殖密度等条件的限制，只能在浅水港湾和沿海区域开展，受到自然条件的限制较大，在经过几十年的发展之后，各地传统网箱布局不合理，养殖密度过高，已经造成了港湾内水质和生态环境的恶化，导致卵病害日渐严重，产品质量下降，养殖效益不佳。深水网箱产业是近年来发展起来的全新养殖产业，它开发运用了新材料技术、防海水腐蚀技术、抗紫外线技术、鱼类育种技术、水产养殖管理技术等多门类综合技术，是一种高新技术产业。深水网箱可以在离岸的深水区域开展养殖，其养殖环境接近天然水域，操作方便，便于使用自动化技术进行集约化管理，养殖水域的污染较少，产品质量高，经济效益良好，已成为卵形鲳鲹养殖的主要发展方向。下面将对卵形鲳鲹网箱养殖个别案例进行介绍。

（一）传统网箱与深水网箱养殖卵形鲳鲹效果比较

古恒光等（2009）报道了在广东湛江采用传统渔排网箱和深水网箱养殖卵形鲳鲹比较试验研究。深水网箱位于广东省湛江市特呈岛东面海域，养殖海域水深 10～20 m，底质为泥沙，在最低潮时，保证网箱底部离海底的距离不少于 5 m，潮汐属于不正规半日混合潮。养殖期间水温 26～32 ℃，盐度在 25～32，pH 8.3～8.5，海水流速小于 1 m/s，透明度 1.2～1.5 m，溶解氧大于 5.0 mg/L。传统网箱位于湛江港湾特呈岛海水网箱养殖海区，共 9 000 多个网箱，水深 5～10 m，水质较好，透明度在 0.8～1.2 m，养殖期间海水盐度、温度以及溶解氧与深水网箱相近。深水网箱直径 13.0 m，网深 5.8 m，单只网箱养殖水体约为 500 m^3；传统网箱用柚木做成浮动式方形网箱，网箱的规格为 6.0 m×6.0 m×3.6 m，单只网箱养殖水体约为 130 m^3。养殖网衣网目大小均为 3.0 cm。两种网箱的放养密度都为 45 尾/m^3，深水网箱放养数量为 22 500 尾，传统网箱为 6 000 尾。

经过 124 d 养殖后，两种网箱养殖卵形鲳鲹生长、存活率以及养殖经济效益均存在差异（表 5-35，表 5-36）。试验结果表明，深水网箱养殖卵形鲳鲹比传统网箱的体重增长都快，到养殖结束时深水网箱鱼的平均体重比传统网箱高 20.3%，单位产量高 36.2%，饵料系数降低了 9.3%，成活率提高了 10.9%。由此可见，深水网箱养殖比传统网箱具有多方面的优势。从养殖效益方面分析，两种方式养殖卵形鲳鲹养殖成本差异并不大，深水网箱每千克商品鱼养殖成本比传统网箱低 4.6%，单位水体的产值高 30.8%，单位水体的利润高达 58.0%，总养殖利润远远高于传统网箱（表 5-37）。

表 5-35 两种方式养殖卵形鲳鲹的生长情况

（古恒光和周银环，2009）

时间（年-月-日）	平均体重（g）		半个月的增长率（%）	
	传统网箱	深水网箱	传统网箱	深水网箱
2007-07-10	12	12		
2007-07-25	39.5	42.5	229.2	254.2
2007-08-10	68.3	78.2	72.9	84.0

（续）

时间（年-月-日）	平均体重（g）		半个月的增长率（%）	
	传统网箱	深水网箱	传统网箱	深水网箱
2007-08-15	108.4	125.1	58.7	60
2007-09-10	161.1	173.0	48.6	38.3
2007-09-25	212.2	235.1	31.7	35.9
2007-10-10	274.6	326.4	29.4	38.8
2007-10-25	321.1	382.3	16.9	17.1
2007-11-10	350.2	421.1	9.0	10.2

表 5-36　两种方式养殖卵形鲳鲹的收获情况

（古恒光 等，2009）

养殖方式	商品鱼规格（g/尾）	总产量（kg）	单位产量（kg/m³）	饵料系数	收获数量（尾）	成活率（%）
传统网箱	350.2	1 687.4	12.98	2.26	4 819	80.3
深水网箱	421.1	8 640.9	17.28	2.05	20 520	91.2

表 5-37　两种方式养殖卵形鲳鲹经济效益情况

（古恒光 等，2009）

养殖方式	养殖成本（元/kg）	产值（元/m³）	总产值（元）	总成本（元）	利润（元/m³）	总利润（元）
传统网箱	17.93	264.6	34 398	30 255.1	31.9	4 147
深水网箱	17.10	346.0	17 3000	147 759.4	50.4	25 200

黎文辉等（2012）在广东惠州对传统网箱以及深水网箱养殖卵形鲳鲹效益进行了比较分析。结果表明，卵形鲳鲹深水抗风浪网箱放养密度远比传统网箱高，苗种存活率也更高。此外，因深水抗风浪网箱养殖生长速度快，单个养殖周期短，其年产量和年产值都远超过传统网箱养殖（表 5-38）。

表 5-38　深水抗风浪网箱与传统网箱养殖过程数据对比

（黎文辉 等，2012）

项目	深水抗风浪网箱	传统网箱
放养密度	25～30 尾/m³	20～25 尾/m³
苗种存活率	92%	85%
养殖周期	5～8 个月	10～12 个月
年投资成本	280 万元/ hm²	220 万元/ hm²
年产值	500 万元/ hm²	335 万元/ hm²

（二）卵形鲳鲹近海网箱养殖

柯里默等（2005，2006）分别在海南陵水县新村港和广东省珠海市桂山岛开展了小体积高密度网箱养殖模式和海水鱼膨化饲料对卵形鲳鲹在近海网箱养殖试验，并对其生长性能进行评估。

1. 海南省陵水县卵形鲳鲹养殖试验

2003 年试验在海南省陵水县新村港 6 个 8.0 m^3 网箱中进行，放养密度分别为 250 尾（2 000 尾/箱）和 375 尾（3000 尾/箱），每个放养密度均设 3 个重复。放养的卵形鲳鲹规格为 5.0 g/尾。养殖饲料采用美国大豆协会的 47/15（47％粗蛋白和 15％粗脂肪）海水鱼种膨化浮性颗粒饲料和 43/12（43％粗蛋白和 12％粗脂肪）海水成鱼饲料。在网箱养殖的卵形鲳鲹鱼种从 5 g 长至 25 g 时投喂美国大豆协会的 47/15 海水鱼种膨化浮性颗粒饲料，当试验鱼长至 25 g 以后，改投美国大豆协会 43/12 海水成鱼饲料。网箱养殖的第 1 个月，卵形鲳鲹苗种每日投饲 3 次，以后则每日投饲 2 次，每次均投饲至饱食。饲养管理按照美国大豆协会小体积高密度网箱养殖模式进行。

经过养殖 158 d，其养殖成活率、饲料系数以及养殖效益见表 5－39。放养密度为 250 尾/m^3的卵形鲳鲹在 157 d 内从 5 g 长至 589 g，而放养密度 375 尾/m^3的卵形鲳鲹在相同时间内从 5 g 长至 385 g。两种放养密度的鱼生长速度没有显著差异（$P>0.05$）。其生长情况见图 5－27。250 尾/m^3密度组在收获时每立方米的毛产量为 88.3 kg，而 375 尾/m^3密度组的毛产量为 117.3 kg。2 个密度组在收获时的毛产量之间差异显著（$P<0.05$）。

表 5－39　2003 年在海南省陵水县利用美国大豆协会 47/15 和 43/12 膨化饲料在 8.0 m^3 网箱和 2 种放养密度条件下养殖卵形鲳鲹的生长性能

（柯里默 等，2005）

网箱号	饲料①	放养密度（尾/m^3）	初始体重	饲养天数	收获时鱼体重（g）	成活率（%）	毛产量②（kg/m^3）	饲料转换率	净收入（元/m^3）	投资回报率（%）
1	ASA	250	5.0	157	391.4	89.0	87.0	2.14∶1	324.9	22.9
2	ASA	250	5.0	157	382.6	89.88	85.9	2.17∶1	301.9	21.3
3	ASA	250	5.0	157	393.9	93.5	92.1	2.02∶1	425.7	30.0
平均值		250	5.0	157	389.3**	90.8*	88.3*	2.11∶1*	350.8**	24.8**
4	ASA	375	5.0	158	390.9	78.6	115.2	2.30∶1	352.5	18.1
5	ASA	375	5.0	158	385.5	83.1	120.1	2.21∶1	450.5	23.1
6	ASA	375	5.0	158	380.1	81.8	116.7	2.28∶1	382.5	19.6
平均值		375	5.0	158	385.5**	81.2*	117.3*	2.26∶1*	395.2**	20.3**

注：①卵形鲳鲹投喂饲料是美国大豆协会 47/15 海水鱼种膨化浮性颗粒饲料和 43/12 海水成鱼饲料。②毛产量：用每立方米网箱体积中鱼的体重来表示。* 表示显著差异（$P<0.05$）；** 表示没有显著差异（$P>0.05$）。

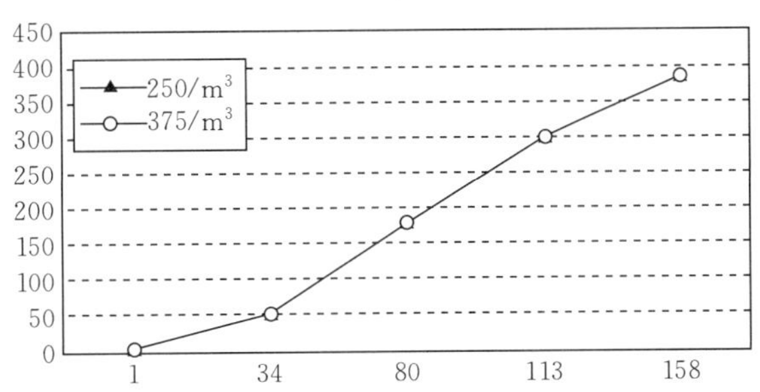

图 5－27　两个养殖密度养殖卵形鲳鲹生长情况

（柯里默 等，2005）

250 尾/m^3密度组的卵形鲳鲹对 47/15 和 43/12 两种饲料的平均饲料转换系数为 2.11∶l，而 375 尾/m^3密度组鱼类对 47/15 和 43/12 两种饲料的平均饲料转化系数则为 2.26∶l。250 尾/m^3密度组鱼类的平均成活率为 90.8%，而 375 尾/m^3密度组为 81.2%。两个密度组鱼类的成活率和饲料转化系数均差异显著（$P<0.05$）。

在养殖效益方面，250 尾/m^3密度组养殖的净利润和投资回报率分别为人民币 2 806 元/箱（或 551 元/ m^3）和 24.8%，而 375 尾/m^3密度组养殖的净利润和投资回报率为 5 161元/箱（或 395 元/m^3）和 20.5%。当卵形鲳鲹在当地的市场价为 20 元/kg 时，两个密度组之间的净利润和投资回报率差异均不显著（$P>0.05$）。

结论：卵形鲳鲹可以在小体积海水网箱中进行高密度养殖，但随着放养密度的提高，饲料转换率和鱼的成活率均受到一定的负面影响。在两个放养密度养殖时鱼类的生长表现良好，甚至当网箱养殖载鱼量达到 117 kg/m^3时，鱼类的生长速度也没有下降。

2. 广东省珠海市卵形鲳鲹养殖试验

2004 年美国大豆协会（ASA）与广东省水产技术推广站和全国水产技术推广总站合作，在广东省珠海市桂山岛开展了小体积高密度近海网箱中采用豆粕型饲料养殖卵形鲳鲹的生长和经济性能评价试验。

试验位于广东省珠海市桂山岛的 3 个平均 6.4 m^3（有效水体）的网箱内进行。养殖采用了两种网箱结构。当卵形鲳鲹在 5～50 g 时，养殖所用网箱为悬挂起的尼龙网衣及在其下端加重使其张开而成的网箱。长至 50 g 后，转移入有固定框架的网箱，该网箱由尼龙网衣覆盖到钢制网箱框架外部而制成。所有网箱均有网箱盖和膨化浮性颗粒饲料的摄食框。网箱布置在网箱养殖场的外围，并使前后左右相邻网箱之间至少保留 2 m 的间距。

放养的卵形鲳鲹规格为 5.5 g/尾，放养密度为 1 600 尾/箱。投喂的饲料为美国大豆协会的 43/12 膨化浮性海水成鱼颗粒饲料。其中含粗蛋白 43%和粗脂肪 1 2%，该饲料的配方中含有 32%的大豆粕，以部分替代鱼粉。网箱中的鱼类每日投喂 2 次，每次均投喂至饱食，且 3 个网箱每次的投饲量相等。养殖过程中投喂的饲料颗粒大小随鱼体的生长而增加，以便确保使投喂的最大饲料颗粒也能为鱼类摄食。

经 137 d 的饲养，卵形鲳鲹从 5 g 长至平均 346 g。3 个试验网箱中养殖的平均毛产量为 56.9 kg/m³（364 kg/箱）。平均成活率为 65.6%。平均饲料转换系数为 2.3。平均净收入为人民币 2 501 元/箱（303 美元/箱），并取得 34.2%的投资回报率（表 5－40）。

表 5－40　2004 年美国大豆协会在珠海市桂山岛养殖试验结果

（柯里默 等，2006）

网箱号	放养规格（g）	鱼类收获时体重（g）	鱼产量		成活率（%）	饲料系数	净收入（元/箱）	投资回报率（%）
			kg/箱	kg/m³				
1	6.5	352.5	399	62.3	70.7	2.09	3 440	47.0
2	5.1	348.9	351	54.8	62.8	2.37	2 144	29.3
3	4.9	337.4	342	53.5	63.4	2.42	1 919	26.2
平均值	5.5	346.3	364	56.9	65.6	2.30	2 501	34.2

结论及讨论：在该网箱试验中，卵形鲳鲹展现了合理的生长和饲料转化效率。但养殖成活率相对而言较低，主要是由于试验场所位于珠江的入海口，降雨期陆上的淡水大量涌入海区，使得养殖区盐度出现显著下降，特别是在养殖试验的后期，即 8—10 月份特别不利。据估计，不良水质使饲料转化系数提高了约 15%，而成活率降低了约 25%。由此可见，水质的剧烈变化容易影响海区养殖鱼类的生长。

（三）卵形鲳鲹深水网箱养殖

1. 广东省湛江市卵形鲳鲹养殖试验

陶启友等（2005）在广东省湛江市开展了卵形鲳鲹深水网箱养殖试验，取得了较好的养殖效果。

养殖海区：本试验在广东湛江特呈岛东南海域，该海域水深 8～12 m，盐度为 20～28，潮流性质为不正规半日潮，流速在 0.85 m/s 以内。

养殖网箱：深水网箱为圆形，网箱直径 13 m，网深 6 m，深水网箱 4 个为一组，网箱间距 10 m，网衣圆台形，网箱底部用水泥块作为沉子。选择一网箱为试验网箱，网箱养殖水体约 500 m³。

苗种放养：苗种购于海南陵水新村港，规格为 7～9 cm，平均体重为 16.8 g，苗种下箱前用淡水浸泡消毒。2005 年 7 月 17 日共投放苗种 30 000 尾，放养密度为 60 尾/m³。

饲料投喂：采用卵形鲳鲹专用饲料投喂。放苗 2 h 后即可投喂。日投喂 3 次，具体时间为 05:30—06:30、11:30—12:30、17:30—18:30。投喂量按鱼体规格而定：100 g以下为鱼体重的 4%～6%；100～300 g 为鱼体重的 3%～4%；300 g 以上为鱼体重的 2%～3%。根据气候、水质、潮流等实际情况适当调整投饵时间和投饵量。

日常管理：经常对网箱进行检查，及时换网洗网，每天对水温、盐度，鱼摄食情况，死鱼情况，天气、潮流变化情况，鱼病情况进行详细记录。

试验结果：养殖至 2005 年 11 月 14 日收网起鱼。经过 118 d 养殖，共收获鲜鱼 29 020

尾，平均规格为 430 g/尾，总重为 12 479 kg，每立方米产鱼 24.9 kg。养殖饵料系数为 1.95，养殖平均成活率为 96.7%。

结论及讨论：该试验获得成功的其中一个因素为养殖水温。在整个养殖过程中，养殖水温在 24～32 ℃，只有 10 月下旬以后水温才降至 30 ℃以下。这与卵形鲳鲹的生长适温为 22～33 ℃相吻合。由此可见，选择合适时间和季节下苗对卵形鲳鲹养殖尤为重要。根据湛江海区养殖条件，如在 3 月底或 4 月初投放越冬苗，可以一年养殖两季，养殖效益更佳。

此外，广东海区－10 m 等深线以内的养殖水域已处于饱和状态，随着陆源污染和养殖自身污染，养殖环境日益恶化；而 10～20 m 深的浅海面积大，且开发相对较少，可为卵形鲳鲹养殖提供较好的养殖水质条件，减少了病害发生。因此，发展深水网箱养殖卵形鲳鲹具有广阔的发展前景。

2. 湛江国联水产开发股份有限公司养殖试验

李样红等（2013）报道了广东省海洋渔业局与湛江国联水产开发股份有限公司在湛江南三岛西南面海域组织实施广东省深水网箱项目，并进行卵形鲳鲹养殖试验，取得了良好的经济效益和社会效益。

（1）养殖海区　养殖海域位于湛江市南三岛西南面，该水域沙质底，水深 12～15 m，海域终年水温为 14～33 ℃，盐度 21～32，pH 7.8～8.2，透明度 0.8～1.2 m，水质条件常年较为稳定，符合国家渔业水质标准。

养殖网箱：深水网箱框架的材质为 HDPE，架构为圆形双浮管式，浮管直径 280 mm，箱体直径 12.7 m，周长 40 m。绞捻无结网衣，网深 5.5 m，网箱内的养殖水体约为 600 m。固定系统由双钩铁锚、PP 绳、锚链、角环和卸扣构成。网箱设计抗风能力为 12 级。网箱设置为 4 个网箱一组，网箱间距为 15 m，以利于水体交换。

（2）苗种培育　2012 年 7 月份从广东惠州购进卵形鲳鲹苗种 30 万尾，规格为 6～8 cm。为提高养殖成活率和网箱的利用率，鱼苗进入养殖前进行 15 d 左右的苗种前期强化培育。鱼苗培育阶段的饲料选用卵形鲳鲹专用鱼苗料，1 d 投喂 2～3 次，投喂时间依据当天潮水平流时间而定，日投饵率为鱼体重的 6%～8%，鱼种培育过程中坚持定期在饲料中添加水产专用多维来提高鱼种的免疫力。定时根据苗种大小进行过筛分级，分开放养。

（3）成鱼养殖　①经过 15 d 标粗养殖，鱼苗的规格达 8～10 cm，标粗成活率 80%。将鱼苗转移到深水网箱中进行成鱼养殖，共计投苗 16 只网箱，每只网箱投苗约 1.5 万尾。②养成期每天投料 2～3 次，饲料选用卵形鲳鲹专用膨化料，投料具体时间依据当天潮水平流时间而定，日投饵率为鱼体重的 2%～5%，每 2 周对鱼进行抛网取样称重，根据鱼的生长情况及时调整投饵率。养殖过程中密切注意观察鱼的摄食情况及天气变化，根据天气及鱼的吃食情况适当调整，天气情况不佳时适当减料，极端气候条件下（如台风）暂时停止投喂，天气好转后再恢复投喂。

(4) 日常管理 在养殖的过程中，养殖人员每天投喂前后坚持对网箱巡查，观察鱼类的活动情况，定期安排潜水员到水下检查网箱是否有破损，缆绳、锚等固定设施是否牢固，以便及时采取补救措施。特别是在台风多发季节，及时关注天气状况，以便在台风来临之前做好网箱的加固工作。定期安排专人负责检测水温、pH、盐度等水质因子，与摄食量、天气情况、投放苗情况、取样情况等一起整理形成完整的生产记录。

(5) 及时换洗网衣 夏季网衣每 20～30 d 更换一次。培养苗种期间，由于网衣网目小更易被脏东西及附着生物堵塞，造成水流不畅，每 15～20 d 更换一次网衣。冬季水温低，海水附着生物繁殖较慢，可适当降低网衣更换频率，换网的时候根据鱼体的大小适当更换网目大的网衣，以利于水体交换，降低生物的附着。更换的网衣，用高压水泵清洗干净后，经日晒、拍打后叠放整齐备用。

(6) 结果与养殖效益 2013 年 4 月份进行分批收获。经过 8 个月的养殖，共收获卵形鲳鲹 96 000 kg，平均收获规格达 580 g/尾，养殖成活率为 55%。养殖过程中全程投喂卵形鲳鲹颗粒饲料，共消耗饲料 240 000 kg，饲料系数为 2.5。按当时 30 元/kg 计算，养殖总产值为 288 万元，总成本为 252 万元，总利润为 36 万元。具体养殖效益分析见表 5-41。

表 5-41 养殖成本及经济效益

（李样红 等，2013）

产量 (kg)	单价 (元/kg)	产值 (万元)	成本				利润 (万元)
			人工 (万元)	饲料 (万元)	鱼苗 (万元)	油料及其他 (万元)	
96 000	30	288	24	197	21	10	36

(7) 分析与讨论 依照试养殖试验结果而言，湛江南三岛及其附近海域的水质、水文条件适合卵形鲳鲹深水网箱规模化养殖。

在卵形鲳鲹的养殖过程中，饲料成本占总成本的比例最高，该实例中卵形鲳鲹饲料成本高达总成本的 78%。因此，在养殖过程中如何提高饲料利用率，节约饲料成本，成为提高养殖效益的关键。此外，从鱼苗到上市规格，使用卵形鲳鲹专用饲料，一般的饵料系数为 2.0～2.5。该实例中，由于投放越冬苗，水温低时所摄食的饵料大部分用于维持体重，生长速度较慢，待翌年开春后才恢复生长。导致卵形鲳鲹达到上市规格时间较长，造成了整个养殖周期饵料系数偏高。因此，合理安排苗种放养时间，有助于提高卵形鲳鲹生长速度，缩短养殖周期，从而降低养殖成本。

四、网箱养殖与池塘养殖卵形鲳鲹比较

网箱养殖和池塘养殖作为卵形鲳鲹两种主要养殖方式，其各具有优缺点。不同养殖模式下放养密度、养殖水质条件以及养殖管理均对卵形鲳鲹生长存在影响。罗杰等（2008）对网箱养殖以及高位池养殖两种养殖模式养殖卵形鲳鲹生长进行比较。

（一）试验时间、地点以及养殖条件

2004 年 4 月 29 日至 12 月 29 日，试验分为对虾高位池池塘养殖和海上鱼排网箱养殖。养殖高位池面积 0.347 hm^2，塘深 1.5～2.0 m，池底铺有专用养殖薄膜，东、西面各有进、排水闸口 1 个，海水 pH 7.4～8.3，盐度 22～28；虾塘配套有 3 台增氧机，放养前彻底清塘，用漂白粉消毒。

养殖鱼排网箱位于南三岛海区，水深 11～13 m，海水流速不大，水质较好，透明度在 1.0～1.5 m，盐度 26～29，溶氧量大于 5.0 mg/L。网箱用无结节聚乙烯网片加工而成，规格为 4 m×4 m×4 m，网目大小为 0.8～3.0 cm，随鱼的大小而更换改变。

（二）放养苗种

2004 年 4 月 29 日，放养人工培育平均体长 9.5 cm、平均体重 52.0 g 的鱼苗。放苗前用聚维酮碘 10 g 加海水 50 kg 制成药液，将鱼苗放入药液浸泡 3～5 s 进行消毒。高位虾塘放养密度为 15 000 尾/hm^2。鱼排网箱为 25 尾/m^3。

（三）饵料投喂

网箱养殖和高位塘养殖投喂均采用海产冰鲜小杂鱼为饵料。冰鲜小杂鱼先用水冲洗并解冻后再投喂。养殖前期因为鱼苗较小，把小杂鱼搅拌成鱼糜或切成鱼苗能摄食的小块后投喂，后期（体重达 200 g 以上）将小杂鱼直接投喂。每天投喂 2 次（09：00、18：00），高位塘采用定点、定时、定量投喂，投饵量以鱼吃饱不再起水抢饵为宜；同时，在天气恶劣、水质状况不好时要及时调节投饵量。在高温季节（6—8 月份）用药拌饵投喂，以预防鱼病的发生。

（四）日常管理

不同养殖模式下日常管理也存在差异。在高位池养殖中，养殖后期需经常换水，保持水质新鲜和一定的透明度，换水量视水质状况而定，一般为塘水的 30%～50%。养殖期间加入一定量的淡水以调节盐度，可促进浮游生物的繁殖，有利于鱼的生长。定期测量水温、盐度和 pH、溶氧量则不定期测量。在养殖后期，天气炎热时高位塘要开动增氧机，以防止鱼缺氧死亡。早晚加强巡塘，观察鱼的活动和摄食情况。

在网箱养殖过程中，为保持海水的畅通，视网目的堵塞程度更换网笼，同时要经常检查网笼有没有破损，及时更换破损的网笼，防止鱼逃出。

（五）卵形鲳鲹两种养殖模式的生长速度观察

在 9 个月的饲养过程中，无论是在池塘或是海区养殖，卵形鲳鲹在前 2 个月的生长速度较快，其生长率在 40%以上。随着养殖时间的增长，两种养殖模式下卵形鲳鲹体重差异逐渐增大。收获时卵形鲳鲹在高位虾塘饲养的平均体重为 514.9 g，而自然海区鱼排网

箱养殖的只有 442.7 g。高位虾塘养殖卵形鲳鲹平均月增重量为 51.4 g，网箱养殖卵形鲳鲹平均月增重量 43.4 g。由此可见，高位虾塘养殖卵形鲳鲹生长速度较鱼排网箱养殖快（表 5－42）。

表 5－42　两种养殖模式下卵形鲳鲹生长情况比较

（罗杰 等，2008）

日期（月-日）	养殖模式	水温（℃）	pH	盐度（%）	平均体长（cm）	平均体重（g）	月增长率（%）	月增重率（%）
04－29	高位池	24	8.3	2.8	9.5	52.0	—	—
	网箱	24	8.1	—	9.5	52.0	—	—
05－29	高位池	29	8.0	2.6	12.8	82.3	29.8	45.8
	网箱	28	8.2	—	11.7	78.0	20.8	40.5
06－29	高位池	31	8.0	2.5	16.1	134.3	22.9	49.0
	网箱	30	8.1	—	15.3	120.5	11.7	43.5
07－29	高位池	31	7.7	2.3	18.2	195.4	12.2	37.5
	网箱	30	8.2	—	17.0	162.8	10.5	30.2
08－29	高位池	31	7.6	2.3	20.3	270.4	9.5	32.5
	网箱	30	8.2	—	19.2	220.5	12.2	30.2
09－29	高位池	30	7.4	2.2	21.6	345.1	6.2	24.4
	网箱	29	8.3	—	20.5	302.6	6.6	31.8
10－29	高位池	25	7.8	2.2	23.5	408.6	8.4	16.9
	网箱	26	8.2	—	22.5	365.3	9.3	18.9
11－29	高位池	19	8.0	2.2	25.5	466.3	8.2	13.2
	网箱	22	8.2	—	24.3	403.0	7.7	9.7
12－29	高位池	18	7.9	2.3	27.4	514.9	7.2	9.9
	网箱	21	8.2	—	25.8	442.7	6.0	9.4

（六）两种养殖方式的成活率和产量

高位池养殖和网箱养殖的成活率分别为 88.6% 和 90.3%，两者相差不大；高位池养殖单产达到 6 841.5 kg/hm^2，网箱养殖的单产为 10.3 kg/m^3（表 5－43）。

表 5－43　高位虾池、网箱养殖卵形鲳鲹成活率及产量

（罗杰 等，2008）

试验组	放养密度	成活率（%）	收获规格		总产量（kg）	单产
			平均体长（cm）	平均体重（g）		
高位池	15 000 尾/hm^2	88.6	27.4	514.9	2374	6 841.5 kg/hm^2
网箱	25 尾/m^3	90.3	25.3	442.7	659.3	10.3 kg/m^3

（七）饵料系数及养殖经济效益

高位池共投喂冰鲜小杂鱼 12 819.6 kg，收获商品鱼 2 374 kg，饵料系数为 5.4；网箱养殖共投喂冰鲜小杂鱼 4 153.6 kg，产商品鱼 659.3 kg，饵料系数为 6.3，稍高于池塘养殖。苗种按 1.8 元/尾，饲料 1.6 元/kg 计，高位池总投入成本 49 931 元，总收入 75 968 元，投入与产出比为 1∶1.52，单位利润为 75 034 元/hm^2；网箱养殖总成本为 12 926 元，养殖总产值为 19 120 元，投入与产出比为 1∶1.48，两种养殖模式下养殖投入与产出比差异不大，网箱养殖单位利润为 97 元/m^3（表 5－44，表 5－45）。

表 5－44　卵形鲳鲹高位池、网箱养殖成本构成

（罗杰 等，2008）

单位：元

项目	高位池养殖	网箱养殖
租金	4 160	1 000
苗种费	9 360	2 880
饲料	20 511	6 646
工资	9 600	1 500
渔药	1 700	900
电费	4 600	—
总成本	49 931	12 926

表 5－45　高位池、网箱养殖卵形鲳鲹经济效益对比

（罗杰 等，2008）

试验条件	总产量（kg）	单价（元/kg）	总产值（元）	总成本（元）	投入与产出比	总利润（元）
高位池	2 374	32	75 968	49 931	1∶1.52	26 037
网箱	659	29	19 120	12 926	1∶1.48	6 194

（八）小结及讨论

1. 放养密度

放养密度对养殖对象生长具有明显的抑制作用。特别是网箱养殖中，由于受环境条件、养殖空间的限制，养殖密度过大可改变生物的习性而影响其生长。该试验中网箱养殖放养密度较大，达 25 尾/m^3，收获时密度也达到了 23 尾/m^3；而在池塘放养密度只有 1.5 尾/m^2，收获时体重平均达到 514.9 g，其生长速度明显快于网箱养殖。由此可见，不论在网箱养殖或池塘养殖过程中，合理的放养密度是提高卵形鲳鲹养殖存活率和生长速度的保障。

2. 海水盐度

海水鱼苗对盐度的耐受力较强，可以生活在较低盐度的环境中。同时，枝角类、桡足类等浮游生物在盐度较低的条件下生长迅速。该试验在高位池每天加一定量的淡水，有利于枝角类、桡足类的大量繁殖，为鱼苗提供相对充足的饵料，促进鱼苗的生长。这可能与海水鱼类在海水中要消耗更多的能量来调节其体内的渗透压，降低盐度后可大大减少其能量消耗，从而使得摄取的营养可更多地用于鱼体生长发育，提高其生长速度有关。因此，在海水鱼类最低的盐度范围内，降低盐度可促进海水鱼苗生长，这也是在高位池养殖卵形鲳鲹生长快的原因之一。

3. 饵料系数

饵料的选择是影响鱼体生长的关键因素之一，也直接影响着养殖成本和养殖效益。该试验中高位池养殖以及网箱养殖这两种养殖方式的饵料系数均大于5.0，其中卵形鲳鲹的饵料系数为5.4，网箱的饵料系数为6.3。这与该试验中采用冰鲜杂鱼投喂卵形鲳鲹有关。而在网箱养殖以及池塘养殖过程中采用人工配合饲料投喂卵形鲳鲹，其饵料系数一般在1.5～2.0，池塘精养时可达1.3～1.5。由此可见，选择人工配合饲料可大大减少养殖成本，提高养殖效益。此外，在池塘养殖前期塘中有大量的桡足类繁殖和池塘进水时可进入少量的活饵料、增加了塘中的饵料有关；而在网箱养殖中，在水流太急时投料或者投喂饲料时如不注意（如短时间投料太多鱼来不及吃完），饵料容易流失或沉到水底而造成浪费；此外，两种养殖方式的养殖环境条件也可能对鱼生长存在影响。池塘养殖中水体相对平静，鱼体体能消耗少从而生长较快，而在海水网箱中由于潮汐和水流冲击，鱼体体能消耗大，在一定程度上降低了其生长速度。

参 考 文 献

蔡强，黄天文，李亚春，等.2009. 卵形鲳鲹与凡纳滨对虾池塘混养技术［J］. 中国水产（11）：33-35.

陈锋，陈效儒.2011. 金鲳鱼网箱养殖技术［J］. 饲料博览，1：56.

陈傅晓，唐贤明，谭围，等.2011. 卵形鲳鲹深水网箱养殖风险对策分析［J］. 中国渔业经济，29（4）：145-150.

陈傅晓，朱海.2008. 卵形鲳鲹网箱养殖技术［J］. 科学养鱼（12）：22-23.

成庆泰，郑葆珊.1987. 中国鱼类系统检索［M］. 北京：科学出版社：341-342.

邓利，谢小军.2000. 南方鲇的营养学研究：I. 人工饲料的消化率［J］. 水生生物学报，24（4）：347-355.

方卫东.2006. 鲜杂鱼与配合饲料饲喂卵形鲳鲹对比试验［J］. 福建农业学报，20（B12）：25-26.

冯健，李程琼，梁桂英，等.2005. 淡水养殖太平洋鲑鱼饥饿后补偿性生长效果研究［J］. 中山大学学报：自然科学版（3）：86-89.

郭泽雄.2006. 高位池精养卵形鲳鲹高产试验［J］. 科学养鱼（10）：39-39.

古恒光，周银环.2009. 卵形鲳鲹深水网箱养殖密度试验［J］. 渔业现代化（4）：33-36.

古恒光，周银环 . 2009. 传统网箱和深水网箱养殖卵形鲳鲹的对比试验 [J]. 水产养殖 (12)：5－7.
谷坚，徐皓，丁建乐，等 . 2013. 池塘微孔曝气和叶轮式增氧机的增氧性能比较 [J]. 农业工程学报，29 (22)：212－217.
胡石柳 . 2006. 卵形鲳鲹配合饲料投喂技术的研究 [C] . 华东地区 2006 年动物学学术研讨会 .
黄建盛，陈刚，杨健，等 . 2007. 盐度对卵形鲳鲹幼鱼生长及能量收支的影响 [J]. 广东海洋大学学报，27 (4)：30－34.
黄建盛，陈 刚，张健东，等 . 2010. 摄食水平对卵形鲳鲹幼鱼的生长和能量收支的影响 [J]. 广东海洋大学学报，30 (1)：18－30.
侯俊利，庄 平，陈立侨，等 . 2007. 海水和淡水中施氏鲟幼鱼耗氧率与窒息点的比较 [J]. 大连水产学院学报，22 (2)：113－117.
江华，陈刚，张建东，等 . 2014. 限食水平与饥饿时间对卵形鲳鲹幼鱼补偿生长的影响 [J]. 广东海洋大学学报，34 (3)：35－40.
江丽华，朱爱意，苑淑宾 . 2011. 饥饿对褐菖鲉消化道指数及消化酶活力的影响 [J]. 水产科学，30 (4)：187－191.
姜志强，贾泽梅，韩延波 . 2002. 美国红鱼继饥饿后的补偿生长及其机制 [J]. 水产学报，26 (1)：67－72.
柯里默 M C，张建，周恩华 . 2005. 在中国海南的近海网箱用两种放养密度养殖卵形鲳鲹的生长表观[J]. 中国水产 (2)：87－89.
柯里默 M C，蓝祥宾，张建 . 2006. 在珠海用 6.4 m^3 的近海网箱养殖卵型鲳鲹的试验 [J]. 中国水产 (10)：86－87.
黎文辉，黄旭君 . 2012. 卵形鲳鲹深水抗风浪网箱养殖效果的观察 [J]. 养殖技术顾问 (8)：254－255.
李霞，姜志强 . 2002. 饥饿和再投喂对美国红鱼消化器官组织学的影响 [J]. 中国水产科学，9 (3)：211－214.
李金兰，陈刚，张健东，等 . 2014. 温度、盐度对卵形鲳鲹呼吸代谢的影响 [J]. 广东海洋大学学报，34 (1)：30－34.
李样红，彭树锋，周全耀，等 . 2014. 卵形鲳鲹深水网箱养殖技术研究 [J]. 科学养鱼 (5)：44－45.
林壮炳，赖向生 . 2013. 河口区池塘卵形鲳鲹生态混养技术研究 [J]. 科学养鱼 (7)：42－44.
刘楚斌，陈锤 . 2008. 卵形鲳鲹的生物学与池塘混养技术 [J]. 海洋与渔业 (11)：47－47.
刘汝建 . 2013. 盐度和温度胁迫对卵形鲳鲹选育群体生理机能的影响 [D]. 上海：上海海洋大学 .
刘松岩 . 2006. 环境胁迫对中华鲟体内自由基水平和抗氧化酶活力的影响 [D]. 武汉：华中农业大学 .
罗杰，杜涛 . 2008. 卵形鲳鲹不同养殖方式的研究 [J]. 水利渔业，28 (1)：70－71.
罗波，冯健，蒋步国，等 . 2010. 饥饿对太平洋鲑生长、机体组成及血浆相关生化指标变化研究 [J]. 水生生物学报，34 (3)：541－546.
罗海忠，彭士明，施兆鸿，等 . 2009. 周期性饥饿对鮸幼鱼肌肉中主要营养成分的影响 [J]. 大连水产学院学报，24 (3)：251－256.
骆作勇，王雷，王宝杰，等 . 2007. 奥利亚罗非鱼饥饿后补偿生长对血液理化指标的影响 [J]. 海洋科学进展 (3)：340－345.
楼宝，史会来，骆季安，等 . 2007. 饥饿和再投喂对日本黄姑鱼代谢率和消化器官组织学的影响 [J]. 海洋渔业，29 (2)：140－147.
区又君，刘汝建，李加儿，等 . 2013. 不同盐度下人工选育卵形鲳鲹 (*Trachinotus ovatus*) 子代鳃线粒体丰富细胞结构变化 [J]. 动物学研究，34 (4)：411－416.

区又君，范春燕，李加儿，于娜，苏慧 . 2014. 急性低氧胁迫对卵形鲳鲹选育群体血液生化指标的影响 [J]. 海洋学报，36 (4)：126 - 132.

区又君 . 2008. 低温冰冻灾害对我国南方渔业生产的影响、存在问题和建议 [J]. 中国渔业经济，6 (4)：89 - 93.

区又君，刘泽伟 . 2007. 千年笛鲷幼鱼的饥饿和补偿生长 [J]. 水产学报，31 (3) ：323 - 328.

区又君，苏慧，李加儿，等 . 2013. 饥饿胁迫对卵形鲳鳆幼鱼消化器官组织学的影响 [J]. 中山大学学报：自然科学版 (1)：100 - 110.

石小涛，李大鹏，庄平，等 . 2006. 养殖密度对史氏鲟消化率、摄食率和生长的影响 [J]. 应用生态学报，17 (2)：1517 - 1520.

宋恒锋，方农业，张艳秋 . 2014. 广西沿海池塘低盐度养殖卵形鲳鲹试验 [J]. 新农业 (11)：43.

宋海霞，翁幼竹，方琼珊，等 . 2008. 斜带石斑鱼幼鱼饥饿前后胃肠道的组织学研究 [J]. 台湾海峡，27 (1) ：74 - 78.

宋兵，陈立侨，高露姣，等 . 2004. 饥饿对杂交鲟仔鱼摄食，生长和体成分的影响 [J]. 水生生物学报，28 (3)：333 - 336.

苏慧，区又君，李加儿，等 . 2012. 饥饿对卵形鲳鲹幼鱼不同组织抗氧化能力，Na^+/K^+ - ATP 酶活力和鱼体生化组成的影响 [J]. 南方水产科学，8 (6)：28 - 36.

孙丽华，陈浩如，黄洪辉，等 . 2009. 摄食水平对几种重要海水养殖鱼类生长和氮收支的影响 [J]. 水产学报，33 (3)：470 - 477.

唐兴本，陈百尧，龚琪本，等 . 2009a. 北方池塘半咸水养殖卵形鲳鲹试验 [J]. 中国水产 (5)：39 - 40.

唐兴本，丁成曙，王军，等 . 2009b. 北方池塘卵形鲳鲹发生车轮虫病的诊治 [J]. 科学养鱼 (5)：58 - 59.

唐兴本，陈百尧，袁合供 . 2009c. 北方池塘养殖金鲳的体会 [J]. 科学养鱼 (4)：23 - 24.

唐志坚，张璐，马学坤 . 2008. 卵形鲳鲹和南美白对虾池塘混养技术 [J]. 内陆水产，33 (9)：24 - 25.

陶启友，郭根喜 . 2006. 卵形鲳鲹深水网箱养殖试验 [J]. 科学养鱼 (2)：39.

王刚，李加儿，区又君，等 . 2012. 环境因子对卵形鲳鲹幼鱼耗氧率和排氨率的影响 [J]. 动物学杂志，46 (6)：80 - 87.

王刚，李加儿，区又君，等 . 2011. 温度、盐度、pH 对卵形鲳鲹幼鱼离体鳃组织耗氧量的影响 [J]. 南方水产科学，7 (5)：37 - 42.

王 艳，胡先成，罗 颖 . 2007. 盐度对鲈鱼稚鱼的生长及脂肪酸组成的影响 [J]. 重庆师范大学学报：自然科学版，24 (2)：62 - 66.

王跃斌，孙忠，余方平，等 . 2007. 温度对黑鳍棘鲷耗氧率与排氨率的影响 [J]. 海洋渔业，29 (4) ：375 - 379.

肖远金 . 2006. 渔业自动投饵机的类型与应用 [J]. 云南农业 (3)：24 - 24.

闫茂仓，单乐州，邵鑫斌，等 . 2007. 盐度和 pH 值对鮸鱼幼鱼耗氧率和氨氮排泄率的影响 [J]. 台湾海峡，26 (1)：85 - 91.

杨洪志，谢永生，陈超 . 2001. 不同类型的配合饲料养殖卵形鲳鲹的初步研究结果 [J]. 南海研究与开发 (1)：25 - 27.

杨火盛 . 2006. 卵形鲳鲹人工养殖试验 [J]. 福建水产 (1)：39 - 41.

殷名称 . 1995. 鱼类生态学 [M]. 北京：中国农业出版社：137 - 138.

于方兆，陈创华，吴缥飘 . 2008. 金鲳鱼池塘高效养殖技术 [J]. 海洋与渔业 (5)：46 - 46.

周勤勇，李鑫渲，罗文佳.2013. 不同投喂方式对网箱养殖卵形鲳鲹生长及其营养成分的影响［J］. 渔业现代化，40（1）：13－17.

张永泉，刘奕，徐伟，等.2010. 饥饿对哲罗鱼仔鱼形态、行为和消化器官结构的影响［J］. 大连海洋大学学报，25（4）：330－336.

张波，孙耀.2000. 饥饿对真鲷生长及生化组成的影响［J］. 水产学报，24（3）：206－210.

朱健康，丁兰.2006. 深水区大型抗风浪网箱配套设施系统［J］. 福建水产（4）：70－72.

朱瑜，米强，农新闻，等.2010. 卵形鲳鲹池塘养殖水质调控技术研究［J］. 水产养殖（10）：7－9.

Andenen D E，Reid S D，Moon T W，et al. 1991. Metabolic effects associated with chronically elevated cortisol in rainbow trout（*Oncorhynchus mykiss*）[J]. Can J Fish Aquat Sci，48（9）：1811－1817.

Alava V R. 1988. Effect of salinity，dietary lipid source and level on growth of milkfish（*Chanos chanos*）fry [J]. Aquaculture，167：229－236.

Allen J R M，Wootton R J. 1982. The effect of ration and temperature on the growth of three－spined stickleback，*Gasterosteus aculeatus* L [J]. Journal of Fish Biology，20：409－422.

Boeuf G，Payan P. 2001. How should salinity influence fish growth? [J]. Comparative Biochemistry and Physiology Part C：Toxicology & Pharmacology，130（4）：411－423.

Bowden T J. 2008. Modulation of immune system of fish by their environment [J]. Fish Shellfish Immunology，25（4）：373－383.

Cui Y，Chen S，Wang S. 1994. Effect of ration size on the growth and energy budget of the grass carp，*Ctenopharygodon idella* [J]. Aquaculture，123：95－107.

Cui Y，Wootton R J. 1988. Bioenergetics of growth of a cyprinid，Phoxinus phoxinus：the effect of ration，temperature and body size on food consumption，faecal production and nitrogenous excretion [J]. Journal of Fish Biology，33（3）：431－443.

Cui Y，Hung S O，Zhu X. 1996. Effect of ration and body size in the energy budget of juvenile white sturgeon [J]. Fish Biol，49：863－876.

Cui Y，Liu J. 1990. Comparison of energy budget among six teleosts Ⅲ. Growth rate and energy budget [J]. Comp Biochem Physiol，97：381－384.

Cho S H. 2005. Compensatory growth of juvenile flounder Paralichthys olivaceus L. and changes in biochemical composition and body condition indices during starvation and after refeeding in winter season [J]. Journal of the World Aquaculture Society，36（4）：508－514.

Daborn K，Cozzi R R F，Marshall WS. 2001. Dynamics of pavement cell－chloride cell interactions during abrupt salinity change in *Fundulus Heteroclitus* [J]. The Journal of Experimental Biology，204（Pt11）：1889－1899.

Díaz F，Re A D，González R A，et al. 2007. Temperature preference and oxygen consumption of the largemouth bass *Micropterus salmoides*（Lacepede）acclimated to different temperatures [J]. Aquaculture Research，38（13）：1387－1394.

Grigoriou P，Richardson C A. 2009. Effect of body mass，temperature and food deprivation on oxygen consumption rate of common cuttlefish *Sepia officinalis* [J]. Marine Biology，156（12）：2473－2481.

Herskin J，Stefensen J F. 1998. Energy savings in sea bass swimming in a school：measurements of tail beat frequency and oxygen consumption at different swimming speeds. Journal of Fish Biology，53（2）：

366 - 376.

Kaneko T, Watanabe S, Lee K M. 2008. Functional morphology of mitochondrion - rich cells in euryhaline and stenohaline teleosts [J]. Aqua - BioScience Monographs, 1 (1): 1 - 62.

Kutty M N. 1978. Ammonia quotient in sockeye salmon (*Oncorhynchus nerka*) [J]. Journal of the Fisheries Board of Canada, 35 (7): 1003 - 1005.

Lee C G, Devlin R H, Farrell A P. 2003. Swimming performance, oxygen consumption and excess post - exercise oxygen consumption in adult transgenic and ocean - ranched coho salmon [J]. Journal of Fish Biology, 62 (4) : 753 - 766.

Ma Z, Guo H, Zheng P, et al. 2014a. Effect of salinity on the rearing performance of juvenile golden pompano *Trachinotus ovatus* (Linnaeus 1758) [J]. Aquaculture Research: 1 - 9.

Ma Z, Zheng P, Guo H, et al. 2014b. Salinity regulates antioxidant enzyme and Na^+ K^+ - ATPase activities of juvenile golden pompano *Trachinotus ovatus* (Linnaeus 1758) [J]. Aquaculture Research: 1 - 7.

Marinez Palacios C A. 1990. The efects of salinity on the survival and growth of juvenile *Cichlasoma urophthalmus* [J]. Aquaculture, 91: 68 - 75.

Moutou K A, Panagiotaki P, Mamuris Z. 2014. Effects of salinity on digestive protease activity in the euryhaline sparid *Sparus aurata* L. a preliminary study [J]. Aquaculture Research, 35: 912 - 914.

Martínez - Álvarez R M, Sanz A, García - Gallego M, Domezain A, Domezain J, Carmona R, del Ostos -Garrido M V, Morales A E. 2005. Adaptive branchial mechanisms in the sturgeon *Acipenser naccarii* during acclimation to saltwater [J]. Comparative Biochemistry and Physiology, Part A: Molecular & Integrative Physiology, 141 (2): 183 - 190.

Nordlie F G. 1978. The influence of environmental salinity on respiratory oxygen demands in the Euryhaline teleost, *Ambassis interrupta* Bleeker [J]. Comparative Biochemistry and Physiology Part A: Physiology, 59 (3): 271 - 274.

Omar E A, Gunther K D. 1987. Studies on feeding of mirror carp (*Cyprinus carpio L.*) in intensive aquaculture [J] J Anim Physiol Anim Nutri, 5 (57): 80 - 172.

Rubio V C, Sanchez - Vazquez F J, Madrid J A. 2005. Effects of salinity on food intake and macronutrient selection in european sea bass [J]. Physiology & Behavior, 85: 333 - 339.

Rosas C, Cuzon G, Gaxiola G, et al. 2002. An energetic and conceptual model of the physiological role of dietary carbohydrates and salinity on *Litopenaeus vannamei* Juveniles [J]. Journal of Experimental Marine Biology and Ecology, 268 (1): 47 - 67.

Solomon D J, Brafield A E. 1972. The energetics of feeding, metabolism and growth of perch (*Perca fluviatilis* L.) [J]. The Journal of Animal Ecology: 699 - 718.

Vijayan M M, Moon T W. 1992. Acute handling stress alters hepatic glycogen metabolism in food - deprived rainbow trout (*Oncorhynchus mykiss*) [J]. Can J Fish Aquat Sci, 49 (11): 2260 - 2266.

Wang N, Hayward R S, Noltie D B. 1998. Effect of feeding frequency on food consumption, growth, size variation, and feeding pattern of age - 0 hybrid sunfish [J]. Aquaculture, 165 (3): 261 - 267.

Windell J T, Foltz J W, Sarokon J A. 1978. Effect of fish size, temperature and a digestibility of a pelleted diets by rainbow trout *Samon gaerdneri* [J]. Trans Am Fish Soc, 2 (107): 613 - 616.

第六章
卵形鲳鲹的营养需求

自从 1992 年，我国华南沿海卵形鲳鲹养殖取得成功以来，卵形鲳鲹开始在我国南方大规模养殖，尤其是广东、广西和海南三地，卵形鲳鲹养殖取得了很高的经济效益。在养殖过程中也遇到了很多问题，也取得了很多进步，如卵形鲳鲹养殖，由以前喂食鲜杂鱼到现在的配合饲料，由以前的蛋白质越高越好到现在的蛋白质、脂肪、碳水化合物及其他营养因子营养均衡等。

本章综合阐述了国内对卵形鲳鲹饲料营养方面的研究，尤其是蛋白质和脂肪，适当的蛋白质和脂肪添加量以及蛋白能量比，即能有效提高卵形鲳鲹的蛋白质利用率、卵形鲳鲹的存活率、生长性能，降低养殖成本、减小饵料系数的同时还能减少因饲料蛋白质添加水平过高而引起的养殖水域污染问题。在对卵形鲳鲹不造成负面影响的情况下，少量用植物性蛋白替代鱼粉，可以有效降低卵形鲳鲹的养殖成本。适量的脂肪添加量则能起到节约蛋白质的功效，不同的投喂方式同样对卵形鲳鲹有着不同的影响。

卵形鲳鲹的高经济价值，注定了它的养殖规模，本章着重对它营养方面的阐述，以期可以对以后卵形鲳鲹的饲料研究提供参考。

第一节　饲料中蛋白质对卵形鲳鲹的影响

一、鱼类蛋白质的生理功能

（一）构成组织细胞的组成成分

鱼体各组织器官都含有蛋白质，鱼类的生长、发育、繁殖各个阶段，更新衰老的细胞、修补损伤的组织，体内大分子物质的运输以及特异性免疫等都离不开蛋白质。蛋白质也是鱼体获得氮元素的唯一途径，这种特殊功能是碳水化合物和脂肪所不能替代的。而鱼类的生长，实际就是蛋白质的积累（鱼肉以干物质计，主要是蛋白质）。此外，蛋白质还是鱼体细胞膜的主要成分，是主动运输的载体。

（二）蛋白质可以为鱼类提供能量

蛋白质、碳水化合物和脂肪是动物的三大能量物质。蛋白质虽然主要用于鱼体的生长，但当蛋白质过量时，除了用于生长外，还会为鱼类提供能量，所以饲料中过多的蛋白含量不可避免地造成浪费、养殖成本的提高以及养殖水体的污染问题。因此，饲料的蛋白含量一定要适量，并不是越多越好。

（三）运输载体功能

蛋白质有许多功能，作为载体蛋白就是其主要功能之一。载体蛋白是多回旋折叠的跨膜蛋白质，它与被传递的分子特异结合使其越过质膜。其机制是载体蛋白分子的构象可逆地变化，与被转运分子的亲和力随之改变而将分子传递过去。载体蛋白具有专一性、饱和性两种特性。糖、氨基酸，核苷酸等水溶性水分子一般由载体蛋白运载。载体蛋白既参与被动的物质运输，也参与主动的物质运输。

（四）提供鱼类生长的必需氨基酸

鱼类必需氨基酸是鱼类生长所必需的，但鱼类本身不能合成。鱼类必需氨基酸包括以下 10 种：蛋氨酸（Met）、赖氨酸（Lys）、精氨酸（Arg）、异亮氨酸（Ile）、组氨酸（His）、亮氨酸（Leu）、苯丙氨酸（Phe）、苏氨酸（Thr）、缬氨酸（Val）和色氨酸（Trp）（周凡，2010），必需氨基酸对鱼类有着非常重要的生理作用。几乎已经开展过的关于鱼类必需氨基酸需求量的研究表明，饲料中添加蛋白质而释放的必需氨基酸对试验鱼的生长表现有促进作用。如果鱼体缺乏必需氨基酸，鱼体就会表现出各种缺乏症，甚至引起病变。

（五）催化作用

酶是具有生物催化功能的生物大分子，即生物催化剂，而除了少数一些酶是 RNA 外，绝大部分酶是由蛋白质组成。所有活的动植物体内都存在酶，它是维持机体正常功能，修复组织，消化食物等生命活动的一种必需物质。它几乎参与所有的生命活动：运动、睡眠、呼吸等都是以酶为中心的活动结果。若没有酶，生化反应将无法进行，生命现象将会停止。同所有生物一样，鱼体内同样存在着各种各样的酶。鱼体的酶分为胞内酶和胞外酶，没有酶的参与，新陈代谢只能以极其缓慢的速度进行，生命活动就根本无法维持。如果没有蛋白酶、脂肪酶等的参与，鱼体就不能吸收饲料中的营养成分，从而导致鱼体不能正常生长发育。不同组织所含的酶不同，相同酶在不同组织表达也有差异。齐旭东等研究表明卵形鲳鲹的 5 种同工酶系统具有不同程度的组织特异性（齐旭东 等，2008）。

（六）激素调节

同哺乳动物一样，鱼类一样也进行激素调节。生长激素是由脑垂体分泌的一种多功能蛋白激素，它是一种具有广泛生理功能的生长调节素，鱼类生长激素是鱼类脑垂体合成和分泌的一种由 173～188 个氨基酸组成，相对分子质量为 20 000 左右的蛋白多肽，对鱼类的生长和发育有重要作用（韦家勇 等，2004）。

（七）信号传递

细胞信号传递是生命中的重要现象，对于鱼类来说，信号传递是一项基本的功能。细胞间的信号传递、细胞内的信号传递、将胞外的环境信号传递到胞内等这些信号传递过程都是鱼体所必备的。信号传递过程就是依赖蛋白质分子固有的动力学特性来完成的。根据不同的输入信号蛋白质分子做出相应的反应，改变自身的能量状态，进而将信号传递出去。李煌等的研究表明采用蛋白质组学技术可以阐明复杂的细胞信号传递机制（李煌 等，2005）。

（八）遗传信息表达的传递

遗传物质在生物的进化过程中起着不可替代的作用，而一切基因表达的最终产物就是蛋白质。蛋白质可以作为鱼体遗传物质的载体，鱼类遗传信息沿 DNA→RNA→蛋白质传递。

二、水产动物饲料中常用的蛋白源

水产动物饲料中常用的蛋白源包括鱼粉，肉骨粉，鸡肉粉，血粉，豆粕，菜粕，棉粕，花生粕，葵籽饼，玉米蛋白粉，草粉蛋白，羽毛粉，单细胞蛋白等。

鱼粉中蛋白质含量超过绝大多数饲料原料，尤其在水产饲料方面，因其适口性十分优良，氨基酸齐全，营养全面，易于消化，鱼类对其利用率极高，而受到十分广泛的利用。鱼粉提供的几种水产动物必需氨基酸如蛋氨酸、色氨酸、赖氨酸等都是鱼类生长所必不可少的。鱼粉还含有丰富的矿质元素，最多含钙 18%、含磷 6.5%，其中还含有锰、铁、碘等（陈伯华，1978），使其营养十分的全面。但因其价格较高，一直是影响水产动物饲料成本的主要因素之一，各国学者都在研究鱼粉的替代品，至今为止其他蛋白源部分或全部代替饲料中的鱼粉，水产养殖动物生长均会受到不同程度的影响。

玉米蛋白粉是玉米淀粉加工中的副产物，其蛋白质含量极高，常规生产工艺生产的玉米蛋白粉其总蛋白质含量高达 65%，还含有少量的球蛋白和白蛋白无机盐及多种维生素，其必需氨基酸含量高于大豆和小麦（华雪铭，2011）；其中蛋氨酸、亮氨酸、异亮氨酸、缬氨酸等水产动物需要的必需氨基酸含量相对较高，同等质量的玉米蛋白粉中含有的蛋氨酸是鳕鱼粉的 2.5 倍左右，但赖氨酸和色氨酸含量相对较低（张锋斌和李维平，1998）；但因其价格昂贵，至今只能少量使用，普通饲料添加量通常不超过 5%。

植物蛋白中的豆粕、棉粕、花生粕等都能少量代替饲料中的鱼粉，但均会对鱼类造成不同程度的影响。随着饲料中植物蛋白含量的增加，水产动物的生长直线下降；但当植物蛋白添加到一定比例时，某些水产动物的饲料转化率显著提高，这可能与植物蛋白使饲料氨基酸更全面均衡有关（艾庆辉 等，2005）。

蛋白质是鱼类最重要的营养素之一，是鱼体的重要组成部分，也是生命功能实现的重要物质基础。蛋白质不仅与脂肪以及碳水化合物作为生物体组成的三大部分，而且还是天然饲料的主要营养物质以及配合饲料的不可或缺的重要组成部分。不同种类的鱼对蛋白质的需求量是不同的，过高的蛋白含量不但提高了养殖成本，还会对环境造成污染。饲料蛋白质含量越高越好是渔民在养殖过程的一个误区，为此，我们在这方面将要做一个长期的研究和探讨，以期这个现象有所改变。

三、不同蛋白源对卵形鲳鲹的影响

选择适当的蛋白源和适当的蛋白添加量，能使饲料营养更均衡，从而提高蛋白的利用率，促进鱼类的生长，增强鱼类的免疫力，从而提高鱼类的抗病能力，以及降低养殖成本和减少养殖水体的污染。

目前，鱼粉是水产养殖饲料中用得最广泛的蛋白源之一，因其营养均衡，富含多种鱼类所需要的必需氨基酸且组成平衡以及含有大量的矿物质元素，未知促生长因子，适口性良好和易于消化，是水产饲料中不可缺少的优质蛋白源而被广泛应用。但是随着水产养殖业的迅速发展，鱼粉的需求量上升；以及由于过度捕捞、环境污染等原因的影响，野生鱼粉资源日益减少，世界鱼粉的供应已不能满足养殖需求；由此导致鱼粉价格的持续上涨，已成为制约水产养殖发展的重大因素之一，因此，寻求新型的、高品质蛋白源，特别是利用廉价的蛋白源部分或者全部替代鱼粉是现代水产动物营养与饲料学研究的一个重要领域。国内外对卵形鲳鲹用其他动植物蛋白替代鱼粉的研究均有见报，但至今为止其他蛋白源部分代替或全部代替饲料中的鱼粉，卵形鲳鲹均会受到不同程度的影响。

大豆及其制品等植物性原料由于其低廉的价格和广泛的可用性，是研究最热的蛋白源替代物。但植物性蛋白并不能完全替代鱼粉，高比例替代会降低鱼类的生长。因为植物性蛋白普遍含有抗营养因子，影响水产动物的生长和成活率，严重的还会对水产动物机体组织造成损伤；植物性蛋白源普遍存在氨基酸不平衡，适口性差，以及肉食性鱼类对植物性蛋白利用率低等问题。

刘兴旺等（2010）以全鱼粉饲料为对照组，发酵豆粕蛋白替代 17.6%、31.4%、45.1%和 60.8%的鱼粉蛋白，普通豆粕替代 17.6%、31.4%和 45.1%的鱼粉蛋白来研究豆粕和发酵豆粕替代鱼粉对卵形鲳鲹摄食生长的影响，结果表明，当普通豆粕蛋白和发酵豆粕蛋白替代鱼粉蛋白达到 45.1%和 60.8%时，会显著降低卵形鲳鲹的特定生长率、饲料转化率和蛋白质效率，随着饲料中大豆蛋白替代鱼粉蛋白比例的提高，卵形鲳鲹的摄食率均无显著差异，作者推测卵形鲳鲹对豆粕中的抑制适口性的抗营养因子不敏感；60.8%发酵豆粕替代鱼粉蛋白与 45.1%普通豆粕替代鱼粉蛋白相比，终末体重、特定生长率、饲料转化率和蛋白质效率均有升高的趋势且与对照组相比无显著差异，说明发酵豆粕改善了卵形鲳鲹对饲料的利用率，从而提高了卵形鲳鲹的生长。杜强等（2011）研究表明，采用混合植物蛋白（不同比例的豆粕、玉米蛋白粉和大豆浓缩蛋白混合物）添加晶体蛋氨酸和赖氨酸等必需氨基酸替代饲料中的鱼粉，各组卵形鲳鲹成活率均很高，且无显著差异

(P>0.05)，当混合蛋白替代量为25%时，鱼体的增重率和特定生长率达到最大值，之后随着替代量的增加，卵形鲳鲹的饵料系数显著上升，而增重率和特定生长率显著下降。赵丽梅等（2011）证明在金鲳鱼饲料中用发酵豆粕代替23%的进口鱼粉，卵形鲳鲹的增重率、特定生长率、饲料系数与对照组无显著性差异（P>0.05）。这些研究和大多数学者在其他鱼类上的研究结果是相符合的，即在一定的范围内其他蛋白源替代鱼粉对鱼体无显著影响，之后随着替代量的增加，鱼体受到的影响会越来越大（曹志华 等，2007；程成荣和刘永坚，2004；程光平 等，2001）。

吴玉波等（2014）研究表明，牛磺酸可以提高卵形鲳鲹利用大豆浓缩蛋白（SPC）替代鱼粉的能力。以SPC替代卵形鲳鲹饲料中的鱼粉时，可将鱼粉从40%减少到32%，通过添加0.5%的牛磺酸可将卵形鲳鲹饲料的鱼粉水平进一步降低到24%，而添加1%的硒酵母可将卵形鲳鲹饲料中鱼粉水平从40%降低到24%；当以SPC替代卵形鲳鲹饲料中的鱼粉时联合添加0.5%的牛磺酸和1%的硒酵母，饲料的鱼粉水平不能从40%降低到8%，但在8%的低鱼粉饲料中添加硒和牛磺酸可显著促进卵形鲳鲹的生长并降低养殖废物污染；因此，作者分析，硒和牛磺酸的缺乏可能是限制低鱼粉中SPC利用的重要原因。在相同饲料蛋白和鱼粉水平下，饲料鸡肉粉水平高低会显著影响卵形鲳鲹的生长和饲料利用。饲料中添加硒酵母能提高动植物蛋白源替代鱼粉的水平。饲料中提高鸡肉粉水平至170 g/kg，并添加1 g/kg硒酵母，利用豆粕替代鱼粉可以将饲料鱼粉水平降至140 g/kg（王飞和马旭洲，2012）。刘锡强（2013）的研究告诉我们卵形鲳鲹对不同饲料原料的消化率不管是干物质消化率还是蛋白质消化率是不同的，消化率最好的是鱼粉，其次是豆粕、花生粕、啤酒酵母和玉米蛋白粉，消化率最低的是棉粕和菜粕。

四、蛋白添加水平对卵形鲳鲹的影响

蛋白质是鱼体组成的主要有机物质，占总干重的65%～75%（麦康森，2011）。鱼类对饲料中的蛋白质水平要求较高，是畜禽的200%～400%，通常占配方的25%～50%（黄云 等，2010）。说明鱼、虾类获得最佳生长需要高水平的饲料蛋白质。这仅是蛋白质在饲料中的相对含量，并不意味着鱼、虾类比恒温动物消耗更多的蛋白质作为能量，或是鱼、虾类的净蛋白质保留率低（麦康森，2011）。因此，饲料中适宜水平的蛋白质才能满足鱼体维持正常新陈代谢、健康和繁殖的生理需要。

鱼类蛋白质需求量是为了满足鱼类对氨基酸的需求和使鱼类达到最大速度所需的最低饲料蛋白质的含量。特别肉食性鱼类往往需要较高的蛋白质才能满足生长需要，其需求量为40%～55%，显著高于杂食性和草食性鱼类对饲料蛋白质的需求量（陈四清 等，2004）。一般认为鱼类对蛋白质有很好的利用和消化，但鱼类对蛋白质的利用却是有一定差异的。李同庆等（2002）认为，鱼类对饲料蛋白质的消化率随饲料蛋白含量的增加，鱼类对蛋白质的消化率表现为先上升后下降的趋势，这和大多数学者研究的成果相符合（乔本芳郎，1980；北御门，1964）。而沈晓民等（1995）和邓利（2000）分别研究了异育银鲫和南方鲇对人工饲料的消化，他们却一致认为饲料蛋白消化率与饲料蛋白含量呈正相关。研究表明，卵形鲳鲹幼鱼的最适蛋白需求量为45%～49%（Wang et al，2013）。刘兴旺等（2011）认为，幼鱼适宜的蛋白质需要量为45.75%。随着饲料蛋白水平在一定范围内的升高，卵形鲳鲹特定生长率显著升高，特定生长率（SGR）、饲料转化率（FER）及鱼体蛋白质量分数也显著增高（刘兴旺 等，2011）。唐媛媛等（2013）研究发现，饲料中含有45%蛋白质是卵形鲳鲹仔鱼和稚鱼（0.1～1.8 g）达到最大生长率和最佳饲料转换率的最低蛋白质水平，饲料中含有45.75%蛋白质是卵形鲳鲹幼鱼的适宜蛋白质需求量；并得出网箱养殖条件下卵形鲳鲹仔鱼和稚鱼（初始体质量为4.5 g左右）饲料中最适粗蛋白质水平为45%～49%，这些结果与佛罗里达鲳鲹（*Trachinotus carolinus*）仔鱼和稚鱼（初始体质量为4.5～6.3 g）的蛋白质需求量为45.0%～50.0%较为一致。

（一）蛋白质添加水平对卵形鲳鲹体成分和酶活性的影响

消化吸收是动物营养过程的起点，而消化酶是反映消化机能的一项重要指标，其高低决定了鱼类对营养素消化吸收能力的大小，进而影响鱼类生长的速度（王桂芹，2011）。区又君等（2011）的研究表明，不管是在幼鱼还是成鱼中，不同消化器官的蛋白酶活性大小顺序基本相似，胃蛋白酶活性最大，肝最小，肠和幽门盲囊居中。说明卵形鲳鲹在不同的生长阶段，胃和肠均为蛋白质类营养物质消化吸收的最重要器官；而成鱼不同消化器官的蛋白酶活性均小于幼鱼，表明卵形鲳鲹在由幼鱼向成鱼发育的过程中其蛋白酶活性亦呈下降趋势。但是，范春燕等人的研究结果表明，卵形鲳鲹较大规格幼鱼的肠蛋白酶活性最高，肠在蛋白质的消化吸收中作用最大，其次是幽门盲囊，这说明不同生长阶段，卵形鲳鲹消化吸收蛋白质的主要器官是不同的（范春燕 等，2011）。

唐媛媛等（2014）用体重为（518.81±15.99）g的卵形鲳鲹进行试验，该试验表明饲料蛋白质水平对卵形鲳鲹肌肉营养成分影响不大。饲料蛋白质水平对卵形鲳鲹肌肉中蛋白质、脂肪、饱和脂肪酸与不饱和脂肪酸含量均无显著影响，这与Wang et al（2013）的研究结果相符合。

王飞（2012）的试验表明饲料蛋白添加水平对卵形鲳鲹幼鱼末体重、增重、特定生长率、饵料系数等均有显著影响（$P<0.05$），这与唐媛媛的研究结果相符合。卵形鲳鲹摄食粗蛋白460～490 g/kg饲料组增重显著高于摄食粗蛋白330～420 g/kg饲料组，饵料系数显著下降（$P<0.05$）。卵形鲳鲹幼鱼的最适蛋白水平为460～490 g/kg。唐媛媛等（2014）以体质量为（518.81±15.99）g的卵形鲳鲹为试验对象，38%～44%的饲料蛋白质添加水平对卵形鲳鲹消化道和肝脏蛋白酶（胰蛋白酶、胃蛋白酶）活性均有显著影响（$P<0.05$），对卵形鲳鲹消化道和肝脏脂肪酶、纤维素酶和淀粉酶活性均无显著影响（$P>0.05$）。当饲料中蛋白水平达到44%时，卵形鲳鲹的前肠胰蛋白酶和胃蛋白酶活性均为最高，其中胰蛋白酶活性为9 185.84 U/mg，胃蛋白酶活性为42.34 U/mg；而饲料中蛋白水平为38%时卵形鲳鲹的肝脏胰蛋白酶和胃蛋白酶活性均为最低，此时，胰蛋白酶活性为584.90 U/mg，胃蛋白酶活性为4.80 U/mg。此试验因蛋白添加水平梯度太少，而不能确认44%的蛋白添加量是否为卵形鲳鲹的最适蛋白添加量。黄建盛等（2010）的研究表明蛋白酶活性随着饲料蛋白质含量升高而升高，较高蛋白质添加量组中卵形鲳鲹的蛋白酶活性显著高于较低蛋白质添加量组（$P<0.05$）；不同水平蛋白添加量饲料的卵形鲳鲹的淀粉酶活性差异显著（$P<0.05$）。

（二）摄食对卵形鲳鲹的影响

黄建盛等（2009）研究表明，随着卵形鲳鲹幼鱼摄食水平的提高，其特定生长率、转化效率、摄食率呈正相关，生长能分配率随摄食水平升高而显著增加（$P<0.05$），代谢能、排粪能及排泄能分配率的变化则相反。而江华等（2014）的试验证明，对卵形鲳鲹幼鱼进行短期限食，其都能发生完全补偿生长效应，但补偿生长效果随着饥饿时间延长而减弱，当饥饿12 d时，只会发生部分补偿生长；提高摄食率是饥饿程度较大组（饥饿12 d组）补偿生长效应的主要实现途径。吴玉波等（2011）对卵形鲳鲹进行投喂频率的试验，该试验分别对各组鱼进行每天0.5次、1次、2次、3次、4次投喂，试验表明，每天2次、3次、4次的3组卵形鲳鲹摄食率显著高于0.5次/d、1次/d。许晓娟等（2010）研究得出：卵形鲳鲹仔鱼开口后4 d初次摄食是仔鱼的饥饿不可逆点（PNR），开始投喂饵料的最佳时期应在仔鱼开口后的3 d之内。

（三）蛋白质添加水平对卵形鲳鲹非特异性免疫的影响

鱼类的免疫系统和大多数动物一样，包括特异性免疫和非特异性免疫。其中特异性免疫机制还很不健全，而非特异免疫在鱼类的免疫防御中发挥着重要作用，非特异性免疫可以在微生物入侵时第一时间发生作用，吞噬、清除入侵机体内的病原微生物和其他有害物质，而此时特异性免疫还没产生抗原，因而是鱼类抵抗感染的第一道防线（许兵和徐怀恕，1992）。研究表明，蛋白质营养不良会导致鱼体的免疫能力因血液中与免疫相关的氨基酸不足而下降（艾春香，1999）。

关于蛋白质添加水平对卵形鲳鲹的非特异免疫研究较少，这应该是以后一段时间内的研究重点和热点。唐媛媛（2014）认为41%的蛋白质含量为卵形鲳鲹饲料蛋白质的最适添加水平。她的研究表明饲料中蛋白质的水平对卵形鲳鲹血清中的溶菌酶活性，肌肉中的谷胱甘肽过氧化物酶过氧化物酶活性，各器官中的碱性磷酸酶、酸性磷酸酶、超氧化物歧化酶、过氧化氢酶、丙二醛等均有显著影响（$P<0.05$）。随着饲料蛋白质水平的提高，卵形鲳鲹血清中的溶菌酶活性，各组织中的碱性磷酸酶、酸性磷酸酶呈先升高后下降的趋势；而过氧化氢酶活性和总抗氧化能力均随着蛋白质添加水平的升高而升高；超氧化物歧化酶和丙二醛呈相反的趋势。在一定的范围内提高饲料蛋白质水平可以提高卵形鲳鲹的非特异免疫，她认为当饲料中蛋白质水平为41%时，对卵形鲳鲹的生长是最有利的。

（四）饲料中氨基酸对卵形鲳鲹的影响

鱼体摄入的蛋白质只有在消化道中被胃肠分泌的消化酶水解成游离氨基酸和小肽，才能被肠黏膜细胞吸收，最终转化为机体。因此，从本质上讲，动物体需要的不是蛋白质而是氨基酸。按动物体自身是否能合成来分，氨基酸可分为必需氨基酸和非必需氨基酸。鱼类的必需氨基酸是指在鱼类本身不能合成，或不能满足自身需要，必须要从外界摄取的氨基酸。当鱼体缺少必需氨基酸时，鱼类就会出现某些病症。当鱼类缺乏某种氨基酸时，大多数鱼类表现为增重减缓、免疫力下降等。无论缺乏哪一种必需氨基酸，都会影响到鱼类的生长，严重时甚至会导致鱼类死亡。当鱼类饲料中所含有的可消化吸收的各种必需氨基酸比例与鱼类对各种氨基酸需要量的比例接近，即达到氨基酸平衡时，就能满足鱼类对氨基酸的需要，此时，鱼类生长会较快，而且免疫力通常会较强，抗病能力也较强。饲料中合理的氨基酸组成和含量对于卵形鲳鲹生长、健康和繁殖是极为重要的，特别是必需氨基酸的平衡供给意义更为重大。所谓氨基酸平衡是指配合饲料中各种必需氨基酸的含量及其比例等于鱼类对于必需氨基酸的需要量。饲料中蛋白质的氨基酸组成比例越接近鱼虾蛋白质的氨基酸组成，越容易被虾充分利用，其营养价值越高（王放和王显伦，1997）。生产实践证明，饲料中无论哪一种氨基酸缺乏都会影响饲料的营养价值。

为解决饲料中氨基酸短缺的问题，可以在饲料中添加适量的氨基酸。马学坤等通过研究不同剂型的蛋氨酸（晶体蛋氨酸、羟基蛋氨酸钙和包膜蛋氨酸）对卵形鲳鲹幼鱼生长和体成分的影响，结果表明，卵形鲳鲹幼鱼饲料中添加不同梯度的各剂型蛋氨酸均可显著提高卵形鲳鲹幼鱼特定生长率和饲料利用率及幼鱼体成分。其中卵形鲳鲹幼鱼利用晶体氨基酸的效果最好，获得了良好的生长率和饲料利用率（马学坤和麦康森，2013）。

在当前植物性蛋白原料使用日渐增加的情况下，作为水产动物的主要限制性氨基酸—蛋氨酸和赖氨酸的充足供给更显得重要，蛋氨酸和赖氨酸的合理供给有助于提高植物性蛋白源饲料的利用率（唐媛媛 等，2013；张永正 等，2009）。杜强等（2011）得出卵形鲳鲹幼鱼（平均初始体重为 14.8 g 左右）对赖氨酸的最适需求量为饲料干重的 2.94%，此时卵形鲳鲹的增重率和特定生长率均达到最大，分别为 523.32%和 3.26%/d，而饵料系数最小，为 1.37。杜强等（2012）在另一项研究得出随着饲料中蛋氨酸含量的增加，增重率和特定生长率逐渐提高，当蛋氨酸含量超过 1.15%后保持稳定。饲料中蛋氨酸含量对卵形鲳鲹血清谷丙转氨酶活性、总蛋白、胆固醇、血糖及甘油三酯含量有显著影响（$P<0.05$）。卵形鲳鲹最佳生长时饲料中蛋氨酸含量不低于 1.28%，相当于饲料蛋白中的 2.98%。杜强等（2011）还研究了采用混合植物蛋白（不同比例的豆粕、玉米蛋白粉和大豆浓缩蛋白混合物）添加晶体蛋氨酸和赖氨酸等必需氨基酸替代饲料中的鱼粉和用鱼粉组对比，对卵形鲳鲹无显著差异（$P>0.05$）。Niu et al（2013）研究表明，卵形鲳幼鱼生长的饲料中蛋氨酸适宜需求量应为每千克饲料（干重）10.6～12.7 g，即每千克饲料蛋白质中 24.6～29.5 g。马学坤和麦康森（2013）以饲料蛋白为 42%和脂肪 12%，氨基酸组成参照卵形鲳鲹幼鱼全鱼模式，添加 0、0.5%、1.0%、1.5%、2.0%、2.5%的晶体赖氨酸来研究赖氨酸的最适需求量。随着饲料中外源蛋氨酸和赖氨酸含量的提升，卵形鲳鲹的增重率和特定生长率显著上升，当饲料氨基酸含量提升到 2.77%以上时，WG 和 SGR 达到一个平台期；根据折线模型分析可知，卵形鲳鲹幼鱼对赖氨酸的最适需求量为饲料（或蛋白质）含量的 2.61%（6.21%）；并以相同的模式添加 0、0.25%、0.50%、0.75%、1.00%和 1.25%的晶体蛋氨酸，结果表明，卵形鲳鲹幼鱼对蛋氨酸的最适需求量为饲料（或蛋白质）含量的 1.21%（2.88%）；添加 0、0.3%、0.6%、0.9%、1.2%和 1.5%的晶体蛋氨酸，结果表明，卵形鲳鲹幼鱼对精氨酸的最适需求量为饲料（或蛋白质）含量的 2.68%（6.38%）。Niu et al（2014）的研究表明，当饲料中添加足够量的蛋氨酸和赖氨酸后，豆粕替代 30%的鱼粉反而会提高卵形鲳鲹的生长和成活率；另外，相比较蛋氨酸来说，赖氨酸不是卵形鲳鲹的第一限制性氨基酸。高文等（2013）研究表明通过在饲料中额外添加一定量的晶体蛋氨酸和赖氨酸，豆粕替代鱼粉高达 50%都不会对鲳鲹的生长性能产生不利影响。20%豆粕替代鱼粉水平下，添加 0.15%的晶体 DL－Met 和 0.24%的 Lys－HCl（78%）到饲料中，卵形鲳鲹可获得最佳生长性能，甚至高于鱼粉添加组。

第二节　饲料中脂肪对卵形鲳鲹的影响

脂肪作为鱼类生长所必需的一类营养物质。它是鱼类组织细胞的组成成分，鱼类组织细胞中均含有 1%～2%的脂肪物质。鱼类本身不能合成，必须依赖饲料提供，脂肪有很多生理功能，如脂肪是细胞的组成成分，能够为鱼类生长、发育以及运动等提供能量，鱼类组织的修补和新的组织的生长都要求经常从饲料中摄取一定量的脂质（李爱杰，2005）。脂肪可为鱼类提供能量和必需脂肪酸。脂肪是饲料中高热量物质，其产热量高于糖类和蛋白质，每克脂肪在体内氧化分解可释放出 37.656 kJ 的能量（李爱杰，2005）。食物脂肪所提供的必需脂肪酸特别是 n－3 系列高度不饱和脂肪酸能提高水产动物亲体的繁殖力、受精率（Furuita et al，2002）。对于仔鱼而言，其发育和生理机能是否正常以及存活率很大程度上依赖于脂肪酸营养是否充足供应（Robin et al，2002），特别是必需脂肪酸 22：6n－3（DHA），20：5n－3（EPA）和 20：4n－6（ARA）（Castell et al，1994）。脂肪还有助于脂溶性维生素的吸收和体内运输，一些脂肪酸在缓解环境应激等方面有重要的作用（Kanazawa，1997）。然而当饲料中的脂肪含量不足或过高时，都会对鱼类有不同程度的影响，甚至引起病变。若饲料中脂肪含量，特别是必需脂肪酸不足或缺乏，可导致鱼类代谢紊乱，饲料蛋白利用率下降，同时还可并发脂溶性维生素和必需脂肪酸缺乏症；但饲料中脂肪含量过高，又会导致鱼体脂肪沉积过多，鱼类抗病能力下降，同时也不利于饲料高效利用（Daniels and Robinson，1986；Anderen and Alsted，1993）。而适宜的脂肪源和脂肪添加量，不但能促进鱼类的生长发育，还能起到节约蛋白质，减小养殖水域污染以及降低养殖成本的作用。关于饲料中脂肪对鱼类的影响有很多，研究对象包括罗非鱼（王爱民，2011）、鲤（潘瑜，2013）、团头鲂（姚林杰，2013）等。关于饲料中脂肪对卵形鲳鲹的影响研究较少，仅有的一些研究主要集中在脂肪可以提高必需脂肪酸含量、节约蛋白等方面。

一般来说，鱼类都能有效地利用脂肪并从中获取能量。鱼、虾类对脂肪的吸收利用受许多因素的影响。通常草食性鱼类利用脂肪的能力较低，而肉食性鱼类和杂食性鱼类利用脂肪的能力较强。淡水鱼较海水鱼对饲料脂肪的需要量低。鱼类对脂肪的需要量除与鱼、虾类的种类有关外，还与饲料中其他营养物质的含量有关。对草食性、杂食性鱼而言，若饲料中含有较多的可消化糖类，则可减少对脂肪的需要量；而对肉食性鱼来说，饲料中粗蛋白愈高，则对脂肪的需要量愈低。这是因为饲料中绝大多数脂肪是以氧化供能的形式发挥其生理功能，若饲料中有其他能源可被利用，那么就可减少对脂肪的依赖；另外，鱼类对熔点较低的脂肪消化吸收率很高，但对熔点较高的脂肪消化吸收率较低（麦康森，2011）。

水产动物对脂肪需要量差异主要取决于体内脂肪酶的活性和对糖类利用效率的高低。一般来讲，对糖类利用效率高的草食和杂食鱼类脂肪需要量低，而肉食性鱼类消化道中几乎没有纤维素酶，淀粉酶活性又低，血糖调节因子胰岛素、胰高血糖素分泌较少，其对糖类的利用效率较低，而对脂肪的需要量较高（候永清，2001）。鱼体脂肪的脂肪酸组成明显受所摄食饲料油脂的脂肪酸组成模式的影响，饲料脂质的脂肪酸组成模式越接近于鱼类在自然条件下所摄取食物的脂肪酸组成模式，它的促生长效果就越好，饲料效率越高。饲料中脂肪酸组成能一定程度上反映鱼体脂肪酸组成（周继术 等，2008）。张少宁等（2010）研究表明，卵形鲳鲹肝脏中总脂含量最高，白色肌肉中总脂含量最低；脾脏、白色肌肉中含有丰富的高度不饱和脂肪酸，而肝脏中含有高比例的饱和脂肪酸和单不饱和脂肪酸，多不饱和脂肪酸含量较低。张伟涛（2009）研究结果同样表明鱼体不同组织器官脂肪酸组成受饲料的影响程度有一定的差异，肌肉、肠脂、肠道、皮肤、心脏和脑受饲料中脂肪酸的影响较大，与饲料脂肪酸组成具有很强的相关性；而肝脏、脾脏受饲料中脂肪酸的影响较小，与饲料脂肪酸组成具有相对弱的相关性。

一、饲料中不同脂肪源对卵形鲳鲹的影响

不同脂肪源的饲料会显著影响鱼类机体营养组成和吸收利用率，选择恰当的脂肪源和脂肪水平，不但能促进鱼类生长，还能节约蛋白，降低饲料成本。鱼油、牛油、猪油、椰子油、棕榈油、玉米油、大豆油、菜子油、葵花籽油和亚麻籽油等是水产动物饲料中常用的脂肪源。

鱼油中富含 n－3 系列脂肪酸多不饱和脂肪酸（也叫 ω－3 脂肪酸），包括二十碳五烯酸（EPA）、二十二碳六烯酸（DHA）等（陈冬梅，2001）。海水鱼类必需脂肪酸为 n－3 系列的 EPA 和 DHA，鱼油因富含饱和脂肪酸和 n－3HUFA，n－3/n－6 系列脂肪酸比例高，鱼类对鱼油的利用率高（张伟涛，2009），而对猪油和植物油的利用率较低（Lee et al，2002）。但由于近年来养殖量的加大，致使鱼油供不应求，导致鱼油价格的居高不下，同鱼粉一样，已成为影响鱼类饲料成本的主要因素，寻求替代品已势在必行（Watanabe，2002）。

（一）饲料中不同脂肪源对卵形鲳鲹的生长性能和饲料系数的影响

张伟涛等（2009）研究表明用猪油代替鱼油对卵形鲳鲹的生长性能和存活率均无显著

影响（$P>0.05$），这与大多数学者替代鱼油对其他鱼进行研究的结果相符合；而饲喂4%猪油组（加降脂因子）的卵形鲳鲹饲料系数显著高于饲喂4%鱼油组（$P<0.05$），而蛋白质效率却显著低于饲喂4%鱼油组（$P<0.05$）。孙卫和陈刚（2013）以4.4%混合油（鱼油：豆油=1：1）、4.4%全鱼油、4.4%豆油、4.4%橄榄油为脂肪源的四组等氮（45%）、等脂（9%）配合饲料投喂卵形鲳鲹幼鱼进行生长试验，与商品料组为对照组。结果表明：混合油组卵形鲳鲹对比玉米油和橄榄油组，有高的成活率、较高的体重和较低饲料系数；玉米油组和橄榄组卵形鲳鲹的饲料系数较高，多不饱和脂肪酸含量较低，特定生长率与鱼油组、商品料组没有显著差异，显著高于橄榄油组；鱼油组卵形鲳鲹特定生长率高，肝体比和多不饱和脂肪酸较高；饲料脂肪源影响卵形鲳鲹生长、生化指标及肝胰脏脂肪酸组成。

（二）饲料中不同脂肪源对卵形鲳鲹抗氧化指标的影响

鱼类机体在新陈代谢的过程中，活性氧自由基的产生和消除一个是保持着动态平衡的过程，过多的氧自由基能攻击生物膜中的多不饱和脂肪酸引发脂质过氧化作用，并因此形成脂质过氧化产物如丙二醛（MDA）等。而脂质过氧化物的主要成分MDA，具有很强的生物毒性，会破坏细胞的结构和功能（明建华，2013）。因而MDA的相对含量常常可反映机体内脂质过氧化的程度，间接地反映出细胞损伤的程度。超氧化物歧化酶（SOD）、谷胱甘肽过氧化物酶和过氧化氢酶（CAT）等组成的抗氧化酶系统可清除鱼体内过多的自由基，减少脂质的过氧化损伤。因此，检测鱼体血液和肝脏中的抗氧化指标的变化可较准确地反映鱼类机体内的抗氧化状况。

张伟涛（2009）研究表明，卵形鲳鲹饲料配方中，猪油可以作为替代油源，全部或部分替换鱼油，节约配方成本，对养殖效果没有产生影响；添加降脂因子（复合肉碱、胆汁酸）对提高动物体免疫和防御力具有一定的功效，降脂因子能显著提高饲料系数、蛋白质效率和鱼体黏液溶菌示酶（LSZ）活力以及肝脏超氧化物歧化酶（T-SOD）活力，肝脏谷草转氨酶（GOT）活力，促进体内脂肪转运，对卵形鲳鲹肝脏具有一定的保护作用。另外，张伟涛（2009）研究指出在35%鱼粉水平下，鱼油组SOD活性显著高于猪油组（$P<0.05$）。这与孙卫和陈刚（2013）的研究结果中混合油组超氧化物歧化酶（SOD）活力显著高于其他各组（$P<0.05$）不符；而有其他学者在油脂替代的研究表明，血清、肝胰脏SOD活力差异都不显著（$P>0.05$），其原因还有待深入探讨。

（三）饲料中脂肪添加水平对卵形鲳鲹的影响

关于饲料脂肪添加水平对鱼类的影响有很多，如王爱民（2011）对吉富罗非鱼生长及脂肪代谢的研究、于丹等（2010）对江黄颡鱼幼鱼生长性能的研究，王朝明等（2010）对胭脂鱼的研究等。这些研究表明不同的鱼类的最适脂肪添加水平不同，适宜的脂肪添加水平对绝大多数鱼类能形成“蛋白质节约效应”。大多数鱼类在脂肪添加水平较低时，随着脂肪添加水平的提高，鱼类的生长性能、蛋白质利用率等提高，饵料系数下降；当达到最佳添加水平时，生长性能，蛋白质利用率等达到最大值；然后随着脂肪添加水平继续增加，生长性能，蛋白质利用率等反而开始下降，当脂肪添加水平过高时，严重影响饲料的适口性，鱼类甚至会停止进食。饲料中各种营养物质不仅是鱼类机体正常生长发育所必需的物质基础，而且在维持鱼类免疫系统的各项功能过程中起着决定性的作用。鱼类日粮中脂肪酸的添加水平与免疫性能之间关系十分密切。

1. 饲料中脂肪添加水平对卵形鲳鲹生长性能的影响

关于饲料中脂肪添加水平对卵形鲳鲹的影响的研究，国内外均有报道。刘兴旺等（2011）认为，饲料中粗脂肪为 65 g/kg 有利于卵形鲳鲹生长和饲料利用。饲料中过量添加能量物质通常会导致鱼体脂肪含量的增加。卵形鲳鲹利用饲料脂肪能力有限，提高饲料脂肪水平不能形成蛋白质节约效应。随着饲料脂肪水平的增加，肥满度增加而肝指数下降（Wang et al，2013；刘兴旺 等，2011；王飞和马旭洲，2012）。冉长城（2013）在低温情况下对卵形鲳鲹进行研究时发现随着脂肪添加水平的升高，卵形鲳鲹的增重率趋势是一个先升高后降低的抛物线，而且最适脂肪添加水平和较低或较高脂肪添加水平对卵形鲳鲹的增重率均有显著影响（$P<0.05$），这和张伟涛、王飞等的研究相符合。不同脂肪添加水平对卵形鲳鲹的饵料系数、肥满度、特定生长率等均有显著影响（$P<0.05$），并且得出在此试验养殖条件下，饲料中脂肪添加水平为 7.94%～8.73%时，对卵形鲳鲹的生长最有利。张伟涛（2009）4%猪油、32%鱼粉组的卵形鲳鲹的蛋白质效率显著低于 2%猪油、35%鱼粉组（$P<0.05$），而其饲料系数却显著高于 2%猪油、35%鱼粉（$P<0.05$）。这和王飞（2012）表明的卵形鲳鲹利用饲料脂肪能力有限，提高饲料脂肪水平不能形成“蛋白质节约效应”的结论相符合。这和于丹等（2010）在江黄颡鱼幼鱼的研究结果相一致，都是随着脂肪添加量的升高，蛋白质效率降低，饲料系数升高。不同的鱼对脂肪的需求量有所不同，所以，饲料中的脂肪添加量一定要适量。

2. 饲料中脂肪添加水平对卵形鲳鲹非特异免疫能力的影响

冉长城（2013）试验结果表明：当饲料中的脂肪添加水平（4.37%）过低时，卵形鲳鲹正常的生理活性、非特异免疫功能、抗氧化能力等都会受到不同程度的影响；而适当的脂肪添加水平（8.23%），能够有效地改善脂质代谢，提高卵形鲳鲹的生长性能，提高卵形鲳鲹的抗氧化能力和低温应激能力；当饲料中的脂肪添加水平（13.45%）过高时，会导致血清中谷丙转氨酶增加，加重卵形鲳鲹肝脏的负担和损害程度，不利于卵形鲳鲹健康生长。这同张春暖等（2013）在梭鱼以及王爱民等（2011）对吉富罗非鱼等的研究结果相符合。这些结果均表明：饲料中适宜的脂肪添加水平对鱼体的生长性能、非特异免疫能力等有促进作用，而脂肪添加水平过高或者过低，都对鱼体产生不利影响，对鱼体的健康成长有着不同程度的负面影响。

3. 饲料中必需脂肪酸对卵形鲳鲹的影响

鱼类必需脂肪酸是指鱼体不能自行合成、但又必须从食物中获得的脂肪酸，必需脂肪酸是鱼类必需的营养元素，它对鱼类的正常生长和发育有着十分重要的作用。1923 年两种必需脂肪酸被发现时，原本称为维生素 F，但 1930 年的研究认为它们的形态更像脂肪，因而出现现有的学名。脂类的营养价值很大程度上取决于必需脂肪酸的种类和含量，不同鱼类对必需脂肪酸的需求有很大的不同，王吉桥等（2001）认为海水鱼类的必需脂肪酸是 EPA 和 DHA 等 n－3 系列高度不饱和脂肪酸。对海水鱼类来说，必需脂肪酸既可以维持细胞膜结构和机能的完整性，同时它又是构成统称为类二十烷酸的高生物活性旁分泌素的前体。刚开口海水鱼苗消化系统不完善，必须依靠强化活饵料（轮虫和卤虫等），从而获得必需脂肪酸，否则会对鱼类产生不利影响，严重的甚至引起鱼类死亡。

不同的海水鱼类对 n－3 系列高度不饱和脂肪酸的需求量是不同的，特别是稚鱼期和幼鱼期，已有研究表明含 n－3 系列脂肪酸高的饵料能有效提高稚鱼的生长和成活率。鱼类的各个生长发育阶段，对脂肪酸的需要不同。何志辉等（1997）发现真鲷等海产鱼仔鱼、稚鱼必须直接摄取含有高度不饱和脂肪酸的饵料才能生长发育。高淳仁等（2000）认为，n－3 系列脂肪酸中的 EPA 和 DHA 为海水鱼类的必需脂肪酸，对海水鱼类生长、存活、发育的影响尤为重要。

张伟涛（2009）发现 C16：0、C18：1n－9 是卵形鲳鲹各组织器官中含量最高的，说明这些脂肪酸在组织细胞中起着重要的结构和生理功能作用。已有研究表明，鱼体的脂肪酸组成与鱼类饲料中的脂肪酸组成相似，该试验中的 7 种饲料中都不含或含量很低的 C20：4n－6必需脂肪酸，而 C18：3n－3 含量也偏低，而在卵形鲳鲹的肝脏等器官中都检测到了一定量的必需脂肪酸，与此同时，各组织器官脂肪酸中，n－6 系列的 C18：2n－6 与对应饲料中相比有所减少，说明必需脂肪酸可能是由 C18：2n－6 等脂肪酸转化而来。

4. 蛋白能量比对卵形鲳鲹的影响

饲料中的蛋白质和能量应保持一个平衡状态，当饲料中的蛋白质含量过高时，蛋白质不是人们所期望的那样尽可能多的用于生长，多余蛋白质用于能量代谢，从而造成浪费，导致养殖成本升高的同时，还会对养殖水体造成污染；而当能量过高时，往往会造成鱼类摄食率降低或鱼体过于丰满，甚至发生病变，如脂肪肝（付世建 等，2001）。适宜的蛋白能量比有助于绿色饲料的研发，在生产中具有重要意义。

鱼体蛋白 50%以上来自饲料蛋白的供给，尤其是幼鱼主要是受蛋白质摄入来调节。在蛋白需求不能满足时，用其他非蛋白（如脂肪、糖类）能替代蛋白供能但不能提高生长。鱼类摄取营养物质的第一需要是满足其能量的需要。投喂高蛋白饲料虽可以满足水产动物的能量需要，提高生长速度，但多余部分的蛋白质会被转变成能量；如果饲料中的蛋白质不足，会导致生长缓慢、停止、甚至体重减轻及其他生理反应（麦康森，2011；林建斌 等，2010）。因此，有必要通过在饲料中充分使用非蛋白质能源物质来降低水产动物饲料中蛋白质作为能源的消耗，最大限度地降低机体利用蛋白质量。合适的能量蛋白比不仅有利于充分利用蛋白质和非蛋白能源物质（碳水化合物和脂肪），提高饲料利用率，改善养殖效果，而且可尽量减少氮的排放量，减轻对水质的污染，是配制环保型饲料的基础和关键（林建斌 等，2010；Servando et al，2011）。

刘兴旺等（2011）用鱼粉、豆粕为蛋白源，豆油、鱼油为脂肪源研究卵形鲳鲹幼鱼饲料中适宜蛋白能量比，结果表明，当卵形鲳鲹幼鱼饲料中最适蛋白质、脂肪水平和蛋白能量比分别为43%、6%和24.4 mg/kJ，鱼表现出较好的蛋白质效率和能量转化率。6%的脂肪已经能够满足卵形鲳鲹对脂肪和必需脂肪酸的需求。饲料中不同的脂肪水平未表现出蛋白质节约效应，而过高的脂肪含量会抑制卵形鲳鲹的生长。而王飞（2012）在海水网箱养殖的研究得出卵形鲳鲹对饲料脂肪的利用能力有限，提高饲料脂肪水平不能形成“蛋白质节约效应”，而且当脂肪含量达到一定量时继续增加，卵形鲳鲹幼鱼的增重会显著下降（$P<0.05$）。卵形鲳鲹幼鱼的最适蛋白和脂肪水平分别为460～490 g/kg和65 g/kg，即每日蛋白和脂肪摄食量分别为15.7～15.9 g/（kg·d）和2.1 g/（kg·d）。马学坤和麦康森（2013）用蒸汽鱼粉、无皮豆粕为蛋白源，混合油脂（鱼油、磷脂）为脂肪源，选用38%、42%和46%三个蛋白质浓度，8%、12%和16%三个脂肪梯度9种饲料饲喂卵形鲳鲹幼鱼，结果表明，饲料中42%蛋白和12%脂肪，即蛋白质能量比为28.1 mg/KJ时，特定生长率（SGR）、增重率（WG）、饲料转化率（FER）、蛋白质效率（PER）显著高于其他组，最适宜养殖卵形鲳鲹幼鱼使用，高脂肪含量的饲料有可能导致成活率的降低。但是Kang－Woong Kim在研究中指出，在考虑最适蛋白质能量比的同时，必须要保证蛋白质和能量的供应，以免鱼体不能正常地生长（高文 等，2013）。

第三节　碳水化合物对卵形鲳鲹的影响

碳水化合物是人类和家畜日粮能量形式中最便宜的，而且利用率也较高，但鱼类不同。糖类按其生理功能可以分为可消化糖或称无氮浸出物和粗纤维两大类。人类的食物中，糖类供给的能量一般占全部能量的50%～55%，在畜禽饲料中，糖类的含量也都在50%以上。鱼、虾类虽然与陆生动物一样，可以利用糖类作为其能量的来源，但是与畜、禽相比，鱼类对糖类的利用率较低，尤其是肉食性鱼类，对饲料碳水化合物利用率更低。鱼类对碳水化合物消化和代谢能力较弱，缺乏对血糖水平的调控能力。很多研究资料表明，饲料中过高的碳水化合物通常会导致鱼体出现持续的高血糖、肝肿大、肝糖原累积、生长率和饲料效率降低，严重的甚至会出现脂肪肝。影响鱼类利用饲料碳水化合物的因素很多，包括内因和外因，鱼的食性、生长发育、胰岛素水平、消化及代谢酶、能量代谢水平等这些是影响鱼类利用饲料中碳水化合物的内因，而外因是碳水化合物的种类、含量、摄食频率、环境温度等。

碳水化合物对维持正常的生理功能和存活能力有着重要作用，是鱼类大脑、鳃、红细胞等重要的代谢底物。鱼类主要以脂肪和蛋白质作为能量来源，鱼虾类的适宜糖类需求量因种而异。一般认为，海水鱼类或冷水性鱼类的可消化糖类适宜水平小于或等于20%，而淡水鱼类或温水性鱼类则高些，如鲤可达30%～40%，草鱼37%～56%，罗非鱼40%

左右（麦康森，2011）。饲料中的碳水化合物添加量一般不超过20%。鱼类被认为是天生的糖尿病患者（罗毅平 等，2010），如果鱼类饲料中碳水化合物添加水平过高，会抑制鱼体生长，导致鱼体血糖持续偏高，免疫力降低。对大多数肉食性、杂食性鱼类来说，糖不是它们食物的主要成分，但是一些草食性鱼类及某些杂食性鱼类能够较好地消化利用植物原料。这些摄食低营养水平食物的鱼类具有多种策略来帮助提高植物食物的利用率。第一，植物食性鱼类一般具有相对较长的肠道，以增加消化时间和吸收面积；第二，在胃中产生一个强酸环境来分解植物的细胞壁，对食物进行选择性消化吸收；第三，具有发达的厚壁肌胃和（或）咽磨，以磨碎植物细胞壁；第四，后肠盲肠中的共生微生物帮助发酵、降解植物性食物（麦康森，2011）。关于肉食性鱼类对糖的低利用率的原因很多：主要包括①己糖激酶活性低；②某些氨基酸比葡萄糖更易刺激胰岛素分泌；③胰脏D-细胞能够分泌生长激素抑制剂来抑制胰岛素的释放；④与哺乳动物相比，胰岛素受体数量少。

鱼类本身一般不分泌纤维素酶，不能直接利用纤维素。但研究证明：饲料中含有适量的粗纤维对维持鱼虾消化道的正常功能具有重要的作用。从配合饲料生产的角度讲，在饲料中适当配以纤维素，有助于降低成本，拓宽饲料原料来源，但饲料中纤维素过高又会导致食糜通过消化道速度加快、消化时间缩短，蛋白质和矿物元素消化率下降、粪便不易成型、水质易污染等问题。所有这些都将导致鱼类生长速度和饲料效率下降（麦康森，2011）。

目前，有关卵形鲳鲹碳水化合物营养需求研究报道较少，其配合饲料中碳水化合物含量主要参考其他海水养殖鱼类的碳水化合物需求量（20%～30%）。研究显示，饲料淀粉水平从0至16.8%时，血浆总蛋白、白蛋白含量和碱性磷酸酯酶略有增加；但在16.8%～28%时显著下降。饲料中11.2%～16.8%碳水化合物能提高免疫力，改善非特异性免疫和氧化能力（Zhou et al，2014）。卵形鲳鲹摄入过多的碳水化合物，会对机体产生不良影响，当超过卵形鲳鲹的利用限度时，多余的碳水化合物就会合成脂肪，从而导致脂肪在肝脏和肠系膜大量积累，而引起卵形鲳鲹患脂肪肝（胡金城，2004）。作为肉食性鱼类的卵形鲳鲹，粗纤维含量较高的植物蛋白饲料因其对卵形鲳鲹生长的影响而使其在配合饲料中应用受限。建议卵形鲳鲹配合饲料粗纤维含量为：稚鱼配合饲料和幼鱼配合饲料≤3.0%，中成鱼配合饲料和成鱼配合饲料≤6.0%（唐媛媛 等，2013）。

第四节　维生素和矿物质等其他因素对卵形鲳鲹的影响

一、维生素对卵形鲳鲹的影响

维生素是维持动物正常生理机能必不可少的一类低分子的有机物质，也是维持动物生命所必需的微量营养成分（谢全森 等，2008）。其主要作用是作为辅酶参与物质代谢和能量代谢的调控、作为生理活性物质直接参与生理活动、作为生物体内的抗氧化剂保护细胞和器官组织的正常结构和生理功能，还有部分维生素作为细胞和组织的结构成分（麦康森，2011）。

每一种维生素对鱼类生长发育及生理代谢活动都起着不可替代的特殊营养生理功能。少数鱼类可以自身合成或由消化道中的微生物产生维生素，绝大多数鱼类自身不能合成维生素，必须从饲料中获得，以维持其正常生理功能（唐媛媛等，2013）。

肌醇，广泛分布在动物和植物体内，是动物、微生物的生长因子，其实质是环己六醇。肌醇最早是从心肌和肝脏中分离得到。在 80 ℃以上从水或乙酸中得到的肌醇为白色晶体，熔点 253 ℃，密度 1.752 g/cm^3 （15 ℃ ），味甜，溶于水和乙酸，无旋光性。可由玉米浸泡液中提取。鱼和水生动物的饲料中需增补肌醇。肌醇对鱼类具有重要的作用，饲料中添加肌醇可提高饲料效率，加快鱼类的生长，促进肝脏和其他组织中脂肪的代谢，肌醇不足会引起缺乏症（文华 等，2007）。多种鱼类的肌醇需要量已确定，不同的鱼对肌醇的需要量不同，有些鱼类本身可以合成肌醇，因此对饲料中肌醇添加水平需求极低，有的甚至不需要，如鲍鱼、太阳鱼幼鱼等自身合成的肌醇就能够满足自身生长发育的需求量，不需要外源性肌醇添加（程镇燕，2010）。在对虾及鱼类饲料中，肌醇添加量通常为 300～500 mg/kg，瑞士罗氏药厂建议鳟及鲑饲料的添加量为 1 000 mg/kg，黄鳝及鲤 150 mg/kg 最为适宜，否则将出现肌醇缺乏症。日本仅动物用肌醇每年消费量都在 100 t 以上。

黄忠等（2011）等用肌醇分别为 350 mg/kg、458 mg/kg、507 mg/kg、720 mg/kg、1 050 mg/kg的 5 种饲料对初始质量为（8.30±0.11）g 的卵形鲳鲹进行连续投喂 56 d，来评估肌醇对卵形鲳鲹生长、饲料利用和血液指标的影响。其中投喂 720 mg/kg 肌醇饲料的卵形鲳鲹的特定生长率和增重率显著高于其他组（$P<0.05$）；中间 3 个肌醇添加水平饲料组的成活率显著高于较低和较高（350 mg/kg 和 1 050 mg/kg）2 个肌醇添加水平饲料组（$P<0.05$）；随着饲料中肌醇添加水平的提高，血糖浓度先升高后下降，当饲料中肌醇添加水平为 720 mg/kg 卵形鲳鲹的血糖浓度最高，并且显著高于 350 mg/kg 和 458 mg/kg 组卵形鲳鲹（$P<0.05$）；507 mg/kg 饲料组的低密度脂蛋白胆固醇浓度显著低于 1 050 mg/kg饲料组以外的其他组（$P<0.05$）；添加肌醇能显著降低血液甘油三酯浓度，但对血液总蛋白、尿素氮、总胆固醇和高密度脂蛋白胆固醇没有影响。

二、矿物质对卵形鲳鲹的影响

矿物质的含量虽微，但其生理功能是多方面的。矿物质除了与养殖动物的生产性能有关，与鱼类的正常生理代谢活动、重要的生理动能有密切的关系，如造血、酶的活性化等。此外，它还与蛋白质一起构成体组织和补充体内成分的消耗。鱼类摄食饲料中的矿物质可提高其对碳水化合物的利用，促进骨骼、肌肉等组织的生长，促进食欲，加快鱼的生长等（梁德海，1998；叶元土，2005）。各种矿物质在鱼体内的作用见表 6－1。

表 6-1　各种矿物质在鱼体内起到的主要生理作用

（梁德海，1998）

元素	主要生理作用
Ca	骨骼和软骨形成，血液凝固，肌肉收缩
P	骨骼形成，高能磷酸酯及其他有磷化合物的构成原料
Mg	脂肪、碳水化合物和蛋白质代谢中大多数酶助因子
Na	细胞间液的主要单价阳离子，参与神经和渗透压的调节作用
S	含硫氨基酸和胶原蛋白的必要组成成分，参与芳香族化合物的解毒作用
Cl	细胞中主要的单价阴离子，消化液的成分，与酸碱平衡有关
Fe	血红蛋白、细胞色素、过氧化物等的血红素的必要成分
Cu	血红蛋白中血红素成分，酪氨酸酶和抗坏血酸氧化酶中的辅助因子
Mn	精氨酸的某些其他代谢酶中的辅助因子，参与骨骼形成和红细胞再生
Co	维生素 B_{12}的金属成分，防止贫血
Zn	胰岛素结构、功能和必需成分，碳酸酐酶和羧肽酶的辅助因子
I	甲状腺素的成分，调节代谢
Mo	黄嘌呤、氧化酶、氢化酶和还原酶的辅助因子
Cr	参与胶原形成和调节葡萄糖代谢
Se	谷胱甘肽过氧脂物酶的辅助因子，与维生素 E 的作用密切相关
F	骨髓的组成成分

硒是动物所必需的微量元素，对动物的生长发育和免疫调节具有重要作用。硒作为谷胱甘肽过氧化物酶的辅助因子，可减少动物体内过氧化氢、脂肪酰氢过氧化物和脂肪酰乙醇的含量，从而减少脂肪的氧化。不同鱼类种类之间硒需求量差异较大，如点带石斑鱼硒需求量为 0.7 mg/kg（梁德海，1998）。吴玉波等（2013）研究表明，在饲料中添加 0.5%～2.5%的硒酵母不会显著影响卵形鲳鲹的生长速度、饲料利用效率、鱼体组成及氮、磷废物排放量；而当饲料中鱼粉含量超过 35%时，则无需在配方中添加硒酵母。

三、其他因素对卵形鲳鲹的影响

（一）不同投喂方式对卵形鲳鲹的影响

随着科学技术的进步，传统的养殖模式已经越来越不能适应快速的经济发展的需要，并且正在逐渐失去竞争力。目前，我国针对这一现象已经有所研究，如高密度养殖、工厂化养殖等，但并不是每种鱼都适合高密度养殖，不同鱼类的养殖密度也不同，充分利用饲料潜力，合理的高密度养殖，能有效地提高经济收入，但过高的养殖密度会造成鱼类失去正常的生活活性、患病等，严重的甚至造成大规模死亡。

国内针对不同投喂方式对鱼类的研究已经大量报道，研究对象包括革胡子鲇（季彦斌等，2014）、南方鲇稚鱼（史则超 等，2008）等。季彦斌等（2014）对初始体重（128.36±1.42）g 的革胡子鲇的研究时发现，生长速度最快的革胡子鲇是隔 3 d 停喂 1 d 组，生长速度最慢的是隔 7 d 停喂 1 d 的革胡子鲇。综合考虑，隔 3 d 停喂 1 d 喂养革胡子鲇获得的试验效果较理想。在实际养殖生产中可以隔 3 d 停喂 1 d 来投喂革胡子鲇，这样既可以节约饲料，降低养殖成本，又能保证鱼体的健康，减少对养殖水环境的污染。

周勤勇等（2013）用不同的投喂方式对网箱中的卵形鲳鲹进行研究，以探讨网箱中卵形鲳鲹的最佳投喂方式。他们发现，高频投喂组和饱食投喂组的卵形鲳鲹的饲料系数显著高于常规投喂组（$P<0.05$）；而高频投喂组、常规投喂组以及饱食投喂组的卵形鲳鲹的存活率均有显著差异（$P<0.05$），并且高频投喂组＞常规投喂组＞饱食投喂组；这是因为高频投喂组的卵形鲳鲹更接近表观饱食，能得到更多的营养，而更有利于卵形鲳鲹的生长 。常规投喂组卵形鲳鲹的体重体长比和肝指数均显著低于饱食投喂组（$P<0.05$）；常规投喂组卵形鲳鲹的鱼体水分、灰分含量均显著高于高频投喂组和饱食投喂组，而粗脂肪含量显著低于高频投喂组和饱食投喂组。综合人工、饲料等成本来讲，常规投喂的卵形鲳鲹的性价比更高；高频投喂虽然有利于卵形鲳鲹的生长，但是人工成本的增加太高；而饱食投喂则导致卵形鲳鲹大小不均一，患病率升高，存活率降低等；综合人工、饲料等成本来讲，常规投喂的卵形鲳鲹的性价比更高。

（二）鲜杂鱼与配合饲料饲喂卵形鲳鲹对比

方卫东（2005）研究鲜杂鱼与配合饲料饲喂卵形鲳鲹对比试验时发现：在为期 4 个月的养殖过程中，配合饲料组卵形鲳鲹的成活率、生长速度等均显著高于鲜杂鱼组（$P<0.05$），这可能是鲜杂鱼缺少某些必需氨基酸或者某一营养成分，鲜杂鱼没有配合饲料营养均衡的缘故。从饲料成本和综合经济价值看，配合饲料均优于鲜杂鱼。

参 考 文 献

艾春香 .1999. 水生动物营养免疫学研究探讨［J］. 广东饲料（5）：36－38.

艾庆辉，谢小军 .2005. 水生动物对植物蛋白源利用的研究进展［J］. 中国海洋大学学报，35（6）：929－935.

曹志华，罗静波，文华，等 .2007. 肉骨粉、豆粕替代鱼粉水平对黄鳝生长的影响［J］. 长江大学学报：自然科学版，4（1）：28－33.

陈伯华 .1979. 鱼粉的成分和营养价值［J］. 饲料研究（1）：48.

陈四清，马爱军，雷霁霖，等 .2004. 大菱鲆幼鱼的蛋白质与能量需求［J］. 水产学报，28（4）：425－430.

陈冬梅 .2001. 鱼油中 ω－3 脂肪酸的营养［J］. 四川畜牧兽医学院学报，15（1）：53－55.

程成荣，刘永坚 .2004. 杂交罗非鱼饲料中肉骨粉替代鱼粉的研究［J］. 内陆水产（5）：26－27.

程光平，黄钧，夏中生 .2001. 酵母蛋白替代鱼粉饲养胡子鲇试验［J］. 广西农业生物科学，20（1）：

42 - 45.

程镇燕.2010. 大黄鱼和鲈鱼对几种水溶性维生素营养需求及糖类营养生理的研究［D］. 青岛：中国海洋大学.

成庆泰，郑葆珊.1987. 中国鱼类系统检索［M］. 北京：科学出版社：341 - 342.

邓利，谢小军.2000. 南方鲇的营养学研究：Ⅰ. 人工饲料的消化率［J］. 水生生物学报，24（4）：347 - 355.

杜强，林黑着，牛津，等.2011. 卵形鲳鲹幼鱼的赖氨酸需求量［J］. 动物营养学报，23（10）：1725 - 1732.

杜强，林黑着，牛津，等.2011. 混合植物蛋白添加晶体氨基酸替代鱼粉对卵形鲳鲹生长的影响［C］//2011年中国水产学会学术年会论文集摘要：325.

杜强.2012. 卵形鲳鲹赖氨酸和蛋氨酸需求量及饲料中鱼粉替代的研究［D］. 上海：上海海洋大学.

方卫东.2005. 鲜杂鱼与配合饲料饲喂卵形鲳鲹对比试验［J］. 福建农业学报，20：25 - 62.

付世建，谢小军，张文兵，等.2001. 南方鲇的营养学研究：Ⅲ. 饲料脂肪对蛋白质的节约效应［J］. 水生生物学报，25（1）：70 - 75.

高文，Lemme Andreas，Claudia Silva. 2013. 豆粕替代鱼粉饲料中添加 DL-蛋氨酸对卵形鲳鲹幼鱼生长性能和体组成的影响［J］. 饲料工业，34（20）：28 - 33.

高淳仁，雷霁霖.2000. 海水鱼类高度不饱和脂肪酸营养研究概况［J］. 海洋水产研究，21（3）：72 - 74.

古群红，宋盛宪，梁国平.2010. 金鲳鱼工厂化育苗与规模化快速养殖技术［M］. 北京：海洋出版社：258.

范春燕，区又君，李加儿，等.2011. 卵形鲳鲹消化酶活性的研究：Ⅴ. 大规格幼鱼消化酶活性在不同消化器官中的分布及盐度对酶活性的影响［J］. 海洋渔业，33（4）：423 - 428.

方卫东.2005. 鲜杂鱼与配合饲料饲喂卵形鲳鲹对比试验［J］. 福建农业学报，20（增刊）：25 - 26.

华雪铭，王军，韩斌，等.2011. 玉米蛋白粉在水产饲料中应用的研究进展［J］. 水产学报，35（4）：627 - 635.

何志辉，姜宏，姜志强，等.1997. 蒙古裸腹骚作为海水鱼苗活饵料的试验［J］. 大连水产学院学报（4）：1 - 7.

候永清.2001. 水产动物营养与饲料配方［M］. 武汉：湖北科学技术出版社.

黄建盛，陈刚，张健东，等.2010. 摄食水平对卵形鲳鲹幼鱼的生长和能量收支的影响［J］. 广东海洋大学学报，30（1）：18 - 23.

黄建盛，陈刚，张健东，等.2010. 三种饲料对卵形鲳鲹幼鱼消化酶活性的影响［J］. 安徽农业科学，38（14）：7391 - 7394.

黄云，肖调义，胡毅.2010. 鱼类饲料中替代蛋白营养的研究进展［J］. 饲料博览（2）：11 - 15.

黄忠，林黑着，牛津，等.2011. 肌醇对卵形鲳鲹生长、饲料利用和血液指标的影响［J］. 南方水产科学，7（3）：39 - 44.

胡金城.2004. 工厂化养殖卵形鲳鲹脂肪肝病的防治［J］. 科学养鱼（1）：42.

季彦斌，程民杰，孙学亮，等.2014. 不同投喂方式对革胡子鲶生长性能的影响［J］. 湖北农业科学，53（2）：385 - 388.

江华，陈刚，张健东，等.2014. 限食水平与饥饿时间对卵形鲳鲹幼鱼补偿生长的影响［J］. 广东海洋大学学报，34（3）：35 - 40.

李爱杰.2005. 水产动物营养与饲料学［M］. 北京：中国农业大学出版社.

李煌，李松，徐芸，等.2005. 蛋白质组学技术在细胞信号传递机制研究中的应用［J］. 国外医学口腔医学分册，32（5）：344-346.

李同庆，郝玉江，安瑞永，等．2002. 饲料蛋白水平对史氏鲟幼体消化率的影响［J］. 淡水渔业，32（5）：51-54.

梁德海．1998. 鱼类对矿物质的营养需要及其缺乏症［J］. 饲料工业，19（10）：24-25.

林建斌，朱庆国，李金秋．2010. 点带石斑鱼幼鱼配合饲料的适宜能量蛋白比［J］. 广东海洋大学学报，30（6）：14-18.

刘锡强．2012. 卵形鲳鲹对饲料原料的体外消化率研究［D］. 湛江：广东海洋大学．

刘贤敏，刘晋，刘康，等．2010. 2010年华南地区金鲳鱼养殖报［J］. 当代水产（2）：27-29.

刘兴旺，王华朗，张海涛．2010. 豆粕和发酵豆粕替代鱼粉对卵形鲳鲹摄食生长的影响［J］. 中国饲料，18：29-36.

刘兴旺，许丹，张海涛．2011. 卵形鲳鲹幼鱼蛋白质需要量的研究［J］. 南方水产科学，7（1）：45-49.

刘兴旺，王华朗，张海涛．2011. 卵形鲳鲹幼鱼饲料中适宜蛋白能量比的研究［J］. 水产科学，30（3）：136-139.

罗毅平，谢小军．2010. 鱼类利用碳水化合物的研究进展［J］. 中国水产科学，17（2）：381-390.

马学坤，麦康森．2013. 卵形鲳鲹幼鱼对饲料中蛋白能量比和几种必需氨基酸需求的研究［D］. 青岛：中国海洋大学．

麦康森．2011. 水产动物营养与饲料学［M］. 北京：中国农业出版社．

明建华，叶金云，张易祥，等．2013. 蝇蛆粉和 L-肉碱对青鱼生长免疫与抗氧化指标及抗病力的影响［J］. 中国粮油学报，28（2）：80-86.

区又君，罗奇，李加儿，等．2011. 卵形鲳鲹消化酶活性的研究：Ⅰ．成鱼和幼鱼消化酶活性在不同消化器官中的分布及其比较［J］. 南方水产科学，7（1）：50-54.

潘瑜．2013. 亚麻油对鲤生长性能、脂质代谢及抗氧化能力的影响［D］. 重庆：西南大学．

齐旭东，区又君．2008. 卵形鲳鲹不同组织同工酶表达的差异［J］. 南方水产，4（3）：38-42.

乔本芳郎．1980. 养鱼饲料学［M］. 蔡完其，译．北京：农业出版社：46-54.

冉长城．2013. 饲料脂肪水平对低温胁迫下卵形鲳鲹生理生化指标的影响［D］. 湛江：广东海洋大学．

沈晓民，刘永发，唐瑞瑛，等．1995. 异育银鲫的蛋白质消化率研究［J］. 水产学报，19（1）：52-57.

史则超，陈孝煊，王卫民，等．2008. 不同投喂率对南方鲇稚鱼生长和存活率的影响［J］. 水生态学杂志，1（1）：93-96.

孙卫，陈刚．2013. 不同脂肪源在低温胁迫下对卵形鲳鲹生理生化指标和脂肪酸组成的影响［D］. 湛江：广东海洋大学．

唐媛媛，张蕉南，艾春香，等．2013. 卵形鲳鲹的营养需求研究及其配合饲料研发［J］. 饲料工业，34（8）：46-50.

唐媛媛．2014. 饲料蛋白质水平对卵形鲳鲹消化酶、非特异性免疫和肠道内容物细菌的影响［D］. 厦门：厦门大学．

王朝明，罗莉，张桂众，等．2010. 饲料脂肪水平对胭脂鱼生长性能、肠道消化酶活性和脂肪代谢的影响［J］. 动物营养学报，2（4）：969-976.

王爱民，韩光明，封功能，等．2011. 饲料脂肪水平对吉富罗非鱼生产性能、营养物质消化及血液生化指标的影响［J］. 水生生物学报，35（1）：80-87.

王爱民．2011. 饲料脂肪水平对吉富罗非鱼生长及脂肪代谢调节的研究［M］. 南京：南京农业大学．

王飞，马旭洲．2012. 卵形鲳鲹饲料最适蛋白和脂肪需求及添加不同动植物原料的研究［D］. 上海：上海海洋大学．

王桂芹．2011. 鱼类蛋白质营养生理的研究［M］. 长春：吉林大学出版社：53.

王放，王显伦．1997. 食品营养保健［M］. 北京：中国轻工业出版社．

王吉桥，张欣，刘革利．2001. 海水鱼类必需脂肪酸营养与需要的研究进展［J］. 水产科学，20（5）：39－43.

韦家勇，薛良义．2004. 鱼类生长激素的研究概况［J］. 浙江海洋学院学报，23（1）：56－59.

文华，赵智勇，蒋明，等．2007. 草鱼幼鱼肌醇营养需要量的研究［J］. 中国水产科学，14（5）：794－800.

吴玉波，王岩．2011. 投喂频率对卵形鲳鲹生长、食物利用及鱼体组成的影响［C］//2011 年中国水产学会学术年会摘要集：376.

吴玉波，韩华，王岩．2013. 饲料中硒酵母添加水平对卵形鲳鲹生长、食物利用及鱼体组成的影响［J］. 饲料工业，34（12）：13－17.

吴玉波，王岩．2014. 利用大豆蛋白原料替代卵形鲳鲹饲料鱼粉的潜力和营养学机理［D］. 杭州：浙江大学．

谢全森，李俊伟．2008. 鲆鲽鱼类维生素及微量元素营养需求研究进展［J］. 现代农业科学，15：5－7.

许兵，徐怀恕．1992. 水生细菌儿种计数方法的比较［J］. 青岛海洋大学报，22（3）：43－48.

徐晓娟，区又君，李加儿．2010. 延迟投饵对卵形鲳鲹早期仔鱼阶段摄食、成活及生长的影响［J］. 南方水产，6（1）：37－40.

姚林杰．2013. 团头鲂三个生长阶段适宜蛋白/脂肪（蛋白/能量）比和脂肪需要量的研究［D］. 苏州：苏州大学．

叶元土．2005. 淡水鱼类营养与饲料配制技术发展趋势与存在问题分析［J］. 饲料广角（下），10：32－36.

于丹，唐瞻阳，麻艳群，等．2010. 饲料脂肪水平对江黄颡鱼幼鱼生长性能的影响［J］. 水产养殖，31（9）：20－25.

赵丽梅，王喜波，张海涛，等．2011. 金鲳鱼饲料中发酵豆粕替代鱼粉的研究［J］. 中国饲料（11）：20－22.

张伟涛．2009. 卵形鲳鲹 *Trachinotusovatus* 对饲料脂肪利用率的研究［D］. 苏州：苏州大学．

张锋斌，李维平．1998. 玉米蛋白粉的营养成分及应用［J］. 畜牧兽医杂志，17（4）：26－28.

张春暖，王爱民，刘文斌，等．2013. 饲料脂肪水平对梭鱼脂肪沉积、脂肪代谢酶及抗氧化酶活性的影响［J］. 中国水产科学，20（1）：108－115.

张永正，周凡，邵庆均，等．2009. 黑鲷幼鱼赖氨酸需求量的研究［J］. 动物营养学报，21（1）：78－87.

张少宁，徐继林，侯云丹，等．2010. 卵形鲳鲹不同组织器官脂肪酸组成含量的比较［J］. 食品科学，31（10）：192－195.

朱元鼎，张春霖，张有为．1962. 南海鱼类志［M］. 北京：科学出版社：392－394.

周凡，邵庆均．2010. 鱼类必需氨基酸营养研究进展［J］. 饲料与畜牧：新饲料（8）：20－26.

周继术，吉红，王建华，等．2008. 鱼油对鲤生长及脂质代谢的影响［M］. 中国海洋大学学报，38（2）：275－280.

周勤勇，李鑫渲，罗文佳，等．2013. 不同投喂方式对网箱养殖卵形鲳鲹生长及其营养成分的影响［J］. 渔业现代化，40（1）：13－17.

Anderen N C，Alsted N S. 1993. Growth and body composition of turbot（*Scophthalmus maximus* L.）in relation to different lipid/protein rations in the diet［J］. Fish Nutrition in Practice，61：479－491.

Castell J D，Bell J G，Tocher D R，et al. 1994. Effects of purified diets containing different combinations of arachidonic and docosahexaenoic acid on survival growth and fatty acid composition of juvenile turbot［J］.

Aquaculture，128：315－333.

Daniels W H，Robinson E H. 1986. Protein and energy requirements of juvenile red drum（*Sciaenops ocellatus*）[J]. Aquaculture，53：243－252.

Furuita H，Tanaba H，Yamamoto T，et al. 2002. Effects of high levels of n-3 HUFA in broodstock diet on egg quality and egg fatty acid composition of Japanese flounder，*Paralichthys olivaceus* [J]. Aquaculture，210：323－333.

Kanazawa A. 1997. Effects of docosahexaenoic acid and phosphorlipds on stress tolerance in fish [J]. Aquaculture，155：129－134.

Kim K W，Wang X J，Choi S M. 2004. Evaluation of optimum dietary protein-to-energy ratio in juvenile olive flounder *Paralichthys olivaceus* [J]. Aquaculture Research，35：250－255.

Lee S M，Lee J H，Kim K D. 2002. Effect of dietary essential fatty acids on growth，body composition and blood chemistry of juvenile starry flounder（*Platichthys stellatus*）[J]. Aquaculture，225：269－281.

Niu J，Du Q，Lin H Z，et al. 2013. Quantitative dietary methionine requirement of juvenile golden pompano *Trachinotusovatus* at a constant dietary cystinelevel [J]. Aquaculture Nutrition，19（5）：677－686.

Robin J H，Vincent B. 2002. Micro particulate diets as first food for gilthead sea bream larval（*Sparus aurata*）：study of fatty acid incorporation [J]. Aquaculture，225：463－474.

Servando R L，Juan P L，Gabriel C R. 2011. Effect of dietary protein and energy levels on growth，survival and body composition of juvenile *Totoaba macdonaldi* [J]. Aquaculture，319：385－390.

Wang F，Han H，Wang Y，et al. 2013. Growth，feed utilization and body composition of juvenile golden pompano *Trachinotus ovatus* fed at different dietary protein and lipid levels [J]. Aquaculture Nutrition，19：360－367.

Wang Y，Guo J L，Li K. 2006. Effects of dietary protein and energy levels on growth，feedutilization and body composition of cuneate drum [J]. Aquaculture，252：421－428.

Watanabe T. 2002. Strategies for further development of aquatic feeds [J]. Fisheries Science，68（2）：242－252.

Zhou C P，Ge X P，Lin H Z，et al. 2014. Effect of dietary carbohydrate on non－specific immune response，hepatic antioxidative abilities and disease resistance of juvenile golden pompano（*Trachinotus ovatus*）[J]. Fish & Shellfish Immunology，41：183－190.

第七章
卵形鲳鲹的病害与防控

第一节　疾病的概论

一、疾病发生的病因

目前，我国已进行人工养殖、蓄养和试验性养殖的海水动、植物超过100多种。养殖方式已向池塘、网箱和工厂化等精养方式发展。对疾病的发生原因，大都简单地认为是病毒、细菌和寄生虫等生物性病原体入侵的结果，因为疾病一旦发生，所观察到的疾病发展过程和其所表现的症状，大多数取决于某种病原体及其特征。通过控制和杀灭病原体的方法可以起到一定的效果。但是在生产实践中，人们也常常碰到某些疾病的发生并未发现病原体的存在。由此可见，养殖海水鱼类的疾病发生是包括生物性病原在内诸多因子相互作用的结果。

1. 病因的分类

(1) 病原的侵害　指致病的病毒、细菌、真菌、原虫、蠕虫和寄生甲壳动物等对宿主的入侵。

(2) 环境因素　指养殖水体的温度、盐度、溶氧量、酸碱度、光照等理化因素的变动或污染物质等，超越了养殖动物所能忍受的临界限度就能致病。水又是一种优质的溶剂和悬浮剂，它可溶解各种物质，包括鱼类自身排泄物及人为污染的有害物质；作为悬浮剂，则可悬浮各种有机碎屑以及细菌、单细胞藻类、原生动物、虫卵等。这些有形或无形的物质和成分，有许多种类对养殖鱼类是有害的，由于它们的存在和作用，可直接或间接地损害鱼的机体，导致疾病的发生。

(3) 营养因素　指投喂饲料的数量或饲料中所含的营养成分不能满足养殖动物维持生活的最低需要时，饲养动物往往生长缓慢或停止，身体瘦弱，抗病力降低，严重时就会出现明显的症状甚至死亡。

(4) 动物自身因素　如养殖鱼自身的某种畸形、遗传缺陷等。

(5) 机械损伤　在捕捞、运输和饲养管理过程中，往往由于工具不适宜或操作不小心，使饲养动物身体受到摩擦或碰撞而受伤。受伤处组织破损，机能丧失，或体液流失，渗透压紊乱，引起各种生理障碍以至死亡。除了这些直接危害以外，伤口又是各种病原微生物侵入的途径。

2. 病原、宿主和环境的关系

由病原生物引起的疾病是病原、宿主和环境三者互相影响的结果。

(1) 病原 养殖动物的病原种类很多，不同种类的病原对宿主的毒性或致病力各不相同，同一种病原的不同生活时期对宿主毒性也不相同。病原在宿主的身体上必须达到一定的数量时，才能使宿主发病。病原对宿主的危害性主要有下列三个方面：首先是夺取营养。有些病原是以宿主体内已消化或半消化的营养物质为食，有些寄生虫则直接吸食宿主的血液，无论以哪种方式夺取营养都能使宿主营养不良，甚至贫血，身体瘦弱，抵抗力降低，生长发育迟缓或停止。其次是机械损伤。有些寄生虫利用吸盘、钩子、铗子等固着器官损伤宿主组织，也有些寄生虫可用口器刺破或撕裂宿主的皮肤或鳃组织，引起宿主组织发炎、充血、溃疡或细胞增生等病理症状。有些病原会分泌有害物质。如某些单殖吸虫能分泌蛋白分解酶溶解口部周围的宿主组织，以便摄食其细胞，有些寄生虫可以分泌毒素，使宿主受到各种毒害。

(2) 宿主 宿主对病原的敏感性有强有弱，宿主的年龄、免疫力、遗传性质、生理状态、营养条件、生活环境等都能影响宿主对病原的敏感性。

(3) 环境条件 水域中的生物种类、种群密度、饵料、光照、水流、水温、盐度、溶氧量、酸碱度及其他水质情况都与病原的生长、繁殖和传播等有密切的关系，也严重地影响着宿主的生理状况和抗病力。海水盐度过高或过低也会影响鱼的生长发育和抗病能力，特别是盐度突然变化时，鱼都不能很快适应，往往致死或引发疾病。养殖水体中饵料残渣和鱼粪便等有机物质腐烂分解，产生许多有害物质，使养殖水体发生自身污染。有时外来的污染更为严重，这些外来的污染一般来自工厂、矿山、油田、码头和农田的排水，排水中大多数含有重金属离子或其他有毒的化学物质，这些有毒物质都可能使鱼急性或慢性中毒。总之，病原、宿主和环境条件三者有极为密切的相互影响的关系，这三者相互影响的结果决定疾病的发生和发展。在诊断和防治疾病时，必须全面考虑这些关系，才能找出其主要病因所在，采取有效的预防和治疗方法。

二、疾病的检查与诊断

1. 疾病的诊断依据

目前，尚难于做到通过检测患病鱼体的各项生理指标而对鱼类疾病进行诊断，大多只能通过病鱼的症状和显微镜检查的结果作出确诊，大致可以根据以下几条原则进行鱼病的诊断。

(1) 判断是否由病原体引起的疾病 有些卵形鲳鲹出现发病，并非是由于传染性或者寄生性病原体引起的，可能是由于水体中溶氧量低导致的鱼体缺氧，各种有毒物质导致的鱼体中毒等。这些非病原体导致的鱼体不正常或者死亡现象，通常都具有明显不同的症状。首先，因为饲养在同一水体的鱼类受到来自环境的应激性刺激是大致相同的，鱼体对相同应激性因子的反应也是相同的，因此，鱼体表现出的症状比较相似，病理发展进程也比较一致；其次，某些有毒物质引起鱼类的慢性中毒外，非病原体引起的鱼类疾病，往往会在短时间内出现大批鱼类失常甚至死亡，查明患病原因后，立即采取适当措施，症状可能很快消除，通常都不需要进行长时间治疗。

（2）依据疾病发生的季节　各种病原体的繁殖和生长均需要适宜的温度，而饲养水温的变化与季节有关，鱼类疾病的发生大多具有明显的季节性，适宜于低温条件下繁殖与生长的病原体引起的疾病大多发生在冬季，而适宜于较高水温的病原体引起的疾病大多发生在夏季。

（3）依据患病鱼体的外部症状和游动状况　虽然多种传染性疾病均可以导致鱼类出现相似的外部症状，但是，不同疾病的症状也具有不同之处，而且患有不同疾病的鱼类也可能表现出特有的游泳状态。如鳃部患病的鱼类一般均会出现浮头的现象，而当鱼体上有寄生虫寄生时，就会出现鱼体挤擦和时而狂游的现象。

（4）依据鱼类的种类和发育阶段　各种病原体对所寄生的对象具有选择性，而处于不同发育阶段的各种鱼类由于其生长环境、形态特征和体内化学物质的组成等存在差异，对不同病原体的感受性也不一样。有些疾病在幼鱼中容易发生，在成鱼阶段就则不会出现。

（5）依据疾病发生的水域特征　由于不同水域的水源、地理环境、气候条件以及微生态环境均有所不同，导致不同地区的病原区系也有所不同，对于某一地区特定的饲养条件而言，经常流行的疾病种类并不多，甚至只有 1～2 种，如果是当地从未发现过的疾病，患病鱼也不是从外地引进的话，一般都可以不加考虑。

2. 疾病的检查与确诊方法

（1）检查鱼病的工具　对卵形鲳鲹疾病进行检查时，需要用到一些器具，可根据具体情况购置。一般而言，养殖规模较大的养殖场和专门从事水产养殖技术研究与服务的机构和人员，均应配置解剖镜和显微镜等，有条件的还应该配置部分常规的分离、培养病原菌的设备，以便解决准确判断疑难病症的问题。即使个体水产养殖业者，也应该准备一些常用的解剖器具，如放大镜、解剖剪刀、解剖镊子、解剖盘和温度计等（图 7－1）。

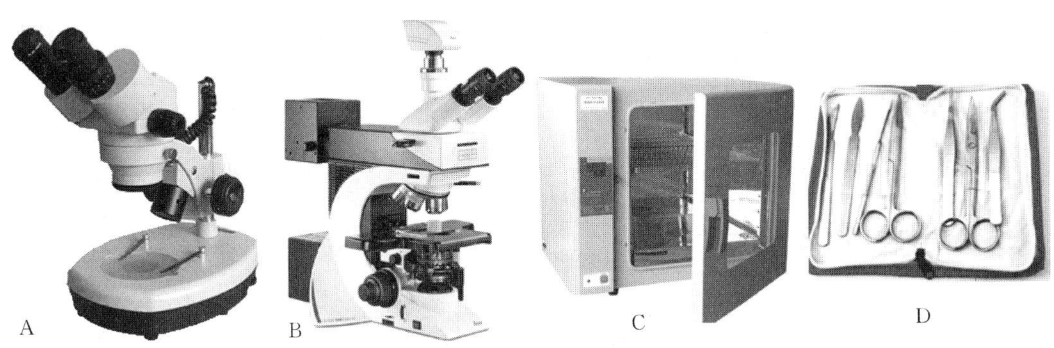

图 7－1　检查鱼病常用工具

A. 解剖镜　B. 显微镜　C. 培养箱　D. 解剖器具

（2）检查鱼病的方法 用于检查疾病的卵形鲳鲹，最好是既具有典型的病症又尚未死亡的鱼体，死亡时间太久的鱼体一般不适合用作疾病诊断的材料。做鱼体检查时，可以按从头到尾、先体外后体内的顺序进行，发现异常的部位后，进一步检查病原体。有些病原体因为个体较大，肉眼即可看见如锚头鳋、鲺等，还有一些病原体个体较小，肉眼难以辨别，需要借助显微镜或者分离培养病原体，如车轮虫和细菌性病原体等。

肉眼检查：①观察鱼体的体型，注意是瘦弱还是肥硕。体型瘦弱往往与慢性型疾病有关，而体型肥硕的鱼体大多是患的急性型疾病；鱼体腹部是否臌胀，如出现臌胀的现象应该查明臌胀的原因。此外，还要观察鱼体是否有畸形。②观察鱼体的体色，注意体表的黏液是否过多，鳞片是否完整，机体有无充血、发炎、脓肿和溃疡的现象出现，眼球是否凸出，鳍条是否出现蛀蚀，肛门是否红肿外突，体表是否有水霉、水泡或者大型寄生物等。③观察鳃部，注意观察鳃部的颜色是否正常，黏液是否增多，鳃丝是否出现缺损或者腐烂等。④解剖后观察内脏，若是患病鱼比较多，仅凭对鱼体外部的检查结果尚不能确诊，应解剖 1～2 尾鱼检查内脏。解剖鱼体的方法是：剪去鱼体一侧的腹壁，从腹腔中取出全部内脏，将肝脏、脾脏、肾脏、胆囊、肠等脏器逐个分离开，逐一检查。注意肝脏有无淤血，消化道内有无饵料，肾脏的颜色是否正常，腹腔内有无腹水等。

显微镜检查：在肉眼观察的基础上，从体表和体内出现病症的部位，用解剖刀和镊子取少量组织或黏液，置于载玻片上，加 1～2 滴清水（从内部脏器上采取的样品应该添加生理盐水），盖上盖玻片，稍稍压平，然后放在显微镜下观察，特别应注意对肉眼观察时有明显病变症状的部位作重点检查。显微镜检查特别有助于对原生动物等微小的寄生虫引起疾病的确诊。

（3）确诊 根据对鱼体检查的结果，结合各种疾病发生的基本规律，就基本上可以明确疾病发生原因而作出准确诊断。需要注意的是，当从鱼体上同时检查出两种或者两种以上的病原体时，如果两种病原体是同时感染的，即称为并发症，若是先后感染的两种病原体，则将先感染的称为原发性疾病，后感染的称为继发性疾病。对于并发症的治疗应该同时进行，或者选用对两种病原体都有效的药物进行治疗。由于继发性疾病大多是原发性疾病造成鱼体损伤后发生的，对于这种状况，应该找到主次矛盾后，依次进行治疗。对于症状明显、病情单纯的疾病，凭肉眼观察即可作出准确的诊断。但是，对于症状不明显，病情复杂的疾病，就需要作更详细的检查方可作出准确的诊断。当遇到这种情况时，应该委托当地水产研究部门的专业人员协助诊断。当由于症状不明显，无法作出准确诊断时，也可以根据经验采用药物边治疗，边观察，进行所谓试验性治疗，积累经验。

三、疾病的预防控制

卵形鲳鲹人工养殖过程中，由于环境条件、种群密度、饲料的质量等，往往与生活在天然环境中有较大的差别，很难完全满足这些动物的需要，这样就会降低机体对疾病的抵抗力。对卵形鲳鲹不利的条件却对某些病原的增殖和传播很有利，再加上捕捞、运输和养殖过程中的人工操作，常使动物身体受伤，病菌乘机侵入，所以养殖的卵形鲳鲹比在天然条件下容易生病。生病后，轻者影响其生长繁殖，使产量减少，并且外形难看，商品价值下降；重者则引起死亡。因此，鱼类在育苗和养成过程中，疾病往往成为生产成败关键的问题之一。卵形鲳鲹病害的种类较多，主要由细菌、病毒、原生动物、单殖吸虫、复殖吸虫、寄生甲壳类以及营养失调和环境恶化引起。对于疾病预防控制的关键是采取合适恰当的预防措施和治疗方法。要做好这些工作必须具备病原生物的形态构造、分类方法、生态习性、繁殖习性、生活史和传播方法、药物学和药理学等知识。

1. 预防措施

卵形鲳鲹生病后不如陆生动物生病时那样容易被发现，一般在发现时已有部分动物死亡。因为它们栖息于水中，所以给药的方法也不如治疗陆生动物那么容易，剂量很难准确。并且，在发现疾病后即便能够治愈，也耗费了药品和人工，影响了动物的生长和繁殖，在经济上已造成了损失。治病药物多数具有一定的毒性：一方面或多或少地直接影响养殖动物的生理和生活，使动物呈现消化不良、食欲减退、生长发育迟缓、游泳反常等，甚至有急性中毒现象；另一方面可能杀灭水体中的像硝化细菌那样的有益微生物，从而破坏了水体中的物质循环，扰乱了水体的化学平衡；有大量浮游生物存在的水体中，往往在泼药以后，大批的浮游生物被杀死并腐烂分解，引起水质的突然恶化，可能会发生全池动物死亡的事故。另外，有些药物在池水中或养殖动物体内留有残毒。因此，防重于治的观点一定要树立。防病措施主要有下列几项。

（1）彻底清池　对于池塘养殖模式来说，要进行清除池底污泥和池塘消毒两个内容。育苗池、养成池、暂养池或越冬池在放养前都应清池。育苗池和越冬池一般都用水泥建成。新水泥池在使用前一个月左右就应灌满清洁的水，浸出水泥中的有毒物质，浸泡期间应隔几天换一次水，反复浸洗几次以后才能使用。已用过的水泥池，在再次使用前只要彻底洗刷，清除池底和池壁污物后，再用 1/10 000 左右的高锰酸钾或漂粉精等含氯消毒剂溶液消毒，最后用清洁水冲洗，就可灌水使用。养成池和暂养池一般为土池。新建的池塘一般不需要浸泡和消毒，如果灌满水浸泡 2～3 d，再换水后放养更加安全。已养过鱼的池塘，因在底泥中沉积有大量残饵和粪便等有机物质，形成厚厚的一层黑色污泥。这些有机质腐烂分解后，不仅消耗溶解氧、产生氨、亚硝酸盐和硫化氢等有毒物质，而且成为许多种病原体滋生基地，因此应当在养殖的空闲季节即冬季或春季将池水排干，将污泥尽可能地挖掉。放养前再用药物消毒。消毒时应在池底留有少量水，盖过池底即可，然后用漂粉精 20～30 mg/L，或漂白粉 50～80 mg/L 浓度，或生石灰 400 mg/L 浓度左右，溶于水中后均匀泼洒全池，过 1～2 d 后灌入新水，再过 3～5 d 后就可放养。

（2）保持适宜的水深和优良的水质及水色　①水深的调节在养殖的前期，因为养殖鱼类个体较小，水温较低，池水以浅些为好，有利于水温回升和饵料生物的生长繁殖。以后随着鱼体长大和水温上升，应逐渐加深池水，到夏秋高温季节水深最好达 1.5 m 以上。②水色的调节。水色以淡黄色、淡褐色、黄绿色为好，这些水色一般以硅藻为主。淡绿色或绿色以绿藻为主，也还适宜。如果水色变为蓝绿、暗绿，则蓝藻较多，水色为红色可能甲藻占优势，黑褐色，则溶解或悬浮的有机物质过多，这些水色对养殖动物都不利。透明度的大小，主要说明浮游生物数量的多少，以 40～50 cm 为好。无论哪种浮游生物，如果繁殖过量，在水面漂浮一层，这叫水花，此时透明度一般很低，说明水质已老化，应尽快换水。③换水是保持优良水质和水色的最好办法，但要适时适量才有利于鱼的健康和生长。当水色优良、透明度适宜时，可暂不换水或少量换水。在水色不良或透明度很低时，或养殖动物患病时，则应多换水、勤换水。在换水时应注意水源中的水质情况，当水源中发现赤潮时或有其他污染物质时应暂停换水。也可用增氧机或充气增加池水的含氧量。

(3) 放养健壮的种苗和适宜的密度 放养的种苗应体色正常，健壮活泼，必要时应先用显微镜检查，种苗上不能带有危害严重的病原。放养密度应根据池塘条件、水质和饵料状况、饲养管理技术水平等，决定适当密度，切勿过密。

(4) 饵料应质优量适和改善生态环境 质优是指饵料及其原料绝对不能发霉变质，饵料的营养成分要全，特别不能缺乏各种维生素和矿物质，应是对环境污染少的环保饲料。量适是指每天的投饵量要适宜，每天的投喂量要分多次投喂。每次投喂前要检查前次投喂的吃食情况，以便调整投饵量。人为改善池塘中的生物群落，使之有利于水质的净化，增强养殖鱼类的抗病能力，抑制病原生物的生长繁殖。如在养殖水体中使用水质改良剂益生菌、光合细菌等。

(5) 操作要谨慎和巡塘检查 在对养殖动物捕捞、搬运及日常饲养管理过程中应细心操作，不使动物受伤，因为受伤的个体最容易感染细菌。在饲养过程中，应每天至少巡塘 1～2 次，应注意鱼的活动情况、摄食情况、水温、水流、水色和透明度等，必要时可测定溶氧量、盐度、pH 以及其他水化学方面的情况，以便及时发现可能引起疾病的各种不良环境，尽早采取改进措施，防患于未然。

(6) 防止病原传播和严格执行检疫制度 在日常工作中防止病原的传播主要应采取的措施：①对生病的和带有病原的动物要进行隔离。②在生病的池塘中用过的工具应当用浓度较大的漂白粉、硫酸铜或高锰酸钾等溶液消毒，或在强烈的阳光下晒干，然后才能用于其他池塘。有条件的也可以在生病池塘中设专用工具。③病死或已无可救药的动物，应及时捞出并深埋他处或销毁，切勿丢弃在池塘岸边或水源附近，以免被鸟兽或雨水带入养殖水体中。④已发现有疾病的动物在治愈以前不应向外移植。

目前国际间和国内各地区间水产动物的移植或交换日趋频繁，为防止病原随着动物的运输而传播，必须遵守《中华人民共和国动物检疫法》。对于国际间或国内不同地区间养殖鱼类的运输，应当进行严格检疫，防止病原随着动物的运输而传播。特别对一些国家或地区特有的危害严重传染病，要深入了解其宿主范围、分布地区、发病的条件、病原的形态特征和生活史、疾病的症状和潜伏期，才能有针对性地进行检验。

(7) 药物预防和人工免疫 卵形鲳鲹在运输之前或运到之后，最好先用适当的药物将体表携带的病原杀灭，然后放养。一般的方法是在 8 mg/L 的硫酸铜或 10 mg/L 的漂白粉或 20 mg/L 的高锰酸钾等溶液内浸洗 15～30 min，然后放养。在卵形鲳鲹养殖水体中，于生病季节到来时，针对某种常发疾病定期投喂药饵或全池泼洒药物也是有效的预防方法。对一些经常发生的危害严重的病毒性及细菌性疾病，可制成人工疫苗，用口服、浸洗或注射等方法送入鱼体，以达到人工免疫的作用，这一工作在鱼类养殖中已取得了一定的成效。

（8）选育抗病力强的种苗　利用某些养殖品种或群体对某种疾病有先天性或获得性免疫力的原理，选择和培育抗病力强的苗种作为放养对象，可以达到防止该种疾病的目的。最简单的办法是从生病养殖水体中选择始终未受感染的或已被感染但很快又痊愈了的个体，进行培养并作为繁殖用的亲体，因为这些动物的本身及其后代一般具有了免疫力。如果某一水体中经常发生某些疾病时，也可将该水体放养的动物改养对这种病具有先天免疫力的种类。

2. 疾病的治疗时机

疾病的治疗是用药品消灭或抑制病原，或改善养殖动物的环境及营养条件。发生疾病以后要得到有效的治疗，必须掌握治疗时机。对于卵形鲳鲹的疾病，只要发现得早，及时适当地进行治疗，大多数疾病是可以治愈的。但是如果不仔细检查，在患病的初期往往不能及时发现，待到病情严重，大部分已停止吃食或发生大批死亡时，口服药物已不起作用，外用药也难以见效，这时已耽误了治疗时机，即使一部分病轻者尚能治愈，也会造成严重损失。

第二节　卵形鲳鲹细菌性疾病

一、细菌性疾病概述

细菌性疾病是鱼类中最为常见而且是危害较大的一类疾病。随着养殖事业的发展，有关这方面的研究报告也日渐增多。与病毒性疾病不同，细菌性病原可以进行人工培养，在光学显微镜下一般都可看得见，用化学药物可以进行防治。细菌种类繁多，从形态上可分为球菌、杆菌和螺旋菌三大类。细菌属原核型细胞的一种单胞生物，形体微小，结构简单。无成形细胞核，即细胞核没有核膜和核仁，没有固定的形态，仅是含有 DNA 的核物质。细菌有些种类有鞭毛、荚膜或芽孢。鞭毛是运动胞器，荚膜和芽孢有抵抗不良环境的作用，所有细菌可分为革兰氏染色阴性（红色）和阳性（紫色）两大类。一般将细菌染色后用光学显微镜观察，可识别各种细菌的形态特点，而其内部的超微结构须用电子显微镜才能看到。细菌的形态对诊断和防治疾病以及研究细菌等方面工作，具有重要的理论和实践意义。

1. 细菌的形态与结构

观察细菌常用光学显微镜，通常以 μm 作为测量它们大小的单位。肉眼的最小分辨率为 0.2 mm，观察细菌要用光学显微镜放大几百倍到上千倍才能看到。不同种类的细菌大小不一，绝大多数细菌直径为 0.2～2 μm，长度为 2～8 μm。细菌的大小因生长繁殖的阶段不同而有所差异，也可受环境条件影响而改变。细菌按其外形主要有三类，球菌、杆菌和螺形菌。球菌呈圆球形或近似圆球形，有的呈矛头状或肾状，单个球菌的直径约在 0.8～1.2 μm。杆菌的大小、长短、弯度、粗细差异较大，大多数杆菌中等大小长 2～5 μm、宽 0.3～1 μm。螺形菌菌体弯曲，有的菌体只有一个弯曲，呈弧状或逗点状，有的菌体有数个弯曲。细菌的结构包括基本结构和特殊结构，基本结构指细胞壁、细胞膜、细胞质、核质、核糖体、质粒等各种细菌都具有的细胞结构；特殊结构包括荚膜、鞭毛、菌毛、芽孢等仅某些细菌才有的细胞结构（图 7－2）。

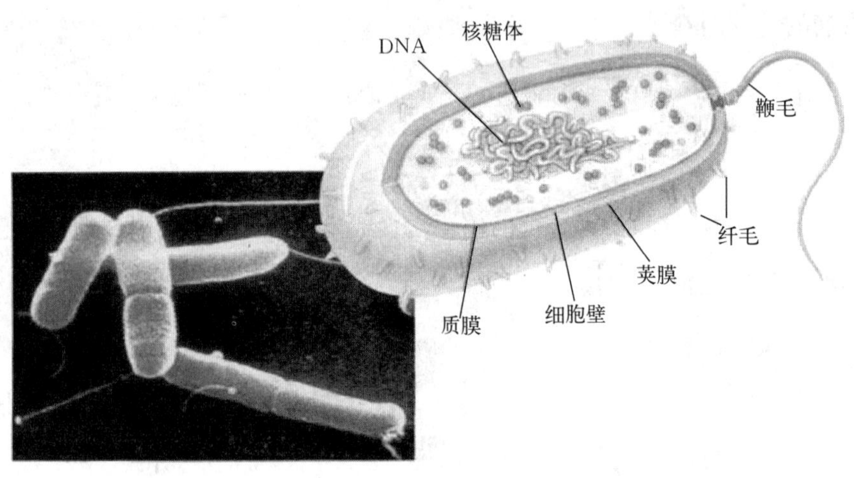

图 7－2　细菌的形态与结构

（Raven and Johnson，1992）

2. 细菌的分类与命名

和其他生物分类一样，细菌的分类单元也分为七个基本的分类等级或分类阶元，由上而下依次是：界、门、纲、目、科、属、种。细菌检验常用的分类单位是科、属、种，种是细菌分类的基本单位。形态学和生理学性状相同的细菌群体构成一个菌种；性状相近、关系密切的若干菌种组成属；相近的属归为科，依此类推。在两个相邻等级之间可添加次要的分类单位，如亚门、亚纲、亚属、亚种等。同一菌种不同来源的细菌称该菌的不同菌株。它们的性状可以完全相同，也可以有某些差异。具有该种细菌典型特征的菌株称为该菌的标准菌株，在细菌的分类、鉴定和命名时都以标准菌株为依据，标准菌株也可作为质量控制的标准。国际上一个细菌种的科学命名采用拉丁文双命名法，由两个拉丁字组成，前一字为属名，用名词，首字母大写；后一字为种名，用形容词，首字母小写，印刷时用斜体字。中文译名则是以种名放在前面，属名放在后面，例如：*Mycobacterium tuberculosis*（结核分枝杆菌）。有时某些常见的细菌也可用习惯通用的俗名，如 *Tubercle bacillus*

（结核杆菌）。

3. 细菌的生长繁殖

细菌生长繁殖的基本条件包括：充足的营养物质、合适的酸碱度、适宜的温度和必要的气体环境。细菌的繁殖方式是无性二分裂法。在适宜条件下，多数细菌分裂一次仅需20～30 min。若将一定数量的细菌接种于适宜的液体培养基中，在不补充营养物质或移去培养物，保持整个培养体积不变条件下，以时间为横坐标，以菌数为纵坐标，根据不同培养时间里细菌数量的变化，可以作出一条反映细菌在整个培养期间菌数变化规律的曲线，称为细菌的生长曲线。生长曲线可人为分为迟缓期、对数生长期、稳定期和衰亡期。迟缓期是指细菌进入新环境的适应阶段，1～4 h，此期细菌体积增大，代谢活跃，但不分裂，主要是合成各种酶、辅酶和代谢产物，为今后的增殖准备必要的条件；对数期是细菌培养至8～18 h，则以几何级数恒定快速增殖，在曲线图上，活菌数的对数直线上升至顶峰，此期细菌的大小、形态、染色性、生理活性等都较典型，对抗生素等外界环境的作用也较为敏感，细菌的鉴定等选用此期为佳；稳定期是指由于培养基中营养物质的消耗，毒性代谢产物积聚，pH下降，使细菌的繁殖速度渐趋减慢，死亡数逐步上升，此时，细菌繁殖数与死亡数趋于平衡，此期细菌形态和生理特性发生变异，如革兰氏阳性菌可能被染成阴性菌，同时细菌产生和积累代谢产物，如外毒素、抗生素等，芽孢也多在此期形成；衰亡期是指细菌繁殖速度减慢或停止，死菌数迅速超过活菌数。此期细菌形态显著改变，菌体变长、肿胀或扭曲，出现畸形或衰退型等多形态，有的菌体自溶，难以辨认，代谢活动停滞。

4. 细菌的感染与致病机理

侵入生物机体并引起疾病的细菌称为病原菌或病原体，感染是指病原微生物在宿主体内持续存在或增殖，也反映机体与病原体在一定条件下相互作用而引起的病理过程。一方面，病原体侵入机体，损害宿主的细胞和组织；另一方面，机体运用各种免疫防御功能，杀灭、中和、排除病原体及其毒性产物。两者力量的强弱和增减，决定着整个感染过程的发展和结局，环境因素对这一过程也产生很大影响。因此，通常认为病原体、宿主和环境是决定传染结局的三个因素。病原菌突破宿主防线，并能在宿主体内定居、繁殖、扩散的能力，称为侵袭力。细菌通过具有黏附能力的结构如菌毛黏附于宿主的消化道等黏膜上皮细胞的相应受体，于局部繁殖，积聚毒力或继续侵入机体内部。细菌的荚膜和微荚膜具有抗吞噬和体液杀菌物质能力，有助于病原菌在体内存活。

细菌的感染途径来源于宿主体外的感染，称为外源性感染，主要来自患病机体及健康带菌（毒）者。而当滥用抗生素导致菌群失调或某些因素致使机体免疫功能下降时，宿主体内的正常菌群可引起感染，称为内源性感染。病原体一般通过以下几种途径感染：接触感染某些病原体通过与宿主接触，侵入宿主完整的皮肤或正常黏膜引起感染；创伤感染某些病原体可通过损伤的皮肤黏膜进入体内引起感染；消化道感染宿主摄入被病菌污染的食物而感染。

细菌的致病性是对特定宿主而言，能使宿主致病的病原菌与不使宿主致病的非致病菌二者之间并无绝对界限。有些细菌在一般情况下不致病，但在某些条件改变的特殊情况下亦可致病，称为条件致病菌或机会致病菌。病原菌侵入宿主后，由于病原菌、宿主与环境三方面力量的对比，通常会出现下面四种结局。

（1）隐性感染 如果宿主免疫力较强，病原菌数量少，毒力弱，感染后对机体损害轻，不出现明显临床表现称为隐性感染。隐性感染后，可使机体获得特异性免疫力，亦可携带病原菌作为重要传染源。

（2）潜伏感染 如果宿主在与病原菌的相互作用过程中保持相对平衡，使病原菌潜伏在病灶内，一旦宿主抵抗力下降，病原菌大量繁殖就会致病。

（3）带菌状态 如果病原菌与宿主双方都有一定的优势，但病原仅被限制于某一局部且无法大量繁殖，两者长期处于相持状态，就称带菌状态，宿主即为带菌者，带菌者经常或间歇排出病菌，成为重要传染源之一。

（4）显性感染 如果宿主免疫力较弱，病原菌入侵数量多，毒力强，使机体发生病理变化，出现临床表现称为显性感染或传染病。

二、美人鱼发光杆菌病

1. 病原

主要病原为美人鱼发光杆菌杀鱼亚种（*Photobacterium damsela* ssp. *piscicida*），即以前报道的杀鱼巴斯德氏菌（*Pasteurella piscida*）。为革兰氏阴性菌，菌体椭圆状，呈单个分布，大小约为 2.1 μm×1.6 μm，运动，1～2 根鞭毛侧极生（图 7-3，图 7-4），为 α 溶血（图 7-5），对 O/129 不敏感，不产芽孢，在无盐胨水、1%NaCl 胨水、6%NaCl 胨水、8%NaCl 胨水、10%NaCl 胨水中均不生长。在营养琼脂培养基上菌落为圆形，表面光滑湿润，边缘光滑，菌落直径 1～2 mm。在脑心浸液琼脂培养基或血液琼脂培养基上（含食盐 1.5%～2.0%）发育良好，生成的菌落正圆形、无色、半透明、露滴状，有显著的黏稠性。为兼性厌氧菌，发育的温度为 17～32 ℃，最适温度为 20～30 ℃。发育的 pH 为 6.8～8.8，最适 pH 为 7.5～8.0。刚

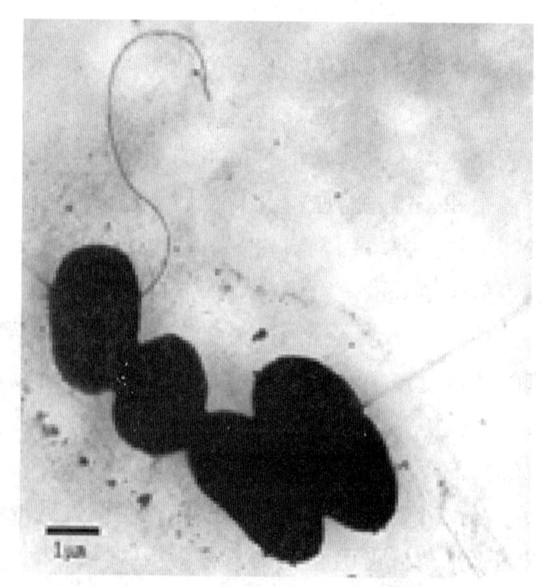

图 7-3 美人鱼发光杆菌杀鱼亚种菌株在透射电镜下的形态

（Wang et al，2013）

从病鱼上分离出来的菌有致病性，但重复地继代培养后，致病性迅速下降以致消失，该菌在富营养化的水体或底泥中能长期存活（Wang et al，2013）。

图 7-4　美人鱼发光杆菌杀鱼亚种菌株在扫描电镜下的形态

（Wang et al，2013）

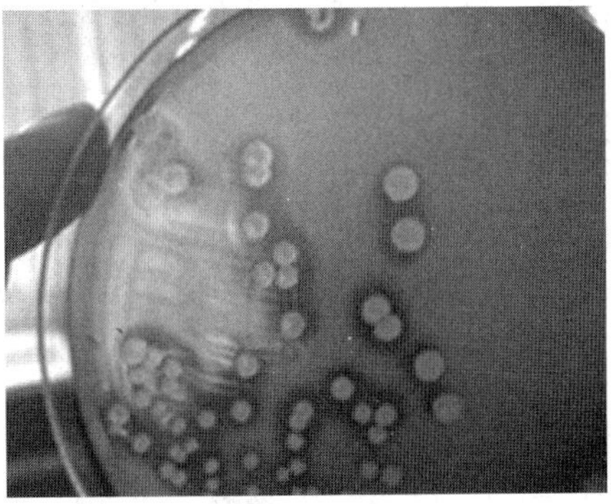

图 7-5　美人鱼发光杆菌杀鱼亚种菌株溶血性

（Wang et al，2013）

2. 症状和病理变化

患病的卵形鲳鲹反应迟钝，体色变黑，食欲减退，体表、鳍基、尾柄等处有不同程度充血，严重者全身肌肉充血。离群独游或静止于网箱或池塘的底部，继而不摄食，不久即死亡。感染发病鱼呈现急性和慢性临床症状，主要急性症状为鳃盖周围轻微出血，腹腔积水和内脏器官多灶性坏死。主要慢性症状为脾脏、肾脏和心脏内能观察到大量的白色粟米样肉芽肿（彩图 5）；利用光学显微镜和透射电镜观察的组织病理显示：急性病理症状主要表现为鳃、肝和肾发生变性及凝固性坏死，肾管微绒毛紊乱，线粒体的嵴脱落，脾淋巴细胞增生，核染色质边集，心肌细胞发生多灶性坏死，线粒体增生，肠道的病变较轻微。慢性病理症状主要表现为鳃丝上皮细胞坏死，脾淋巴细胞线粒体、高尔基体和内质网溶解，肾小管上皮细胞的微绒毛脱落，心肌纤维 Z 带排列紊乱，线粒体变性，肝脏、肾脏、脾脏、心脏和肠道出现典型的肉芽肿病变。相比之下，脾脏、肾脏和心脏的病变是所有器官中最严重的，见图 7-6，图 7-7（苏友禄 等，2012）。

3. 流行情况

此病 2006 年首次在中国海南海域发现，对卵形鲳鲹养殖业危害较大，发病率和死亡率都很高，主要危害卵形鲳鲹的幼鱼，1 龄以上的大鱼也可被感染。流行季节从春末到夏季，发病最适水温是 20～25 ℃，一般在温度 25 ℃以上时很少发病，温度 20 ℃以下不生病。秋季，即使水温适宜也很少出现此病。养殖的军曹鱼、黑鲷、真鲷、金鲷、牙鲆、塞内加尔鳎、海鲈、美洲狼鲈和条纹狼鲈也可被感染。

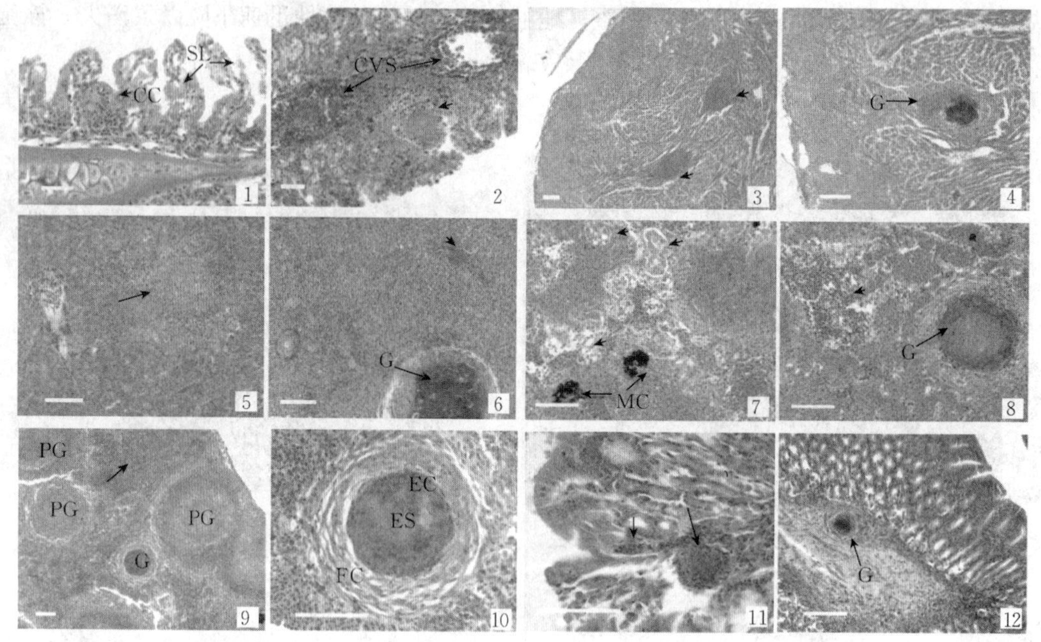

图 7-6　感染美人鱼发光杆菌杀鱼亚种的卵形鲳鲹组织病理学变化

1. 次级鳃片水肿、变性（长箭头），泌氯细胞增生（短箭头） 2. 次级鳃丝完全融合，上皮细胞脱落、坏死，鳃中央静脉窦扩张、充血（长箭头），鳃丝发生局灶状坏死（短箭头） 3. 心肌细胞发生多灶性坏死（短箭头） 4. 心肌细胞发生肉芽肿病变（长箭头） 5. 大面积发生凝固性坏死的肝细胞（长箭头） 6. 肝血窦扩张、充血及血管发生栓塞现象（短箭头），肝细胞发生肉芽肿病变（长箭头） 7. 肾小管和肾小球发生变性和坏死（短箭头），肾间质组织黑色素巨噬细胞聚集（长箭头） 8. 肾间质出血（短箭头），肾造血组织发生肉芽肿病变（长箭头） 9. 大量的未成熟及成熟的肉芽肿病变，脾间质出血（长箭头） 10. 脾脏内成熟的肉芽肿中间是嗜酸性物质，外周由类上皮细胞包裹 11. 肠黏膜上皮发生变性、脱落、出血（短箭头）及局灶性坏死（长箭头） 12. 肠黏膜固有层发生肉芽肿病变（长箭头）

标尺＝100 μm CC. 泌氯细胞 CVS. 中央静脉窦 EC. 类上皮细胞 ES. 嗜酸性物质 EC. 成纤维细胞 G. 肉芽肿 MC. 黑色素巨噬中心 PG. 未成熟肉芽肿 SL. 次级鳃片

（苏友禄 等，2012）

4. 诊断方法

从肾、脾等内脏组织中观察到小白点，基本可以诊断，但要注意与诺卡氏菌病的区别，主要从病原菌形态特征区别。还可从症状上区别，美人鱼发光杆菌杀鱼亚种在肌肉中没有病原菌寄生，因此没有白点；在肝、肾等的寄生，也不会出现肥大或肿胀；制备病灶处压印片，如发现有大量杆菌可作出进一步诊断。病原的早期诊断可用以下方法：荧光抗体法可作出早期诊断；运用 PCR 对美人鱼发光杆菌杀鱼亚种病进行早期快速诊断，可通过 DNA 自由扩增的 PCR 方法已被用来检测美人鱼发光杆菌杀鱼亚种特异性基因片段并克隆。

5. 防治方法

（1）预防措施　保证水源清洁，养殖期间应经常换用新水或保持流水式，避免养殖水

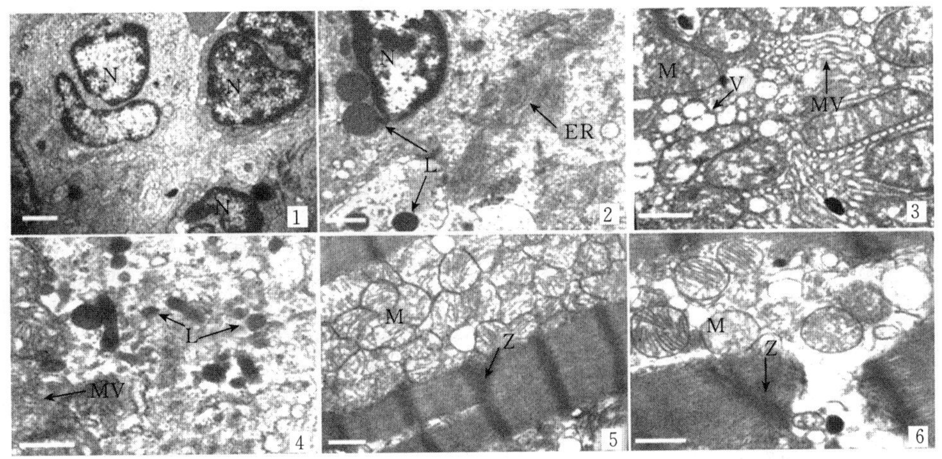

图7-7　感染美人鱼发光杆菌杀鱼亚种的卵形鲳鲹组织超微病理学变化

1. 脾内巨噬细胞增多　2. 脾内淋巴细胞核染色质结块，溶酶体增多，线粒体、高尔基体和内质网溶解　3. 肾小管上皮细胞空泡变性，微绒毛排列紊乱，线粒体肿胀、嵴断裂　4. 肾小管上皮细胞的微绒毛脱落，溶酶体增多，高尔基体和内质网溶解　5. 心肌原纤维排列整齐，线粒体增生　6. 心肌原纤维Z带排列紊乱，断裂，线粒体变性，嵴减少

标尺=1.0 μm　ER. 内质网　L. 溶酶体　M. 线粒体　MV. 微绒毛　N. 细胞核　V. 空泡变性　Z. Z带

（苏友禄等，2012）

体富营养化，勿过量投饵或投喂腐败变质的生饵。免疫试验发现，用美人鱼发光杆菌制备外膜蛋白（OMP）、脂多糖（LPS）及甲醛灭活全菌（FKC）疫苗，均可对卵形鲳鲹提供一定的免疫保护效果（苏友禄 等，2011）。

（2）治疗方法　此菌对多种抗菌力较强的药物均产生抗药性，可用四环素，每天每千克鱼用药20～50mg，制成药饵，连续投喂5～7 d。

三、诺卡氏菌病

1. 病原

主要病原为鰤鱼诺卡氏菌（*Nocardia seriolea*），该菌革兰氏阳性，好氧，具有弱抗酸性，不具溶血性，过氧化氢酶阳性、氧化酶阴性，产生脲酶，还原硝酸盐，不水解酪素、黄嘌呤、酪氨酸、淀粉和明胶，水解七叶灵，能以柠檬酸盐为唯一碳源生长，不水解睾酮、尿酸、弹性蛋白、次黄嘌呤、腺嘌呤。菌体球状、长或短杆状。单个菌体为长短不一杆状或分枝状菌体（图7-8），直径0.3～0.8 μm，长3～6 μm，丝状体长8～46 μm，丝状体常成对、呈Y形或V形排列，或排列成栅状，或成短链状或小簇（图7-9）。该菌基丝发达，分枝繁多，形成长短不一的孢子链（图7-10）（黄郁葱 等，2008）。改良罗氏琼脂培养基上则出现大量形态单一的菌落，菌落淡黄色沙粒状，边缘不整齐，表面凸起形成皱褶，菌落形态（图

7－11，图7－12)，该优势菌株在BHI培养基上也生长良好（王瑞旋 等，2010)。

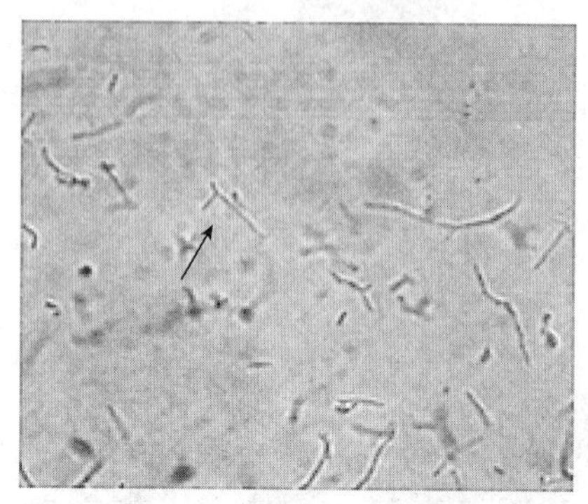

图7－8 鰤鱼诺卡氏菌在显微镜下的形态
（10×100油镜）
（王瑞旋 等，2010）

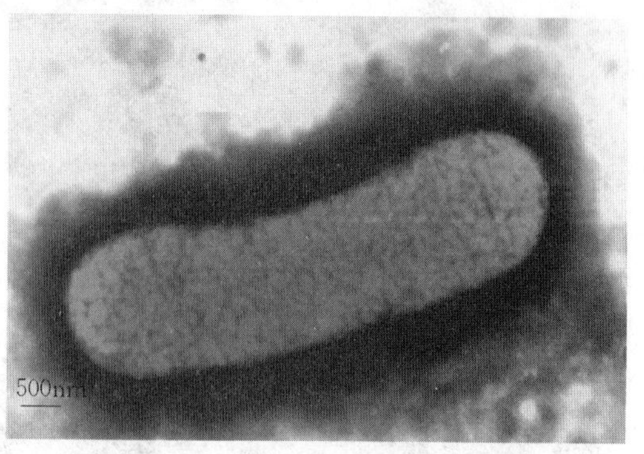

图7－9 鰤鱼诺卡氏菌透射电镜结构
（黄郁葱 等，2008）

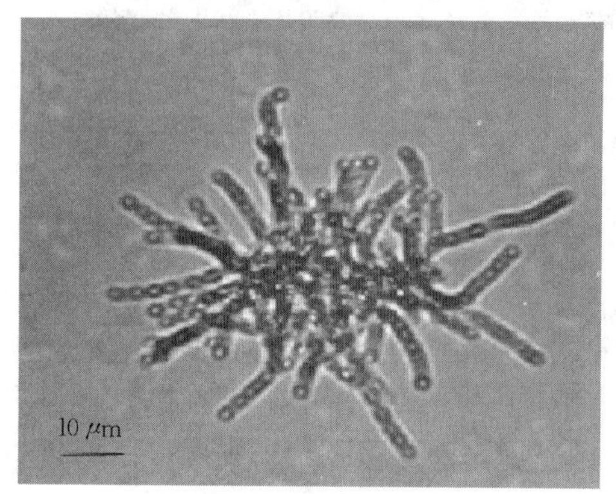

图7－10 鰤鱼诺卡氏菌菌丝体
（黄郁葱 等，2008）

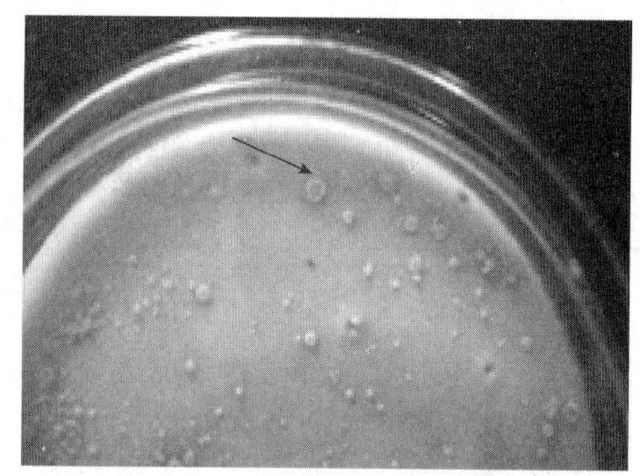

图7－11 鰤鱼诺卡氏菌在改良罗氏琼脂培养基上的菌落形态
（王瑞旋 等，2010）

2. 症状和病理变化

卵形鲳鲹感染该病原后，常见现象为患病个体体色较正常鱼深，反应迟钝，离群独游或打转，食欲下降甚至拒绝摄食，逐渐消瘦直至死亡。解剖发现肝、肾脏、脾脏充血并稍有肿大，鳃、肝、肾脏、脾脏等有大量直径0.1～0.2 cm的白色结节(彩图6，A)，肝表面结节主要分布在肝下缘，严重病例整个肾脏和脾脏都布满白色结节，但有的内部症状不明显。有些卵形鲳鲹发病死亡的时候体表无明显症状，主要是体表或鳍基部有轻微的擦伤，鳍条有充血现象。随着病情加重，部分病鱼体表、肌肉、鳃盖基部出现充血发炎，溃烂，出现白色脓疮，直径通常在0.5～2.0 cm（彩图6，B～E)。大多数发病鱼腹部膨

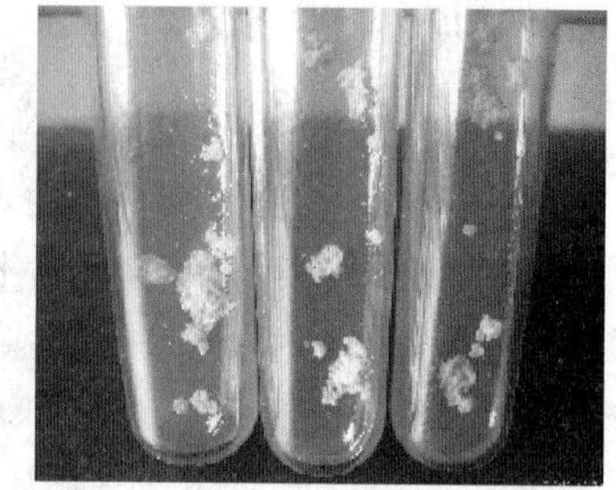

图7－12 鰤鱼诺卡氏菌在脑心浸汁培养基上的菌落形态
（王瑞旋 等，2010）

大，有的伴有肛门红肿，少数病鱼眼球凸出，剖检观察到有无色透明或淡黄色液体。

通过组织病理观察，发现用鰤鱼诺卡氏菌攻毒后，患病卵形鲳鲹的脾、肾、肝、鳃及心脏多种组织器官都发生了较为严重的病变，其中脾脏、肝脏、肾脏发病最严重，慢性肉芽肿结节较多，有的布满整个脏器，其他器官结节较少。典型结节的基本结构分 3 层（图 7－13，A，B），由内到外分别为：干酪样坏死、类上皮细胞和多核巨细胞、成纤维细胞和纤维细胞包膜。结节为诺卡氏菌与宿主细胞介导的免疫反应之间相互作用所致的特征性结构，其形成的过程是诺卡氏菌进入器官后（图 7－13，C），局部的巨噬细胞吞噬细菌，同时巨噬细胞和活化的 T 淋巴细胞释放大量的细胞因子、趋化因子和黏附分子，趋化未吞噬细菌的巨噬细胞、单核细胞及淋巴细胞至感染局部，由于诺卡氏菌细胞壁十分复杂，成为难以渗透的屏障从而抵抗其他因素的降解等原因，该免疫过程未必可杀灭诺卡氏菌，进而引起器官实质细胞变性坏死，形成坏死灶（图 7－13，D）。持续性的病原存在，导致巨噬细胞和活化的 T 淋巴细胞持续性产生炎性介质，使得巨噬细胞、单核细胞和淋巴细胞不断聚集到病变部位，由单核细胞分化成的类上皮细胞及多核巨细胞，参与肉芽肿的构成。接着肉芽组织在肉芽肿病变的周围增殖而形成纤维结缔组织包膜。完成包围的肉芽肿，其内部的炎症细胞会凝固坏死而干酪化，结节中央的干酪样坏死范围会从小变大（图 7－13，E），于该处的细菌被抑制繁殖，而变形为短杆状或几个连在一起呈分枝状或链状，且逐渐地死亡及消失。若细菌的活力较强，在类上皮细胞层完成包围前，细菌侵入邻近的组织，形成新的感染区，类上皮细胞层就会扩展，形成可包围数个菌块的肉芽肿（图 7－13，F）。肉芽肿的周围，成纤维细胞和纤维细胞成层增殖并纤维化。脾充血，出血明显，脾血髓窦充满红细胞，红髓与白髓难以辨认；部分病鱼出现大量结节（图 7－13，G），甚至融合在一起，直径较大，轻微病例结节较少，在结节最外层及扩张的毛细血管外围常见有增生的淋巴细胞浸润。肾小管上皮细胞肿胀，水样变性，管腔变窄。有的肾小管上皮细胞脱落、坏死，与基底膜完全分离，形成一空腔（图 7－13，H），严重的坏死物填充肾小管，形成坏死灶。有的肾小球萎缩，肾小囊腔相对增大。肾脏间质出血，并有大量炎性细胞增生；局部肾间质中还有黑素-巨噬细胞沉着，严重病例有结节形成。肝脏中央静脉淤血；肝细胞肿胀，并发生脂肪变性（图 7－13，I），有的肝细胞实质结构遭到明显破坏，严重的会发生坏死，进而形成结节。鳃小片毛细血管扩张，充血；鳃小片上皮细胞肿胀、增生，与毛细血管相分离，形成腔隙。部分鳃小片排列不整齐、弯曲，局部鳃小片严重增生，与邻近的鳃小片融合在一起呈棒状（图 7－13，J）。鳃丝基部时常有大量炎性细胞增生。心外膜增厚，有红细胞散在。有的心肌纤维肿胀，横纹模糊不清；严重者肌纤维排列紊乱，横纹消失，甚至扭曲断裂，溶解，坏死（图 7－13，K）。心脏的结节（图 7－13，L）形成较少。

3. 流行情况

卵形鲳鲹的诺卡氏菌病流行范围很广，流行季节较长，4—11 月份均有发生，发病高峰在 6—10 月份，水温在 15～32 ℃时都可流行，以水温在 25～28 ℃时发病最为严重，该

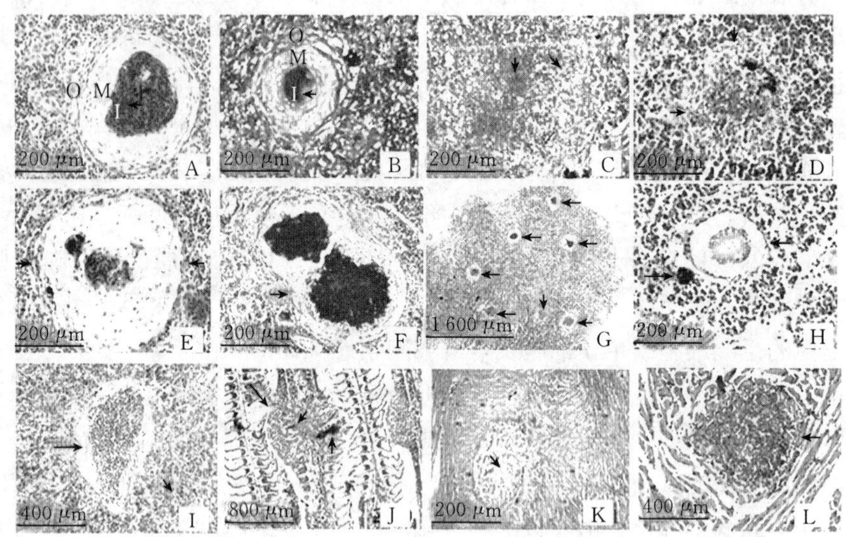

图 7-13　鰤鱼诺卡氏菌感染卵形鲳鲹的组织病理学变化

A. 典型结节的结构，内（I）、中（M）、外（O）三层，结节中嗜碱性杆状细菌（箭头）HE 染色　B. 抗酸杆菌染色，结节的三层结构　C. 抗酸杆菌染色，细菌呈紫红色（箭头）　D. 组织细胞发生局灶状坏死（箭头），HE 染色　E. 未成熟的结节（箭头）　F. 包围两个菌块的肉芽肿（箭头），HE 染色　G. 脾间质出血，大量的肉芽肿病变（箭头），HE 染色　H. 肾小管上皮细胞水肿、变性（短箭头），肾间质黑色素细胞聚集（长箭头）HE 染色　I. 肝细胞脂肪变性（短箭头）及血管发生栓塞现象（长箭头），HE 染色　J. 鳃丝发生局灶性坏死（短箭头），鳃小片上皮细胞增生，棒状化（长箭头），HE 染色　K. 心肌细胞肿胀，断裂，坏死（箭头），HE 染色　L. 心肌细胞发生局灶性坏死（箭头），HE 染色

（满其蒙 等，2012）

病最危险的特点是潜伏期长，其病情发展缓慢，但发病率和死亡率都较高，发病率一般为 20%～30%，严重时可达 50%～60%，平均死亡率约 20%，该病为慢性病，持续时间较长。

4. 诊断方法

在病情严重时，感染诺卡氏菌的鱼类外部和解剖症状都较明显，而且诺卡氏菌可用选择性培养基分离培养，根据临床症状、组织病理及病原菌形态等特征，从病鱼结节处取少许脓汁制成涂片，进行革兰氏染色，镜检发现有阳性的丝状菌，基本可以确诊。由于诺卡氏菌种类较多，部分种间的生化特性差异不大，在诺卡氏菌的分类上尚缺乏统一的标准，采用测定细菌的各项生理生化特性来进行细菌的鉴定往往难以确定，同时诺卡氏菌生长缓慢，受感染的鱼在发病初期通常未出现外部症状或症状不明显，故给该病的早期检测、诊断及治疗带来了极大困难。可用 16*S*－23*S* 转录间隔区序列 PCR 法作为卵形鲳鲹鰤鱼诺卡氏菌病的诊断工具。为了达到快速检测鱼类诺卡氏菌病的目的，还可用环介导恒温扩增技术（loop－mediated isothermal amplification，LAMP）（王良国 等，2011）和实时荧光定量 PCR 的方法检测卵形鲳鲹鰤鱼诺卡氏菌病。

5. 防治方法

恩诺沙星对治疗卵形鲳鲹鰤鱼诺卡氏菌病有明显的效果，前期治疗效果很好，但是，可能由于结节的形成，阻挡了药物对其内细菌的作用，会复发致大量感染鱼临床发病死亡。诺卡氏菌病应及早治疗，才可以尽可能地挽回损失。单纯使用药物预防的卵形鲳鲹同样暴发了该病，但氟苯尼考的效果稍优。在养殖卵形鲳鲹过程中，当疾病发生后，这些抗生素很难达到治疗效果，所以，对于诺卡氏菌病，要以防为主、以治为辅。饵料和养殖环境是引起卵形鲳鲹鰤鱼诺卡氏菌病的主要原因，因此在疾病的高发季节，只能合理地使用氟苯尼考等药物进行预防，关键在于改善养殖环境，采用合理的养殖密度，使用新鲜的饵料，增强养殖个体的体质，提高其抗病力。发病后，应及早诊断，及时投喂恩诺沙星，并捞除病死鱼，争取尽早控制病情，以免扩大经济损失。由于卵形鲳鲹饲料上药物添加流失较多，所以在药物添饵过程中可适当增大剂量。

四、链球菌病

1. 病原

病原为链球菌（*Streptococcus* spp.），广泛分布于自然界的水体、尘埃、人和动物体表、机体中，呈球形或卵圆形，直径 0.5～2.0 μm，呈链状排列，短者 4～8 个细菌组成，长者有 20～30 个细菌组成，液体培养对数生长期的链球菌常呈长链排列，革兰氏阳性（图 7－14，图 7－15）。需氧或兼性厌氧，有些为厌氧菌。营养要求较高，普通培养基中生长不良，需加有血液、血清、葡萄糖等。生长温度范围通常为 25～45 ℃，最适温度 37 ℃，最适 pH 7.4～7.6，血琼脂平板上形成直径 0.1～1.0 mm，灰白、光滑、圆形突起小菌落，不同菌株在菌落周围出现不同溶血环（图 7－16）。液体培养基中生长，初呈均匀混浊，后因细菌形成长链而呈颗粒状沉淀管底，上清透明（Zlotkin et al，1998）。

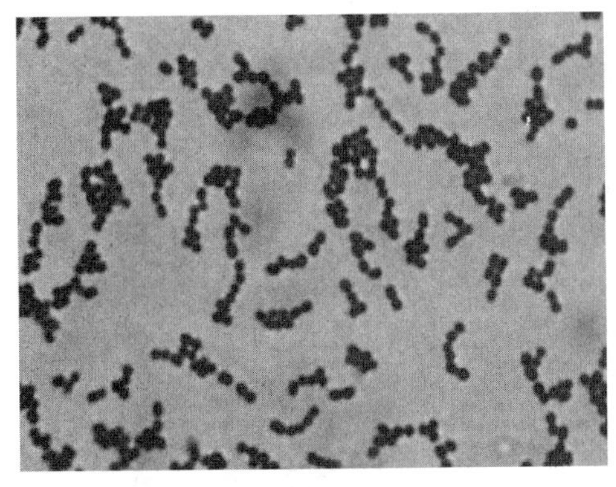

图 7－14　链球菌革兰氏染色

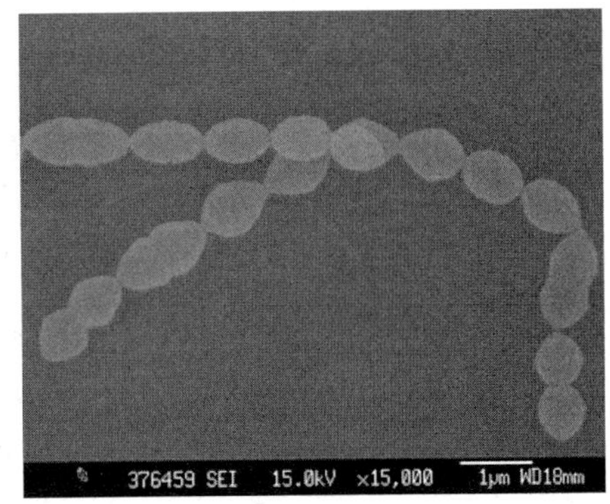

图 7－15　链球菌形态（扫描电镜）

可感染卵形鲳鲹的链球菌种类主要有海豚链球菌（*Streptococcus iniae*）、无乳链球菌（*Streptococcus agalactiae*）和停乳链球菌（*Streptococcus dysgalactiae*）等。海豚链球菌最早于 1976 年从一例捕获的皮肤溃疡的亚马孙淡水河豚（*Inia geoffrensis*）中分离到（Pier et al，1976）。海豚链球菌能引起多种养殖和野生鱼类的脑膜炎和死亡，其造成世界范围内的大多数鱼类链球菌病，宿主广泛，死亡率达 20% 以上；同时还能引发人类感染（Weinstein et al，1997）。对其致病机理及免疫防治措施的研究日益受到关注。无乳链球菌可引起野生鲻鱼、海湾网栏养殖的金头鲷（*Sparus auratus*）等的大量死亡（Glibert et al，2002）。在日本，杜氏鰤（*Seriola dumerili*）和五条鰤（*Seriola quinqueradiata*）养殖深受停乳链球菌所害；施氏鲟（*Acipenser schrenckii*）也被证实可被该菌感染（Nomoto et al，2004）。

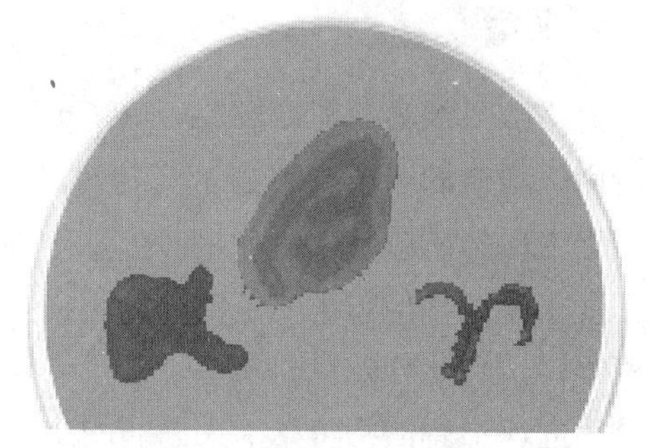

图 7-16　链球菌在血平板上的不同的溶血性

左边为α-溶血，中间为β-溶血，右边为γ-溶血

（Facklam，2002）

2. 症状和病理变化

感染链球菌的卵形鲳鲹摄食不良，游动迟缓，常会伴随神经症状，游动失去方向性。主要外部症状为眼球凸出及白浊化，头部和上下颌发红，鳃盖及内侧发红、充血或出血（彩图 7，A）。内部症状为肠道内有红色或黄色黏液，肠壁薄而充血，出血、有炎症现象（彩图 7，B），肝脏呈暗红色或土黄色，脾、肾肿大（彩图 7，C），脑膜充血、出血。病理变化主要表现为肝脏脂肪变性；肾小球及黑色素巨噬细胞中心以及肾小管间质组织侵染细菌并大量繁殖引起肾脏肿大、出血、坏死（图 7-17，A）；中肠道上皮的固有层破损，引起肠炎，肠绒毛的基部在革兰氏染色时可看到聚集的菌落；脑组织炎性细胞浸润，出血，引起脑膜脑炎（图 7-17，B）。

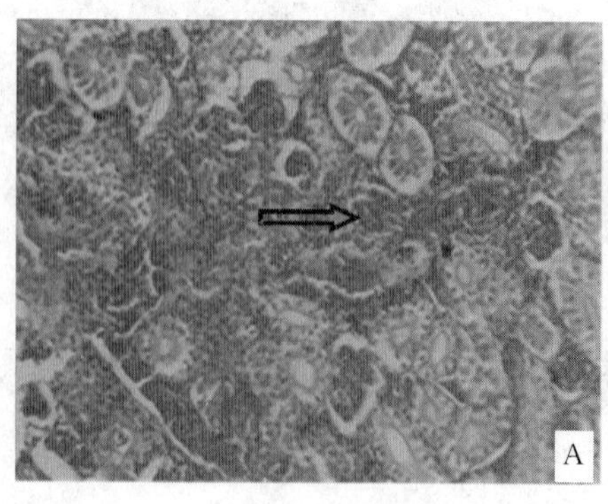

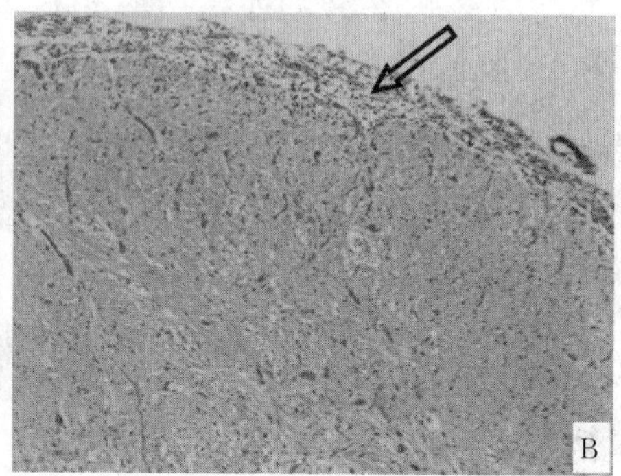

图 7-17　卵形鲳鲹链球菌病的组织病理学

A. 感染链球菌后所致肾脏出血、坏死　B. 脑膜炎症细胞浸润

3. 流行情况

链球菌病全年均可发生，但好发于夏、秋等高温季节，7—9 月份的高温期容易流行，水温降至 20 ℃以下时则较少发生。此病在华南海水养殖场流行，危害较大。尤其值得指出的是，链球菌有时与其他病原性细菌特别是鳗弧菌、爱德华氏菌形成混合感染，造成严重危害。链球菌为典型的条件致病菌，平常生存于养殖水体及底泥中。在富营养化或养殖自行污染较为严重的水域中，此菌能长期生存。当养殖鱼体抵抗力降低时，易引发疾病。该病的发生与养殖密度大、换水率低、饵料鲜度差及投饵量大密切相关。

链球菌病发生是鱼体、病原体及环境三者相互作用的结果。鱼类传染性疾病的爆发除了病原菌本身的致病力，宿主健康状况、环境条件等也起着重要作用。养殖水体与底泥均是致病性链球菌的来源，夏天水体中链球菌的检出率较高，而淤泥中链球菌数量在秋冬季节最多。在适宜的条件下，这些链球菌可通过经口感染和经皮感染等方式形成传播，即由于机械损伤、吞食带菌死亡鱼体和不洁饵料等造成感染，尤其在高水温、高养殖密度、恶劣水质（如低溶氧、高氨氮和高亚硝酸盐浓度）等应激状况下易于爆发。地理分布广泛，幼鱼及成鱼均可被感染并导致死亡。链球菌急性感染可以引起鱼类短期内（3～7 d）的暴发性死亡，死亡率高达 50% 以上，然而相当一部分感染为慢性，发病和死亡周期可达数周甚至数月，每天只有零星死亡发生。

4. 诊断方法

（1）肉眼诊断　可根据鱼眼球凸出和鳃盖内侧出血等典型的外观症状和内部组织器官的病理变化就可初诊。也可取病变部位涂片或印片，染色后镜检有无链状菌体存在。

（2）致病菌的培养和诊断　可采用 TSA 或脑心浸液培养基进行链球菌的分离和鉴定。

（3）血清学诊断　目前国内还没有标准血清用于该病诊断。

5. 防治方法

（1）预防措施　①链球菌病发生与放养密度偏高、换水率偏低、饵料鲜度偏差、投饵量偏大等密切相关，应尽可能保持良好的水质状况。②通过适当的水体消毒、排污措施减少鱼体接触传染源的机会。③保证饵料的新鲜度、营养度和不含致病菌。④从外地引入新的鱼苗养殖时，必须进行病原检测，尽管链球菌感染好发于夏季高温季节，但链球菌感染可发生在一年的任何季节，故预防的观念必须贯穿于整个养殖周期。⑤免疫预防已成为预防鱼病发生的很重要的一个方面，采取注射链球菌疫苗的方法可预防鱼类链球菌感染。

（2）治疗方法　链球菌对多种抗菌药物敏感，主要有青霉素类、头孢霉素类、大环内酯类、四环素类、利福霉素、杆菌肽等，但一些药物已被禁止用于水产养殖鱼类，可用以下药物进行治疗：① 盐酸强力霉素，每天每千克鱼用药 20～50 mg，制成药饵，连续投喂 5～7 d；② 四环素，每天每千克鱼用药 75～100 mg，制成药饵，连续投喂 10～14 d。

五、弧菌病

1. 病原

弧菌属（*Vibrio*）的病原主要性状为革兰氏阴性，有运动力，短杆状，稍弯曲，两端圆形，（0.5～0.7）μm×（1～2）μm，以单极生鞭毛运动，有的一端生两根鞭毛或更多根鞭毛，没有荚膜，兼性厌氧菌，不抗酸，在普通琼胶培养基上形成正圆形、稍凸、边缘平滑、灰白色、略透明、有光泽的菌落，对2，4－二氨基－6，7－二异丙基喋啶（O/129）敏感，氧化酶阳性，在TCBS培养基上易生长，生长温度为10～35℃，最适温度为25℃左右，生长盐度（NaCl）为5～60，甚至7.0%，最适盐度为10左右，生长pH为6.0～9.0，最适pH为8，对卵形鲳鲹危害严重弧菌主要有哈维弧菌（*V. harveyi*）和创伤弧菌（*V. vulnificus*）等。哈维弧菌最初是在1936年被描述为哈维氏无色杆菌（*Achromobacter harveyi*），1970年又被命名为哈维氏发光杆菌（*Lucibacterium harveyi*），1980年Baumann等将该菌命名为现在的哈维氏弧菌（*V. harveyi*），并在1981年确认生效（Johnson & Shunk，1936；Hendrie，1970；Ogimi，1981）。创伤弧菌（*V. vulnificus*）也是广泛存在于近海及河口环境中的一种条件致病菌，能从多种水生动物中分离到。该菌是公认的"人鱼共患病"的重要致病菌，在医学界和鱼病学界都广为重视。创伤弧菌按寄主范围和生化反应类型可划分为生物Ⅰ型和生物Ⅱ型：生物Ⅰ型能引起人类原发性败血症和软组织感染；生物Ⅱ型菌株是鱼类的重要病原菌，对多种鱼类表现出很强的专一感染特性（赵典惠 等，2007）。

2. 症状和病理变化

弧菌的致病性是弧菌与宿主及其组织、细胞间的一系列相互作用的综合结果，其致病过程对于宿主动物来说也就是其感染、发病的过程，包括黏附、侵染、体内增殖（定植）及分泌毒素等。弧菌病的症状既与不同种类的病原菌有关，又随着患病鱼的种类不同而有差别，共同的病症是体表皮肤溃疡。感染初期，体色多呈斑块状褪色，食欲不振，缓慢地浮游于水面，有时回旋状游泳；中度感染，鳍基部、躯干部等发红或出现斑点状出血；随着病情的发展，患部组织浸润呈出血性溃疡；有的吻端、鳍膜烂掉，眼内出血，肛门红肿扩张，常有黄色黏液流出。创伤弧菌可引起卵形鲳鲹的鳃、肝、脾、肠、胃、肾等多组织器官发生严重的病变。鳃病变表现为大部分鳃小片呼吸上皮细胞肿大变性，毛细血管扩张、充血并伴有渗出；同时上皮细胞增生，黏液细胞增生，鳃小片间充有大量的增生细胞，部分鳃小片融合在一起呈棍棒状；鳃小片基部的部分泌氯细胞肥大，有的泌氯细胞与鳃小片上皮细胞层连在一起（图7－18，A）。肝出现广泛的脂肪变性，许多肝细胞胞浆中出现空泡（脂肪滴），肝组织结构疏松，肝细胞变性坏死，炎性细胞浸润，呈变质性炎症（图7－18，B）。大部分肠黏膜严重坏死，肠绒毛萎缩、脱落，黏膜下层与肌层有出血（图7－18，C）。脾充血、出血明显，脾髓充满红细胞，白髓与红髓难以辨认，多数病例可见大量的被 HE 染成棕黄色的血源性色素沉着（图 7－18，D）。大部分胃黏膜严重变性坏死（图 7－18，E）。部分肾小球变性坏死；有的肾小管上皮细胞肿胀或坏死，核固缩或核溶解，管腔缩小，腔内有蛋白样物质，病变严重者部分肾出血；部分肾间质变性坏死（图 7－18，F）。

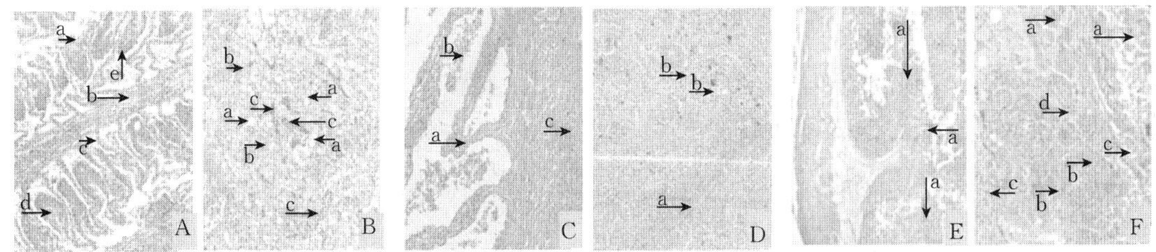

图 7－18　卵形鲳鲹感染创伤弧菌引起的组织病理变化

A. 鳃小片呼吸上皮细胞肿大变性、增生（a），毛细血管扩张、充血并伴有渗出（b），黏液细胞增生（c），鳃小片间充有大量的增生细胞（d），泌氯细胞肥大（e）　B. 病变肝胞浆中出现空泡（a），肝细胞变性坏死（b），炎性细胞浸润（c）　C. 肠绒毛萎缩（a）、脱落（b），黏膜下层与肌层有出血（c）　D. 脾髓充满红细胞（a），大量血源性色素沉着（b）　E. 胃黏膜变性坏死（a）　F. 肾小球变性坏死（a），肾小管上皮细胞肿胀（b）或坏死（c），核固缩或核溶解（d），管腔缩小，腔内有蛋白样物质（e）

（赵典惠 等，2007）

3. 流行情况

弧菌在海洋环境中是最常见的细菌类群之一，广泛分布于近岸及海口海水、海洋生物的体表和肠道中，是海水和原生动物、鱼类等海洋生物的正常优势菌群。弧菌是条件致病菌，海水养殖鱼类弧菌病的发生与弧菌数量密切相关，各种鱼类都有一定的阈值，超过一定的阈值就会暴发弧菌病。在养殖生态环境中，大部分弧菌是无害的，甚至某些弧菌对于鱼、虾等还是有益的，可以促进养殖动物的生长和增强抗病力，只有少数弧菌对养殖动物有较强的致病性。弧菌病害的发生，往往是由于外界环境条件的恶化，致病弧菌达到一定数量，同时因各种因素造成养殖动物本身抵抗力降低等多方面相互作用的结果。弧菌属细菌中约有一半左右随着其环境条件或宿主体质和营养状况的变化而成为养殖鱼类等动物的病原菌。流行季节，在水温 23.5～26.5 ℃时的 8—11 月份是发病高峰期。当养殖环境水体中的 COD、氨氮和亚硝酸盐较高，且细菌总数（弧菌类和粪大肠菌群等）维持在较高水平的情况下，极易由创伤弧菌引起卵形鲳鲹成鱼期“腐皮病”，死亡率达 10%以上。

4. 诊断方法

从有关症状可进行初步诊断，确诊应从可疑病灶组织上进行细菌分离培养，用 TCBS 弧菌选择性培养基。已有创伤弧菌单克隆抗体采用间接荧光抗体（IFAT）技术和 ELISA 免疫检测，对引起的弧菌病进行早期快速诊断；分子生物学 PCR 技术和 LAMP 检测方法也可应用于对弧菌病的检测。

5. 防治方法

(1) 预防措施 保持饲养环境的清洁，避免放养密度太大，投饵量不要太多，以免污染水体。

(2) 治疗方法 ①投喂磺胺类药物饵料，磺胺甲基嘧啶，第 1 天每千克鱼用药 200 mg，第 2 天以后减半，制成药饵，连续投喂 7～10 d；②投喂抗菌素药饵，例如土霉素，每千克鱼每天用药 70～80 mg，制成药饵，连续投喂 5～7 d；③在口服药饵的同时，用漂白粉等消毒剂全池泼洒，视病情用 1～2 次，可以提高防治效果。

六、假单胞菌病

1. 病原

假单胞菌包括荧光假单胞菌（*Pseudomonas fluorescens*）和恶臭假单胞菌（*P. putida*），属假单胞菌科（Pseudomonadaceae），菌体短杆状，两端圆形，大小为（0.3～1.0）μm×（1.0～4.4）μm，一端有1～6根鞭毛（图 7－19）；有运动力；革兰氏染色阴性；无芽孢，氧化酶和过氧化氢酶阳性，葡萄糖氧化分解不产气。发育的温度为7～32 ℃，最适温度为 23～27 ℃。发育的盐分为 0～65，最适盐分为 15～25，发育的 pH 为 5.5～8.5。

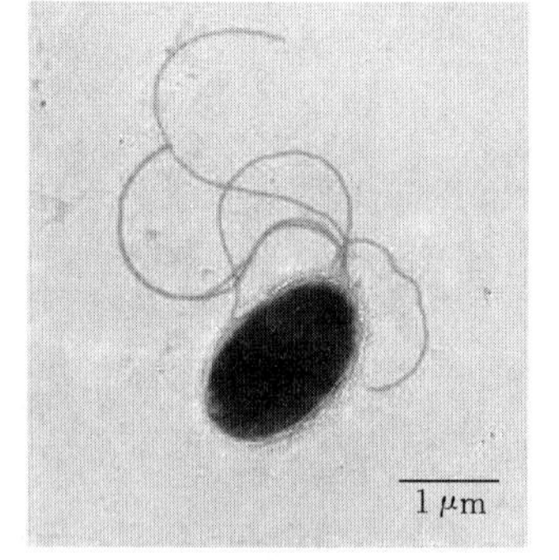

图 7－19 假单胞菌电镜照片

(Jarosz et al，2011)

2. 症状和病理变化

此病的主要症状是皮肤褪色，鳃盖出血，鳍腐烂等。有少数在体表形成含有脓血的疖疮或溃疡。肠道内充满淡土黄色，但直肠部为白色腐烂状黏液。肝脏暗红色或淡黄色，幽门垂出血，在低水温期的病鱼有腹腔积水。病理变化表现为：病灶处骨骼肌间质水肿，出血，间隙增宽，肌纤维变性，肌浆凝固，呈严重红染，部分肌细胞肌肉浆溶解呈蜂窝状，间质炎性细胞浸润；肌浆溶解严重的溶解成空泡状，仅残存少量的肌膜，部分区域肌纤维断裂；肝细胞肿胀，空泡变性，部分肝细胞溶解坏死，细胞核溶解消失；肝血窦水肿扩张，有蛋白样物质渗出；狄氏间隙扩张；有淤血出现；脾脏出血，淋巴细胞大量消失，被红细胞占据，大量含铁血黄素沉着；溃疡处皮肤表皮层和真皮层水肿；肠黏膜坏死，肠绒毛断裂，脱落于肠腔；脑基质疏松，水肿。

3. 流行情况

假单胞菌病流行地区比较广，不同水温均可发病，诱发该病的环境因素是水质不良或放养密度过大；操作不慎鱼体受伤，也会引起继发性感染。该病全年可见，但以夏初至秋季发病较为严重。

4. 诊断方法

(1) 肉眼诊断　根据发病鱼外观症状及流行情况进行初步诊断。病变组织印片或涂片镜检观察。

(2) 致病菌确诊　取少许病灶组织（最好是肾、脾组织）接种 TSA 培养基，进行细菌分离、培养和鉴定。

(3) 其他诊断方法　间接荧光抗体（IFAT）技术和 ELISA 方法已被用于快速检测鱼类的假单胞菌病；采用细菌 16S rRNA 基因保守区特异性引物，以假单胞菌为研究对象，建立一种通用引物 PCR 技术配合单链构象多态性（SSCP）分析即 UPPCR－SSCP 技术，和配合限制性片段长度（RELP）及 UPPCR－RELP 技术鉴别假单胞菌病。

5. 防治方法

(1) 预防措施　保持饲养环境的清洁，避免放养密度太大，投饵量不要太多，以免污染水体。嗜麦芽假单胞菌 LPS 疫苗不仅可提高机体对嗜麦芽假单胞菌病的抵抗力，还能显著提高接种的卵形鲳鲹白血细胞的吞噬能力，增强鱼体的非特异性免疫功能（周永灿 等，2002)。

(2) 治疗方法　①四环素，每天每千克鱼用药 75～100 mg，制成药饵，连续投喂 5～7 d。②氟苯尼考拌饵料投喂。

七、爱德华氏菌病

1. 病原

爱德华氏菌属隶属于肠杆菌科，包括三个种：迟钝爱德华氏菌（*Edwardsiella tarda*）、鮰爱德华氏菌（*E. ictaluri*）和保科爱德华氏菌（*E. hoshinae*）。迟钝爱德华氏菌是该属中最重要的一个广宿主性病原菌，可定殖于鱼类、两栖类、爬行类、鸟类甚至人类。迟钝爱德华氏菌为革兰氏阴性、可运动的、短杆菌［1 μm×(2～3)μm］，具周生鞭毛（图 7－20，A），无荚膜、无芽孢，兼性厌氧，胞内寄生，接触酶阳性，吲哚反应阳性，可代谢葡萄糖；可在 5～42 ℃温度范围内生长，以 25～32 ℃最宜；可在 pH 5.5～9.0 范围内生长，以 pH 7.2 最宜；盐度耐受范围广。生物类型 I 的迟钝爱德华氏菌不产 H_2S，但可代谢蔗糖，在含乳糖的培养基如 MacConkey 上可被容易地鉴定出来。其余迟钝爱德华氏菌产 H_2S，当被培养在脱氧胆酸盐硫化氧乳糖琼脂（DHL）或沙门氏志贺氏琼脂（SS agar）上可形成有黑

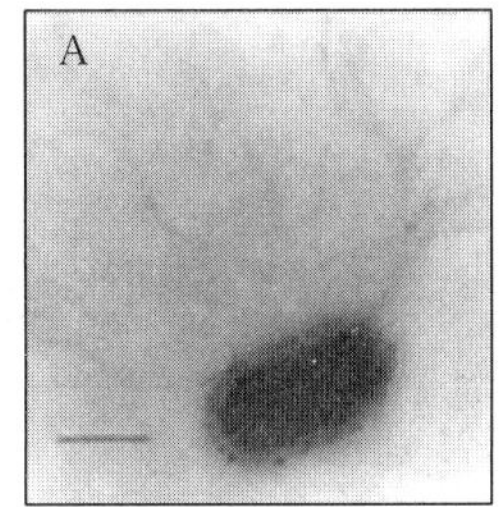

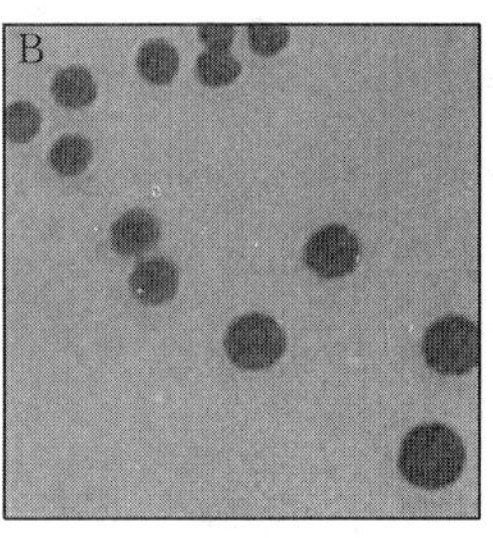

图 7－20　迟钝爱德华氏菌电镜负染照片（A）及在 DHL 琼脂上产生的黑心菌落（B）

(Abbott and Janda，2006；Mohanty and Sahoo，2007)

色中心的特征菌落（图 7－20，B）（Abbott and Janda，2006；Mohanty and Sahoo，2007）。鲇爱德华氏菌不代谢乳糖或蔗糖，不产 H_2S，生长缓慢，适宜生长温度为 25～30 ℃。

2. 症状和病理变化

迟钝爱德华氏菌可感染多种海水鱼类，在不同患病鱼中症状不同。卵形鲳鲹体侧肌肉组织溃疡，溃疡处周边出血，腹部膨胀，腹腔内充满气体，腹部及两侧发生大面积溃疡，溃疡的边缘出血，病灶因组织腐烂，放出强烈的恶臭味，腹腔内充满气体使腹部膨胀。感染稚鱼和幼鱼时与在牙鲆类似，表现为腹胀，腹腔内有腹水，肝、脾、肾肿大、褪色，肠道发炎、眼球白浊等；幼鱼肾脏肿大，并出现许多白点；腹水呈胶水状。

3. 流行情况

迟钝爱德华氏菌流行于夏、秋季节，是条件致病菌，在网箱或池塘中一年四季都可找到。卵形鲳鲹幼鱼病症较重，可引起大量死亡。

4. 诊断方法

可根据各种患鱼的症状，作出初步诊断。确诊应从可疑患鱼的病灶组织分离病原菌进行培养和鉴定。迟钝爱德华氏菌与鲶鱼爱德华氏菌没有血清学交叉反应，因此可以用血清学方法完成快速诊断。已能用福尔马林灭活全菌细胞（FKC）、细菌胞外产物（ECP）为抗原，获得特异性的抗血清；也可用抗迟钝爱德华氏菌单克隆抗体做玻片凝集试验，间接荧光抗体（IFAT）技术和 ELISA 来确诊。

5. 防治方法

（1）预防措施　保持饲养环境的清洁，避免放养密度太大，投饵量不要太多，以免污染水体。

（2）治疗方法　① 漂白粉浓度为 1～1.2 mg/L 全池泼洒；②四环素，每天每千克鱼用药 50～70 mg，制成药饵，连续投喂 7～10 d；③氟哌酸，每天每千克鱼用药 100 mg，制成药饵，连续投喂 3～5 d。

第三节　卵形鲳鲹病毒性疾病

一、病毒性疾病概述

鱼类的病毒性疾病是从 20 世纪 50 年代才开始研究的，在初始阶段主要是用电子显微镜观察病变组织内的病毒，以后用鱼的活细胞进行病毒分离、培养和感染试验，研究发展得很快。我国对淡水鱼类的病毒性疾病已有较多的研究成果，但是对海水鱼类的病毒病研究较滞后。随着养殖品种的不断增多以及水环境的恶化，已有的病毒病不断扩大宿主和地域传播范围，新生病毒病不断出现，给水产养殖业乃至野生水生动物资源带来巨大损失和影响，严重制约了水产养殖业的健康发展。病毒病常常具有爆发性、流行性、季节性和致死性强的特点，其病毒病原对宿主细胞的专一寄生使得病毒病防治异常困难。因此，水生动物病毒病的防治要依赖于早期检测和早期预防、降低养殖密度和改善养殖环境等来减少病毒病带来的损失。

1. 病毒的形态与结构

病毒的形态是指在电子显微镜下观察到的病毒的形态、大小和结构。病毒颗粒很小，大多数比细菌小得多，能通过细菌滤器。用以测量病毒大小的单位为 nm。不同病毒的粒子大小差别很大，小型病毒直径只有 20 nm 左右，而大型病毒可达 300～450 nm。水生动物的病毒形态大致可以分为球形、杆状、弹状、二十面体等。

病毒粒子由核酸和蛋白衣壳构成核衣壳组成，有些病毒的核衣壳外有包膜。一种病毒的粒子只含有一种核酸：DNA 或 RNA。除逆转录病毒基因组为二倍体外，其他病毒的基因都是单倍体。病毒的核酸主要有 4 种类型，即单链 DNA、双链 DNA、单链 RNA 和双链 RNA。病毒的衣壳通常呈螺旋对称或二十面对称。螺旋对称即蛋白质亚基有规律地以螺旋方式排列在病毒核酸周围，而二十面体是一种有规则的立体结构，它由许多蛋白亚基的重复聚集组成，从而形成一种类似于球形的结构。还有的病毒衣壳呈复合对称，这类病毒体的结构较为复杂，其壳粒排列既有螺旋对称，又有立体对称，如痘病毒和噬菌体。有的病毒在衣壳蛋白外有一层包膜。包膜由脂类、蛋白质和糖蛋白组成。大多数有包膜病毒呈球形或多形态，但也有呈弹状。

2. 病毒的分类

按照 1995 年国际病毒分类委员会（ICTV）的分类原则，主要是根据：①病毒的形态和大小；②核衣壳的对称性；③有无病毒包膜；④基因组；⑤理化特性；⑥抗原性等。病毒分类系统采用目（order）、科（family）、属（genus）、种（species）为分类等级。病毒的目是由一些具共同特征的病毒科组成；科是一些具共同特征、明显区别于其他科的病毒属组成，科名的词尾是“viridae”；病毒的属是由一些具共同特征的病毒种组成，属名的词尾是“virus”。在 2013 年的 ICTV 分类中，7 个目已经建立，分别是有尾噬菌体目（Caudovirales）、疱疹病毒目（Herpesvirales）、线状病毒目（Ligamenvirales）、单股反链病毒目（Mononegavirales）、网巢病毒目（Nidovirales）、微 RNA 病毒目（Picornavirales）和芜菁黄花叶病毒目（Tymovirales）。分类委员会没有正式区分亚种、株系和分离株之间的区别。分类表中总共有 7 目、103 科、22 亚科、455 属、2 827 种以及约 4 000 种尚未分类的病毒类型。

3. 病毒的增殖

病毒是最简单的生命形式，严格细胞内寄生物，必须依赖于宿主才能完成整个生命周期复制出子代病毒。复制周期的长短与病毒的种类有关，多数动物病毒的复制周期至少在24 h以上。病毒复制周期大致可分为吸附、穿入、脱壳、生物合成、装配和释放几个过程。

吸附是病毒表面蛋白与细胞质膜上的受体特异性的结合，导致病毒附着于细胞表面。穿入是指病毒吸附后，立即引发细胞的内化作用而使病毒进入细胞，不同的宿主病毒穿入机制不同，有的病毒通过细胞内吞作用或通过细胞膜的移位侵入细胞，有的通过病毒膜与细胞质膜融合，将病毒的内部组分释放到细胞质中。脱壳是病毒穿入后，病毒的包膜或和壳体除去而释放出病毒核酸的过程。不同病毒的脱壳方式不同，多数病毒进入细胞后与内质体或溶酶体相互作用脱去衣壳，释放病毒核酸。

不同基因组病毒的大分子合成场所不同，大多数DNA病毒的基因组复制与转录在细胞核中进行，但是DNA病毒中的痘病毒和虹彩病毒却在细胞质内合成DNA和病毒蛋白。RNA病毒基因组的复制与转录都在细胞质中进行，但正黏病毒基因组的复制在细胞核内进行，反转录病毒基因组的复制在细胞质和细胞核中进行。增殖过程包括核酸的复制和蛋白质的生物合成。病毒以其核酸中的遗传信息向宿主细胞发出指令并提供“蓝图”，使宿主细胞的代谢系统按次序地逐一合成病毒的组分和部件。合成所需“原料”可通过宿主细胞原有核酸等的降解、代谢库内的贮存物或从环境中取得。

在病毒感染的细胞内，新合成的毒粒结构组分以一定的方式结合，组装成完整的病毒颗粒，这一过程称作病毒的装配，或称成熟。成熟的子代病毒颗粒然后依一定的途径释放到细胞外，病毒的释放标志病毒复制周期结束。裸露的、有包膜的和复杂的动物病毒的形态结构都不相同，它们的成熟和释放过程也各有特点，病毒形态发生的部位也因病毒而异。裸露的二十面体病毒首先装配成空的前壳体，然后与核酸结合成为完整的病毒颗粒。有包膜动物病毒包括所有具螺旋对称壳体和某些具二十面体壳体的病毒，其装配首先是形成核衣壳，然后再包装上包膜，而且这一过程往往与病毒释放同时发生。有些病毒是在从宿主细胞核芽出的过程中从核膜上获得包膜（如疱疹病毒）；有的则是从宿主细胞质膜芽出的过程中裹上包膜（如流感病毒）。

4. 病毒的致病机理与病毒感染

病毒感染的传播途径与病毒的增殖部位、进入靶组织的途径、病毒排出途径和病毒对环境的抵抗力有关。无包膜病毒对干燥、酸和去污染的抵抗力较强，故以粪—口途径为主要传播方式。有包膜病毒对于干燥、酸和去污染的抵抗力较弱，必须维持在较为湿润的环境，故主要通过飞沫、血液、唾液、黏液等传播，注射和器官移植亦为重要的传播途径。病毒的传播方式包括水平传播和垂直传播：水平传播指病毒在群体的个体之间的传播方式，通常是通过口腔、消化道或皮肤黏膜等途径进入机体；垂直传播指通过繁殖、直接由亲代传给子代的方式。

病毒对细胞的致病作用主要包括病毒感染细胞直接引起细胞的损伤和免疫病理反应。细胞被病毒感染后，可以表现为顿挫感染、溶细胞感染和非溶细胞感染。顿挫感染亦称流产型感染，病毒进入非容纳细胞，由于该类细胞缺乏病毒复制所需酶或能量等必要条件，致使病毒不能合成自身成分，或虽合成病毒核酸和蛋白质，但不能装配成完整的病毒颗粒，对某种病毒为非容纳细胞，但对另一些病毒则表现为容纳细胞，能导致病毒增殖造成感染。溶细胞感染指病毒感染容纳细胞后，细胞提供病毒生物合成的酶、能量等必要条件，支持病毒复制，从而以下列方式损伤细胞功能：① 阻止细胞大分子合成；② 改变细胞膜的结构；③ 形成包涵体；④ 产生降解性酶或毒性蛋白。非溶细胞感染被感染的细胞多为半容纳细胞，该类细胞缺乏足够的物质支持病毒完成复制周期，仅能选择性表达某些病毒基因，不能产生完整的病毒颗粒，出现细胞转化或潜伏感染；有些病毒虽能引起持续性、生产性感染，产生完整的子代病毒，但由于通过出芽或胞吐方式释放病毒，不引起细胞的溶解，表现为慢性病毒感染。抗病毒免疫所致的变态反应和炎症反应是主要的免疫病理反应。

病毒感染表现为显性或隐性感染，引起急性和慢性疾病。隐性病毒感染表示感染组织未受损害，病毒在到达靶细胞前，感染已被控制，或轻微组织损伤不影响正常功能。虽然隐性感染使机体获得免疫力，但无症状感染者可能是重要的传染源。病毒的显性感染有急性感染和持续性感染，后者包括慢性感染、潜伏感染和慢发病毒感染。急性感染一般潜伏期短，发病急，病程数日至数周，恢复后机体不再存在病毒。慢性感染指显性或隐性感染后，病毒持续存在于血液或组织中，并不断排出体外，病程长达数月至数十年，临床症状轻微或为无症状携带者。潜伏感染是经急性或隐性感染后，病毒基因组潜伏在特定组织或细胞内，但不能产生感染性病毒，用常规法不能分离出病毒，但在某些条件下病毒被激活而急性发作。慢发病毒感染潜伏期长达数年至数十年，且一旦症状出现，病毒感染后，引起进行、退化性神经系统疾病，病情逐渐加剧直至死亡。

二、神经坏死病毒病

1. 病原

鱼类病毒性神经坏死病（Viral nervous necrosis，VNN）又称病毒性脑病和视网膜病（Viral encephalopathy and retinopathy，VER），是世界范围内的一种鱼类流行性传染病。病原是鱼类神经坏死病毒（Fish nervous necrosis virus，NNV），属于野田村病毒科Ⅱ型野田村病毒属。NNV 是已知的最小动物病毒之一，在电镜超薄切片中，病毒粒子呈二十面体，呈晶格状排列在细胞质中，大小为 25～30 nm（Mori et al，1992）。病毒由衣壳和核心两部分组成，无囊膜。NNV 名称通常以所感染的鱼类来命名，但很多鱼类 NNV 在感染特性和基因结构等方面都十分相似。因此，目前 NNV 的分类主要采用 Nishizawa 等提出的分类方法，将现有的 NNV 分为 4 种基因型，即红鳍东方鲀神经坏死病毒（tiger puffer NNV，TPNNV）、黄带拟鲹神经坏死病毒（striped jack NNV，SJNNV）、条斑星鲽神经坏死病毒（barfin flouder NNV，BFNNV）、赤点石斑鱼神经坏死病毒（red-spotted grouper NNV，RGNNV）（Nishizawa et al，1997）。目前，感染卵形鲳鲹的 NNV 基因型为赤点石斑鱼神经坏死病毒。

2. 症状和病理变化

感染 NNV 后，卵形鲳鲹陆续出现食欲下降、体色较深或发黑、游动无力、行为反应迟钝、腹部朝上，在水面作水平旋转或上下翻转，呈痉挛状等病毒性神经坏死病典型症状，累计死亡率高达 100%。病鱼的脑部可见明显空泡，气泡主要存在于端脑、间脑、小脑和延脑，前脑比后脑的空泡化更严重；患病鱼眼睛视网膜也有明显空泡坏死病变（图 7－21，A，B）。用免疫组化的方法可以在脑、眼的空泡化病变区检测到大量 NNV 的阳性信号（图 7－21，C，D）。其他器官，包括脊髓、鳃、心脏、肝脏、肾脏、脾、皮肤和肌肉等组织通常不发生明显的空泡化。用电镜，在脑和视网膜的细胞质上可以观察到 20～30 nm 的病毒粒子（图 7－22）。病毒为等面体，无外膜。病毒随机分布在细胞质中或者包在膜性结构内。这些致密体大小不一，所含的病毒颗粒数也不一样。偶尔可以观察到较大的致密体外膜已经破裂，病毒样粒子释放到细胞质中。感染细胞出现两种明显的降解性病变，细胞致密变化和细胞溶解。细胞溶解比细胞致密变化更为严重，因而形成了空泡。病毒粒子成熟后，感染细胞向细胞间隙释放病毒粒子，感染细胞明显变小，从而导致细胞之间产生更大的空隙和空泡，线粒体内嵴出现降解，只见到残留的膜。

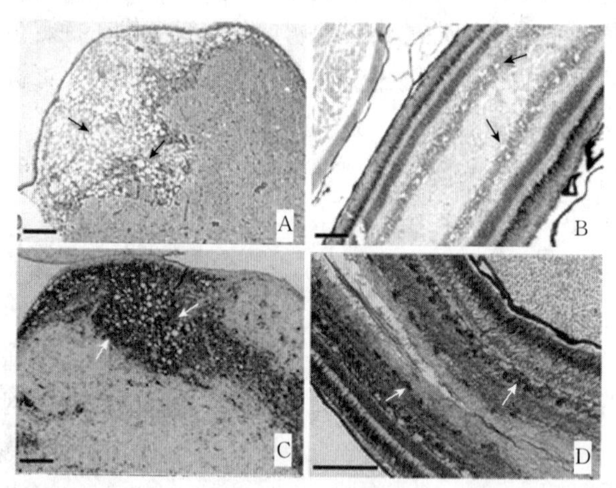

图 7－21　患神经坏死病毒病的卵形鲳鲹组织病理学变化

A. 脑空泡化　B. 视网膜空泡化　C. 免疫组化显示脑内 NNV 阳性信号　D. 免疫组化显示视网膜内 NNV 阳性信号

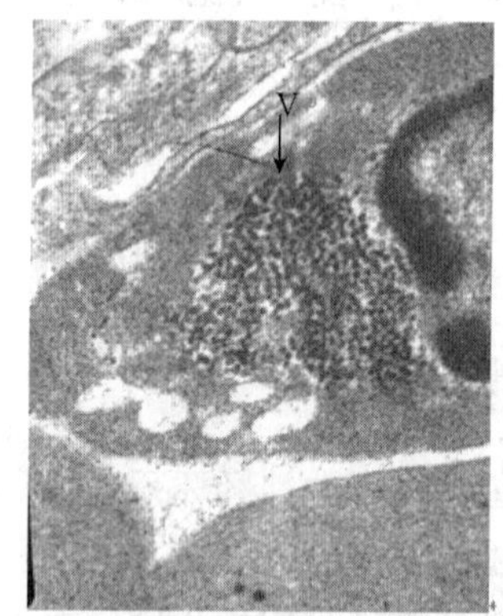

图 7－22　脑组织内的病毒粒子

3. 流行情况

NNV 是一种分布广、毒性大的病毒，能感染多种鱼类。目前报道的受感染的鱼类大都是海水鱼类，淡水鱼类少有报道。Bellance et al（1988）首次报道了生长在西印度洋的欧洲鲈患有“神经性脑病”。Yoshikoshi et al（1990）首次对病毒特征进行了比较详尽的描述。此后，在世界很多国家和地区的海水鱼类中发现了此病毒。受 NNV 感染的鱼包括鳗鲡目、鳕形目、鲈形目、鲽形目和鲀形目 5 个目 17 科的 40 多种鱼类。分子生物学研究结果和交叉感染试验的结果表明，某些 NNV 并没有严格的宿主特异性，也没有发现某些鱼类只受某种 NNV 感染（Munday et al，2002）。NNV 具有潜伏感染的特性，某些鱼类可以携带 NNV，传染其他鱼类，但对自身却无致病性。Castric et al（2001）通过调查研究发现，金鲷养殖在已感染发病的狼鲈附近，自身无发病症状，而试验表明，NNV 是可感染金鲷。因此在养殖场中，类似金鲷这种无病症的病毒携带者的存在，对其他易感染的鱼类的养殖构成极大的威胁。NNV 对仔鱼和幼鱼危害很大，其传播途径分为垂直传播和水平传播，垂直传播是指亲鱼感染病毒使受精卵和所繁殖的后代也带有病毒，这也是 NNV 感染传播的主要途径（Grotmol et al，1995；Grotmol et al，1995；Johans et al，2002）。这在石斑鱼养殖过程中十分常见，鱼卵即可检出 NNV，而鱼苗也在孵化不久就发病死亡。而水平传播是网箱养殖过程中常见的感染方式，病毒可通过携带病毒的鱼、饵料以及水体等传播，常常可见整个养殖区相继暴发疾病。

王江勇等（2006）首次报道了卵形鲳鲹病毒性神经坏死症，许海东等（2010）对该病的流行病学、致病性及病毒的基因型进行了相关研究。卵形鲳鲹病毒性神经坏死症具有明显的季节性，为每年 4—9 月份，死亡高峰期为 6—8 月份，平均水温 30～32 ℃的夏季，可引起仔鱼和稚鱼的大量死亡，累积死亡率超过 90%。低温季节一般不发病。

4. 诊断方法

初诊可用光学显微镜观察脑、脊索或视网膜出现空泡，但有的鱼只在神经纤维网中出现少量空泡。进一步诊断，取可疑患鱼的脑、脊髓或视网膜等做组织切片，HE 染色，观察到神经组织坏死并有空泡。通过电镜，可在受感染的脑和视网膜中观察到病毒粒子，有时可观察到约 5 μm 大小的胞浆内包涵体。用一种条纹蛇头鱼的细胞系（SSN－1）或用一种石斑鱼细胞系 GF－1 培养分离罗达病毒，并进一步利用 NNV 抗血清，采用免疫组织化学方法和间接荧光抗体技术（IFAT）及 ELISA 检测病毒。利用分子生物学逆转录：PCR（RT－PCR）方法增殖病毒的衣壳蛋白基因。Xu et al（2010）建立了 LAMP 为基础的便捷、灵敏度高、特异性好 RGNNV 快速的检测方法。该方法以 RGNNV 型基因组 RNA 序列为基础设计的 4 条特异性引物（2 条外引物和 2 条内引物）只能扩增该病毒的核酸序列，其灵敏度比 nested－PCR 法高 100 倍（图 7－23）。

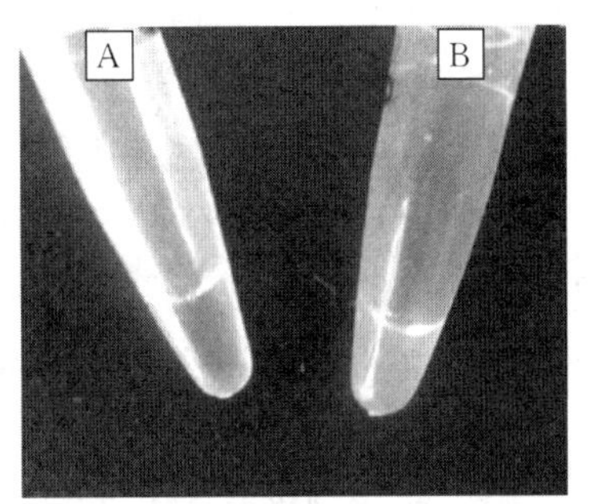

图 7－23　LAMP 方法 SYBR Green I 染液检测 RGNNV 结果展示

A. 阴性对照　B. 阳性样品

（Xu et al，2010）

5. 防治方法

（1）预防措施　①加强鱼苗进出口检疫工作；②放养经检测无病毒侵染的健康苗种；③用于产卵的亲鱼，性腺经检测不携带病毒；避免用同一尾亲鱼多次刺激产卵；④ 受精卵用含 0.2～0.4 μg/mL 臭氧的过滤海水冲洗；⑤育苗用水经紫外线过滤消毒；⑥在温度 20 ℃时用每立方米水 50 g 的次氯酸钠、次氯酸钙、氯化苯甲烃铵或 PVP－I 浸泡鱼卵 10 min。

（2）治疗方法 无有效的治疗药物，正在研制 NNV 的 DNA 疫苗。

第四节 寄生虫性疾病

一、寄生虫性疾病概述

1. 寄生的概念

生存于自然界的有机体，对环境条件的需求取决于有机体的不同种类、不同生活方式和不同的发育阶段。有机体种类繁多，它们的生活方式极为复杂。有的营自由生活；有的必须与特定的生物营共生生活；有的在某一部分或全部生活过程中，必须生活于另一生物之体表或体内，夺取该生物之营养而生存，或以该生物之体液及组织为食物来维持其本身的生存并对该生物发生危害作用，此种生活方式称为寄生生活，或谓之寄生。凡营寄生生活的生物都称为寄生物，包括植物性寄生物及动物性寄生物，植物性寄生物大多属于病毒、细菌、真菌等，动物性寄生物依生物进化的程度而言，皆属于低等动物，故一般称为寄生虫。营寄生生活的动物称为寄生虫，被寄生虫寄生而遭受损害的动物称为寄主。例如，真鲷格留虫（*Glugea pagri*）寄生于真鲷的腹腔内，则真鲷格留虫称为寄生虫，真鲷称为寄主（Su et al，2014b）。寄主不但是寄生虫食物的来源，同时又成为寄生虫暂时的或永久的栖息场所。寄生虫的活动及寄生虫与寄主之间相互影响的各种表现称为寄生现象，系统研究各种寄生现象的科学称为寄生虫学。

2. 寄生生活的起源

寄生生活的形成是同寄主与寄生虫在其种族进化过程中，长期互相影响分不开的。一般说来，寄生生活的起源可有下列两种方式。

（1）由共生方式到寄生 共生是两种生物长期或暂时结合在一起生活，双方都从这种共同生活中获得利益（互利共生），或其中一方从这样的共生生活中获得利益（片利共生）的生活方式。但是，营共生生活的双方在其进化过程中，相互间的那种互不侵犯的关系可能发生变化，其中的一方开始损害另一方，此时共生就转变为寄生。如痢疾内变形虫的小型营养体在人的肠腔中生活就是一种片利共生现象，这时痢疾内变形虫的小型营养体并不对人发生损害作用，而它却可利用人肠腔中的残余食物作为营养。当人们受到某种因素的影响（如疾病、损伤、受凉等）而抵抗力下降时，小型营养体能分泌溶蛋白酶，溶解肠组织，钻入黏膜下层，并转变为致病的大型营养体，共生变成寄生。

（2）由自由生活经过专性寄生到真正寄生 寄生虫的祖先可能是营自由生活的，在进化过程中由于偶然的机会，它们在另一种生物的体表或体内生活，并且逐渐适应了那种新的环境，从那里取得它生活所需的各种条件，开始损害另一种生物而营寄生生活。由这种方式形成的寄生生活，大体上都是通过偶然性的无数次重复，即通过兼性寄生而逐渐演化为真正的寄生。自由生活方式是动物界生活的特征，但是由于不同程度的演变，在动物界的各门中，不少动物由于适应环境的结果，不断以寄生姿态出现，因此寄生现象散见于各门，其中以原生动物、扁形动物、线形动物及节肢动物门为多数。寄生虫的祖先在其长期适应于新的生活环境的过程中，它们在形态结构上和生理特性上也大都发生了变化。一部分在寄生生活环境中不需要的器官逐渐退化，乃至消失，如感觉器官和运动器官多半退化与消失；而另一部分由于保持其种族生存和寄生生活得以继续的器官，如生殖器官和附着器官则相应地发达起来。这些由于客观环境改变所形成的新的特性，被固定下来，而且遗传给了后代。

3. 寄生方式和寄主种类

(1) 寄生方式

寄生虫在自然界寄生的方式很多，一般可分为下列几种类型。

① 按寄生虫寄生的性质分。

a. 兼性寄生亦称假寄生。营兼性寄生的寄生虫，在通常条件下过着自由生活，只有在特殊条件下（遇有机会）才能转变为寄生生活。例如，马蛭与小动物相处时和欧洲蛭一样营自由生活，当它和大动物相处时就营寄生生活。

b. 真性寄生亦称真寄生。寄生虫部分或全部生活过程从寄主取得营养，或以寄主为自己的生活环境。专性寄生从时间的因素来看，又可分为暂时性寄生和经常性寄生。暂时性寄生亦称一时性寄生，寄生虫寄生于寄主的时间甚短，仅在获取食物时才寄生。如鱼蛭之吸食鱼的血液；经常性寄生亦称驻留性寄生。寄生虫的一个生活阶段、几个生活阶段或整个生活过程必须寄生于寄主。经常性寄生方式又可分为阶段寄生和终身寄生。阶段寄生指寄生虫仅在发育的一定阶段营寄生生活，它的全部生活过程由营自由生活和寄生生活的不同阶段组成。如中华鳋仅雌性成虫寄生在草鱼鳃上营寄生生活，其余都营自由生活；终身寄生：寄生虫的一生全部在寄主体内度过，它没有自由生活的阶段，所以一旦离开寄主，就不能生存，如石斑鱼锥体虫（*Trypanosoma epinepheli*）寄生在老虎斑的血液中（Su et al，**2014**a）。

② 按寄生虫寄生的部位分。

a. 体外寄生。寄生虫暂时地或永久地寄生于寄主的体表者。寄生在鱼的皮肤、鳍、鳃等处的寄生虫均属体外寄生，如刺激隐核虫和车轮虫寄生在鱼的皮鳃上。

b 体内寄生。寄生虫寄生于寄主的脏器、组织和腔道中者，如真鲷格留虫寄生在真鲷腹腔内。

c. 超寄生。一种特异的现象，寄生虫本身又成为其他寄生虫的寄主。如三代虫寄生在鱼体上，而车轮虫又寄生在三代虫上。

（2）寄主种类

① 终末寄主：寄生虫的成虫时期或有性生殖时期所寄生的寄主，成为终末寄主或终寄主。

② 中间寄主：寄生虫的幼虫期或无性生殖时期所寄生的寄主。若幼虫期或无性生殖时期需要两个寄主时，最先寄生的寄主称为第一中间寄主；其次寄生的寄主称为第二中间寄主。

③ 保虫寄主：寄生虫寄生于某种动物体的同一发育阶段，有的可寄生于其他动物体内，这类其他动物常成为某种动物体感染寄生虫的间接来源，故站在某种动物寄生虫学的立场可称为保虫寄主或储存寄主。如华枝睾吸虫的成虫寄生于人、猫、狗等肝脏的胆道内，其幼虫先寄生于长角豆沼螺的体内，其后又寄生在淡水鱼体内，则螺为其第一中间寄主，淡水鱼为第二中间寄主，人、猫、狗皆为其终末寄主；而站在人体寄生虫学的立场上，猫及狗又是保虫寄主。因此，要彻底消灭某种寄生虫病，除消灭中间寄主外，还必须消灭保虫寄主中的寄生虫，否则保虫寄主随时可以把储存的寄生虫传播开来。在鱼类中，有些寄生虫原来对某种鱼是严重的致病者，但转移到其他鱼体上时，并不使寄主发生疾病。

4. 寄生虫的感染方式

寄生虫感染的方法甚多，其中主要的有以下两种。

（1）经口感染　具有感染性的虫卵、幼虫或胞囊，随污染的食物等经口吞入所造成的感染称为经口感染。如艾美虫、毛细线虫均借此方式侵入鱼体。

（2）经皮感染　感染阶段的寄生虫通过寄主的皮肤或黏膜（在鱼类还有鳍和鳃）进入体内所造成的感染称为经皮感染。此种感染一般又可分为两种方法：

① 主动经皮感染：感染性幼虫主动地由皮肤或黏膜侵入寄主体内。如双穴吸虫的尾蚴主动钻入鱼的皮肤造成的感染。

② 被动经皮感染：感染阶段的寄生虫并非主动地侵入寄主体内，而是通过其他媒介物之助，经皮肤将其送入体内所造成的感染，称为被动经皮感染。如锥体虫须借鱼蛭吸食鱼血而传播，即属此种方法。

5. 寄生虫、寄主和外界环境三者间的相互关系

寄生虫、寄主和外界环境三者间的相互关系十分密切。寄生虫和寄主相互间的影响，是人们经常可以见到的，它们相互间的作用往往取决于寄生虫的种类、发育阶段、寄生的数量和部位，同时也取决于寄主有机体的状况；而寄主的外界环境条件，也直接或间接地影响着寄主、寄生虫及它们间的相互关系。

（1）寄生虫对寄主的作用　寄生虫对寄主的影响有时很显著，可引起生长缓慢、不育、抵抗力降低，甚至造成寄主大量死亡；有时则不显著。寄生虫对寄主的作用，可归纳为以下几个方面：

① 机械性刺激和损伤：寄生虫对寄主所造成的刺激及损伤的种类甚多，是最普遍的一类影响。如鲺寄生鱼体，用其倒刺及口器刺激或撕破寄主皮肤，因而使寄主极度不安，常在水中狂游或时而跳出水面。机械性损伤作用是一切寄生虫病所共有，仅是在程度上有所不同而已，严重的可引起组织器官完整性的破坏、脱落、形成溃疡、充血、大量分泌黏液等病变，损伤神经、循环等重要器官系统时，还可引起病鱼大批死亡，如双穴吸虫急性感染。

② 夺取营养：寄生虫在其寄生时期所需要的营养都来自寄主，因此寄主营养或多或少地被寄生虫所夺取，故对寄主本身造成或多或少的损害；但其后果仅在寄生虫虫体较大，或寄生虫量较多时才明显表现出来。如寄生在鲟鳃上的一种单殖吸虫，每只虫每天要从鲟身体上吸血 0.5 mL，在严重时，一尾鲟鳃上寄生 300～400 只虫，这样鲟每天损失的血液达 150～200 mL 之多，因而鱼体很快消瘦。

③ 压迫和阻塞：体内寄生虫大量寄生时，对寄主组织造成压迫，引起组织萎缩、坏死甚至死亡，此种影响以在肝脏、肾脏等实质器官中为常见。如寄生在鲤科鱼类体腔内的双线绦虫，可引起内脏严重萎缩，甚至死亡。当寄生虫的数量很多而又寄生在管道内，则可发生阻塞作用，如九江头槽绦虫的大量寄生，可引起夏花草鱼肠管的阻塞；有时虽然寄生虫的数量不很多，但由于刺激了中枢神经后，引起痉挛收缩，也可发生阻塞现象。

④ 毒素作用：寄生虫在寄主体内生活过程中，其代谢产物都排泄于寄主体内，有些寄生虫还能分泌出特殊的有毒物质，这些代谢产物或有毒物质作用于寄主，能引起中毒现象。如鲺的口刺基部有一堆多颗粒的毒腺细胞，能分泌毒液；寄生在草鱼鳃上的鳃隐鞭虫分泌的毒素可引起溶血。

⑤ 其他疾病的媒介：吸食血液的外寄生虫往往是另一些病原体入侵的媒介，如鱼蛭在鱼体吸食鱼血时，常可把多种鱼类的血液寄生虫（如锥体虫）由病鱼传递给健康鱼。

(2) 寄主对寄生虫的影响　寄主机体对寄生虫的影响问题，比较广泛而复杂，目前关于这方面的研究还不多，其影响程度如何尚难以估计，现简单叙述于下。

① 组织反应：由于寄生虫的侵入而刺激了寄主，引起寄主的组织反应，表现为寄生虫寄生的部位形成结缔组织的胞囊，或周围组织增生、发炎、以限制寄生虫的生长，减弱寄生虫附着的牢固性，削弱对寄主的危害；有时更能消灭或驱逐寄生虫。例如，四球锚头鳋侵袭草鱼鳃时，寄主形成结缔组织包囊将虫体包围，不久虫体即死亡消灭。

② 体液反应：寄主受寄生虫刺激后也能产生体液反应。体液反应表现多样性，如发炎时的渗出，既可稀释有毒物质，又可增加吞噬能力，肃清致病的异物和坏死细胞；但在体液反应中主要为产生抗体，形成免疫反应。有机体不仅对致病微生物会产生免疫，对寄生原虫、蠕虫、甲壳类等也有产生免疫的能力，不过一般较前者为弱。

③ 寄主年龄对寄生虫的影响：随着寄主年龄的增长，其寄生虫也相应发生变化。某些寄生虫的感染率和感染强度随寄主年龄递减，如寄生在草鱼肠内的九江头槽绦虫，其感染率和感染强度随寄主年龄的增长而降低。因为草鱼在鱼种阶段以浮游生物（九江头槽绦虫的中间寄主为剑水蚤）为食，一龄以上的草鱼则以草为主。另一些寄生虫的感染率和感

染强度随寄主年龄递增，其主要原因是由于寄主食量增大，所食中间寄主增加；对体外寄生虫而言，则由于附着面积增大及逐年积累，以及幼体和成体生态上的差别所引起，如寄生在长尾大眼鲷的匹里虫和寄生在对虾的对虾特汉虫，均随寄主年龄增长而增加。还有一些寄生虫与寄主年龄无关，它们多为无中间寄主的种类，如鲤科管虫、显著车轮虫和鲩指环虫等，因而这些寄生虫也就成为最早感染寄主的种类，常会引起鱼苗、鱼种发病而成批死亡。

④ 寄主食性对寄生虫的影响：水产动物与寄生虫在生物群落中的联系，除了外寄生虫和通过皮肤而进入寄主的内寄生虫之外，皆通过食物链得以保持，因此寄主食性对寄生虫区系及感染强度起很大作用。根据食性的不同，可将鱼类分为温和性鱼类和凶猛性鱼类两类：第一类主要是以水生植物及小动物为食；第二类则以其他鱼类和大动物为食，因此，它们的寄生虫区系成分有显著差别。例如，草鱼为温和性鱼类，因此就没有以其他鱼类为中间寄主的寄生虫；鳜鱼则为凶猛性鱼类，故有以其他鱼类为中间寄主的寄生虫，如道佛吸虫等。

⑤ 寄主的健康状况对寄生虫的影响：寄主健康状况良好时，抵抗力强，不易被寄生虫所侵袭，即使感染，其强度小，病情也较轻，如多子小瓜虫很难寄生到强壮的鱼体上去，即使寄生了，也很容易发生中途夭折；反之，抵抗力弱的鱼，则易受寄生虫侵袭，且感染强度大，病情也较严重。

（3）寄生虫之间的相互作用 在同一寄主体内，可以同时寄生许多同种或不同种的寄生虫，处在同一环境中，它们彼此间发生影响，它们之间的关系表现有对抗性和协助性两种。例如，寄生在鱼鳃上的钩介幼虫和单殖吸虫、甲壳类三者之间互有对抗作用。因此，通常在有钩介幼虫寄生时，单殖幼虫和甲壳类就很少再有寄生；反之，亦然。而寄生在鲤鱼鳃上的伸展指环虫和坏鳃指环虫则具有协助性。这些也都影响着寄生虫的区系。

（4）外界环境对寄生虫的影响 寄生虫以寄主为自己的生活环境和食物来源，而寄主又有自己的生活环境，这样对寄生虫来说，它具有第一生活环境（寄主有机体）及第二生活环境（寄主本身所处的环境）。因此，外界环境的各种因子，无不直接或通过寄主间接地作用于寄生虫，从而影响寄主的疾病发生及其发病程度。水生动物生活的环境因子的作用主要有以下几方面。

① 水化学因子的影响：水中溶氧对于水产动物寄生虫的直接影响尚未查明，但初步可以看出，生活于静水富氧情况下的鱼类，其单殖吸虫往往寄生较多；而部分有特殊呼吸适应的寄主，如乌鳢、泥鳅、刺鳅等的单殖吸虫则寄生较少。盐度不同的水体，除影响水产动物的区系外，同时中间寄主亦有差异；盐度增高常限制着淡水中间寄主的存活，盐度对无中间寄主的寄生虫有直接影响，一般指环虫在盐度高的水体中几乎绝迹；在河口地带，淡水和海产动物区系形成交叉群落，水产动物寄生虫区系亦相应复杂；如在镇江附近的长江，鱼类寄生虫区系大致和太湖相似，但在近长江口处，淡水鱼类寄生虫区系减少或消失，增加了若干耐受淡水的海产种类，因而鱼类寄生虫区系变得复杂。软体动物及甲壳动物都需碳酸盐作为造壳物质，而这些动物是吸虫及棘头虫等的中间寄主，因此在软水及咸淡水中，此类寄生虫很少。蛭类在硬水一般较软水为多；在酸性腐殖质底质的水体及咸

淡水中，蛭类很少能生存，因此减少锥体虫病传播的机会。

② 季节变化的影响：水生动物遭受寄生虫的感染在很大程度上是随季节而定。因为一年中季节的变化反映在水体各种环境因子的变化上，因此水生生物的群落组成，包括寄生虫及寄主，也相应表现出这种环境因子的变化。一般而言，在夏秋季节，由于水温升高，生物群落的成员包括寄主及其寄生虫的生长发育加速，数量及活动增多，寄主的摄食增强。因此寄生虫的种类及数量增加；相反，在春冬季，由于水温低，生物的生长发育减慢，寄生虫、中间寄主数量减少，寄生虫的传播多数停止，因此除少数耐寒性种类外，一般感染率及感染强度下降；但冬季在水底深穴中，由于寄主聚集，部分寄生虫的传播反而可能增多。寄生虫区系的季节变化，一般可归纳成四种曲线类型：第一类属于四季出现的种类，如一些原生动物、单殖吸虫、线虫等生活史直接的种类；第二类为倒 U 形曲线，包括多数消化道寄生虫，夏秋增高，主要由于寄主摄食增强；第三类为 U 形曲线，主要包括部分耐寒性种类；第四类为逐季上升类型，如血居吸虫，由于逐季感染积累的结果。

③ 人为因子的影响：人类的生产活动对于寄生虫的传播有很大影响，或人类有意识地改变自然水体的环境及生物群落来影响或消灭寄生虫；对于水体岸边的围垦、捕捞以及使用农药等，通过水体环境或生物群落的变化，可以间接影响到寄生虫。如为了预防血吸虫病，在岸边喷洒五氯酚钠，不仅消灭了钉螺，且将岸边的椎实螺及鱼怪幼虫也杀灭，从而该地区以椎实螺为中间寄主的寄生虫病和鱼怪病的感染率、感染强度大为降低。引种驯化对寄生虫区系的影响，可总结成以下四点：第一，主要由于缺乏适当的中间寄主，驯化水产动物上原有的寄生虫种类有些丧失；第二，在新水体中获得了原先没有的广属性土著水产动物的新寄生虫，甚至暴发流行病；第三，直接发育的寄生虫多数被保存，其中特别是单殖吸虫；第四，土著水产动物有时被迁入水产动物上的某些寄生虫寄生，如土著水产动物不能适应，常引起动物流行病。

④ 密度因子的影响：在同一水体内，寄主或寄生虫的数量影响着寄生现象的发生。如在池塘内，寄主的密度较高，虽然寄生虫的种类较少，但感染率及感染强度往往较天然水体中同种寄主为高。水体中双穴吸虫尾蚴的密度和寄主的死亡时间相关，密度愈大，鱼的死亡越快；密度越小，则死亡越慢。如水体中尾蚴密度相同，其死亡时间的快慢与鱼体的大小成反比。在一定寄生部位，寄生虫个体的大小，常与寄生虫的密度成反比，此种情况称为“拥挤影响”。草鱼被九江头槽绦虫感染时，寄生的密度亦影响寄主的生长，寄生的密度低，寄主生长较快，成熟绦虫个体的比例也高，部分个体生长达到最高峰。但寄生密度不影响原尾蚴的生长和成熟。

⑤ 散布因子的影响：寄主种群周期性的转移，即迁徙或洄游，使得寄主以及其寄生虫皆遭受到不同的外界环境，引起了生理状态的改变，原有的寄生虫从寄主脱落，而从新的环境中获得新的寄生虫。例如，鲑鱼在三四龄之前一直生活在淡水中，以后入海，在海内生活 2～3 年后再回到淡水产卵。在入海之前幼鲑有多种寄生蠕虫感染，当鲑鱼进入海洋之后，就失去原有的淡水寄生蠕虫，而获得了一系列海洋寄生虫；以后鲑鱼由于产卵而又返回河流，此时鲑鱼在淡水内不摄食，所以在产卵期间，除了失去海洋寄生虫外，不再

获得淡水经口感染的体内寄生虫。部分绦虫幼虫，由于其终末寄主鸟类的迁徙活动，因此分布极为广泛，如舌型绦虫。青蛙、鸟类及其他吃水产动物的动物皆可携带病原体或发病机体，由一口池塘转至另一口池塘。寄生虫的卵、成虫或其他发育阶段可主动或被动地散布各处，而影响到寄生虫种群的分布和数量。

除了上面提到的一些因素对水产动物寄生虫区系及水产动物疾病的发生与否、发病的程度等有决定性的意义外，还有地理因素、气候条件等都或多或少地起着作用。所有这些条件都是外界环境的一个因素、一个方面，它们都是彼此联系、互相制约、综合地起着影响。总而言之，水产动物寄生虫和寄主是一个复杂的综合体，它们和周围环境又是一个更复杂的综合体，我们不可能离开寄主来研究寄生虫，也不能离开周围环境来讨论寄生虫。

二、刺激隐核虫病

1. 病原

病原为刺激隐核虫（*Cryptocaryon irritans*），隶属于原生动物门、前口纲、前管目、隐核虫科、隐核虫属。寄生在鱼体上的虫体为球形或卵圆形。成熟个体的直径0.4～0.5 mm，全身表面披有均匀一致的纤毛。近于身体前端有一胞口。外部形态与寄生在淡水鱼类上的多子小瓜虫很相似。主要区别是隐核虫的大核分隔成4个卵圆形团块（少数个体为5～8块）（图7-24），各团块间沿长轴有丝状物相连呈马蹄状排列。小瓜虫的大核虽然也呈马蹄状，但不分隔成团块。另外，隐核虫的细胞质较浓密，内有许多颗粒，透明度较低，在生活的虫体中大核一般不易看清；虫体的表膜较厚而硬；身体略小于小瓜虫。

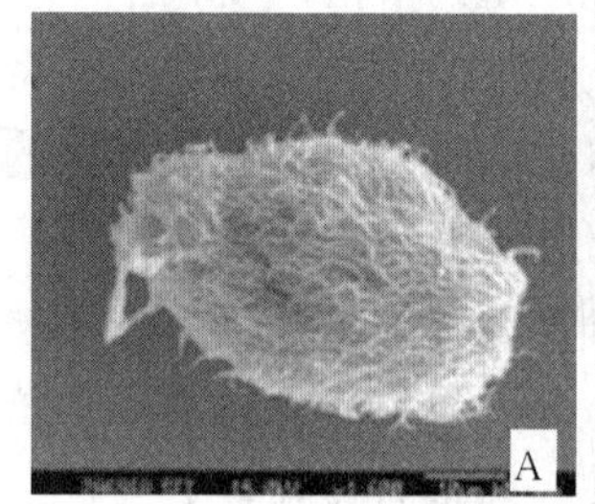

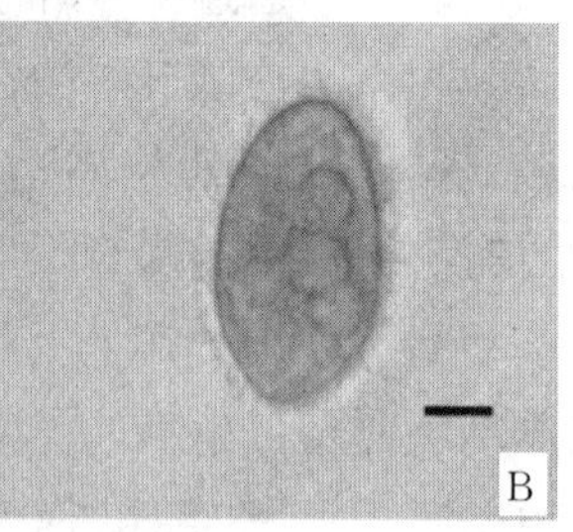

图7-24　刺激隐核虫的形态

A. 表面披有均匀一致的纤毛　B. 大核分隔成4个卵圆形团块

（Li et al，2013）

刺激隐核虫的生活史中没有中间宿主，在宿主寄生期和自由生活期经历了4个虫体变态阶段：滋养体（trophont）、包囊前体（protomont）、胞囊（tomont）和幼虫（theront）。滋养体期是指幼虫感染宿主后寄生并生长的时期，呈圆形或梨形，能在上皮内做旋转运动，以宿主的体液、组织碎片及整体细胞为食。滋养体生长期为3～7 d，4～5 d生长最旺盛，成熟后脱离宿主，形成自由活动的包囊前期。包囊前期脱离宿主体的时间具有周期性，多数虫体是在每天黎明前的黑暗时期脱离。包囊前期脱掉纤毛以后，它的表面的脊状突起变平，通常要在水底“爬行”2～8 h，然后慢慢静止下来，或附于水底壁上，在8～12 h内形成硬质包囊。包囊通常经历一系列的不对称二分裂，最后变成许多子代幼体，最后形成幼虫从包囊里释放出来。包囊平均产生292个幼虫，幼虫逸出后不进食，在水中快速游动寻找和感染宿主，在水中自由活动，具有感染宿主的能力。大多数虫株的幼虫都只能生存不足 24 h，少数情况下，红海虫株幼虫可以活到 36 h。然而脱囊 6～8 h 后，幼虫的感染能力大大减弱，10～12 h 后则仅有少部分幼虫还具备感染能力，18 h 后完全丧失感染力。刺激隐核虫的生活史在 24～27 ℃平均需要 1～2 周，但有些包囊可发育 10 周（图 7－25）。

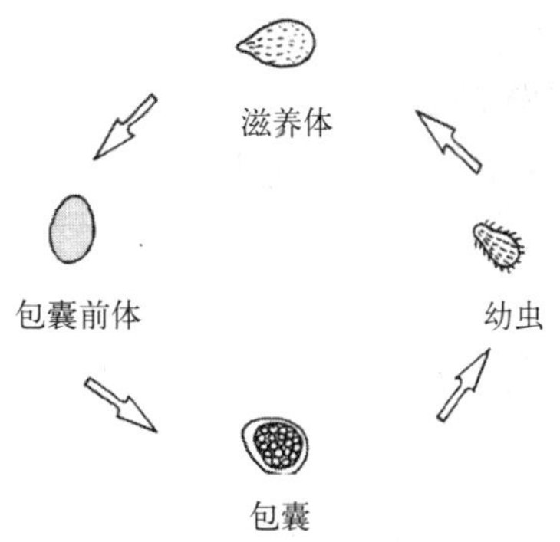

图 7－25　刺激隐核虫生活史

2. 症状和病理变化

刺激隐核虫能引起鱼的活动异常、上皮增生、呼吸困难以及机械损伤，继而带来病菌的继发感染。病鱼体表、鳃表、眼角膜和口腔等与外界相接触处，肉眼可观察到许多小白点（彩图 8）。因为虫体钻入鳃和皮肤的上皮组织之下、基底膜的上面，以宿主的组织为食，并不断转动其身体，宿主组织受到刺激后，形成白色膜囊将虫体包住，所以肉眼看去在病鱼体表和鳃上有许多小白点，与小瓜虫引起的淡水鱼白点病的症状很相似，因此也叫做海水鱼白点病。不过隐核虫在皮肤上寄生得很牢固，必须用镊子用力才能刮下，小瓜虫则很易脱落。病鱼皮肤和鳃因受刺激分泌大量黏液，严重者体表形成一层混浊的白膜，皮肤有点状充血，甚至发生炎症，鳃上皮组织增生并出现溃烂，眼角膜上被寄生时可引起瞎眼。病鱼食欲不振或不吃食，身体瘦弱，游泳无力，呼吸困难，最终可能窒息而死。

3. 流行情况

刺激隐核虫最适繁殖水温为 25～29 ℃，比重 1.017～1.020，pH 7.7～8.0。虫体无需中间寄主，靠包囊及其幼虫传播。当水温低于 25 ℃或高于 30 ℃，海水网箱养殖在水流不畅、水质差、有机物含量丰富、高密度养殖的海区发病率最为严重。当海水出现上凉下热的温差，从而导致海底残饵、粪便等污物上升到水面，造成水质浑浊、海水富营养化程度增加，加上温度适宜，从而引起刺激隐核虫短时间内大量繁殖并危害当地养殖鱼类。自然状态下，野生海水鱼类很少受到刺激隐核虫的严重感染，这主要是由于自然海域宿主密度较低。然而，在水泥池、室内水族箱及海水网箱等高密度养殖场所，虫体就能够大量繁殖而使鱼类致病。因此，近年来海水刺激隐核虫病的大量发生与海区中养殖密度不断增加密切相关。此外，该病还特别在海区环境变化大（如台风过后）、水流不畅、鱼体营养不良、抗病力差时出现。在人工养殖条件下，除软骨鱼类和篮子鱼对刺激隐核虫有一定抵抗力外，刺激隐核虫几乎在宿主选择上没有特异性，几乎可以对所有海水养殖鱼类产生致病性，它能引起石斑鱼 50％以上的死亡率，黄鳍鲷 75％的死亡率，卵形鲳鲹的死亡率最高可达到 100％。但尚没有证据显示刺激隐核虫能感染海洋中的无脊椎动物或其他非鱼类动物。

4. 诊断方法

根据皮肤和鳃上出现小白点、病鱼不食、在水面漫游等症状即可初步诊断；将鳃或体表的白点取下，制成水浸片，在显微镜下看到圆形或卵圆形全身具有纤毛、体色不透明、缓慢地旋转运动的虫体，就可以诊断。也可用PCR技术检测水体中的幼虫，用套式PCR扩增法扩增，若检测到阳性条带，表明水体中有大量刺激隐核虫幼虫存在。应注意刺激隐核虫病和黏孢子虫病的区别：患刺激隐核虫病的鱼体体表白点为球形，大小基本相等，比油菜子略小，体表黏液较多，显微镜下可观察到隐核虫游动；黏孢子虫病鱼体白点大小不等，有的呈块状，鱼体黏液很少或没有，无虫体游动现象，但可观察到孢子。

5. 防治方法

（1）预防措施 ①适宜的放养密度。隐核虫病的传播速度，随着鱼类放养密度的增加而加大；有条件的养殖池塘，最好每日用新鲜海水换掉20%的池水。注意换水时，水源要清洁、无污染。注意进水口需要有过滤设备，过滤掉杂鱼、虾和水草杂物，因为刺激隐核虫胞囊常常是跟随这些东西进入池内的。换水有助于清除胞囊和幼虫，减少传染机会，还可以增加鱼的免疫力，防止继发性感染。海水网箱养殖的，应选择在潮流畅通，水交换力强的水域进行养殖。水流较好的海区，水的冲刷能把鱼体表的虫体冲走，而且因海水流动，刺激隐核虫不易有附着的机会，即使少量鱼体尚有未完全脱落的病原虫，也不易再感染给其他鱼。②发现疾病后及时治疗，并对病鱼隔离，病鱼池中的水不要流入其他鱼池中；养殖期间用到的各种工具，在使用前后要消毒，并且各种工具要专池专用，避免将病原交叉感染。病死鱼及时捞出，因为病鱼死后有些隐核虫就离开鱼体，形成包囊进行增殖。③减少人为的机械损伤。在放养运输、分箱、换网时，任何操作必须细致，以防鱼体受伤，发生鱼病。在每年该病流行季节，应尽可能减少操作。④苗种投放前一定要进行消毒，因为即使再好的鱼苗，也难免会有一些病原体寄生在鱼体。因此在放苗或转池时都应该用药物对鱼体进行消毒处理，如淡水浸浴，高锰酸钾、漂白粉药液浸泡等，以杀灭槽壁上的包囊。⑤加强疫病的监测，建立病原隔离制度。平时做好巡塘与巡箱检查，定期抽检养殖鱼类。一旦发现不正常鱼时应马上进行解剖镜检，早发现、早处理。监测周边养殖区疫病发生情况，以便及时采取相应的控制措施，防止病原的传入。

（2）治疗方法 由于刺激隐核虫有复杂的生活史，胞囊生命力很强，药物直接破坏胞囊是很困难的。但是，该虫也有它的薄弱环节，即幼虫期。只要杀死它的幼虫，控制新胞囊的形成，保持一个周期，彻底杀灭刺激隐核虫是完全可能的。

① 醋酸铜全池泼洒，使池水成0.3 mg/L的浓度；② 硫酸铜全池泼洒：在静水中使池水成为1.0 mg/L的浓度；在流水池中使池水成为17～20 mg/L的浓度，同时关闭进水闸停止水的循环，过40～60 min后再开闸，每天1次，连续治疗3～5 d。有人认为用硫酸铜治疗时需将海水稀释至1/4～1/2才能有效；③福尔马林25 mg/L的溶液，全池泼洒，每天1次，连用3次；④淡水浸洗病鱼3～15 min（根据鱼的忍受程度），浸洗后移入2.0～2.5 mg/L浓度的盐酸奎宁水体中养殖数天，效果更好。

三、车轮虫病

1. 病原

属于纤毛门、寡膜纲（Oligohynenophora）、缘毛目（Peritrichida）、车轮虫科（Trichodinidae）、车轮虫属（*Trichodina*）。种类很多，在海水鱼类上已发现超过 70 种，广泛寄生于各种鱼类的体表和鳃。虫体侧面观，随着种类的不同，有的像碟子，有的像倒置的碗（图 7-26），有的为球形或椭圆形，运动起来像车轮样转动。车轮虫身体可分为口面和反口面。在口面具有向左旋转的口带，口带两侧各长一行纤毛，口带最后会与胞口相通，口带长短决定口围绕度的大小，口围绕度分为 90°～340°、360°～400°、(2～3)×360°等几种变化，这是现代车轮虫形态分类学的一个重要参考之一（图 7-27）。

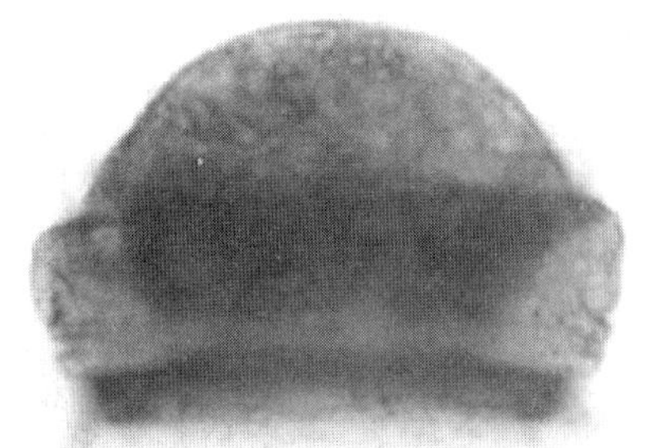

图 7-26　车轮虫体侧面观
(Xu and Song，2008)

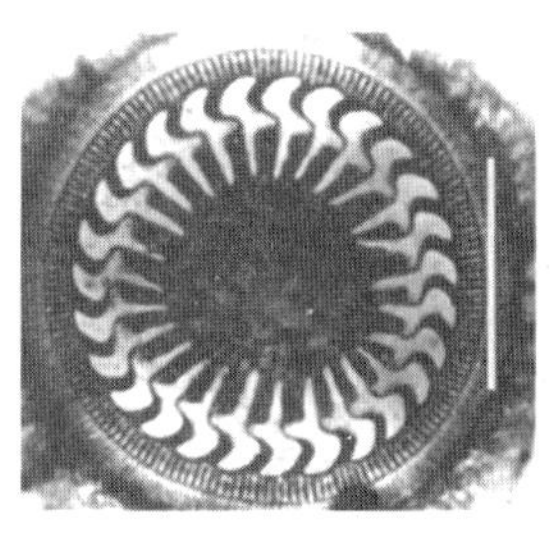

图 7-27　车轮虫附着盘结构（标尺＝20 μm）
(Xu et al，2002)

车轮虫反口面具有后纤毛带，后纤毛带是由一系列排列整齐的集膜组成的。侧面观后纤毛带上、下各分布有一圈纤毛称为上缘纤毛和下缘纤毛，在下缘纤毛的下面有一层透明膜为缘膜，缘膜的宽度同样是现代车轮虫形态分类学的一个重要参考之一。在缘膜内侧有向内凹陷的附着盘结构，附着盘中央的齿环结构最为显著，不同种类的车轮虫的齿环内分布着形态各异、数目不等的齿体，一个完整的齿体包括齿钩、齿锥和齿棘三部分，因种类的不同而缺乏其中的一、二种结构。车轮虫胞口内为胞咽，在胞咽附近有一个大的伸缩泡。车轮虫有一大一小两个核，大核 U 形、C 形或马蹄状，进入分裂期时会发生收缩，变为短棒状或椭球形。小核球形或椭球形，一般分布在大核一端的内侧、外侧或前端。大小核不同分布位置与种类相关（图 7-28）。车轮虫可进行无性二分裂繁殖或有性接合生殖。在进行无性繁殖，分裂成两个新虫体时，在母体齿环内部会长出新齿环，有些种类旧齿环退化消失不完全，会有一小部分留在齿环中央，形成一些颗粒物，颗粒物的形状、大小、多少也是现代分类学上的一个重要参考。

2. 症状和病理变化

车轮虫在卵形鲳鲹中主要寄生在鳃上，寄生在皮肤上的比较少，其主要的食物为破碎的上皮细胞或细菌。寄生数量少时寄主不显症状，但在大量寄生时，由于他们附着和滑行，刺激鳃丝分泌过多的黏液，形成一层黏液层（彩图 9）。还可引起上皮增生，妨碍呼吸。在苗种期的幼鱼体色暗淡，失去光泽，食欲不振，甚至停止吃食。在重度感染的鱼体中，鳃上有大量的虫子，鳃上皮组织坏死，崩解，呼吸困难，鱼衰弱而死（图 7－29）。

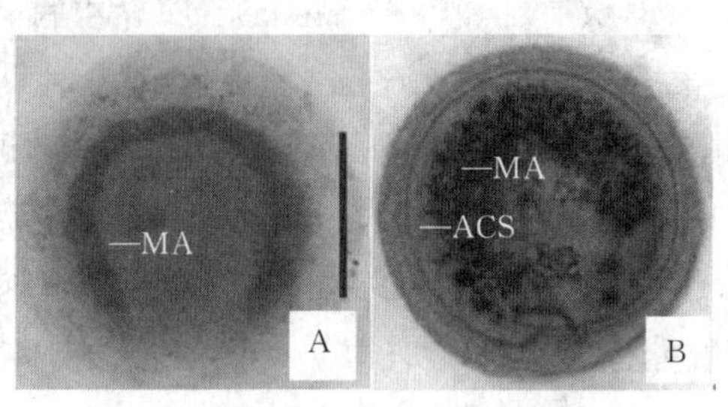

图 7－28　车轮虫口面观

A. 大核（MA）　B. 口围绕度（ACS）

（Xu and Song，2008）

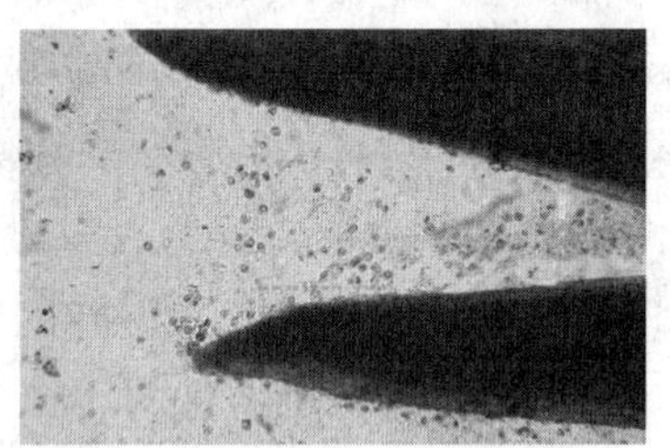

图 7－29　卵形鲳鲹感染车轮虫后鳃上大量车轮虫

（徐力文 供图）

3. 流行情况

车轮虫的寄生一年四季均可检查到，流行于 4—7 月份，但以夏、秋为流行盛季。适宜水温 20～28 ℃。地理分布很广泛，世界上许多国家都有报告。生活在环境优良的健康鱼体上车轮虫即便存在也是数量很少，但在环境不良时，例如水体小、放养密度过大等，或鱼体受伤及发生其他疾病、身体衰弱时，则车轮虫往往大量繁殖，成为病害。池塘养殖卵形鲳鲹，水质肥沃时最容易产生此病。在高温季节，大量车轮虫繁殖，布满整个鳃部时，卵形鲳鲹很容易出现窒息缺氧死亡。车轮虫数量较少时，卵形鲳鲹会表现出狂躁症状，无法摄食，导致营养不足，体色暗淡甚至发黑。有其他疾病存在时，车轮虫能加重宿主的病情，成为致死的原因之一。海水养殖的卵形鲳鲹、真鲷、黑鲷、鲈、鲻、梭鱼、牙鲆、大菱鲆、石斑鱼、尖吻鲈等都较普遍，尤其是苗种阶段的幼鱼。繁殖以纵二分裂法或接合生殖，新生个体可以通过水流或其他水生生物及养殖用工具等而传播。

4. 诊断方法

摄取一点鳃丝或从鳃上、体表刮取少许黏液，置于载片上，加一滴清洁海水制成水封片，在显微镜下可看到虫体，并且数量较多时可诊断为车轮虫病；如仅仅见少量虫体，不能认为车轮虫病，因为少量虫体附着在鳃上是常见的。车轮虫的种类很多，其危害情况和防治方法基本相同，因此一般在生产上不需鉴定到种。如果需鉴定到种，需用蛋白银染色或银浸法染色，或用 FAA 固定液，苏木精染色。

5. 防治方法

(1) 预防措施　苗种培育期加强观察，低倍镜下一个视野达到 30 个以上虫体，用硫酸铜全池泼洒，一次量，每立方米水体 0.5～1 g，鱼种放养前，浸浴 15～30 min；高锰酸钾，一次量，每立方米水体 10～20 g，鱼种放养前，浸浴 15～30 min。

（2）治疗方法　①淡水浸洗 5～10 min；②硫酸铜，0.8～1.2 mg/L 浓度，全池泼洒，或用硫酸铜和硫酸亚铁合剂（5∶2）1.2～1.5 mg/L 浓度，全池泼洒；③福尔马林，浓度为 25～30 mg/L，全池泼洒，隔天再用 1 次；④苦参碱溶液，一次量，每立方米水体 0.4 g，全池泼洒 1～2 次。

四、拟德氏吸虫病

1. 病原

拟德氏属吸虫是扁形动物门（Platyhelminthes），吸虫纲（Trematoda），复殖亚纲（Digenca carus，1863），血居科（Sanguinicolidae Graff，1907），拟德氏吸虫属（*Paradeontacylix Mcintosh*，1934）的种类。拟德氏属是由 Mcintosh 于 1934 年建立的。其主要特征为虫体纤细，身体的大部分宽度相同，体侧薄；后端腹面有一簇玫瑰刺状的体棘。身体前端钝或尖形。食道细长，肠 H 形，后支伸向后 1/2 处。睾丸排列成两个不规则纵列，位于卵巢和肠分叉处。雄性生殖孔开口于背侧，卵巢之后，近侧缘。卵巢多分叶，居体后 1/3 处中位。卵黄腺分布于食道、肠和睾丸之侧，叶可能超过卵巢之后。子宫几乎不弯曲，开口于雄性生殖孔的前中部背侧，寄生于海水鱼循环系统（图7－30）。目前研究表明拟德氏属吸虫无明显寄生宿主特异性，不严格的宿主特异性给防治拟德氏吸虫病带来了很大的困扰。感染卵形鲳鲹的拟德氏属吸虫主要为中华拟德氏属吸虫（*P. sinensis*）。

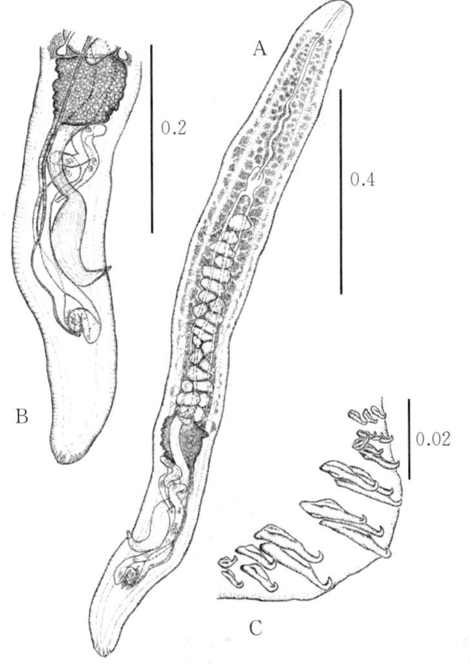

图 7－30　拟德氏吸虫模式图（标尺单位为 mm）
A. 正模标本　B. 虫后端，显示卵巢后端区域
C. 腹面观，显示大的后体棘
（Repullés Albelda et al，2008.）

2. 症状和病理变化

拟德氏吸虫主要致病作用是成虫和虫卵（图 7－31，A，B），成虫不断发育长大，占据了一定的空间，阻碍了血液的流通并引起寄生血管变粗、扭曲、增生等一系列的病症。该吸虫的分泌物有凝血和促进血栓形成的作用。成虫产生大量的卵，虫卵随血液流动，成簇沉积血管内壁及肝、脾、肾、胆囊、鳃、肠等组织和器官（图 7－31，C，D）。虫卵的沉积引起组织炎症、纤维化、组织增生肥厚、血管堵塞或形成血栓、虫卵纤维性结节等一系列病变，严重影响了机体的循环功能，其中虫卵沉淀引起的组织纤维化是组织功能失调的主要致病因素，并引起各内脏器官的实质性病变，使得各器官功能永久性丧失，不可恢复，鱼体死亡前体表无明显异常，但有抽搐打转症状，可见虫卵为拟德氏吸虫的主要致病原因。

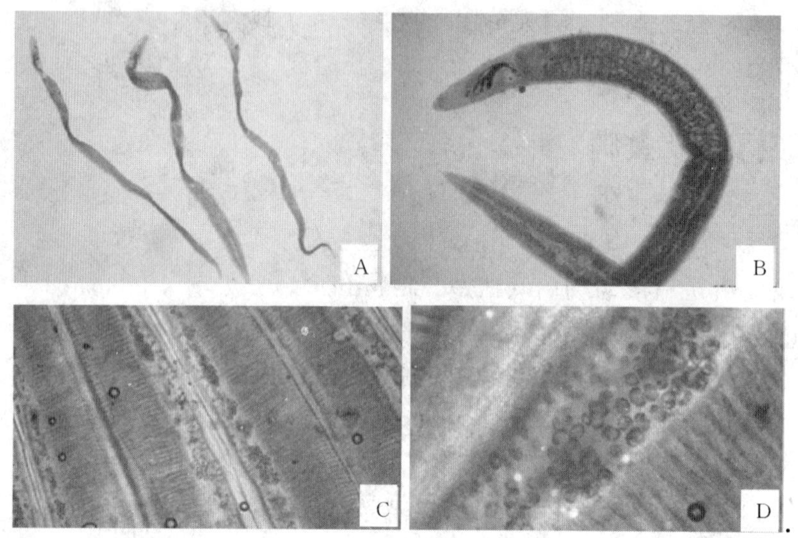

图 7-31　感染卵形鲳鲹的拟德氏吸虫成虫和虫卵

A～B. 显微镜观察的成虫　C～D. 显示鳃内聚集大量的虫卵

（徐力文　供图）

3. 流行情况

拟德氏吸虫病存在年循环的流行规律，即该病每年只能达到一次感染和流行高峰，流行高峰期间其死亡率和感染率均达到最高，随后逐渐减低。尾蚴侵入、成虫产卵和虫卵沉积等影响鱼体生长或引起鱼体死亡，并逐渐达到感染率和死亡率高峰，高峰过后病情减缓，进入下一个循环。成虫排出的大量虫卵堵塞于鳃小血管内和聚集于各内脏腔内，一般每年的 10 月份后会造成卵形鲳鲹慢性死亡。

4. 诊断方法

将病鱼的心脏及动脉球取出，放入盛有生理盐水的培养皿中，剪开心脏及动脉球，并轻刮内壁，在光线亮的地方用肉眼仔细观察，可见拟德氏吸虫的成虫。将有关组织如肾、鳃等压成薄片，在显微镜下检查虫卵。了解该鱼池中是否有大量中间寄主。

（1）预防措施　①定期检查，一旦发现感染，及时用药，排除疫情。②该吸虫病流行季节，可于网箱对角挂敌百虫防止感染，鱼体中增加后，可拌吡喹酮药饵定期投喂预防感染。③一旦发现感染死亡个体，须将死亡个体带离养殖区，防止反复感染，产生恶性循环。④合理放养鱼种密度，降低感染概率。

(2) 治疗方法 ①卵形鲳鲹少食或停食，此阶段不适宜采用口服用药的方法进行治疗。吡喹酮及敌百虫均能起到一定的杀虫效果，但不能彻底治愈此病，其中杀虫剂吡喹酮对于注射而言，缺乏适当的溶剂，对治疗有一定的副作用。②已养鱼的池中发现有中间寄主，可在傍晚将草扎成数小捆放入池中诱捕中间寄主，于第 2 天清晨把草捆捞出，将中间寄主压死或放在远离鱼池的地方将它晒死，连续数天。如池中已有该病原时，应同时全池遍洒晶体敌百虫，以杀灭水中的尾蚴，遍洒次数根据池中诱捕中间寄主的效果及螺中感染强度、感染率而定。③驱赶鸥鸟。

五、本尼登虫病

1. 病原

本尼登虫属（*Benedenia*）是扁形动物门、吸虫纲、单殖亚纲、分室科的一属。鱼类本尼登虫种类有 16 属 57 种。海水网箱养殖鱼类新本尼登虫病是近年来我国南方海水养殖鱼类的重要寄生虫病之一，其成虫体为长椭圆形，背腹扁平，个体大小平均长 2.65～3.25 mm、宽 1.30～1.65 mm，似一叶扁舟。虫的整体结构自前而后依次为前吸盘、口咽、生殖孔（位于口咽左侧）、一个卵巢二个精巢（位于体中间表面突起处）、后端为固着器，内具 3 对大钩，后固着器边缘具边缘小钩，数量不定。这个可能是因为活体固定时小钩缩隐入肌肉，导致偶尔可见。虫体前端有两个平行排列的前吸盘，皱纹呈同心圆排列，直径约 0.275 mm，近似圆形；两个吸盘之间为咽，生长在身体的中线位上，直径为 0.1～0.15 mm，似梅花状；紧靠于左前吸盘下的为生殖孔开口，未见生殖孔交接器。身体最后具一圆盘形后吸器，直径约 0.95 mm，中央凹陷，内有三对平行排列的中央大钩。第一对中央大钩处于圆盘的中心，未被肌肉包围的裸露部呈锥尖形，尖端指向身体前方；中间的大钩最长，与前中央大钩基部几乎紧靠，裸出部膨大呈弯钩形，自裸露基部至弯曲尖端长度约58 μm；第三对中央大钩在后吸盘的末端，裸露部分尖细，似小鱼钩状，但此钩目前只能见于幼虫个体（图 7－32）。

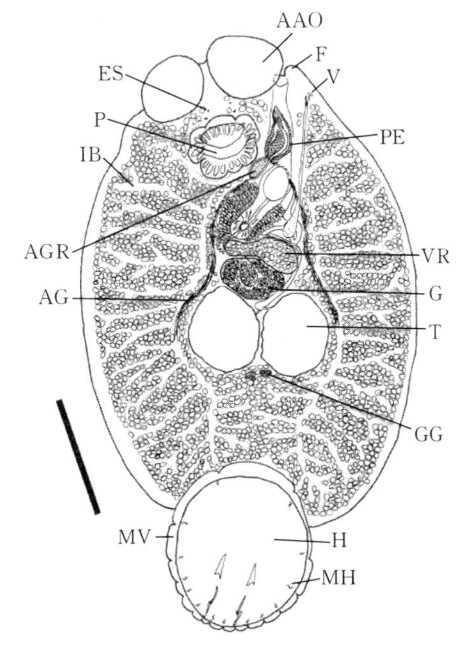

图 7－32　石斑鱼本尼登虫（*Benedenia epinepheli* Yamaguti，1937）**成虫腹面观**

AAO. 前吸盘　ES. 眼点　F. 侧翼　T. 睾丸　AG. 附腺　V. 生殖孔　AGR. 附腺囊　G. 生殖腺　H. 吸盘　MH. 边缘小钩　MV. 边缘阀　P. 咽　PE. 阴茎　VR. 卵黄囊

（Ogawa et al，1995）

2. 症状和病理变化

本尼登虫寄生于鱼的体表皮肤（图 7-33），寄生数量多时患鱼呈不安状态，往往在水中异常游泳或向网箱及其他物体上摩擦身体；体表黏液增多，局部皮肤粗糙或变为白色或暗蓝色。部分病鱼体表有白点，并扩展成白斑块，有的鱼体整个尾鳍溃烂，眼睛变白，似白内障症状，严重的眼球红肿充血凸出或脱落（彩图 10、彩图 11）。严重者体表出现点状出血，如有细菌继发感染还可出现溃疡，食欲减退或不摄食，鳃退色呈贫血状，有的呆滞于水面，体力衰弱，游动迟缓，陆续死亡。

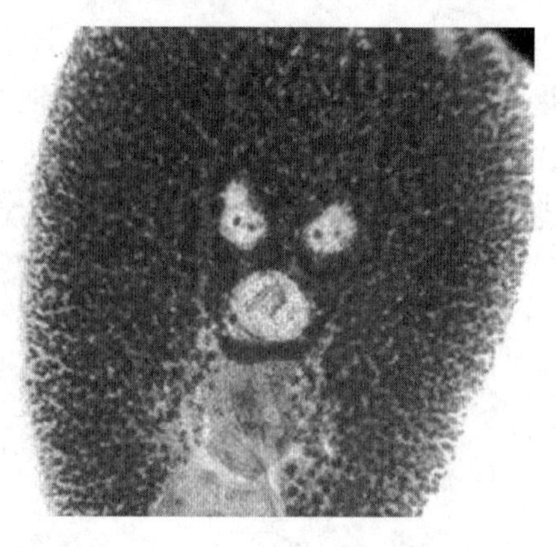

图 7-33 显微镜下卵形鲳鲹体表的本尼登虫

（徐力文 供图）

3. 流行情况

本尼登虫寄生在卵形鲳鲹的皮肤上，尤其是背部的前半段，本尼登虫在鱼体上寄生时，鱼在水中焦躁不安，在网或池壁上摩擦，体表受伤发炎，分泌大量黏液，严重时贫血、消瘦、体表溃烂，眼睛发白或红肿充血。全年都可生病，但冬季和盛夏较少，放养密度大时及外海的水适于此病的发生。

4. 诊断方法

将鱼体捞起置于盛有淡水的容器内 2～3 min，如能观察到近于椭圆形的虫体从鱼的体表脱落，即可诊断。确诊或种类鉴定，刮取病鱼白斑部位、鳞条及黏液，用解剖镜（5×10）观察，发现有不断蠕动的虫体，呈椭圆形，背腹扁平，前端两侧各具一吸盘，后端有一固着器，有 3 对中央大钩、8 对边缘小钩，口在前吸盘之后，不断吞食，下接咽及 2 条树枝状肠，在口的前方两侧有 2 对眼点，外观虫体为半透明状。

5. 防治方法

（1）预防措施 ①适时换网：高温期一般 5～10 d 换网一次，及时消除黏附在网衣上的本尼登虫卵，从而降低水中幼虫密度。②药物挂袋在本尼登虫鱼病流行季节（6—10 月份）之前，可用药物在网箱四角形成一个消毒区，每口网箱挂三氯异氰脲酸制剂，挂袋深度 50～60 cm，可清除水体中的本尼登虫及其他致病菌、病原体，从而达到净化水体的作用，达到预防目的。

（2）治疗方法 ①淡水浸洗 5～15 min，虫体就变白脱落死亡，水温高时浸洗的时间短些，水温低时，时间长些。同时淡水中加入抗菌素（吡哌酸、氟哌酸、恩诺沙星）2～5 mg/L的浓度，预防细菌性继发感染；虫卵对淡水的忍受力较强，浸洗 20 min 后还有约一半左右的卵可正常发育，在治疗后最好隔半月左右再重复治疗一次。②0.05%福尔马林浸洗 4 min 左右或 0.025%的浓度浸洗 10 min 左右。

参　考　文　献

黄郁葱，简纪常，吴灶和，等.2008. 卵形鲳鲹结节病病原的分离与鉴定 [J]. 广东海洋大学学报，28 (4)：49-53.

满其蒙，徐力文，区又君，等.2012. 鰤鱼诺卡氏菌感染卵形鲳鲹的组织病理学研究 [J]. 广东农业科学 (21)：132-136.

孟庆显.1996. 海水养殖动物病害学 [M]. 北京：中国农业出版社：55-64.

苏友禄，冯娟，郭志勋，等.2011. 3 种美人鱼发光杆菌对卵形鲳鲹的免疫效果研究 [J]. 华南农业大学学报，32 (3)：105-110.

苏友禄，冯娟，郭志勋，等.2012. 美人鱼发光杆菌杀鱼亚种感染卵形鲳鲹的病理学观察 [J]. 海洋科学，36 (2)：75-81.

王良国，刘璐，徐益军.2011. 鱼类致病鰤鱼诺卡氏菌（*Nocardia seriolae*）的 LAMP 检测技术建立与应用 [J]. 海洋与湖沼，42 (1)：27-31.

王江勇，郭志勋，黄剑南，等.2006. 一起卵形鲳鲹幼鱼死亡原因的调查 [J]. 南方水产，2 (3)：54-56.

王瑞旋，刘广锋，王江勇，等.2010. 养殖卵形鲳鲹诺卡氏菌病的研究 [J]. 海洋湖沼通报 (1)：52-58.

夏春.2005. 水生动物疾病学 [M]. 北京：中国农业出版社：11-36.

许海东，区又君，郭志勋，等.2010. 神经坏死病毒对卵形鲳鲹的致病性及外壳蛋白基因序列分析 [J]. 上海海洋大学学报，19 (4)：482-488.

俞开康，战文斌，周丽.2000. 海水养殖病害诊断与防治手册 [M]. 上海：上海科学技术出版社：106-123.

赵典惠，刘丽波，孙际佳，等.2007. 用美人鱼弧菌与创伤弧菌人工感染卵形鲳鲹的组织病理学研究[J]. 大连水产学院学报 (6)：455-459.

战文斌.2004. 水产动物病害学 [M]. 北京：中国农业出版社：38-54.

周永灿，张本，陈雪芬，等.2002. 嗜麦芽假单胞菌脂多糖的制备及其在卵形鲳鲹中的免疫效应 [J]. 水产学报，26 (2)：143-148.

Abbott S L，Janda J M. 2006. The genus *Edwardsiella* [J]. Prokaryotes，6：72-89.

Bellance R，Gallet de Saint-Aurin D. 1988. Lencephalite virale du loup de mer [J]. Caraibes Medical，2：105-144.

Castric J，Thiery R，Jeffroy J，et al. 2001. Sea bream *Sparus aurata*，an asymptomatic contagious fish host for nodavirus [J]. Diseases of Aquatic Organisms，47 (1)：33-38.

Dan X M，Li A X，Lin X T，et al. 2006. A standardized method to propagate *Cryptocaryon irritans* on a susceptible host pompano *Trachinotus ovatus* [J]. Aquaculture，258 (1)：127-133.

Facklam R，2002. What happened to the streptococci：overview of taxonomic and nomenclature changes [J]. Clinical Microbiology Reviews，15 (4)：613-630.

Glibert P M，Landsberg J H，Evans J J，et al. 2002. A fish kill of massive proportion in Kuwait Bay，Arabian Gulf，2001：the roles of bacterial disease，harmful algae，and eutrophication [J]. Harmful Algae，1：215-231.

Grotmol S, Totland G K, Kvellestad A, et al. 1995. Mass mortality of larval and juvenile hatchery - reared halibut (*Hippoglossus hippoglossus* L.) associated with the presence of virus - like particles in vacuolated lesions in the central nervous system and retina [J]. Fish Pathologists, 15 (5): 176 - 180.

Grove S, Johansen R, Dannevig B H, et al. 2003. Experimental infection of Atlantic halibut *Hippoglossus hippoglossus* with nodavirus: tissue distribution and immune response [J]. Diseases of Aquatic Organisms, 53 (3): 211 - 221.

Hendrie M S, Hodgkess W, Shewan J M. 1970. The identification, taxonomy, and classification of luminous bacteria [J]. Journal of General Microbiology, 64: 151 - 169.

Johans R, Ranheim T, Hansen M K, et al. 2002. Pathological changes in juvenile Atlantic halibut *Hippoglossus hippoglossus* persistently infected with nodavirus [J]. Diseases of Aquatic Organisms, 50 (3): 161 - 169.

Johnson F H, Shunk I V. 1936. An interesting new species of luminous bacteria [J]. Journal of Bacteriology, 31: 585 - 592.

Li R, Dan X, Li A. 2013. *Siganus oramin* recombinant L - amino acid oxidase is lethal to *Cryptocaryon irritans* [J]. Fish & Shellfish Immunology, 35 (6): 1867 - 1873.

Mohanty B R, Sahoo P K. 2007. Edwardsiellosis in fish: a brief review [J]. Journal of Bacteriology, 32 (7): 1331 - 1344.

Mori K I, Nakai T, Muroga K, et al. 1992. Properties of a new virus belonging to nodaviridae found in larval striped jack (*Pseudocaranx dentex*) with nervous necrosis [J]. Virology, 187 (1): 368 - 371.

Munday B L, Kwang J, Moody N. 2002. Betanodavirus infections of teleost fish: a review [J]. Journal of Fish Diseases, 25 (3): 127 - 142.

Nishizawa T, Furuhashi M, Nagai T, et al. 1997. Genomic classification of fish nodaviruses by molecular phylogenetic analysis of the coat protein gene [J]. Applied and Environmental, 63 (4): 1633 - 1636.

Nomoto R, Munasinghe L I, Jin D H, et al. 2004. Lancefield group C *Streptococcus dysgalactiae* infection responsible for mortalities in Japan [J]. Journal of Fish Diseases, 27: 679 - 681.

Ogawa K, Bondad - Reantaso M G, Wakabayashi H. 1995. Redescription of *Benedenia epinepheli* (Yamaguti, 1937) Meserve, 1938 (Monogenea: Capsalidae) from cultured and aquarium marine fishes of Japan [J]. Canadian Journal of Fisheries and Aquatic Sciences, 52 (S1): 62 - 70.

Ogimi C. 1981. Validation of the publication of new names and new combinations previously effectively published outside the IJSB [J]. International Journal of Systematic Bacteriology, 31: 382 - 383.

Pier G, Madin S. 1976. *Streptococcus iniae* sp nov, a beta - hemolytic streptococcus isolated from an Amazon freshwater dolphin, *Inia geoffrensis* [J]. International Journal of Systematic Bacteriology, 26 (4): 545 - 553.

Raven P H, Johnson G B. 1992. Biology [M], St. Louis, MO: Mosby - Year Book: 26 - 45.

Repullés - Albelda A, Montero F E, Holzer A S, et al. 2008. Speciation of the *Paradeontacylix* spp. (Sanguinicolidae) of *Seriola dumerili*. Two new species of the genus *Paradeontacylix* from the Mediterranean [J]. Parasitology International, 57 (3): 405 - 414.

Snieszko S F, Bullock G L. 1976. Diseases of freshwater fishes caused by bacteria of the *genera Aeromonas*, *Pseudomonas*, and *Vibrio* [J]. U. S. Fish and Wildlife Service, 40: 5 - 8.

Su Y L，Feng J，Jiang J Z，et al. 2014a. *Trypanosoma epinepheli* n. sp. （Kinetoplastida）from a farmed marine fish in China，the brown - marbled grouper（*Epinephelus fuscoguttatus*）[J]. Parasitology Research，113：11 - 18.

Su Y L，Feng J，Sun X X，et al. 2014b. A new species of *Glugea* Thelohan，1891 in the red sea bream *Pagrus major*（Temminck & Schlegel）（Teleostei：Sparidae）from China [J]. Systematic Parasitology，89：175 - 183.

Wang R，Feng J，Su Y，et al，2013. Studies on the isolation of *Photobacterium damselae* subsp. *piscicida* from diseased golden pompano（*Trachinotus ovatus* Linnaeus）and antibacterial agents sensitivity [J]. Veterinary Microbiology，162：957 - 963.

Weinstein M R，Litt M，Kertesz DA，et al. 1997. Invasive infections due to a fish pathogen *Streptococcus iniae* [J]. The New England Journal of Medicine，337（9）：589 - 594.

Xu H D，Feng J，Guo Z X，et al. 2010. Detection of red - spotted grouper nervous necrosis virus by loop - mediated isothermal amplification [J]. Journal of Virological Methods，163（1）：123 - 128.

Xu K，Song W. 2008. Two trichodinid ectoparasites from marine molluscs in the Yellow Sea，off China，with the description of *Trichodina caecellae* n. sp.（Protozoa：Ciliophora：Peritrichia）[J]. Systematic Parasitology，69（1）：1 - 11.

Xu K，Song W，Warren A. 2002. Taxonomy of trichodinids from the gills of marine fishes in coastal regions of the Yellow Sea，with descriptions of two new species of *Trichodina* Ehrenberg，1830（Protozoa：Ciliophora：Peritrichia）[J]. Systematic Parasitology，51（2）：107 - 120.

Yoshikoshi K，Inoue K. 1990. Viral nervous necrosis in hatchery - reared larvae and juveniles of Japanese parrotfish，*Oplegnathus fasciatus* [J]. Journal of Fish Diseases，13（1）：69 - 77.

Zlotkin A，Hershko H，Eldar A. 1998. Possible transmission of *Streptococcus iniae* from wild fish to cultured marine fish [J]. Applied and Environmental Microbiology，64（10）：4065 - 4067.

第八章
卵形鲳鲹的加工技术

第一节　我国水产品加工业概述

一、我国水产品加工业现状与趋势

（一）水产加工业的经济意义

随着我国渔业经济的快速发展，水产加工业在近年来得到了巨大的飞跃。据统计，2008年我国的水产品总产量达到4 895万t，占全球总产量的40%，已连续十多年稳居世界首位，其中养殖产量为3 426万t，捕捞产量为1 469万t，水产品加工量为2 000万t，水产品出口额占整个农业出口的26.2%，居我国农产品出口首位。我国水产加工产品逐渐从数量转向质量，由单一转向多元，目前已形成了鱼糜制品、干制品、冷冻冷藏制品、罐藏、腌熏品、调味休闲食品、鱼油、鱼粉、海藻化工、海洋保健食品、海洋药物、海藻食品、鱼皮制革及化妆品等十多个门类的水产加工品体系，某些产品的质量与生产技术已达到国际先进水平，大大提高了我国水产品加工业的竞争力，推动我国渔业的健康持续发展，并成为我国农业经济的一个重要组成部分。

水产品营养价值高，是人类优质健康蛋白的主要来源之一，丰富了大众的饮食结构和营养结构。水产品加工是水产生产的延续，在水产品生产和成品销售之间起到了桥梁纽带的作用，是加快发展现代渔业的重要内容，是优化产业结构、实现产业对接和增值的有效途径。水产相关产业对扩大我国就业人口、增加农民收入发挥了巨大作用，促进了我国农村经济的发展，同时带动了船舶、机械、包装、轻工、化工、药业等相关行业的发展，其产业的交叉相互促进效应能为我国经济的稳定增长带来积极的作用。

（二）水产品加工业的生产意义

水产品加工是提高水产品综合效益和附加值的重要途径，在我国渔业经济的发展时期，发挥了重要的促进作用。优质水产品通过深加工来进一步提高产品的品位，低值水产品则可通过深加工来提高综合利用效率和市场价值。20世纪70年代，各地渔场的成功开发使得捕捞业一度兴盛，大量的海产捕捞渔获上岸，但由于部分海产如低值鱼类和非食谱范围内的稀奇海产品等无法及时销售，大量渔获滞留于冷库和渔港，价格随着新渔获的不断供应而急剧下滑，造成多家渔业企业严重亏损。相关科技人员就该情况研发了一系列水产品加工技术，使得价值不高的低值海产变为风味独特的干制品、零食等产品，价值增加数倍，使得渔业公司和加工工厂获得了丰硕的经济效应。又如紫菜加工，原本产量大价值低的紫菜经过粗加工后，成为了营养丰富、鲜味十足的紫菜干品，广泛销售于国内外大小市场，逐渐成为了一个大受欢迎的菜谱，价值提高不少；而经过精加工的紫菜则成为薄如纸张的零食产品，大大提高其价值，成为了紫菜养殖业发展的重要推动力。水产品加工产业的不断开拓与进步，在提高水产品利用率和综合效益的同时，无疑推动了捕捞业和水产养殖业等相关产业的发展。

水产品加工能够充分利用水产品的各个部分，变废为宝，减少浪费，提高了水产品综合利用效率。20 世纪 70—80 年代，研究发现鱼油含有大量的不饱和脂肪酸，如 DHA 和 EPA 等，该类脂肪酸能有效降低人体血管中胆固醇的消极作用，促进大脑发育和视力提高，对老年人的身体健康和婴幼儿的成长发育具有保健作用，因而各国掀起了一股“鱼油热”，至今仍是老年人和婴幼儿发育的保健必备品，其中 DHA 甚至被誉为“脑黄金”；鱼油的生产可利用普通加工过后剩下的鱼内脏、鱼脂肪等获得，提高了水产品的利用率，进一步增加了企业效益。在我国传统加工业中，也有不少例子，如我国传统的水产干制品花胶、鳝肚、海参肠等均为利用内脏经过加工后所得，而且价格较高。利用生物化学和酶化学技术从低值水产品和加工废弃物中研制出一大批综合利用产品，如水解蛋白、甲壳素、水解珍珠液、紫菜琼胶、河豚毒素、海藻化工品等各类加工产品。大部分综合利用研制成果都已投入生产，使不起眼的部分变为价格昂贵的产品、一些腥臭却具有高营养价值的部分变为高档的保健品，提高了水产品的综合利用效率，创造了巨大的经济效应。

另外，一些特殊的水产品加工业，能够引领一批新型的水产养殖业。如鲟鱼子，是一款高档的营养美容保健食品，具有很高的经济价值，鱼子酱主要生产国意大利、法国和德国生产的鱼子酱全部产品由人工养殖鲟鱼提供，其中鱼子酱生产鲟鱼养殖品种主要为西伯利亚鲟，其次为高首鲟（*Acipenser transmontanus*）和俄罗斯鲟（*Acipenser gueldenstaedti*）；国内近年也出现了一批鲟鱼养殖企业，专门生产鲟鱼子，通过先进的加工工艺生产出品质较高的鲟鱼子产品，深受欧美地区的青睐（夏松养，2008）。

（三）水产品加工业的生产技术及基础建设

冷冻储存能力是水产品加工的第一步，我国的水产冷库数量、冻结能力及冷藏能力提高较为明显，进一步保证了加工原料及加工产品的质量。近几年来，我国的水产冷库建设趋于稳定，连续几年增长幅度不大。一些小型冷库减少，而中型冷库数则增加，万吨级的大型冷库目前已基本停止建造，实际整体的冻结能力、冷藏能力、制冰能力仍有所增加。改革开放为我国水产加工业引进国外先进技术和设备创造了条件，加上我国科技人员的不断开发，一系列新技术、新设备面世。现全行业有多条冷冻调理食品、鱼糜和鱼片生产、烤鳗生产线、紫菜精加工生产线、干制品生产线、盐渍海带、裙带菜生产线等。此外，还引进了许多鱼糜食品、鱿鱼丝、冷冻升华干燥、单冻和冷冻调味食品等的生产流水线或单机。我国自行设计制造了冷冻保鲜船和冷却海水保鲜船，有效解决了渔获保鲜效率问题。一系列加工机械如鱼糜、湿法鱼粉、平板冻结、烘房、杀菌器和紫菜加工机械等被设计和制造出来，不仅改善了工人的劳动强度，也提高了产品质量和效率，保证了产品的质量安全。

虽然国内的水产品加工新技术如雨后春笋般涌现，并迅速遍及国内各加工企业，我国的水产品加工总量、品种和质量上仍然落后于发达国家，存在较大的差距。国内水产品市场仍以鲜活、冷冻制品等初级加工品和非加工品消费为主，适合国内消费者口味的水产加工品则较少，品种单一。然而，我国已逐渐步入小康社会，人民整体生活水平显著改善，膳食结构明显优化，大众消费难以形成刚性需求。基于以上要点，要保持我国水产品加工业的可持续发展，必须针对市场需求实现定向产品开发，提高产品价值、品位与竞争力。

目前，我国水产品加工装备落后，设备陈旧，且耐用度差，与国外先进水平相比，缺乏高性能的生产设备和生产线。

我国水产加工领域开发起步较晚，应用研究和高技术研究较为薄弱，学科间渗透不够，缺乏自主创新能力。由于20世纪末以来国家对水产品加工技术研究支持减少，科研投入不足，很多科研机构无法从事系统深入的应用基础理论研究，加之我国工业基础技术落后于国外先进水平，如钢铁的防锈技术、电动马达技术等均与国外先进水平存在差距，制约了我国水产加工技术设备的研发。要做好研究开发工作，应该要引起有关部门重视，加大科研经费的投入，做好相关学科间的紧密交流与合作，科研单位应与企业紧密联系、互补互助，方可有效提高水产加工技术的整体水平。

二、世界鲳鱼养殖与加工情况

我国卵形鲳鲹产品主要产地在我国南部的沿海地区。据海关统计，我国卵形鲳鲹出口产品以冻全鱼的形式为主，其他形式的出口产品还包括鲜、冷鲳鱼、冻鱼片（湛江）、烤鱼、盐腌及盐渍的卵形鲳鲹。这些产品的主要出口地区集中在美国和加拿大、韩国、印度尼西亚和菲律宾、日本及我国港澳地区。2008—2010年的3年间，我国冻鲳鱼出口量分别为7 183 t、1.06万t和1.98万t；鲜冷鲳鱼出口量分别为446 t、1 670 t和1 720 t；而这3年间以上出口地区的进口总量分别为1万t、1万t、0.7万t、0.5万t、0.3万t。

2010年，我国主营或兼营加工卵形鲳鲹的企业数量约30家，而专业加工卵形鲳鲹的企业则有15家左右，这部分加工企业主要分布于海南、广东、广西和福建等，国内卵形鲳鲹加工生产线保有量为38条。目前我国的卵形鲳鲹加工形式主要有条冻、鱼片、鱼丸和腌品等。2005—2010年，我国各类卵形鲳鲹的加工制品（包括冷冻鱼、冷冻鱼片等）产量为1.11万t、1.52万t、3.13万t、4.25万t和8.46万t，加工分量占全部产量的比例在 50%～80%，达到较高的加工比例（邱名毅，2012）。

第二节 卵形鲳鲹系列产品加工工艺

一、卵形鲳鲹的营养价值

随着卵形鲳鲹养殖技术和养殖产量的不断提高，卵形鲳鲹价格逐渐降低，卵形鲳鲹出现在日常餐桌上已经越来越普遍。卵形鲳鲹味道鲜美，肉质细嫩，营养丰富，必需氨基酸比例均衡，其中包含 7 种人体必需氨基酸，不饱和脂肪酸（UFA）含量显著高于饱和脂肪酸（SFA），富含亚油酸、DHA 和 EPA，具有较好的食用价值、保健价值和综合开发利用价值。

卵形鲳鲹肌肉中粗蛋白含量为 19.65%，氨基酸总量占鲜重的 20.62%，高于其他鱼类，包含有常见的 16 种氨基酸，其中人体必需氨基酸有 7 种（Phe、Met、Lys、Leu、Ile、Thr、和 Val）。FAO/WHO 指出，优质蛋白中必需氨基酸约占总量氨基酸的 40%，必需氨基酸和非必需氨基酸的比值高于 60%。卵形鲳鲹必需氨基酸含量则占氨基酸总量的 37.97%，必需氨基酸与非必需氨基酸的比例为 61.22%，属于优质蛋白源。必需氨基酸中，蛋氨酸含量较少，占氨基酸总量的 3 %；而赖氨酸则占 9%，含量较高，可与谷类食物进行营养互补。以上均表明卵形鲳鲹的蛋白质为优质蛋白质。鲜味氨基酸包括谷氨酸、天冬氨酸、甘氨酸和丙氨酸含量为 7.69%，占氨基酸总量的 37.29%，与胭脂鱼（Myxiocyprinus asiaticus，39.79%）和美国红鱼（Sciaenops ocellatus，43.33%）接近，可见这几种鱼的鲜味度相当。

卵形鲳鲹的脂肪种类有 23 种，含量为体重的 2.36%。不饱和脂肪酸占脂肪酸总量的 64%，明显比饱和脂肪酸的含量高。单不饱和脂肪酸（MUFA，982.07 mg /100 g）含量较多，不饱和脂肪酸（PUFA，530.34 mg/100 g）总量高。卵形鲳鲹饱和脂肪酸中含量最高的为棕榈酸（十六碳酸），占脂肪酸总量的 27.5%左右，比三文鱼（Smoked Salmon，15.53%）和胭脂鱼（21.04%）高；不饱和脂肪酸中含量最高的则为油酸（顺- 9 -十八碳一烯酸），占脂肪酸总量的 33.6%左右。卵形鲳鲹中花生四烯酸（顺，顺，顺- 5，8，11，14 -二十碳四烯酸）含量较少，亚油酸（顺，顺- 9，12 -十八碳二烯酸）含量相对高些，占脂肪酸总量的 14.2%，亚麻酸（顺，顺，顺- 9，12，15 -十八碳三烯酸）未检出。花生五烯酸（顺- 5，8，11，14，17 -二十碳五烯酸，EPA）占脂肪酸总量 1.1% 左右，与三文鱼含量（1.08%）相当。二十二碳六烯酸（顺- 4，7，10，13，16，19 -二十二碳六烯酸，DHA）占脂肪酸总量约 4.3%，与三文鱼（4.27% 相近），高于胭脂鱼含量（4.27%）（戴梓茹等，2013）。

综上所述，卵形鲳鲹中含有丰富的蛋白质，脂肪酸种类较多，不饱和脂肪酸含量较高，说明卵形鲳鲹营养丰富均衡，食用之有利于人们身体健康。

二、卵形鲳鲹的死后变化、鲜度评定

（一）鱼体死后的变化

鱼类死后，发生一系列的物理和化学变化，鱼体会逐渐变柔软，蛋白质、脂肪和糖原等高分子有机物逐渐降解，成为易被微生物利用的低分子化合物。刚捕获的新鲜卵形鲳鲹，具有明亮的外表，鲜亮的色泽，表面覆盖一层透明均匀的黏液；眼球明亮凸出，鱼鳃鲜红，黏液薄而透明；鱼体柔软可弯，肌肉富有弹性。

鱼肉在死后的保藏期间，由于自身酶和外源微生物的作用，会发生各种化学变化，导致鱼肉品质的下降。随着磷酸肌酸和糖原的降解，肌肉中ATP含量明显减少，肌原纤维中的肌球蛋白粗丝和肌动蛋白细丝产生滑动而肌节缩短，两者牢固结合导致肌肉紧缩，因此身体开始变僵硬。鱼体死后僵硬的表现为用手指压鱼体表面，指印不易凹入；手握鱼头横放悬空，鱼的尾部不易下弯；口与鳃盖均紧闭，整个躯体僵直定型。

僵硬期后，由于肌肉内源蛋白酶和腐败菌产生的外源性蛋白酶的作用，糖原、ATP进一步分解，使得代谢产物乳酸、次黄嘌呤和氨不断增加，硬度逐渐降低，最后恢复至活体时的柔软状态，即解僵。由于蛋白酶对自身蛋白质的自溶作用，肌原纤维变得脆弱易断，组织中胶原蛋白分子结构改变，胶原纤维亦会变得容易断裂，使肌肉组织变得柔软易弯。在该过程中，鱼体鲜度变化会带来感官和风味上的变化。

在微生物的降解作用下，鱼体中的有机物会被分解成氨、硫化氢、组胺等低级产物，使得鱼体散发出腐臭味，该过程为细菌腐败。卵形鲳鲹腐败的主要表征为鱼体表面、眼睛、鱼鳃、腹部、肌肉的色泽和状态变化，并产生腐臭气味。当鱼体表面的细菌繁殖起来后，表面黏液增多呈浑浊灰白颜色，并伴有腥臭味。细菌进入眼球组织后，眼角膜变浑浊，并使固定眼球结缔组织分解，导致眼球凹陷入眼窝内。鱼鳃上的细菌会使鳃的颜色变灰暗。肠内腐败细菌繁殖蔓延，穿过肠壁后会产生腐败气体，使得鱼体内腔气压上升，腹部渐渐膨胀甚至破裂。

（二）鲜度评定

鲜度是指鱼、贝、虾等水产原料死后的肉质变化。一般鉴定鲜度等级的方法有感官法、化学法、物理法和微生物法（细菌学法）四类。

1. 感官法

鱼死后，在自身酶和微生物的作用下，鱼体机体组织会发生一定的化学物理变化，导致鱼体变质。但鱼死后经过一定的时间方可完成整个变质腐败过程，根据鱼体在该过程中表现出来的不同特征，包括对鱼的眼球、体表、鳃、鳞、肌肉五个部位的综合评价，制定了以下鱼类鲜度等级的鉴定方法，见表8-1。

表 8-1　鱼类鲜度感官判定指标

部位	评定等级			
	一级	二级	三级	四级
体表	鱼体坚挺，具有鲜鱼固有的鲜明本色与光泽，黏液薄透均匀	光泽较暗淡，黏液透明度稍低	色暗无光，黏液浑浊	色晦暗，黏液污秽
鳃	鳃盖紧合，鳃丝清晰呈鲜红色，黏液透明薄透有清腥味	鳃盖较松，鳃丝呈暗红、淡红或紫红色，腥味稍重	鳃盖松弛，鳃丝黏结呈淡红、暗红或灰红色，有明显的腥臭味	鳃丝黏结，黏液浓而厚，有腐败的气味
眼	眼球饱满，角膜光亮清透	眼球平坦或微陷，角膜暗淡或稍浑浊	眼球凹陷，角膜浑浊或发糊	眼球完全坍陷入眼窝内，角膜模糊或呈脓样
肌肉	肌肉坚实而富有弹性，肌肉纤维清晰有光泽	肌肉组织紧密、有弹性，压出凹陷能很快复平，肌纤维光泽稍差	肌肉松弛弹性差，压出凹陷复平慢，肌纤维无光泽，有异味但未有腐败臭味	肌纤维模糊，散发腐败臭味。
鳞	鳞完整或稍有刮花，紧贴鱼体，不易剥落	鳞不完整，较易脱落	鳞不完整，松弛易脱落	鳞片自然脱落

2. 化学法

化学法是通过一系列的检测方法对不同物质的含量进行检测用以判断鱼的鲜度，在感官鉴定的基础上进行。该方法判定鱼体鲜度的化学测定性大致分两种：一种是鱼类鲜活时在肌肉中几乎或完全不存在，但随鲜度下降而产生或增加的物质作为指标，该指标作为鉴定鲜鱼和解冻鱼的一般鲜度为目的；另一种是以蛋白质变性为指标，主要用于评定鱼肉用在鱼糜加工的适应性。

以下主要阐述以鱼肉成分降解产物为指标的方法，包含 3 个主要指标，分别为 ATP 降解物的测定（K 值）、挥发性盐基氮（VBN）和 pH。

3. 物理法

物理法主要是根据肌肉的弹性、鱼体硬度、鱼肉压榨液黏度、眼球水晶体混浊程度、鱼肉或浸出液的电导率、鱼肉浸出物的折射率等物理指标作为判别标准，对水产食品原料的鲜度进行鉴定。鱼死后，随着鲜度的下降，以上物理参数会发生相应的变化。物理法的常用判别手段有鱼肉弹性法和鱼肉电导率法等。

4. 微生物法

该方法主要以肌肉中细菌数来反映鱼体的腐败程度。水产加工原料在流通过程中，容易被微生物污染，腐败变质速度较快。鱼体死后的僵硬阶段，细菌繁殖速度较慢，到自溶后期肌肉中的含氮中间产物增多，细菌分裂速度剧增，最终导致腐败。

三、卵形鲳鲹的运输和保鲜

（一）运输方式

卵形鲳鲹从海上捞获运输到加工厂需要合理的运输方式来确保其鲜活度，根据不同的加工要求和运输距离的远近等因素，可进行活体运输。目前，用于卵形鲳鲹的活体运输方式有机械运输、低温运输、麻醉运输、休眠运输和模拟保活运输等。

1. 机械运输（水槽运输）

机械运输是较传统的运输方式，是将活鱼装入带水槽的车或船进行运输的方式。该方法操作较为简单方便，但水槽中需要加入海水，一定程度上降低了运输量，从而增加了运输成本。在运输的过程中，为保持活鱼的正常生理状态，要求车上必须装备相应的充氧设备，一般的打气机即可，若运输密度较大，条件允许者可配备纯氧供氧。陆上运输一般不具备海水更换的条件，海水水质会随着运输时间的推移而下降，因此该运输法一般适合中短途或短途的活鱼运输，时间不超过 8 h，在水温较低的冬天季节较为适用；由于卵形鲳鲹属于耗氧量大、不耐缺氧的鱼类，在夏季则不适用。

2. 低温运输

鱼类属于冷血动物，其新陈代谢会随温度降低而降低，利用该原理可通过将鱼体温度降低至 0～10 ℃来降低鱼的呼吸耗氧，使鱼进入半休眠或休眠状态，延长其存活时间。一般可利用机械制冷技术来恒定运输时的低温状态，该方法受外界条件的影响小，温度恒定，但需要较高成本的设备投入，因而运输费用也偏高，适合运输量大、距离远的运输。采用冰块保温法则操作较简单、投资少、材料较易获得，一般将冰块和活鱼装入到泡沫箱中进行局部环境的低温恒定，但由于冰块会渐渐吸收热量发生溶解，在运输时间上受到一定的限制，适合中短途和短途的运输距离，在冬季可适当放宽运输时间。要注意，采用低温运输时，最好在水温较低的时候如冬、春季节进行，可使鱼更好地适应运输途中的低温环境；同时，在机械制冷保持低温时，可缓慢降低温度来减少或避免鱼的过激反应，提高存活率。

3. 麻醉运输

鱼类的麻醉实际上是机体神经系统的敏感性受到抑制，对外界环境的应激减小，使活鱼暂时失去反射机制，处于类似休眠的状态，从而减少肌肉的活动强度，保持肌肉松弛，降低机体的耗氧与生理代谢，以提高鱼类运输存活率。一般活鱼运输的麻醉方法分化学麻醉和物理麻醉两种。

4. 休眠运输

休眠运输，亦称冬眠运输，是水产活体运输的革命性发展，同时具有对环境和储运对象双向友好的优势。动物的冬眠是在恶劣环境下以最低的能量消耗方式确保长时间存活的行为，鱼休眠时为静止不动，其新陈代谢速率最大限度地减小，通过降低水温可达到休眠效果。鱼在休眠期间不受外界如振动、噪音和光等物理刺激的影响，不进食也不排泄，几乎没有能量损失和死亡。采用降温进行休眠运输时，降温速度不能过快，同样是每小时降温不超过 5 ℃为宜。使用该法可使鱼长时间休眠，适合长途运输，存活率能达到 100%。

5. 模拟保活运输

该法是模拟水产动物生活的生态环境和活动情况，通过人工模拟运输对象的环境条件进行大批量运输。该法一般应用于船运，运输对象为能够成群长途游泳的鱼类，存活率高。

（二）保鲜方法

根据加工厂商要求，不要求活运卵形鲳鲹，则可进行保鲜运输。在进入加工厂前，需要经过一定时间的运输贮存，在这个过程中，必须要做好鱼的保鲜工作。一般的保鲜方法有低温保鲜法、化学保鲜法、气调保鲜法和辐射保鲜法。

1. 低温保鲜法

主要的低温保鲜方法，包括冷却保鲜、微冻保鲜和冷冻保鲜等方法。

（1）冷却保鲜　冷却保鲜又称冷海水（冷盐水）保鲜，该法是把鱼浸泡在混有冰块的海水中，将鱼冷却保持低温达到保鲜效果。该方法主要用于品种较为单一、鱼量高度集中的海上围网作业和运输船上。

冷却海水保鲜要求海水的冷却点在−2 ℃左右，这样当鱼混合冷却海水后，鱼的温度可以保持在 0～10 ℃范围。因此，要求海水盐度不低于 20，否则不能将海水冻结点降至−1 ℃附近。表 8－2 说明了海水盐度与海水冻结点的关系。

表 8－2　海水盐度与相应的密度、冻结点的关系

盐度	相应密度	冻结点/℃	盐度	相应密度	冻结点/℃
0	1.000	0	21.2	1.015	−1.10
5.3	1.004	−0.28	23.8	1.027	−1.23
10.6	1.007	−0.30	34.3	1.025	−1.81
15.3	1.011	−0.83	43.0	1.030	−2.60

鱼与海水的比例有 8∶2、7∶3 和 6∶4 等类型，一般采用比例 7∶3。冷却保鲜法的

优点是操作简单、处理迅速、处理量大，可用泵吸装卸，减少劳动力，冷却速度快，可以节约用冰成本，且海水浮力可缓解压力，防止鱼体压坏。

(2) 微冻保鲜 微冻保鲜又称超冷却、过冷却或部分冷冻，是将鱼冷却至低于冰点1～2 ℃的保鲜方法，可使鱼部分结冰。微冻保鲜的贮存温度处于－1～5 ℃（即最大冰晶生成温度带），使得鱼体中有相当一部分水转化成冰，因而组织液浓度上升，介质pH下降1～1.5，不利于微生物的生存，从而达到水产品保鲜的效果。一般微冻温度范围在－2～－3 ℃。

(3) 冷冻保鲜 冷冻保鲜又叫冻藏保鲜，是将水产品置于－18 ℃以下进行贮存的方法，水产品体内组织中的水绝大部分冻结成冰。冻结后的水产品，生成的冰晶能破坏微生物的细胞结构，导致其丧失活力而不能繁殖，同时酶活性受到严重抑制，水产品的化学变化变得极其缓慢。因此，该方法可将水产品保存数月，较好地保持水产品原有的色香味和营养。在冻结过程中，必须要以最快速度越过0～－5 ℃温度区，这样产生的冰晶细而均匀地分布在细胞内，肌肉组织解冻后可塑性大、鲜度好。

2. 化学保鲜法

化学保鲜法是利用特定化学物质的杀菌和抑菌作用、抗氧化作用或抗蛋白质冷冻变性作用，对保鲜对象进行保鲜的方法，也称药物保鲜法。该法可配合其他保鲜方法如低温保鲜法等使用，保鲜效果更好。所用的化学药品必须是国家卫生部门批准使用药物，其使用剂量需在适合的范围内，确保加工产品对人体无害。

一般使用的是食品防腐剂，包括山梨酸钾、山梨酸钠、苯甲酸钠、苯甲酸、山梨酸、对羟基苯甲酸酯等，还有各种有机酸如冰醋酸、柠檬酸、抗坏血酸等。丁基羟基茴香醚（BHA）、二丁基羟基甲苯（BHT）等抗氧化剂也可加以配合使用。

以上的药物均对人体无害，有的能参与人体正常代谢后并分解排出，有的可在加工时经加热分解成无害物质，对水产品的质量不会有太大影响。另外，中草药浸出液和天然植物杀菌素也可用于水产品的保鲜。

3. 气调保鲜法

气调保鲜是利用不同成分的混合气体进行保鲜，又称气体保藏法。通常对保鲜对象加入CO_2、N_2等稳定性强的气体，可防止产品的化学成分被氧化，抑制细菌的生长，达到保鲜的效果。由于很多微生物的生长与繁殖需要氧气，因此达到细菌抑制的效果。气调保鲜可延长水产品的货架期，但由于其操作设备尚未完善，因此只适用于一些经济价值昂贵的水产品充气包装中，并结合低温贮藏来达到更好的保鲜效果。

4. 辐射保鲜法

辐射保鲜法是利用射线（γ射线、X射线或电子射线等）照射保鲜对象，杀死其表面及内部的微生物，达到保鲜的效果。对水产品进行辐射保鲜法，有以下优点：第一，可防止水产品受到苍蝇等昆虫和寄生虫的侵害，并减少鱼体的微生物数量，提高了产品的质量；第二，即使不冷冻处理，也可延长水产品的保存时间；第三，辐射保鲜时，没有任何加热的作用，对水产品的外形和品质不会产生太大的改变；第四，射线的穿透力很强，可对已包装好的水产品进行辐射杀菌，达到延长储藏时间的效果；第五，与化学保鲜法不同，不会有任何药品残留；第六，效率高，食用安全性可靠。在使用过程中，注意要做好对工作人员的防辐射保护，以免危害人员的身体健康。该方法目前并未普及，与投入成本高等因素有关。

四、卵形鲳鲹加工产品及工艺

经过特定的保鲜方法将卵形鲳鲹运送到加工厂并保存于冷库后，则需要将原料鱼加工成各种各样的加工产品，目前的卵形鲳鲹加工产品有冷冻卵形鲳鲹、冻鱼片、盐腌卵形鲳鲹、烤鱼片和干制品等，以下则重点介绍几种卵形鲳鲹加工产品的制作工艺。

（一）冷冻卵形鲳鲹

目前，卵形鲳鲹的冷冻产品主要有冷冻整鱼和冻鱼片（去皮或不去皮），是将卵形鲳鲹经过一定的加工前处理后，将其速冻到－18 ℃以下，并以冻结状态进行包装和保存的卵形鲳鲹加工产品。冷冻整鱼和冻鱼片的工艺流程有许多共同点，卵形鲳鲹冷冻产品的加工流程介绍见图 8－1。

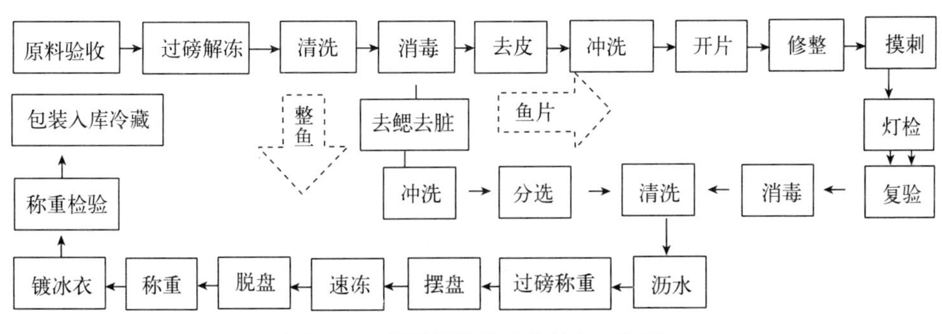

图 8－1　卵形鲳鲹冷冻产品加工流程

工艺要点介绍如下。

1. 解冻

将冻结的卵形鲳鲹放入容器中，灌入自来水进行自行解冻，水温为 20 ℃左右。解冻需要一定时间，根据气温和原料量计算需约 10～20 h，以刚化为宜；不能完全解冻，黏滑柔软的鱼体容易影响品质及鱼片的出肉率。

2. 清洗与冲洗

清洗时水温要控制在 20 ℃以下，必要时可加冰块进行降温，防止腐败菌的滋生。

3. 消毒

利用 20 mg/kg 次氯酸钠溶液对鱼体进行浸泡消毒，以消除表面微生物，浸泡 3～5 min 为宜。必要时可调整次氯酸钠溶液的浓度，以保证消毒效果。

4. 去皮、去鳃、去脏

根据客户需要，有的鱼片则需要去皮，有的整鱼需要去鳃、去脏。去皮时，将卵形鲳鲹放入去皮机上去皮，工人在操作过程中需要戴防护手套，防止意外发生。去鳃、去脏后，放入冰水中冲洗残留的血迹和内脏。

5. 分选

按要求将卵形鲳鲹分成不同规格和不同档次，以实现对产品进行分级。

6. 开片

卵形鲳鲹去皮后，用水冲洗干净，将鱼体纵切成两半，剔除骨骼、内脏、鱼鳍等。该工序对产品质量影响非常大，要求刀锋锋利以提高出肉率，以及防止切碎鱼体，影响外观。

7. 修整

修整就是把鱼腹膜、残余鱼鳍去除，把不整齐的边幅修顺，提高产品的外观。

8. 摸刺

检查鱼片中是否还有鱼骨或鱼刺等，要求用手将整块鱼片仔细摸遍。

9. 灯检

将鱼片放置于灯光检验台上，用镊子挑出黏附的寄生虫或其他杂质，常见寄生虫有孢子虫等。一般养殖卵形鲳鲹过程中没有爆发寄生虫病害，附带的寄生虫较少。

10. 第二次消毒

将卵形鲳鲹鱼片放入塑料筐清洗后，用 5 mg/kg 的次氯酸钠溶液浸泡 3～5 s，迅速取出后控水 5 min。

11. 清洗和沥水

消毒后的鱼片放入约 3%的多聚磷酸钠和焦磷酸钠混合溶液中漂洗 3～5 s，温度控制在 5 ℃左右。而整鱼则直接利用冰水清洗即可。接着将整鱼或鱼片放置沥干数分钟。

12. 过磅称重

为了补充冻结过程中鱼体挥发的水分，应按让水标准称重，一般让水 3%左右，即加入 3%鱼重量的水。

13. 摆盘

也叫排盘。鱼片的摆盘需要将鱼片迅速排入模盘内，按大小、头尾整理；整鱼则按头尾排好放入盘内，头尾不得露出盘外或盘面。摆盘操作人员每小时需要用消毒水洗手一次，防止金黄葡萄球菌污染。摆盘要整齐均匀，使得鱼品各部分能够冻结均匀，缩短冻结时长，减少能耗。注意轻拿轻放。

14. 速冻

摆盘后的鱼片或整鱼放入速冻机内速冻，挤压时间不得超过 1 h。整鱼速冻温度达 −20～−25 ℃，冻结时间为 12～16 h，鱼品中心温度达 −15 ℃以下；鱼片速冻温度最好能达到 −30 ℃或以下。

15. 脱盘、称重

或称脱模。鱼片可利用脱模机进行机械脱模；整鱼则直接从托盘中取出，即手工脱盘，轻敲托盘的底部和四边，使冻结的鱼敲离托盘，必要时淋水辅助脱盘，水温要低于 20 ℃。操作过程注意不要破坏冰被。

16. 镀冰衣

就是冻结后迅速把鱼品浸入冷却的饮用水或将水喷洒在鱼品表面，由于鱼品温度低，可立刻将水冻结成冰。冰衣是可在紧贴鱼品表面，形成一个隔绝空气的保鲜膜，同时，冰衣在鱼品冷藏期间可先行升华，减少鱼品的干耗。干净的淡水或海水均可用于镀冰衣，但一般加入糊料食品添加剂如羧甲基纤维素（CMC）、聚丙烯酸钠等，其附着力大大增强，牢固地黏附在鱼品表面，镀冰间隔时间可延长 2～3 倍。

17. 检验

利用金属探测器检测鱼品是否有金属残留，关键值为 Fe₵1.5 mm、SUS₵2.5 mm、NON - Fe₵2.0 mm。同样，每天要对成品做质量检查和卫生标准检查，并填单记录好。

18. 包装入库

包装要迅速及时，库温低于 −23 ℃，温度变化在 2 ℃范围内，以免影响产品质量。

（二）卵形鲳鲹鱼丸

鱼丸，是以鲜鱼糜或冷冻鱼糜作为原材料在高温下使其失去可塑性，形成富有弹性的凝胶体。它是我国最常见的鱼糜制品，深受人们欢迎。卵形鲳鲹的养殖产量大，出肉率高，为鱼丸制作提供了足够的原料，且风味独特，深受市场认可。制作鱼丸前，首先要生产鱼糜，以下分别介绍鱼糜和鱼丸的制作工艺。

1. 卵形鲳鲹鱼糜加工的工艺流程（图8-2）

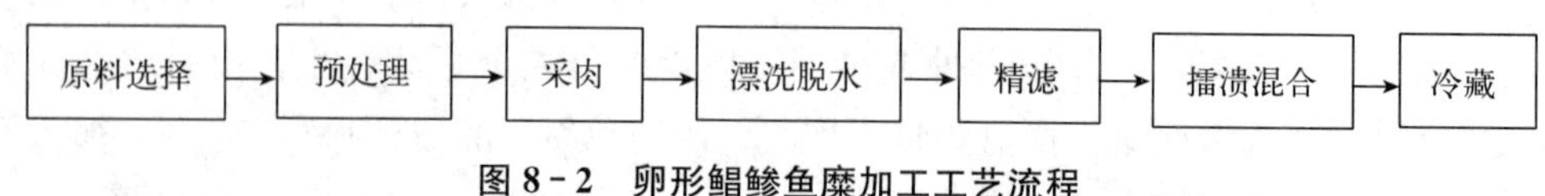

图8-2　卵形鲳鲹鱼糜加工工艺流程

（1）原料选择　选择个体大、颜色鲜艳的新鲜卵形鲳鲹作为原料。挑除腐败、有异味的原料鱼。

（2）预处理　该步骤一般为人工操作。首先洗涤卵形鲳鲹，除去鱼体表面的黏液和细菌，然后去头、尾、鳍、皮和内脏。去内脏时需要把内脏清洗干净，并把血污和内脏腔膜洗净。接着把整鱼的内外表面再用清水冲洗2～3次，把内脏的黏液清除干净，不然残留的内脏味道会令人不适，影响风味；同时，内脏或血液中的蛋白酶会部分分解鱼糜中的蛋白质，影响鱼糜的质量和弹性，并缩短货架期。洗涤水温控制在10℃以下，以防蛋白质变性。

（3）采肉　利用采肉机采肉操作，要注意压力的调节与控制，压力太小则采肉率小，过大则会使骨刺混入到鱼肉中，影响鱼品质量。滚筒式采肉机中的滚筒有许多网眼，孔径一般为3～6 mm，孔径过小，鱼肉纤维受损，采肉能力差，得率低，后续漂洗中流失较多；孔径过大，鱼肉容易混入鱼刺等杂质，影响质量，并降低漂洗的效率。两次采肉，第一次采肉不能完全把鱼肉采干净，仍有少量黏附在骨肉之上，则需要第二次采肉，即第二道肉，其色泽较深，碎骨较多。两道肉不要混合，分开存放，分别适合不同的加工方式。采肉过程中，鱼肉控制在3℃以下。

（4）漂洗脱水　卵形鲳鲹肉为白肉，则利用清水漂洗，一般为自来水，用臭氧或紫外线消毒，温度保持在10℃以下。按鱼水比1∶5将水注入漂洗池与鱼肉慢慢搅混，使影响肉质弹性的水溶性蛋白充分溶出。静置待鱼肉充分沉淀，排出漂洗液后再重复漂洗几遍。最后一遍用0.15%～0.3%的食盐水漂洗，使鱼肉中的肌球蛋白脱水，以便脱水充分。若鱼肉的鲜度较差，稍有低级含氮物臭味的，需要多洗几遍。脱水的设备有螺旋压榨机和离心脱水机等，也可人工挤压脱水。脱水时鱼肉pH在6.9～7.3，温度10℃则达到最佳脱水效果，脱水后鱼肉水分含量为80%～82%为宜。

（5）精滤　就是把鱼肉里面的小骨刺、腹膜、结缔组织等剔除，一般精滤过滤网孔径为0.5～0.8 mm。第一次精滤剩下15%～20%的鱼肉，杂质较多，进行第二次精滤，用于生产低级鱼糜。精滤过程中，鱼肉温度要保持在10℃以下，但鱼肉与设备摩擦会产生热量，降低精滤效能，并能引起蛋白质变性，因此需要往冰槽中加冰冷却。

（6）擂溃混合　就是把鱼肉放入斩拌机中将鱼肉肌原纤维中的肌动蛋白和肌球蛋白溶出，并添加各种材料混合的过程。生产高档鱼糜，则需要先进行空擂数分钟，即只擂溃鱼肉，然后加入食盐进行盐擂15 min，最后添加其他辅料进行本擂。总擂溃时间30～

45 min。生产低档鱼糜则直接加入所有材料一次性放入鱼肉进行本擂。擂溃温度要控制好，在 15 ℃以下为好。添加某些辅料如淀粉等，需要先用水冲开混合后再加入。根据鱼肉黏性、含水量等加入适量冰水。为防止蛋白冷冻变性，可添加蔗糖作为抗冻剂，并且可作调味料；同时加入复合磷酸盐（焦磷酸钠或三聚磷酸钠），可增加鱼糜的弹性和抗冻作用。

(7) 冻结　将鱼糜按照一定规格进行真空包装，接着以尽可能快的速度冷冻。可将鱼糜放置冻结室或平板冻结机上冷冻，冻结设定温度为－25 ℃以下，当鱼糜中心温度达－15 ℃时结束冻结。冻结后的鱼糜放入室温为－25 ℃以下的冷库中保藏，冷库温度务必波动少，以防冰晶长大和减少浓缩效应。

鱼糜准备好后，可进行下一步的鱼丸制作。

2. 卵形鲳鲹鱼丸的制作（图 8－3）

图 8－3　卵形鲳鲹鱼丸制作流程

(1) 原料肉　以冷冻鱼糜为原料肉，需先解冻，普遍采用 3～5 ℃水流或空气解冻法；也可采用无线电波或微波解冻法，解冻速度较快且均衡。鱼糜解冻到一半即可切割，不宜完全解冻，以免影响鱼肉蛋白质的加工特性。切割后的鱼糜温度在 0～－1 ℃时，便可进行下一步。

(2) 斩拌　即将鱼糜放入斩拌机中斩拌，通过对肌肉的搅拌和研磨，使肌肉纤维进一步破坏，有利于盐溶性蛋白的充分溶出。一般斩拌分空斩、盐斩和调味斩。先通过空斩将肌肉纤维破坏，盐斩则加入食盐使肌肉中的盐溶性蛋白充分溶出，使得鱼糜产生高黏性的鱼糜糊溶胶，最后则加入调味料和辅料进行斩拌混合。一般斩拌的最好方法是采用真空斩拌，可防止空气进入鱼糜中，保证制品在加热时不会过分膨胀而影响外观和弹性。斩拌温度控制在 10 ℃以下，一般在冷冻鱼糜解冻时控制其解冻程度即可达到降温目的，必要时要加入冰块冷却。斩拌时间视斩拌程度而定，一般出现鱼浆发胀，取少量放入水中能上浮即可；斩拌时间过长会使温度上升，导致蛋白质变性，影响鱼浆弹性；时间过短，鱼浆黏性不足，不利于后续加工。

(3) 成丸　目前加工厂普遍采用成丸机将鱼浆加工成型，加工出的产品个圆，大小均匀。斩拌和成丸需要连续进行，间隔时间不能太长，必要时将待成丸的鱼浆放入 0～4 ℃保鲜库内暂存，防止鱼浆失去黏性和可塑性而成型受阻。

(4) 加热　加热使产品变成具有弹性和强度的凝胶体，并可杀灭微生物，延长产品的保质期。传统加热方式有蒸、煮、炸、烘、烤或组合加热等；一般采用水煮加热，即将成丸后的鱼丸放入 30～50 ℃温水中 15～60 min，凝胶会逐渐形成，然后投入沸水中滚烫至鱼丸上浮即为熟，便可立即捞起。油炸加热，则是把鱼丸放入油温为 160～200 ℃的食用油中，炸至表面金黄即可。此外，还有比较先进的加热方式如远红外线加热、欧姆加热和巴氏消毒等。

（5）冷却 加热完毕的鱼丸要进行冷却，一般将滚烫的鱼丸立即倒入冷水中进行急速冷却，使表层温度迅速下降，捞起后放在冷却架上待中心温度自然下降即可。有的使用鼓风机冷却，冷却空气需要先进行紫外线杀菌，防止细菌滋长。

（6）包装和贮藏 包装可使产品美观大方，增强视觉感，且可隔绝细菌，保鲜保质。一般采用聚丙烯薄膜、聚乙烯薄膜等作为包装材料，利用包装机进行包装，并装入箱内，最后放入冷冻库中贮存待运。

（三）烤卵形鲳鲹的加工方法

烤鱼类有鲜烤、调味烤等加工方法，而烤鱼加工亦根据不同的配方分出多种风味烤法，但大致步骤相同，只是调味工艺不一样而已。以下介绍鲜烤和烤鱼片的生产工艺。

1. 鲜烤卵形鲳鲹的加工技术（图 8－4）

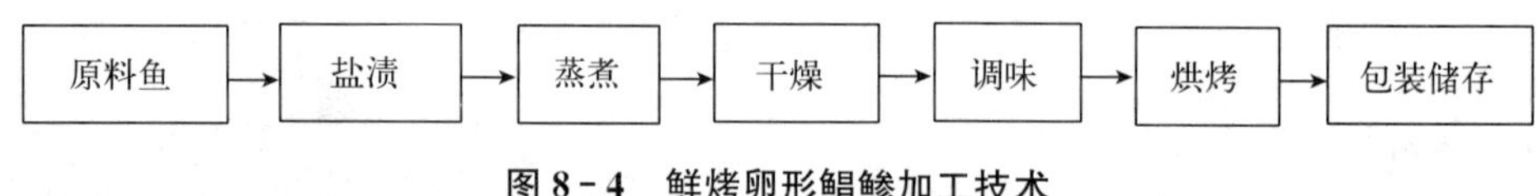

图 8－4 鲜烤卵形鲳鲹加工技术

（1）原料鱼 采用冷冻的卵形鲳鲹作为原料，个体大小为 0.5 kg 左右为宜，解冻后去内脏和腹膜，根据设计需求去头或去鳃，接着用清水冲洗干净黏附的血液和内脏组织液。

（2）盐渍 采用 10%～15%的食盐水浸渍原料鱼，浸渍时间约 20 min。盐渍用的水最好保持较低温度。

（3）蒸煮干燥 带盐渍过的鱼沥干水后，放入蒸煮烘架上先进行蒸汽蒸熟，接着再放入烘房中以 80 ℃烘干 6 h；也可直接将沥干后的鱼放入 90 ℃的烘房中烘干至六七成。

（4）调味 先调配好调味液，将干燥的鱼品放入调味液中浸泡 30 min，鱼块要完全浸没，并适当搅匀。调味的配方有多种，以下列举 2 种。

奇味液：八角 100 g，花椒 200 g，蒜 60 g，生姜 200 g，葱 50 g，西红柿 45 g，酱油 3 L，糖 2.5 kg，味精 50 g，黄酒 1.5 L，调味剂 15 g。将上述料加 25 L 水熬煮数小时后，冷却待用。

多味液：调味液配方有五香、辣味等，可按各地口味选定。五香配方为：八角洗净敲碎，加水 12 L，煮熬至 6 kg（需约 1～1.5 h），接着往滤液中加入白糖 2.5 kg、酱油 3 kg、精盐 1.5 kg 一起煮沸，煮沸后再加入黄酒 1.5 kg。过滤后的残渣，再加入少许辛香料，可作第二次调料使用。麻辣配方则只需在五香配方基础上加入 0.15 kg 红辣椒粉熬煮，并在浸渍后的鱼块上撒少量辣椒粉即可。

（5）烘烤 将调味后的鱼块沥干水分，然后排在烘架上进行第二次烘烤，烘房温度控制在 90 ℃，烘干时间约为 3.5 h，鱼块为九成干即可。

（6）包装储存　烘干后将鱼块放在室内摊凉，摊凉后的成品的含水量为 11%～14%。高温季节为防止细菌滋生，应用风机降温，注入空气需要先经紫外线消毒。最后用聚乙烯薄膜进行包装，电热封口，整齐放入箱内，保藏于阴凉干燥处。

2. 卵形鲳鲹烤鱼片的制作

卵形鲳鲹烤片的制作工艺见图 8－5。

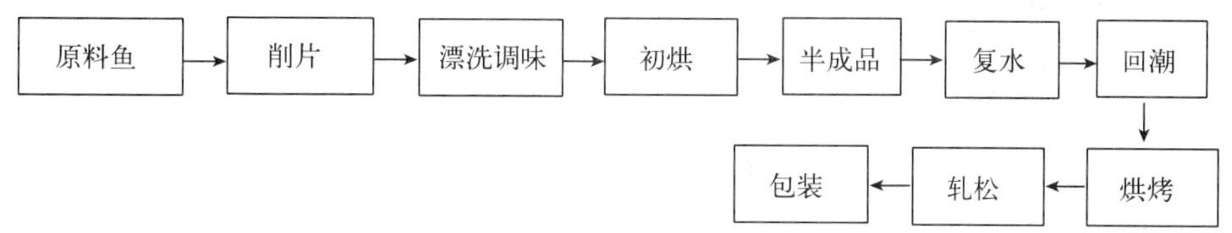

图 8－5　卵形鲳鲹烤片制作工艺

（1）原料鱼　用于制作零食的原料鱼一般用个体小的卵形鲳鲹。若原料鱼为冷冻鱼则需先解冻，然后去头、去脏、去尾和去皮处理后，用清水冲洗干净后沥干水分。

（2）削片　在操作台上用小刀紧贴脊骨削下两边两片肌肉，要求形态完整、不破碎、不留骨。

（3）漂洗　将鱼肉片用清水洗干净表面的血迹和腹膜等污物，一般为流动水漂洗 30 min，以除去鱼肉的腥味。漂洗后将鱼肉片排在带孔塑料筐中沥水，控干至不滴水即可。

（4）调味　调味是卵形鲳鲹烤鱼片的关键步骤。以一定比例的白糖、精盐、味精和鱼肉充分混合，调味时间为 1～2 h，中间翻动鱼肉片几次，让调味料充分渗透进入鱼肉中。为防止变质，鱼肉片温度应保持在 15 ℃以下。通常烤鱼片的调味料配方为：精制食盐 1.5%～2.0%，白砂糖 4%～6%，味精 1.5%～2.5%，胡椒粉 0.1%，黄酒或白酒 1%～2%，姜汁 0.5%。除此之外，根据不同厂商的需求可配置不同的调味液。

（5）初烘　将调味后的鱼片逐片平铺在筛网上，个别小肉碎可粘拼成类似的片状。然后将鱼片放入烘房内进行第一次烘烤。一般分两阶段进行，第一阶段温度控制在 50～60 ℃，持续时间为 1 h；第二阶段则为 50～60 ℃，烘至时间共达 7～8 h，此时鱼片含水量为 20%左右。该工序要求严格按照工艺程序执行和烘房温度稳定，温度时高时低会使鱼片内部水分蒸发不均匀，难以达到较好的质量。

（6）半成品　烘干后的鱼片会紧粘在筛网上，需要纯手工把鱼片从网格上取下来，放入干燥清洁的容器内，然后装袋扎封，以防受潮。在操作过程中要避免挠擦鱼片，以免影响外观。

（7）复水回潮　为了避免鱼片干在二次烘烤时烤焦，先在鱼片干上喷洒一些水分使鱼片干吸潮，含水量达到 24%～25%。这一工序一般使用喷雾器完成，但喷水量需要根据鱼片量来计算，以免水分过多或过少导致鱼片加工质量不理想。

（8）烘烤　利用红外线烘烤炉烘烤进行二次烘烤，该工序是较关键的一步，直接影响到产品的重量及消耗定额的完成。将回软的鱼片干均匀铺放在烤炉的钢丝架上，经 240～

250 ℃烘烤约 2 min，这样烘烤出的鱼片呈金黄色和有纤维感，并散发出卵形鲳鲹烤鱼片的独特香气和鲜美滋味。烘烤温度要求稳定，而且要经常检查烘烤的色泽变化，以免鱼片烤焦。若有个别鱼片干烤焦，则要剔除另外处理。

(9) 轧松 经过高温烘烤，半熟鱼片变为全熟鱼片，并起到消毒杀菌的效果。由于二次烘烤组织失水并收缩变硬，不便于食用，难以咬碎。此时，需经机器进行轧松，一般用滚筒式轧松机对鱼片进行轧松。轧松后的鱼片则柔软可撕，便于食用。

(10) 包装 按照一定的重量要求进行称重，利用聚乙烯无毒塑料薄膜进行封口包装。该工序可机械包装或手工包装。

(四) 卵形鲳鲹干制品

水产干制品是我国传统的水产加工产品，历史悠久，具有贮存期长、重量轻、体积小、便于运输、风味独特等优点，广受大众欢迎。

水产品的干制加工是指采用干燥的方法去除水产品中的水分，以防止腐败变质的加工方法。被去除的水分一般为自由水，而水产品的干燥程度一般以水分活度 AW 表示，即水产品中水的蒸汽压和同温度下纯水的饱和蒸汽压之比，即 $AW=p/po$，p 为产品中水的蒸汽压，po 为同一温度下纯水的饱和蒸汽压。干制品的 AW 下降而使得微生物生长和酶促反应速率大大降低，从而使水产品得以保鲜。一般新鲜水产品的 AW 为 0.99 以上，而大多数腐败菌在 0.90 以下的 AW 则生长受抑制，但霉菌和酵母却仍能旺盛地生长，因此为了更好地达到保质效果，干制品的 AW 需要控制在 0.70 以下。一般在 AW 0.75～0.95 之间酶活性最高，而要使酶活性完全消失，AW 则需要下降到 1%以下，因此通过干燥来控制水产品中的酶活是比较困难的，可通过升温致使酶失活。

水产品干燥加工后会产生以下几方面的物理化学变化：一是体积缩小、质量减轻，表面硬化，而且具有多孔性，均是由于水分蒸发而引起的现象；二是营养成分的变化，包括蛋白质部分变性、脂肪氧化“哈变”、维生素等营养物质的分解损失等；三是风味和色泽的变化，风味物质会随干制过程产生一定的损失，从而使风味变淡，色泽也会随之产生变化。总之，干制加工的改进，需要找到最适合的干制条件，尽可能地做到干制速度快、营养物质保留率高、干制成本低。

卵形鲳鲹作为供应量较大的原料鱼，干制产品的种类也比较多，以下介绍一下卵形鲳鲹的集中干制加工品的工艺流程。

1. 盐干品的制作

盐干品是最传统古老的干制品，制作流程见图 8-6。

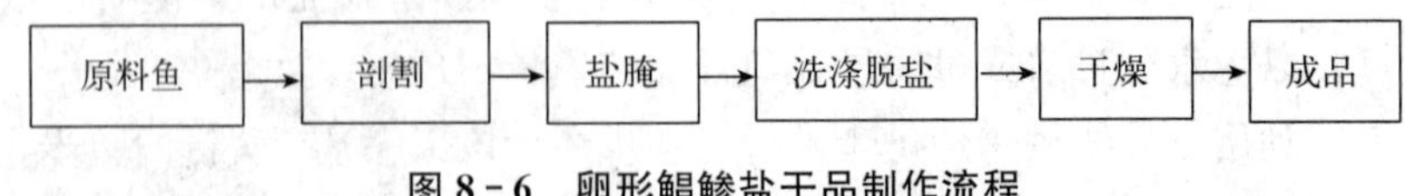

图 8-6 卵形鲳鲹盐干品制作流程

（1）原料鱼　先将原料鱼进行分级，个体较大的卵形鲳鲹采用背开式分割，个体小的采用剖腹形式，接着将内脏、腹膜、鱼鳃清理干净，然后用清水冲洗干净表面的组织液等污物，清洗后放入带孔塑料筐中沥干水分，以待腌制。

（2）盐腌　将鱼品放于缸中，用食盐均匀撒布在鱼品表面，以一层盐一层鱼的方式不断往上叠加，到最顶用厚盐封口，一般 1 000 kg 鱼品加封口盐 10～15 kg，用盐量为鱼重的 10%～17%，盐渍时间为 5～7 d。小鱼则直接将盐和鱼搅拌均匀，压实后用盐封口盐渍即可。

（3）洗涤脱盐　先用清水清洗干净鱼品表面的黏液、盐等，然后放置于清水中浸泡 30 min 左右，待部分盐分从鱼品中溶解出来，然后捞起并沥干水分待干燥。

（4）干燥　传统干燥方式有日晒风干，而结合现代设备可进行热风干。晒鱼干最好用绳子或铁丝竖吊起来，或可平铺于晒网上晾晒，在过程中要每隔 2～3 h 去翻动一次，使得鱼品的表面能够均匀地受到太阳的照射和风吹，使得鱼品可均匀晒干。中午时要避免烈日暴晒，需要适度遮阳，晚上则需要及时收盖，以免雾水返潮。晒制八成干时将鱼干收起并加压一夜，使鱼干形体平整，易于包装，次日再继续晒至全干。晾晒过程需要时刻留意天气变化，下雨前要及时收起。在阴雨潮湿的天气下无法日晒风干，这时则需要烘干设备来代替。

（5）成品　干燥后的产品要经过冷却后才可进行包装，包装箱底要垫好防潮隔热垫，逐层叠加并压实，并在外包装上打印生产日期、毛重等资料方可入库储存。

2. 鱼肉松

卵形鲳鲹肉松是用金鲳鱼肌肉制成的金黄色绒毛状调味干制品。大规模生产则需要有煮制锅和炒松机，可连续生产，日产量可大 10 t 以上。小型加工则以手工烹炒为主。鱼肉松含有丰富的蛋白质、维生素和微量元素等营养物质，是美味的营养健康食品。其制作流程见图 8－7。

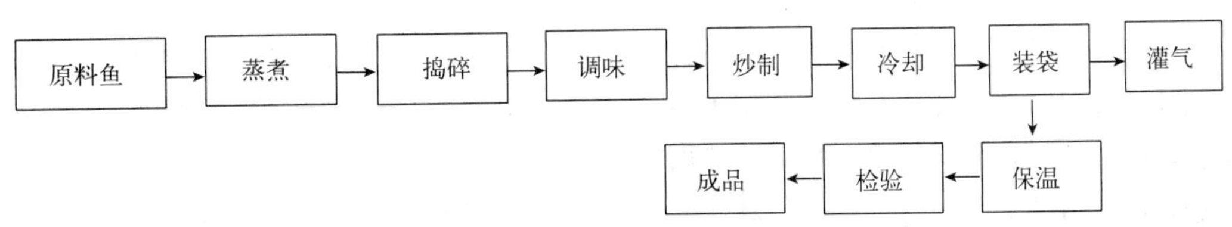

图 8－7　卵形鲳鲹鱼肉松制作流程

（1）原料鱼　将冷冻的原料鱼解冻后洗净，剖腹，去内脏、鳍、头、尾和鱼骨，注意要将鱼腹内的黑膜刮干净，然后清水冲洗干净。

（2）蒸煮　将净鱼肉放入金属盘中，每 10 kg 鱼肉加入料酒 500 g、精盐 80 g、生姜 60 g、葱 100 g，接着放入蒸煮锅里进行普通蒸煮 20 min 左右，鱼肉要以全熟不过熟为宜。

（3）捣碎　蒸煮后趁热将姜葱挑拣出来，然后将鱼肉捣碎。

（4）调味　将调味液倒入捣碎的鱼肉中，搅拌均匀。调味液的配方为（以每 10 kg 鱼肉计）：醋 50 g、白糖 50 g、精盐 20 g、酱油 500 g、八角 100 g、花椒 100 g、陈皮 20 g、桂皮 30 g、生姜 40 g。调味液的制作方法为：将八角、花椒、桂皮、陈皮、生姜等放入纱布袋中包好，倒入适量清水，先用大火烧沸，烧沸后改为小火慢煮微沸，1 h 后取出料包，加入其他调味料拌匀。

（5）炒制 用色拉油将炒锅润滑，放在小火上加热，然后放入鱼肉碎翻炒。炒至鱼肉显金黄色，伴有香味散发时，加入适量五香粉继续翻炒，最后鱼松成品为松散、干燥、起松。

（6）冷却 将炒起的鱼松放于干净的室内自然冷却或进行冷藏冷却，冷却过程要注意卫生，以免鱼松被污染。

（7）装袋、灌气、封口 将肉松称重后放入 PVC 塑料复合薄膜袋内，按照 N_2 ∶ CO_2 = 7∶3 的比例置换袋内的空气，采用包装机进行热封口。

（8）感官指标 色泽为金黄色，口感无余渣、无异味，外观酥松、柔软。

（五）盐腌制品的工艺

水产腌制品是我国具有悠久历史的水产品加工食品，不仅其风味独特，更可延长水产品保存时间。以前占水产品加工领域的比例很大，现在由于水产加工技术的不断开发和深化，所占比例逐年下降。

水产品的腌制是指用食盐、糖、酱油、香辛料等调味料处理水产品，使其成分渗入其肌肉等组织内，提高其渗透压并抑制有害细菌的生长和酶的活性，以达到保藏的目的。水产腌制的过程，其实是一种生物化学的反应过程，这些反应是由能够降解蛋白质和脂肪的酶引起的。在酶的作用下，蛋白质和脂肪逐渐被分解，形成特定的分解产物，带有一定的芳香气味，最终腌制成熟。腌制的方法主要分 4 种，干腌法、湿腌法、混合腌法和低温盐渍法。干腌法一般用于小鱼的腌制，对于较大的鱼弊端较多，如大量生产时难以机械化、腌制不均匀等，因此对于金鲳鱼不太适用。为保证卵形鲳鲹腌制品的质量，可用低温盐渍法。

采用低温盐渍法对卵形鲳鲹进行腌制，可减少水溶性营养成分的溶出，主要是蛋白质和氨基酸等，可较好地保持其原有的鲜味和提高产品的质量。首先在容器底部撒上一层冰、盐混合物，再将去鳃、去脏的卵形鲳鲹排一层在上面，并且每层都要撒上一层冰、一层盐，加速鱼体的冷却，重复至容器加满。冷却温度要求在 0～5 ℃，有条件的可以将其放入冷库中进行盐渍，冷库温度为 0～7 ℃。由于容器上部的冰块容易吸收外界的热量而融化，同时上部产品受盐水浸泡的时间较晚，因此在逐层加冰时，不同高度要求的冰、盐比例不同：容器下层所用的盐、冰量占鱼总重的 15％～20％，中层 30％～40％，上层 40％～50％。

在腌制过程中，由于卵形鲳鲹体内的水分流失，鱼体质量会出现减轻的现象，而一般盐水的浓度降低到 10％～15％时，则为临界盐度，盐水浓度不再改变，鱼体质量也不再继续减轻。同时，水分的析出，会使卵形鲳鲹的肌肉收缩，在食用时会产生其特别的口感。肌肉中蛋白质和脂肪在酶的作用下，会分解出游离氨基酸和游离脂肪酸，从而产生独特的风味，最终造就了腌制卵形鲳鲹的色香味。

五、综合利用

随着经济的发展与科学技术的不断进步，人类对海洋水产资源需求量越来越大，过度捕捞的现象已造成了海洋资源逐渐减少，因此，水产品综合利用技术应运而生，该技术可有效提高水产品的利用率，将有限的资源最大化地利用起来，为人类提供更多更优质的海洋产品。在水产品加工的过程中，必定会产生大量的下脚料等加工副产品，在卵形鲳鲹加工中的下脚料主要包括鱼头、鱼尾、鱼鳍、内脏、鱼骨、鱼鳃和碎肉等，占去原料鱼很大一部分比重。如果不作进一步加工利用，则会对环境造成不良影响，而且还会造成宝贵资源的巨大浪费。

水产品综合利用可被认为是一门变废为宝的技术，主要是将一些低值的水产原料或未被开发利用的水产原料和水产品生产当中的废弃物进行一系列的加工处理利用，可大大提高水产品的附加值，降低主导产品的生产成本，从而获取更高的经济效益、生态效益和社会效益。目前水产品综合加工已渗透到各领域，包括食品、医疗、化工、饲料等行业，跟随科技的不断进步，其开发价值不可估量。

根据卵形鲳鲹加工产生的副产品情况，以下介绍几种综合利用的产品与制作工艺。

（一）饲料鱼粉

世界近 1/3 的渔获用于生产鱼粉，鱼粉中含有丰富的蛋白质、氨基酸、矿物元素、B族维生素和脂肪酸等，是动物饲料制作的重要原料，鱼粉的含量大小往往决定了饲料的质量和营养价值。由于卵形鲳鲹价值较高，鱼肉不可能用于价值反而较低的鱼粉，因此卵形鲳鲹加工中的下脚料如鱼皮、鱼鳍、鱼头、鱼尾、内脏等均可作为鱼粉加工的原料。以下介绍鱼粉制作的一般工艺流程（图 8－8）。

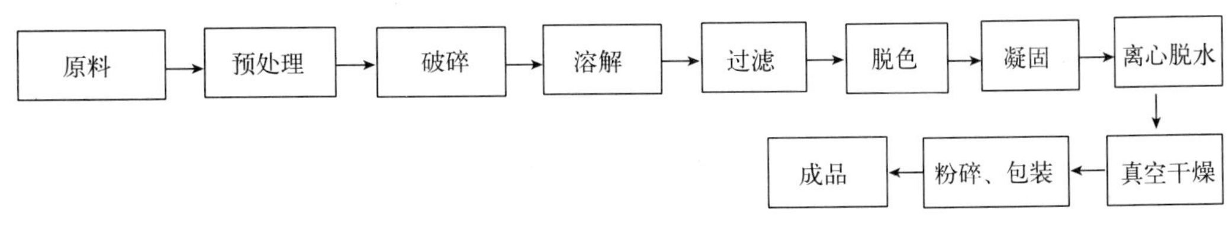

图 8－8　鱼粉制作工艺流程

（1）原料预处理　卵形鲳鲹的下脚料作为原料，混合新鲜捕捞的野生小杂鱼，用水清洗干净，去除表面的污物。

（2）破碎　用绞肉机将原料搅碎，但不可搅得太细，以免在后续的清洗过程中溶失鱼体的蛋白质。

（3）冲洗　用原料质量 5～6 倍的清水冲洗原料碎，洗涤过程中加入少量的 Na_2CO_3

和少量乙醇。

(4) 溶解、过滤 用 NaOH 溶液溶解鱼肉蛋白，加热 2～3 min，边加热边搅拌，直至蛋白质完全溶解为止。溶解后会有鱼骨等杂质残留，要将杂质过滤干净，得到纯溶液。

(5) 脱色 由于鱼皮、内脏等溶解后的颜色较深，因而采用质量浓度为 5%的脱色剂对鱼肉蛋白溶液进行脱色。

(6) 凝固 将凝固剂加入溶液中，将脱色后的蛋白溶液进行凝固，使蛋白质析出。

(7) 离心脱水 先用 24 目的筛网将凝固的蛋白进行过滤收集，然后利用离心机以 1 500～2 000 r/min 的速度离心 5～10 min，以去除大部分附着于凝固蛋白的游离水。

(8) 真空干燥 离心后的蛋白固体在 0.01 MPa（真空）、45～50 ℃条件下进行干燥，当水分降低至 10%以下时，便可停止。

(9) 粉碎、包装 将蛋白粉放入粉碎机中粉碎成粉末状，称重后装袋。

除以上方法外还有湿压榨法和直接干燥法等鱼粉制作方法，在鱼粉的生产过程中，会有大量的副产品——粗鱼油的产生，经过精制的鱼油则可用作保健品、饲料添加剂等，增加了原料的附加值。

（二）鱼油的精制

卵形鲳鲹本身价格较高，脂肪含量不高，内脏团小因而肝脏也小，因此不是用于提炼鱼油和鱼肝油的理想原料。上文提到卵形鲳鲹下脚料经过鱼粉加工会出现粗鱼油，而油中含有一些蛋白质颗粒、无机盐、色素、游离脂肪酸及其他杂质等，不利于长期贮存，因此需要经过一定的精炼过程成精制鱼油。以下便介绍鱼油的精制工艺。

(1) 脱胶 脱胶的目的是除去油中的蛋白质和黏液之类的杂质。

(2) 脱酸 脱酸的目的主要是去除鱼油中的游离脂肪酸，在脱酸的过程中，产生的副产物可以吸附部分色素和其他杂质。目前，脱酸的主要方法有蒸馏脱酸法和碱脱酸法（中和脱酸法）。普遍使用的是烧碱中和脱酸法，脱酸力强，去除油中蛋白质和黏液的能力强，而且设备简单，使用烧碱的浓度需根据鱼油中游离脂肪酸的酸价来决定，一般以过量烧碱来中和。

(3) 脱色 鱼油的颜色形成有两种原因，一种是天然色素，二是鱼油被氧化而产生的。脱色的方法有两类别，一是化学法，利用还原氢化原理将鱼油颜色变淡，如利用镍作为催化剂在一定条件下可有效脱色，用锌粉与油混合则可以达到脱色和脱酸的双重效果。二是物理法，利用吸附材料如活性炭、活性白土等。目前使用比较普遍的是白土法，其成本低，效果好。

(4) 脱臭 鱼油中臭味来源于两方面，一是加工或贮存中从外界混入的污物和原料中蛋白质的分解产物，二是油脂氧化酸败所产生的醛类、酮类等臭味物。油脂脱臭的方法有：气体吹入法、真空法和蒸汽法。

(5) 冬化 即将鱼油冷却，除去硬脂（蜡），当鱼油冷却低温时，便会析出以饱和脂肪酸甘油酯为主体的固体脂，温度继续下降，饱和脂肪酸不断被析出，清油中的不饱和脂肪酸含量越来越高。

（三）DHA、EPA 的提取

鱼油中含有多种脂肪酸，尤其是含有相当多的 ω-3 型的不饱和脂肪酸，ω-3 型多烯酸是鱼油特有，其中 EPA（二十二碳五烯酸，Eicosapentaenoic Acid）和 DHA（二十二碳六烯酸，Docosahexaenoic Acid）是鱼油特别是海产鱼油的重要组成成分，其营养和医学价值越来越受到重视，对于大脑发育、抗心血管、降低血脂和胆固醇有明显的作用。

DHA、EPA 的提炼方法有以下几种。

1. 低温结晶法

利用饱和脂肪酸凝固点高于不饱和脂肪酸的特点，将两者互相分离。采用丙酮作为溶剂，将鱼油进行冷冻处理，然后过滤鱼油，再用减压蒸馏法将鱼油中的丙酮去除，即可得到含有 DHA、EPA 的鱼油。该法分离程度不高，只能为 DHA、EPA 的粗提。

2. 尿素络合法

利用尿素能与饱和脂肪酸络合并析出结晶的原理，将饱和脂肪酸从鱼油中分离处理，而不饱和脂肪酸则留在鱼油中。

3. 减压蒸馏和分子蒸馏

脂肪酸的沸点较高，在常压下蒸馏容易分解，因此需要进行减压蒸馏。该方法可与尿素络合法结合使用，能够大大提高鱼油中 DHA、EPA 的纯度，质优者可高达 91.7%。

4. 超临界气体萃取法

当流体处于临界状态附近时，会同时具有气体和液体的特性，既有气体的良好扩散性，又有液体的黏度和密度，该状态下的流体即超临界流体。普遍采用二氧化碳作为溶剂，将超临界的二氧化碳通入鱼油中，将 DHA、EPA 萃取出来。

（四）鱼皮、鱼鳞和鱼头等的加工

1. 鱼胶

目前，鱼的胶原蛋白已应用到化妆、美容、医药、食品、生物肥料等领域中，是安全胶原蛋白的重要来源之一。鱼的骨、皮、鳍、鳃富含胶原蛋白，是胶原蛋白提取的重要原料。在卵形鲳鲹鱼片的生产中，产生大量鱼皮、鱼骨等下脚料，以下介绍鱼胶的提炼方法（图 8-9）。

（1）原料准备　卵形鲳鲹的鱼鳞小，紧贴鱼皮，因此鱼皮和鱼鳞不需分开，混合切碎即可，而鱼骨较硬，需要另外分开打碎。

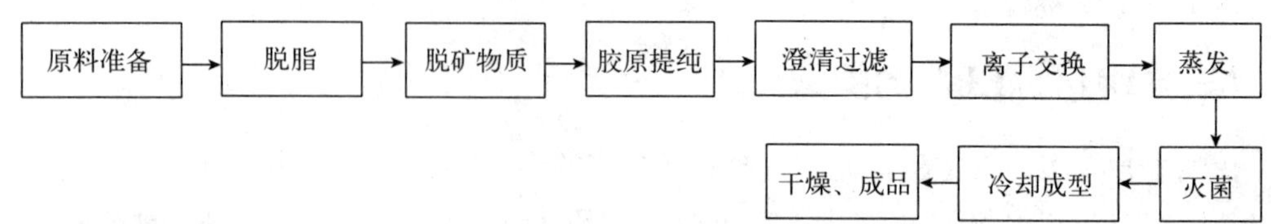

图 8-9　鱼胶提炼工艺流程

(2) 脱脂　采用 75～85 ℃的热水，用 HCl 将 pH 调至 6，与原料混合后高速搅拌，可使脂肪球破碎，油脂从中释放并分离。

(3) 脱矿物质　使用低浓度酸液如 HCl、H_2SO_3、H_2SO_4 对胶原进行浸渍，使矿物质从鱼胶中脱除。

(4) 胶原提纯　有碱法处理和酸法处理两种。碱法处理则用浓度为 2%～5%的石灰乳对鱼胶进行 4～10 周或更长时间的浸渍，温度控制在 15～20 ℃，最后用水清洗并中和。对于新鲜的鱼皮和鳞则可用酸法处理，采用浓度为 5%以下的 HCl、H_2SO_3、H_2SO_4 浸渍鱼胶，pH 控制在 4 左右，温度 15～20 ℃，处理时间为 10～48 h，最后水洗中和。该步骤可破坏胶原中存在的某些交联键，并除去杂质、非胶原蛋白和碳水化合物等。

(5) 萃取　常压下进行多道热水萃取，一般为 3～8 道。起始萃取温度为 45 ℃左右，以后每加一道升温 5～10 ℃，直至临近沸腾，每道萃取到胶液 3%～8%时便将萃取液放出，每道胶分别处理，用于生产不同档次和用途的明胶产品。

(6) 澄清过滤、离子交换　待明胶澄清后，用以棉浆板、活性炭或硅藻土等为过滤介质的板框压滤机过滤明胶，过滤后的明胶为稀胶液，然后用阴阳离子交换树脂处理。

(7) 蒸发　一般先用多效真空设备处理，最后用带刮板的降膜式蒸发器进行蒸发，蒸发后的吸胶液变为浓缩胶。

(8) 灭菌　浓明胶采用 5 s、141 ℃的条件进行灭菌，操作的设备、场所需要经过严格的消毒灭菌清理。

(9) 成型、干燥　将高温的浓缩胶倒入模具金属盘中，采用冷风冷却，冷却后的明胶变成凝胶，将其切成薄片以利于快速干燥。干燥后便可进行包装贮存。

2. 骨糊和鱼蛋白钙糖

在卵形鲳鲹的加工过程中，往往有很多中骨（脊骨）当废弃物被扔掉，鱼骨中含有大量的天然钙质和微量元素如磷、铁等，是人体的骨骼生长必不可少的物质，因此鱼骨具有保健开发价值。鱼骨经过蒸煮、干燥、粉碎加辅料等工序便可制成营养保健品——骨糊，孕妇、中老年人、婴幼儿均适用，是补充钙质和微量元素的优质天然保健品。

鱼蛋白钙糖，是以与蛋白骨粉为主要原料，经过脱腥、除臭和添加维生素 D 等工序制成。该保健品能够补充钙质和微量元素，增进食欲，促进生长发育，也是孕妇、中老年人和婴幼儿的优质保健品。

第三节 水产品安全与质量控制

水产食品是以生活于海洋或内陆水域的水产经济产物为原料，经过一系列加工工艺制成的食品。目前水产食品的种类繁多，包括鱼干、烤鱼片、鱼丸等类别，具有高蛋白、低脂肪、营养均衡等特点，是国民日常膳食结构中的重要组成部分，对提高国民营养水平和生活水平有重要作用。然而，由于人类活动等因素，许多水产品的生存环境逐渐被污染，并且养殖病害频繁爆发，渔药使用过度，最终导致水产品质量下降，危害人类健康。目前引起水产品危害主要有3类，分别为生物性危害、化学性危害和物理性危害。为排除从水产品蔓延至人类的各种危害，需要从制度上规范一系列的食品加工生产行为，并要求企业严格执行，方可保障水产品加工食品的食用安全。

一个健全的水产品加工的安全预防控制体系，包括良好卫生操作规范（GMP）、卫生标准操作程序（SSOP）和HACCP计划三个方面，三者有机结合，缺一不可，旨在消除食品安全隐患（史贤明，2006）。

一、良好操作规范（GMP）

GMP是英文“Good Manufacturing Practice”的缩写，即“良好操作规范”或“优良制造标准”，是一种特别注重生产过程中对产品质量与卫生安全的管理制度。食品GMP为食品生产提供了一套必须遵循的组合标准，在我国各地规范着各食品厂的生产行为，在厂房、设备、卫生设施、生产工艺、生产管理等提出了规范性的措施。

二、食品卫生标准操作程序（SSOP）

SSOP是描述食品加工厂内的卫生标准程序，提供这些卫生程序的时间计划表，为一个支持日常监测计划提供基础，鼓励提前做好卫生计划，必要时做出适当的调整措施，防止错误的发生，做好雇员的连续培训计划，并提供培训的工具，引导厂内卫生操作和状况得以完善。SSOP内容包括对水和冰、设备工具、雇员身体健康情况、食品污染的预防等各方面做出规范性准则，保证食品在生产过程中的干净卫生，确保食品安全。

对设备工具等的卫生检测项目为细菌总数、沙门菌和金黄色葡萄球菌，经过消毒的设备、器皿等与原料接触的物品表面细菌总数应低于100个/cm^2，沙门菌及金黄色葡萄球菌等致病菌个数必须为0。检测的对象有手套、工作服、案台桌面、刀、盘、机械设备、地面、墙、车间空气、包装袋等。对空气的检测则采用普通肉肠琼脂暴露车间空气中5 min，经37 ℃培养后统计菌落数得出空气的污染程度，表8-3为空气污染程度的评价。

表 8-3 空气污染程度的评价

细菌总数（个/cm^2）	空气污染程度	评价
<30	清洁	安全，可放心加工
30～50	中等清洁	一般，可进行加工
50～70	低等清洁	加以注意卫生情况
70～100	高度污染	对空气进行消毒后加工
>100	严重污染	不得加工并立刻采取有效措施

三、水产食品危害分析与关键控制点（HACCP）

HACCP 是"Hazard Analysis and Critical Control Point"的英文缩写，中文名为危害分析与临界控制点，是目前世界上最有效的食品安全与质量控制的管理体系。该体系是在 20 世纪 60 年代由美国 Pillsbury 公司 H. Bauman 博士等和宇航局与美国陆军 Natick 研究所共同研发的，在国际上已被广泛地接受并采纳，并被认可为全球范围内生产安全食品的准则。

1. HACCP 总则

HACCP 是一套确保食品安全与质量的管理系统，一般有以下几项总则。

对从原料生产或采购、加工操作、贮存、销售和消费的各个环节过程中的生物、物理和化学变化产生的危害进行分析和评估，设立全过程的关键控制点，并加以监测控制。

要规范加工生产中的操作，并且要求保证生产过程中的环境和操作条件符合国家有关食品安全的卫生要求。

要求管理层的承诺和员工的全面参与，是 HACCP 体系成功应用的保证。

2. HACCP 计划的制订

（1）危害性分析，确定预防措施 HACCP 计划所考虑的是可能对食品安全的危害。在整个生产销售链条中，包括原料采购、生产加工的具体操作、贮存条件和销售等环节，均要查清每个步骤可能产生的所有危害，并制定所有预防危害的产生措施。

（2）确定关键控制点 危害分析后，对显著危害设立关键控制点加以控制，否则需要调整生产方式并确定相应控制措施。

（3）确认关键限值 在关键控制点上设定关键限值，并确保其有效控制食品安全。

（4）每一个关键控制点的监控 通过监控，能够把失控的关键控制点及时发现，并及时采取措施。

（5）建立关键控制点偏差后的纠正措施 针对每个关键控制点制定专门的纠正措施，以便能够快速有效地进行处理。

(6) 建立验证程序 根据关键控制点的关键限制，对工厂内的生产进行观察、检验等，确保关键控制点是否在控制之中，证实 HACCP 的运行有效性。

(7) 建立文件和记录保持程序 要将 HACCP 的相关准则与数据等进行准确的记录并保存，能够大大提高 HACCP 计划的有效性。

参 考 文 献

夏松养 . 2008. 水产食品加工学 [M]. 北京：化学工业出版社 .

邱名毅，钟鸿干 . 2012. 卵形鲳鲹养殖与加工市场分析 [J] . 海洋与渔业月刊 (5)：86.

戴梓茹，钟秋平，林美芳 . 2013. 卵形鲳鲹营养成分分析与评价 [J] . 食品工业科技，34 (1)：347 - 350.

史贤明 . 2006. 食品安全与卫生学 [M]. 北京：中国农业出版社 .